大学计算机 规划教材

Authorware 7.0
教程（第6版）

◆ 袁海东 著

电子工业出版社

Publishing House of Electronics Industry

北京·BEIJING

内 容 简 介

本书是全国优秀畅销书奖获奖图书，全面、详细地介绍如何使用 Authorware 7.0 进行多媒体应用程序设计。全书分为基础篇和提高篇，共 15 章，主要内容包括：Authorware 基础，文本和图形图像的应用，动画设计，交互控制的实现，声音的应用，数字化电影的应用，DVD 视频的应用，决策判断分支结构，导航结构，变量、函数和表达式，程序的调试，程序的打包与发行，库和知识对象，与外部交换数据，OLE 与 ActiveX，高级设计方法等，每章后都提供精心设计的上机实验，配套电子课件和范例源代码等网络教辅资源。

本书可供高等学校计算机及信息类专业本专科生及研究生作为相关课程教材使用，也可供从事多媒体创作及相关工作的科技人员学习参考。

图书在版编目 (CIP) 数据

Authorware 7.0 教程 / 袁海东著. —6 版. —北京：电子工业出版社，2013.1

大学计算机规划教材

ISBN 978-7-121-19100-8

I. ①A… II. ①袁… III. ①多媒体－软件工具－高等学校－教材 IV. ①TP311.56

中国版本图书馆 CIP 数据核字（2012）第 284341 号

策划编辑：王羽佳

责任编辑：王羽佳 特约编辑：王 崧

印　　刷：北京京师印务有限公司

装　　订：北京京师印务有限公司

出版发行：电子工业出版社

　　　　　北京市海淀区万寿路 173 信箱　　邮编：100036

开　　本：787×1092　1/16　印张：24.75　字数：700 千字

印　　次：2013 年 1 月第 1 次印刷

印　　数：4000 册　　定价：49.90 元

凡所购买电子工业出版社图书有缺损问题，请向购买书店调换。若书店售缺，请与本社发行部联系，联系及邮购电话：(010)88254888。

质量投诉请发邮件至 zlts@phei.com.cn，盗版侵权举报请发邮件至 dbqq@phei.com.cn。

服务热线：(010)88258888。

前　言

自《Authorware 教程》于 2000 年 1 月问世以来，本书已度过了十多个春秋，曾先后经历《Authorware 6 教程》、《Authorware 6.5 教程》、《Authorware 7.0 教程》多次修订、再版，创造了国内 Authorware 图书的发行记录，其中《Authorware 6.5 教程》一书更荣获了全国优秀畅销书奖。为答谢广大读者长期以来给予的厚爱和期待，作者在充分调查读者需求的基础上，根据多年的教学经验，对《Authorware 7.0 教程》（修订版）再次进行修订，及时向广大读者介绍 Authorware 最新版本的使用方法、最流行的设计技巧和最受关注的开发技术。本书在内容的组织上充分考虑了教学和自学的需要，准确把握学习重点、难点和认知规律，突出强化实践动手能力，增加了大量课程实验，便于读者加深对本书内容的理解，使得本书内容更为实用和完善。

限于篇幅，同时考虑到教学的实际需要，此次修订版将各章 PPT 课件、第 2～16 章的范例源代码（范例所需素材与该范例在同一文件夹内）以电子版的形式提供给读者。有需要的读者，可以到华信教育资源网（http://www.hxedu.com.cn）注册下载。

在此郑重声明：上述网址提供的教学资料仅供读者学习或教师教学使用，未经作者同意，请不要用于其他用途。

你对多媒体创作感兴趣吗

正是因为有了多媒体技术，计算机才不再是一台冰冷的机器。随着计算机科学技术的迅速发展，多媒体技术已经渗透到了各个领域，在教育、模拟仿真、娱乐等领域中的应用尤其广泛，用计算机进行多媒体创作更是当前最热门的话题。相信很多人都有过类似的经历：一面看着或用着那些具有令人眼花缭乱的界面、震撼人心的声效、丰富多彩的内容的多媒体软件，一面在心中不停地说：太棒了！真精彩！我要是也会用这样的软件进行多媒体制作就好了。如果你从现在开始认真地读这本书，你就离实现这个愿望不远了。

Authorware 是做什么用的

Authorware 是 Macromedia 公司推出的功能强大的网络多媒体创作工具，目前由 Adobe 公司进行发行和维护。它为创作者提供了一个基于流程图和设计图标的开发环境，以及拖放式的可视化设计方式。它具备多媒体素材的集成能力和超强的交互控制能力，同时融合许多程序设计语言的特色，提供了丰富的函数及程序控制功能，特别适合于制作交互能力强、流程控制复杂的多媒体作品，这也是 Authorware 区别于其他多媒体创作软件（如 Action、ToolBook、Director 等）的最大特点。最新版的 Authorware 7.0 提供了对 DVD 高清晰度数字电影、JavaScript、TTS（文本发声）技术、Flash 矢量图形和动画、ActiveX 控件、流式传输技术、虚拟现实技术的完全支持，提供了多种产品发行手段（使多媒体作品可以在 Web 和局域网环境下运行，或者以硬盘、CD-ROM／DVD-ROM 为载体运行），成为多媒体软件开发的首选工具。同时 Authorware 具有良好的跨平台特性，由它制作的多媒体程序在特定播放器的支持下，还可以在 Mac OS X 系统中运行。

本书面向的读者类型

1. 从未进行过开发活动的读者

如果你从未进行过开发活动，阅读本书所需要的准备知识就是熟悉 Windows 的常规操作——仅此而已，千万别被前面提到的那些名词给吓倒了。Authorware 的特色之一就是不用编写哪怕是一行代码，照样能开发出表现力丰富的作品，拖放式及所见即所得的可视化设计方式能够带给创作人员最大的方便和最高的效率。当然，如果你乐意学习编写代码的话，你开发出的作品会更具专业水准。如果你是一位教师，那么你完全可以用它创作出生动形象的教学演示程序；如果你是某单位的职员，那么你用它创作一份富有说服力的简报更是不成问题。本书是一本详尽的 Authorware 用户指南。在本书的帮助下，你会发现呈现在你面前的是一个完全崭新的、丰富多彩的世界。

2. 以前从事过开发活动，但是从来没有用过 Authorware 的读者

这并不妨碍你使用 Authorware 进行多媒体创作。恰恰相反，你以前的开发经验完全可以应用到使用 Authorware 进行的开发活动中，结合本书中的知识，你一定能够开发出高水平的多媒体作品。

3. 用过较早版本的 Authorware，想继续学习使用 7.0 版或想进一步学习交互式多媒体应用程序开发技术的读者

本书绝不仅仅是一本用户指南。除了向你介绍最新的 Authorware 7.0 版之外，书中提供的大量使用、开发技巧，是在用户手册或其他文献中很难找到的，而且它们中的大多数并不依赖于 Authorware 的具体版本。相信你看过之后，定会感到豁然开朗。

本书主要内容

本书全面、细致地介绍了 Authorware 的功能、使用方法和开发技巧，具体包括：

- Authorware 7.0 新增特性
- 如何使用各种设计工具和设计图标
- 文本、图形和图像对象的创建、编辑与应用
- 如何使用 Authorware 设计动画
- 如何使用各种交互控制实现程序与用户的交互
- 如何在程序中应用声音、数字化电影和 DVD 视频信息
- 导航结构和决策判断分支结构的使用
- 如何编写和调试程序代码
- 程序的打包与一键发行
- 如何利用库和知识对象提高开发效率
- 如何使用 OLE 和 ActiveX 控件
- 如何使用文本发声技术
- 如何使用 Agent，构造符合软件易用性标准的程序
- 如何使用 ODBC 访问数据库、电子表和文本文件
- 如何创建和使用脚本函数
- 如何与 Windows 控制相结合，实现强大的功能
- 如何使用 Windows API 函数
- 如何创建和使用外部函数库（DLL，U32）

- 如何使用当前最流行的各种多媒体数据（Web 3D、流式媒体、GIF 动画、Flash 动画等）
- 如何使用 RTF 对象编辑器及 RTF 对象

在每章后面都给出了举一反三的总结和精心设计的上机实验，使读者温故而知新。

本书导读

本书由浅入深地介绍了 Authorware 的使用方法及开发技巧，通过大量的实例，手把手、一步步地教你使用 Authorware 进行多媒体创作。本书共分两大部分：第一部分为基础篇，对 Authorware 的基本功能进行了详细讲解、分析，辅以大量实用的例子，这些实例稍加修改就可以直接用于实际多媒体创作；第二部分为提高篇，是为已经掌握了第一部分内容的读者或已经有了相当开发经验的读者准备的。此外，附录列出了 Authorware 7.0 所有的系统变量和函数，这些都是开发过程中必不可少的参考资料。

1. 本书中的约定

（1）本书中提到的 Authorware 除有专门说明外，均指 Authorware 7.0。

（2）本书中用"+"号连接键名，表示按下了组合键，如 Ctrl + 0 表示按着 Ctrl 键的同时按下 0 键。

（3）本书中用"→"表示菜单与菜单项之间的关系，如选择 File→New→Library，表示选择了 File 菜单组下的 New 下拉菜单中的 Library 菜单项。

2. 本书中用到的特殊标记

 指北针，总是出现在容易引起混淆的地方，让你时刻保持清醒的头脑。

 要点，按照它所讲的去做，保证一矢中的。

 备忘录，常常在需要的地方给你提示，同时也表示这是应该牢记的。

 放大镜，表示这是需要仔细并慎重对待的。

 补充知识，给大脑充电。多媒体创作是一项综合性很强的工作，创作者需要了解许多相关的知识。有了它，你就不必总是到图书馆或书店去找答案。留住脑海中转瞬即逝的灵感，也可以将宝贵的时间省下来用在精益求精地修改你设计的流程上。

 这可是真金！换句话说这是从长期实践中得到的经验和技巧，应用它，往往可以达到事半功倍的效果。

本书内容由浅入深，既适合于刚开始接触 Authorware 的初学者，也适合于有一定开发经验的 Authorware 用户。书中提供的大量实例，稍加修改就可以应用于实际的开发工作中。本书既可以作为教程使用，同时也是一本实用性很强的参考手册。

本书由袁海东著，参加本书编写的还有陈德乾、刘玉荣、陈亚敏、袁海涛、陈黎、马志强、陈光、张金波、范新峰、刘育楠、赵静玉，在此一并表示衷心的感谢。

本书内容若有不当之处，敬请读者批评指正。

袁海东

2013 年 1 月

目　　录

基　础　篇

第 1 章　Authorware 基础 ·········· 2

1.1　概述 ····························· 2

  1.1.1　运行环境 ················· 2

  1.1.2　Authorware 的主要特点 ···· 2

1.2　Authorware 的界面 ············ 6

  1.2.1　Authorware 的启动 ········ 6

  1.2.2　Authorware 的工作环境 ···· 6

  1.2.3　标题栏 ····················· 7

  1.2.4　菜单栏 ····················· 8

  1.2.5　工具栏 ····················· 8

  1.2.6　图标选择板 ··············· 10

  1.2.7　设计窗口 ················· 11

  1.2.8　浮动面板 ················· 12

  1.2.9　属性检查器 ··············· 13

  1.2.10　常用的界面元素 ········· 13

  1.2.11　几个常用的概念 ········· 14

  1.2.12　退出 Authorware ········· 15

1.3　本章小结 ····················· 16

第 2 章　文本和图形图像的应用 ···· 17

2.1　创建第一个程序 ············· 17

  2.1.1　【显示】设计图标 ········· 17

  2.1.2　【演示】窗口 ··············· 17

  2.1.3　绘图工具箱 ··············· 21

  2.1.4　保存程序 ················· 21

2.2　绘制图形 ····················· 21

  2.2.1　创建图形对象 ············· 22

  2.2.2　对象的放置 ··············· 27

  2.2.3　多个对象的编辑 ··········· 29

  2.2.4　设置对象的覆盖模式 ······ 30

2.3　使用文本 ····················· 33

  2.3.1　创建文本对象 ············· 33

  2.3.2　编辑文本对象 ············· 34

  2.3.3　设置文本风格 ············· 36

  2.3.4　嵌入变量 ················· 39

  2.3.5　导入外部文本 ············· 41

2.4　设置【显示】设计图标的属性 ···· 43

  2.4.1　【显示】设计图标属性检查器 ··· 43

  2.4.2　现场实践：使用过渡效果 ··· 46

  2.4.3　现场实践：层的使用 ······ 48

  2.4.4　现场实践：其他显示属性 ·· 49

  2.4.5　编辑多个【显示】设计图标 ··· 50

2.5　使用图像 ····················· 51

  2.5.1　导入外部图像 ············· 51

  2.5.2　设置图像对象的属性 ······ 52

2.6　擦除对象 ····················· 55

  2.6.1　【擦除】设计图标属性检查器 ··· 55

  2.6.2　现场实践：实现特殊擦除效果 ·· 56

2.7　程序的延时 ··················· 57

  2.7.1　【等待】设计图标属性检查器 ·· 57

  2.7.2　现场实践：在程序中设置暂停 ·· 57

2.8　轻松制作片头 ················· 58

2.9　针对设计图标的操作 ········· 63

  2.9.1　设计图标的复制与移动 ··· 63

  2.9.2　设计图标的组织——【群组】

     设计图标 ··················· 64

  2.9.3　设计图标的定制 ········· 66

2.10　本章小结 ··················· 66

2.11　上机实验 ··················· 66

第 3 章　动画设计 ················· 68

3.1　【移动】设计图标 ············· 68

3.2　直接移动到终点的动画 ······ 68

  3.2.1　【移动】设计图标属性检查器 ·· 69

  3.2.2　【移动】设计图标的层属性 ····· 71

  3.2.3　现场实践：制作滚动字幕动画

     效果 ······················· 73

3.3　沿路径移动到终点的动画 ···· 74

3.3.1 "Path to End"移动方式的属性
　　　设置 ················74
3.3.2 现场实践：制作多种特殊路径 ·····75
3.3.3 现场实践：使用变量对移动
　　　进行控制 ···········76
3.4 沿路径定位的动画 ··········78
3.4.1 "Path to Point"移动方式的属性
　　　设置 ················79
3.4.2 现场实践：使用变量控制对象
　　　移动的终点 ··········79
3.5 终点沿直线定位的动画 ·······80
3.5.1 "Direct to Line"移动方式的属性
　　　设置 ················80
3.5.2 现场实践：利用数值控制终点
　　　位置 ················81
3.6 沿平面定位的动画 ··········82
3.6.1 "Direct to Grid"移动方式的属性
　　　设置 ················82
3.6.2 现场实践：实现对象跟随鼠标
　　　指针移动 ············82
3.7 本章小结 ·············84
3.8 上机实验 ·············85

第4章　交互控制的实现 ········86
4.1 交互作用分支结构 ········86
4.2 知识跟踪 ·············88
4.3 【交互作用】设计图标 ·······89
4.3.1 交互作用显示信息的创建和
　　　编辑 ················89
4.3.2 【交互作用】设计图标属性设置 ·89
4.4 按钮响应 ·············91
4.4.1 按钮响应属性设置 ·······91
4.4.2 现场实践：执行一项命令 ·····95
4.5 热区响应 ·············97
4.5.1 热区响应属性设置 ·······97
4.5.2 现场实践：实现动态提示信息 ·····98
4.6 热对象响应 ············102
4.6.1 热对象响应属性设置 ·······102
4.6.2 现场实践：利用热对象响应鼠标
　　　单击 ················103
4.7 目标区响应 ············104

4.7.1 目标区响应属性设置 ·······104
4.7.2 现场实践：看图识字 ······105
4.7.3 现场实践：浏览超大图像 ·····113
4.8 下拉式菜单响应 ·········115
4.8.1 下拉式菜单响应属性设置 ·····116
4.8.2 现场实践：使用菜单执行命令 ···117
4.8.3 现场实践：使用变量控制菜单
　　　状态 ················118
4.8.4 现场实践：创建多级菜单 ·····120
4.9 条件响应 ·············120
4.10 文本输入响应 ··········122
4.10.1 文本输入响应属性设置 ·····122
4.10.2 现场实践：输入口令 ·····124
4.10.3 现场实践：算算看 ·······125
4.11 按键响应 ············127
4.11.1 按键响应属性设置 ·······127
4.11.2 现场实践：移动棋子 ·····127
4.12 重试限制响应 ··········129
4.13 时间限制响应 ··········130
4.13.1 时间限制响应属性设置 ·······130
4.13.2 现场实践：控制交互作用的
　　　持续时间 ············131
4.14 事件响应 ············132
4.14.1 什么是Xtra ·········132
4.14.2 现场实践：与ActiveX控件
　　　进行交互 ············132
4.15 永久性响应 ···········135
4.15.1 何时使用永久性响应 ·····135
4.15.2 在程序中进行跳转 ·······136
4.15.3 永久性响应的关闭 ·······139
4.16 美化交互作用界面 ·······139
4.17 本章小结 ············142
4.18 上机实验 ············142

第5章　声音的应用 ··········143
5.1 【声音】设计图标属性设置 ···143
5.2 媒体同步 ·············145
5.3 现场实践：控制背景音乐循环
　　播放 ················147
5.4 压缩声音文件 ··········149
5.5 MP3流式音频的使用 ········150

5.6　本章小结 ……………………………… 151
5.7　上机实验 ……………………………… 151

第 6 章　数字化电影的应用 ……………… 152
6.1　数字化电影简介 ……………………… 152
6.2　【数字化电影】设计图标属性
　　　设置 …………………………………… 153
6.3　现场实践：使用位图序列制作数
　　　字化电影 ……………………………… 157
6.4　现场实践：实现数字化电影与配音、
　　　字幕之间的同步 …………………… 160
6.5　本章小结 ……………………………… 162
6.6　上机实验 ……………………………… 162

第 7 章　DVD 视频的应用 ………………… 163
7.1　准备工作 ……………………………… 163
7.2　控制 DVD 视频的播放 ……………… 164
7.3　使用函数播放 DVD 视频 …………… 168
7.4　本章小结 ……………………………… 170
7.5　上机实验 ……………………………… 170

第 8 章　决策判断分支结构 ……………… 171
8.1　决策判断分支结构的组成 ………… 171
8.2　决策判断分支结构的设置 ………… 171
　8.2.1　【决策判断】设计图标属性
　　　　　设置 …………………………… 171
　8.2.2　分支属性设置 ………………… 173
8.3　现场实践：算术测试 ……………… 173
8.4　本章小结 ……………………………… 175
8.5　上机实验 ……………………………… 175

第 9 章　导航结构 …………………………… 176
9.1　导航结构的组成 …………………… 176
9.2　【框架】设计图标 ………………… 177
　9.2.1　默认的导航控制 ……………… 177
　9.2.2　【导航】设计图标 …………… 179
　9.2.3　直接跳转方式与调用方式 …… 183
9.3　使用超文本 ………………………… 183
　9.3.1　设置文本风格 ………………… 183
　9.3.2　使用超文本对象 ……………… 185
9.4　改变默认的导航控制 ……………… 185
9.5　现场实践：创建可移动的导航
　　　按钮板 ……………………………… 186

9.6　设置页的关键词 …………………… 188
9.7　本章小结 …………………………… 189
9.8　上机实验 …………………………… 189

第 10 章　变量、函数和表达式 ………… 190
10.1　变量 ………………………………… 190
　10.1.1　变量的类型 ………………… 190
　10.1.2　系统变量和自定义变量 …… 192
　10.1.3　使用【变量】面板 ………… 193
　10.1.4　创建图标变量 ……………… 194
10.2　函数 ………………………………… 195
　10.2.1　参数和返回值 ……………… 195
　10.2.2　使用【函数】面板 ………… 195
　10.2.3　加载外部函数 ……………… 196
10.3　运算符 ……………………………… 197
　10.3.1　运算符的类型 ……………… 197
　10.3.2　运算符的优先级和结合性 … 198
10.4　表达式和程序语句 ……………… 199
10.5　【运算】窗口的使用 …………… 201
　10.5.1　工具栏 ……………………… 201
　10.5.2　状态栏 ……………………… 202
　10.5.3　提示窗口与弹出菜单 ……… 203
　10.5.4　插入代码片段 ……………… 205
　10.5.5　【运算】窗口的属性设置 … 206
10.6　列表的使用 ……………………… 207
　10.6.1　线性列表 …………………… 207
　10.6.2　属性列表 …………………… 209
　10.6.3　多维列表 …………………… 210
10.7　创建与使用脚本函数 …………… 210
　10.7.1　内部脚本函数 ……………… 210
　10.7.2　脚本函数的管理 …………… 212
　10.7.3　参数的使用 ………………… 213
　10.7.4　外部脚本函数 ……………… 214
　10.7.5　字符串脚本函数 …………… 215
10.8　现场实践：编写代码 …………… 215
　10.8.1　制作（【演示】）窗口显示
　　　　　过渡效果的程序 …………… 215
　10.8.2　制作单选按钮组 …………… 216
　10.8.3　在程序文件之间跳转 ……… 217
　10.8.4　使用 Windows 常用控制 …… 218
10.9　使用 JavaScript 编程 …………… 221

10.9.1　JavaScript for Authorware·········221

10.9.2　Authorware 文档对象模型··········221

10.9.3　书写 JavaScript（JS）代码·······222

10.9.4　JavaScript 变量··················222

10.9.5　aw 对象·······················223

10.9.6　Icon 对象······················224

10.9.7　Datatype 对象···················225

10.10　本章小结·························226

10.11　上机实验·························227

第 11 章　程序的调试·····················228

11.1　调试方法··························228

11.1.1　使用【开始标志】和

【结束标志】·················228

11.1.2　使用控制面板··················229

11.1.3　其他调试技巧··················231

11.2　如何避免出现错误···················232

11.3　本章小结··························233

11.4　上机实验··························233

第 12 章　程序的打包与发行··············234

12.1　打包和发行前的准备·················234

12.1.1　决定多媒体数据的存放位置····234

12.1.2　准备工作目录··················236

12.1.3　使用路径······················237

12.1.4　带上支持文件··················238

12.1.5　自动查找 Xtras 文件···········240

12.2　一键发行··························240

12.2.1　发行设置······················241

12.2.2　批量发行与单独打包··········252

12.3　本章小结··························252

12.4　上机实验··························252

提 高 篇

第 13 章　库和知识对象···················254

13.1　库的应用··························254

13.1.1　库文件的建立··················254

13.1.2　库文件的编辑··················254

13.1.3　使用库设计图标················256

13.1.4　将库文件打包··················259

13.2　知识对象··························260

13.2.1　模块的概念····················260

13.2.2　了解知识对象··················261

13.2.3　模块选择板····················264

13.2.4　现场实践：取得光盘驱动器

的盘符······················265

13.2.5　现场实践：控制数字化电影

的播放······················267

13.3　本章小结··························270

13.4　上机实验··························270

第 14 章　与外部交换数据················271

14.1　读/写外部文本文件··················271

14.1.1　现场实践：保存数据···········271

14.1.2　相关系统函数和系统变量······273

14.1.3　利用外部应用程序处理数据····274

14.2　开放式数据库连接···················274

14.2.1　ODBC 和 SQL··················274

14.2.2　现场实践：从 FoxPro 数据库中

取得数据····················276

14.2.3　现场实践：从 Visual FoxPro 数

据库中取得数据··············279

14.2.4　现场实践：从 Excel 工作簿中

取得数据····················280

14.2.5　现场实践：从文本文件中取得

数据························281

14.2.6　现场实践：从 Microsoft dBase

数据库中取得数据············282

14.2.7　动态连接数据库················283

14.3　本章小结··························284

14.4　上机实验··························284

第 15 章　OLE 与 ActiveX················285

15.1　使用 OLE 对象······················285

15.1.1　加入 OLE 对象··················285

15.1.2　现场实践：OLE 对象的应用···288

15.2　使用 ActiveX 控件···················290

15.2.1　ActiveX 控件的属性············290

15.2.2　ActiveX 控件的安装与注册·····294

15.2.3 现场实践：创建一个 Web
浏览器 ························295

15.2.4 现场实践：播放 Shockwave
Flash 动画 ·················297

15.2.5 现场实践：制作流媒体播放器····299

15.2.6 现场实践：Web 3D 技术应用·····301

15.2.7 现场实践：使用 Agent 与 TTS
技术 ······················302

15.3 本章小结 ·······················306

15.4 上机实验 ·······················306

第 16 章 高级设计方法·················307

16.1 Windows API 的应用·············307

16.2 创建自定义函数·················308

16.2.1 在 DLL 和 U32 之间做出选择···308

16.2.2 使用 Windows 标准动态
链接库（DLL）··············309

16.2.3 使用专用函数库（U32）········311

16.3 播放 GIF 动画··················313

16.4 播放虚拟现实电影 ··············314

16.4.1 虚拟现实电影的导入···········314

16.4.2 虚拟现实电影的播放···········315

16.5 播放 Flash 动画················316

16.6 多信息文本（RTF）对象的应用·····317

16.6.1 RTF 对象编辑器（RTF Object
Editor）···················317

16.6.2 RTF 对象的使用··············322

16.7 输出内部多媒体数据 ············330

16.8 设计图标的批量处理 ············331

16.9 本附录小结 ····················332

16.10 上机实验 ·····················332

附录 A 系统变量 ·····················333

附录 B 系统函数 ·····················346

附录 C 设计图标属性 ················375

附录 D 外部函数 RTFObj.u32 ··········383

基 础 篇

- 创建基本的界面元素

- 学习制作特技和动画效果

- 综合利用各种多媒体数据

- 练习使用各种交互控制

- 学习对程序流程进行控制

- 学习编写代码和调试程序

- 学习打包和发行程序

第1章 Authorware 基础

1.1 概 述

Authorware 是一套多媒体开发工具，与其他编程工具的不同之处在于它采用基于设计图标和流程图的程序设计方法，具有可以不写程序代码的特色，即使是非专业人员也能够使用它创作交互式多媒体程序。

1.1.1 运行环境

Macromedia 公司推荐 Authorware 7.0 使用的操作系统是 Microsoft Windows 2000、XP 或更新的版本。本书采用的是 Windows XP 操作系统，所以，当你发现本书的插图与你在机器上实际看到的稍有不同时，请不要感到意外，这并不会妨碍你使用本书。同时为了尽量方便大多数读者，在制作本书插图时使用了经典的 Windows 界面风格。

Authorware 在具有 64MB 空闲内存的 Pentium 机器上就可以运行，但如果你想每天都能够做一些有实效的工作，而不是把大好时光都打发在成天盯着沙漏状的鼠标指针上，那么具有 128MB 以上内存的 Pentium II 才是你恰当的选择，而具有 256MB 内存的 Pentium III 可以发挥 Authorware 的最大效能。如果你习惯于同时打开多个 Authorware 程序开展设计工作，那么请为每个 Authorware 程序额外准备 64MB 的内存空间。

当然，你使用 Authorware 的目的是进行多媒体软件开发，这就要求你的机器必须配备一块声卡、一对音箱（或是一副耳机）和一块支持 24 位真彩色的显卡，否则你在处理声音或图像时，可能会遇到问题（除非你的多媒体作品不准备包含动听的声音、精美的画面）。Authorware 本身占据的硬盘空间并不大（大约 90MB 左右），需要考虑的是成百上千兆字节的多媒体素材（依项目大小而定），所以你最好有一个光盘驱动器。如果你准备在程序中使用 DVD 高清晰度视频，那么请安装一个 DVD-ROM 驱动器。

还有一个必须注意的问题，那就是需要有一台 15 英寸的显示器，17 英寸的当然更好。因为在开发过程中，屏幕上会出现许多窗口、工具条，以至于对处在 640×480 显示模式下的显示器来说，很难有足够的空间把它们同时显示在屏幕上，这样你就必须不停地将各种窗口拖来拖去，以得到一个合适的观察位置。更糟糕的是，你开发的软件往往是直接运行于 640×480 显示模式下的，单演示窗口就能够占据整个屏幕，你花在拖动各种窗口上的时间，可能会比你设计流程用去的时间还要多。因此你需要的是 800×600 甚至 1024×768 的显示模式，而这种要求对于 14 英寸的显示器来说实在是勉为其难。

需要说明的一点是：你开发出的作品仍然可以运行在 640×480 显示模式下——这也是 14 英寸显示器通常处于的模式，只是开发工具占据了屏幕上额外的空间。另外，虽然使用 Authorware 进行开发工作对软、硬件环境的要求较高，但你开发出的作品仍然可以运行在具有 32MB 以上空闲内存并使用着 Windows 98 SE/2000/Me/XP/NT 4 系统的 Pentium 机器上。

1.1.2 Authorware 的主要特点

Authorware 是一套功能强大的多媒体创作工具，具有如下特点。

1．具备文本、图形图像、动画、数字化电影、DVD、声音等多媒体素材的集成能力

多媒体创作需要各种专业人士（美工、摄像师、录音师等），Authorware 本身并不能制造出音乐、数字化电影，也不是一个很好的图像处理工具，它的优势在于支持多种格式的多媒体文件，能够把这些素材集成到一起，并以它特有的方式进行合理的组织安排，最终能以适当的形式将各种素材交互地表现出来，形成一个交互性强、富有表现力的作品。Authorware 在多媒体创作过程中所处的地位如图 1-1 所示。最新的 7.0 版完全可以支持包括 Flash MX、Windows Media、QuickTime 在内的大量新型的多媒体数据格式。

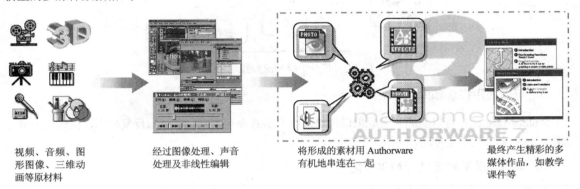

视频、音频、图　　经过图像处理、声音　　将形成的素材用 Authorware　　最终产生精彩的多
形图像、三维动　　处理及非线性编辑　　有机地串连在一起　　媒体作品，如教学
画等原材料　　　　　　　　　　　　　　　　　　　　　　　　　　课件等

图 1-1　Authorware 在多媒体创作过程中所起的作用

2．具备多样化的交互作用能力，提供强有力的交互控制

在运用 Authorware 创作多媒体交互程序的过程中，有多种交互作用响应类型可供选择，而每种交互作用响应类型对用户的输入又可做出若干不同的反馈，对流程的控制既可以很简单，也可以很复杂。最终的程序可使用菜单、按钮，甚至是屏幕上的一幅图像、一片区域同用户进行交互。

3．具备文字、图形图像、动画处理能力

Authorware 并不完全依赖图形图像处理工具、动画制作工具进行多媒体素材的制作，它本身具备基本的图形图像处理能力，能够绘制简单的图形、对图像进行缩放、改变图像的显示方式、控制对象的运动，而且在开发过程中对不满意的地方可以随时进行修改——只需用鼠标双击屏幕上要修改的地方就行。此外，Authorware 还具备文字处理能力，可以控制文字对象的外观，对一段文字进行简单的格式编排。

4．具备直观易用的开发界面

Authorware 7.0 提供了 14 个形象的设计图标，采用流程线将它们组织起来，整个程序的结构和设计意图在屏幕上一目了然（见图 1-2），初学者非常容易上手，以前用过 C 或 Pascal 的程序设计人员，从此再也用不着依靠行缩进来搞清楚程序的结构了。Authorware 支持鼠标拖放操作（drag-and-drop），可以将多媒体文件（包括声音、视频、图像等）从资源管理器或图像浏览器中直接拖放到流程线上、设计图标中及库文件之中，还可以通过拖放操作建立设计图标之间的联系，这是真正的可视化创作（visual authoring）。

Authorware 7.0 采用了与 Macromedia 公司其他产品相似的界面，通过活动的设计图标选择板和各种浮动的工具面板，可以轻松选用各种设计图标、变量、函数和知识对象，设计人员可以随时控制这些工具面板的停靠、折叠、展开和关闭，从而得到一个理想的工作环境。可以浮动和折叠的属性检查器也替代了 Authorware 旧版本中的各种属性对话框。

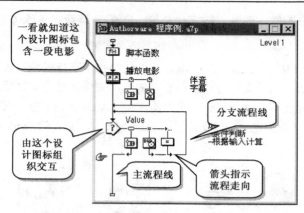

图 1-2   设计图标和流程线示意图

5．可以使用模块和库

Authorware 允许将以前的开发成果以模块或库的形式保存下来，在今后反复使用，同时便于分工合作，避免大量的重复劳动。

6．具备强劲的数据处理和集成能力

运用 Authorware 提供的系统变量和函数可以进行复杂的运算，而且允许开发人员定义和使用自己的变量、外部函数和脚本函数，支持 ODBC（开放式数据库连接）、OLE 和 ActiveX 技术，善用这些技术，可以开发出具有专业水准的应用程序。Authorware 7.0 强化的 ActiveX 控件扩展，使程序设计人员可以利用目前大量 ActiveX 控件的全部功能，轻而易举地在多媒体程序中应用各种流行的多媒体技术，如 Web 3D、流式媒体、Agent、TTS、Flash 动画等。

7．提供了设计模板

Authorware 提供了知识对象（Knowledge Object），这是一种智能化的设计模板，开发人员可以根据需要选用不同的知识对象，从而能大大提高工作效率。Authorware 7.0 开放了所有的设计图标属性，为设计人员开发自己的知识对象提供了极大的便利。

8．提供强大的代码编辑、调试功能和 JavaScript 支持

功能强大的代码编辑窗口（如图 1-3 所示）为愿意编写代码的开发人员提供了极大的方便。它提供了可与专业代码编辑器相媲美的功能。它可以根据上下文自动选择所需的系统变量和函数，自动进行逐级缩进与括号匹配，灵活插入自定义的代码片段，文本着色功能可以使开发人员清楚地分辨系统变量、自定义变量与各种符号。Authorware 7.0 还提供了帮助设计人员调试程序的新功能，这些新的功能允许设计人员设置调试信息，或者为程序设置调试断点。

在 Authorware 7.0 中可以编写和运行 JavaScript 代码，熟悉 JavaScript 的设计人员现在有了一个崭新的选择：你可以继续使用传统的 Authorware 设计语言（Authorware Script Language, ASL），或者使用 1.5 版的 JavaScript 语言（简称 JS）。

9．提供方便强大的发行功能

Authorware 7.0 集成了强大的发行功能，只需一步操作，就可以保存项目并将项目发行到 Web、CD-ROM/DVD-ROM、本地硬盘或局域网。Authorware 为 Mac OS X 系统提供了独立的执行器、打包工具和 Web 播放器，便于设计人员将多媒体程序发行到 Mac 系统环境中运行。

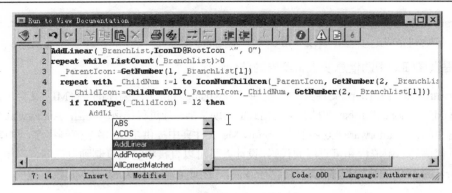

图 1-3　功能强大的代码编辑窗口

10．对网络应用提供完善的支持

Authorware 通过使用增强的流技术（Advance Streamer），极大地提高了网络程序的下载效率，它通过跟踪和记录用户最常使用的程序内容，智能化地预测和下载程序片段，因此可以节省大量的下载时间，提高了程序运行的效率。在线执行的程序可以使用 MP3、WMV、ASF 等多种流式媒体，通过使用高压缩率及低带宽的流式媒体，可以大幅度提高在线程序的执行速度，增强程序的表现效果。Authorware 7.0 支持向程序中导入基于 XML 的内容，并且完全兼容目前新的 XML 语法，还可以将用户手中的大量 Microsoft PowerPoint 演示文稿转化为 XML 格式（需要有 Microsoft PowerPoint 2000 或 XP 的支持）并导入程序中，但是目前这一功能对中文操作系统的兼容性仍有待改善。

11．多信息文本编辑器

使用新型的多信息文本编辑器可以创建多信息文本文件。多信息文本编辑器提供了高级排版功能，同时还支持嵌入图像、图形和 Authorware 表达式。通过对外部的多信息文本文件进行动态链接，可以创建更易于设计、升级和维护的程序。

12．提供对 DVD 高清晰度电影的支持

通过 Authorware 7.0，设计人员可以将 DVD 视频融入程序中，使其成为多媒体程序的一部分。Authorware 旧版本中的 LD（Laser Disk，激光视盘）播放功能已经被新的 DVD（Digital Video Disk，数字化视频光盘）播放功能取代，旧的视频类函数同时被新的 DVD 控制函数取代。

13．增强产品的易用性

Authorware 7.0 提供了新的语音扩展，可以方便地利用多种 TTS（Text-To-Speech，文本发声）引擎，创建出可以讲话的多媒体程序。同时，Authorware 7.0 对 WCAG 电子信息无障碍使用标准提供了多方面的支持，使设计人员可以开发出便于残障人士使用的多媒体程序。

14．具备内置的数据跟踪能力

Authorware 是强有力的在线多媒体教学工具，可以迅速创建基于 Web、局域网及 CD-ROM 的在线多媒体教学、训练软件，目前在国际上已成为课件制作软件领域的工业标准。由 Authorware 创建的课件（Courseware，教学软件）可以与广泛的 LMS（Learning Management System，学习管理系统）进行沟通，其内置的数据跟踪功能符合 AICC（Aviation Industry CBT Committee，航空工业计算机辅助训练委员会）标准。Authorware 同时也支持 JavaScript URLs，可以与使用 SCORM（Shareable Courseware Object Reference Model，可共享课件对象参照模型）的学习管理系统进行沟通。新增的 LMS 知识对象

使 Authorware 可以与任意符合 AICC 或 SCORM 标准的学习管理系统进行通信，它包含一个使用向导，指导设计人员顺利完成这项曾经烦琐异常、令人生畏的工作。

15．提供详细的帮助信息及大量精彩的范例程序

Authorware 7.0 在 Help 文件夹中，提供了 awusing.chm（已编译的 HTML 文档）和 Using_Authorware.pdf（Adobe Acrobat 文档）两种格式的帮助文档。通过优化帮助文档，Authorware 7.0 安装后占用的硬盘空间比 Authorware 6.0 还要少。Show Me 文件夹中提供了 90 多个范例程序，这些范例程序提供了极具价值的示范流程和可重用的代码，设计人员可以直接将它们复制到自己的程序中加以利用。因为 Authorware 提供的范例程序包含对自身的讲解，因此它们也称为 Show Me 教学程序。

1.2　Authorware 的界面

1.2.1　Authorware 的启动

Authorware 的启动方式和其他 Windows 应用程序没有太大区别，步骤如下。

（1）单击 Windows 任务栏上的【开始】按钮。

（2）选择【程序】级联菜单中的【Macromedia】程序组。

（3）在下拉菜单中选择【Macromedia Authorware 7.0】程序项，单击鼠标左键启动 Authorware。

在启动画面之后，出现 Authorware 的主窗口。每次进入 Authorware，都会出现【New Project】（【新建项目】）对话框，提示你为新建立的文件选择一个知识对象，如图 1-4 所示。现在单击【Cancel】命令按钮或按下 Esc 键关闭此窗口。关于知识对象的内容在第 13 章进行介绍，而且在运用知识对象之前，最好对使用 Authorware 进行多媒体程序设计的一般技术有相当程度的了解，所以目前暂时不用去管它。

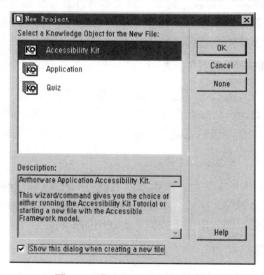

图 1-4　【New Project】对话框

1.2.2　Authorware 的工作环境

你的工作环境处于 Authorware 主窗口中（如图 1-5 所示），它由标题栏、菜单栏、工具栏、图标选择板、设计窗口、【演示】窗口、属性检查器和浮动面板 8 大部分构成。【演示】窗口将在第 2 章中详细讲解，本节先对其他部分进行简要介绍。

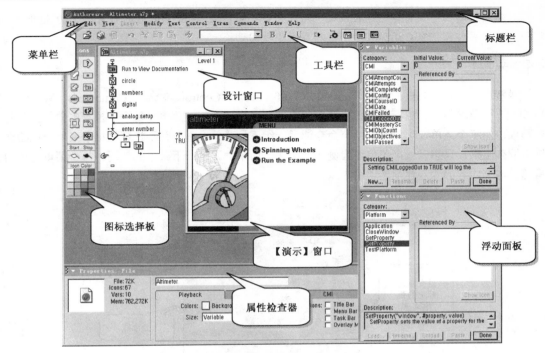

图 1-5　Authorware 主窗口

1.2.3　标题栏

Authorware 的标题栏（如图 1-6 所示）与其他 Windows 应用程序的标题栏相似，由窗口名称、控制菜单图标、最大化按钮、最小化按钮、关闭按钮组成。这里简要说明一下各个部件的用途。

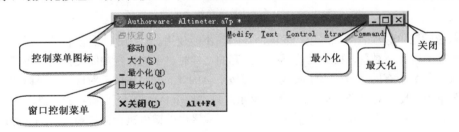

图 1-6　Authorware 主窗口标题栏

（1）窗口标题栏 Authorware 程序名的后方，显示出当前正在打开的程序文件的名称，字符"*"表示对当前程序文件所做的修改工作尚未保存。

（2）单击最大化按钮，则窗口会占据整个显示屏幕，且最大化按钮会被 ⬚（还原按钮）代替。

（3）单击最小化按钮，则 Authorware 主窗口缩小为 Windows 任务栏上的一个按钮，单击此按钮，窗口将恢复为原大小。

（4）鼠标指针处于标题栏上时，按下鼠标左键拖动鼠标可将窗口在屏幕上移动（此操作在窗口已经最大化时不可进行）。

（5）单击关闭按钮可关闭窗口，双击控制菜单图标也能关闭窗口。

（6）当鼠标指针处于窗口边框上时，按下鼠标左键拖动鼠标可手工调整窗口大小。

（7）单击控制菜单图标可弹出窗口控制菜单，此菜单包含的功能与以上提及的操作类似。

双击标题栏可使窗口迅速在最大化与原大小之间切换；单击 Windows 任务栏上的 Authorware 窗口按钮可使窗口迅速在最小化与原大小之间切换。

1.2.4　菜单栏

　　菜单栏包括 File、Edit、View、Insert、Modify、Text、Control、Xtras、Commands、Window 和 Help 共 11 个菜单组，用鼠标单击每个菜单组名都会弹出一个下拉菜单，每个下拉菜单中都包含若干菜单选项，而每个菜单选项代表着一个命令或另一级下拉菜单。本节并不打算将每个菜单选项的含义在这里罗列出来，只想以一个菜单组为例（如图 1-7 所示）讲解一下菜单的使用。每个菜单选项的含义将随着本书内容的深入逐渐展现给大家。

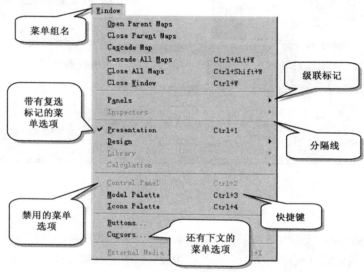

图 1-7　【Window】菜单组中的菜单选项

　　（1）灰色的菜单选项表明该选项代表的命令当前不能使用。原因是多种多样的，最有可能的是执行该命令所需的条件不具备，比如目前不存在打开的文件时，不能执行关闭文件的命令。

　　（2）菜单组名中有的字母带有下画线，表明按下 Alt 键的同时再按下对应于带下画线字母的键就打开了该菜单组，比如想打开【Window】菜单组，只需按下 Alt+W 组合键；菜单选项中有的字母带有下画线，表明在打开了菜单组后按下对应于带下画线字母的键就执行该选项代表的命令；在未打开菜单组的情况下，可以使用快捷键直接执行对应菜单选项代表的命令。

　　（3）带有省略号（...）的菜单选项表明选择该选项后将会弹出一个对话框，要求你输入更多的信息或确认一下某些设置。

　　（4）带有三角形级联标记的菜单选项表示其下还有一级菜单，选择该选项之后下一级菜单就会弹出。

　　（5）带有复选标记的菜单选项其实是一个命令开关，每选择一次该选项，它的状态就切换一次。复选标记出现表明菜单选项代表的功能已经打开，复选标记消失表明该功能已被关闭。

　　（6）分隔线用于直观地将菜单选项进行分组，以使用户更容易找到所需的命令。

1.2.5　工具栏

　　Authorware 的工具栏共有 18 种工具，代表了在开发过程中最常用到的命令。其实这些命令在 Authorware 的菜单中都已提供，它们主要是帮助你提高工作效率，不用反复在繁多的菜单选项中寻找所需的命令。这些工具提供的功能简要介绍如下：

【新建】命令按钮，用于创建一个新文件，单击此按钮将会出现一个"未命名"（Untitled）的设计窗口。如果你在这之前的工作尚未存盘，Authorware 会弹出一个提示窗口，提醒你保存你的工作成果。

等效菜单操作：File→New→File   快捷键：`Ctrl`+`N`

【打开】命令按钮，用于打开一个已经存在的文件，单击此按钮将会出现【Select a file:】对话框，让你选择一个文件来打开。如果你在这之前的工作尚未存盘，Authorware 会弹出一个提示窗口，提醒你保存你的工作成果。

等效菜单操作：File→Open→File   快捷键：`Ctrl`+`O`

【全部保存】命令按钮，用于将当前打开的所有文件（包括程序文件、库文件）存盘。如果当前文件未命名（Untitled），则 Authorware 会逐个提示你为未命名的文件命名。

等效菜单操作：File→Save All   快捷键：`Ctrl`+`Shift`+`S`

【导入文件】命令按钮，用于直接向流程线、【显示】设计图标、【交互作用】设计图标（设计图标将在稍后介绍）中导入文本、图形、声音及数字化电影文件。单击此按钮会出现【Import which file?】对话框，让你从中选择要导入的文件。

等效菜单操作：File→Import   快捷键：`Ctrl`+`Shift`+`R`

【撤销】命令按钮，单击此按钮可以撤销最近一次操作。若撤销操作之后又后悔了，还想回到撤销之前的状态，再单击一下此按钮就行了，这个操作在别的应用程序中也称重做（Redo）。

等效菜单操作：Edit→Undo   快捷键：`Ctrl`+`Z`

千万别以为有了这个命令按钮，就可以在 Authorware 中为所欲为——并非每个操作都能被完全撤销。

【剪切】命令按钮，单击此按钮可以将当前选中的内容转移到剪贴板上。当前选中的内容可以是设计图标，也可以是文本、图像、声音、数字化电影等。

等效菜单操作：Edit→Cut   快捷键：`Ctrl`+`X`

【复制】命令按钮，单击此按钮可以将当前选中的内容复制一份放到剪贴板上。

等效菜单操作：Edit→Copy   快捷键：`Ctrl`+`C`

【粘贴】命令按钮，单击此按钮可以将剪贴板上的内容复制一份到当前插入点所处位置。

等效菜单操作：Edit→Paste   快捷键：`Ctrl`+`V`

【复制】操作是不能被撤销的！如果当前剪贴板上有内容，而你又再次按下【复制】按钮，当前剪贴板上的内容就被替换掉——先前的内容永久性地消失了，而此时【撤销】命令按钮什么也做不了。

【查找/替换】命令按钮，用于查找指定的对象，还可以将找到的对象用你指定的内容进行替换。单击此按钮，会出现【Find】对话框，让你输入待查找的对象、用以替换的内容及开展查找的方式。

等效菜单操作：Edit→Find   快捷键：`Ctrl`+`F`

[Default Style] ▼

【文本样式列表框】用于选择一种定义过的样式应用到当前的文本对象上。单击带有下箭头的按钮会弹出一个样式列表，样式的定义在第 2 章介绍。

【粗体】命令按钮，用于将选中的文本对象转化为粗体样式，如"ABC"变为"**ABC**"。

等效菜单操作：Text→Style→Bold　　　　　　快捷键：`Ctrl`+`Alt`+`B`

I　【**斜体**】命令按钮，用于将选中的文本对象转化为斜体样式，如"ABC"变为"*ABC*"。

　　等效菜单操作：Text→Style→Italics　　　　　快捷键：`Ctrl`+`Alt`+`I`

U　【**下画线**】命令按钮，用于将选中的文本对象转化为带下画线的样式，如"ABC"变为"ABC"

　　等效菜单操作：Text→Style→Underline　　　　快捷键：`Ctrl`+`Alt`+`U`

▶　【**运行**】命令按钮，用于运行当前打开的程序，如果你在程序中插入了【开始标志】，则 Authorware 控制程序从【开始标志】所处的位置开始运行。

　　等效菜单操作：Control→Restart　　　　　　快捷键：`Ctrl`+`R`

　　【**控制面板**】命令按钮，单击此按钮，会出现【Control Panel】窗口，用于控制程序的运行，可对程序进行调试。

f(x)　【**函数**】命令按钮，单击此按钮，会出现【Functions】面板，面板中列出了所有的系统函数、自定义函数及函数的描述。

　　等效菜单操作：Window→Panels→Functions　　　快捷键：`Ctrl`+`Shift`+`F`

　　【**变量**】命令按钮，单击此按钮，会出现【Variables】面板，面板中列出了所有的系统变量、自定义变量及变量的描述。

　　等效菜单操作：Window→Panels→Variables　　　快捷键：`Ctrl`+`Shift`+`V`

`KO`　【**知识对象**】命令按钮，单击此按钮，会出现【Knowledge Objects】面板，面板中列出了所有的知识对象及对知识对象的描述。

　　等效菜单操作：Window→Panels→Knowledge Objects　快捷键：`Ctrl`+`Shift`+`K`

这些命令按钮和菜单选项一样，也用灰色表示该命令按钮当前不可用，如当前没有打开的文件时，　（【全部保存】命令按钮）会变为　。Authorware 工具栏中只有【新建】、【打开】、【帮助指针】3 个命令按钮永远是可用的。

　当你记不起某个命令按钮是干什么用的时，将鼠标指针移到命令按钮上稍等片刻，命令按钮下就会出现工具提示（Tool Tips）。这一技巧对设计图标同样适用。

1.2.6　图标选择板

　　Authorware 中 14 种设计图标提供了全面的交互式多媒体程序开发能力，每种设计图标都有其独特的工作方式和功能。

　　【**显示**】设计图标，用于显示正文和图形图像。打开【显示】设计图标之后，可以使用文本输入工具输入文本，使用绘图工具绘制图形，还可以用来导入文本文件和图像文件。

　　【**移动**】设计图标，用于移动屏幕上显示的对象。【移动】设计图标可以控制对象移动的速度、路线和时间，可以用它生成简单的动画效果，被移动的对象可以是文本、图形图像甚至是一段数字化电影。

　　【**擦除**】设计图标，用于擦除屏幕上显示的对象。它的精彩之处在于能够指定对象消失的效果，比如逐渐隐去、关闭百叶窗等。

　　【**等待**】设计图标，当程序运行到这里时会等上一段由它来指定的时间。如果你制作了几幅精彩的画面并希望别人在那儿多看几眼时，就用它好了。

　　【**导航**】设计图标，实现到程序内任一页的跳转。附属于【框架】设计图标的设计图标称为页，程序运行到这里时会自动跳转到由【导航】设计图标指定的页中。

【框架】设计图标，包含了一组【导航】设计图标，提供了各页之间跳转的手段；其下附属的设计图标称为页，可作为【导航】设计图标的目的地。

【决策判断】设计图标，用于设置一种决策手段，附属于【决策判断】设计图标的其他设计图标称为分支图标，分支图标所处的分支流程称为分支路径。利用【决策判断】设计图标不仅可以决定分支路径的执行次序，还可以决定分支路径被执行的次数。

【决策判断】设计图标可用来实现类似程序语言中的 IF/THEN/ELSE、DO CASE/ENDCASE、FOR/ENDFOR、DO WHILE/ENDDO 等逻辑结构。

【交互作用】设计图标，用于提供交互接口。附属于【交互作用】设计图标的其他设计图标称为响应图标，【交互作用】设计图标和响应图标共同构成交互作用分支结构。Authorware 强大的交互能力正源于交互作用分支结构。

【运算】设计图标，用于执行各种运算，在这里可以执行一个函数、计算一个表达式或设计更复杂的程序代码。

【群组】设计图标，用于容纳多个设计图标，善用此设计图标可以优化设计窗口空间、增加程序可读性。

【数字化电影】设计图标，用于导入一个数字化电影文件，并可以对数字化电影的回放提供控制。

【声音】设计图标，用于导入声音文件，并可以对声音的回放提供控制。

【DVD】设计图标，用于在程序中控制 DVD 的播放。

【知识对象】设计图标，用于创建自定义知识对象。

【开始标志】（Start）用于设置程序运行的起点，【结束标志】（Stop）用于设置程序运行的终点。设置好【开始标志】和【结束标志】的位置后，单击【运行】命令按钮，则程序只从【开始标志】处运行到【结束标志】处。它们只在程序设计期间有效。

【图标颜色板】允许你为当前选中的设计图标选择一种颜色，以区分其层次性、重要性或特殊性，对程序的运行没有任何影响。

图标选择板中的【开始标志】、【结束标志】和【图标颜色板】并不是设计图标，而是用于程序调试的工具。

1.2.7　设计窗口

Authorware 中的设计窗口如图 1-8 所示。在设计过程中，一个打开的程序可以拥有一个或多个设计窗口，现将设计窗口简介如下。

（1）设计窗口标题栏与其他 Windows 应用程序窗口标题栏类似，只是【最大化】按钮永远是灰色禁用的。

（2）设计窗口左侧的竖直线段称为主流程线，表示分支路径的线段称为分支流程线。

（3）当前选中的设计图标以深色显示，同时该设计图标的标题也用深色显示。

（4）设计窗口右上角的数字表示该设计窗口所处的层次。双击窗口中任何一个【群组】设计图标将会打开下一层设计窗口，显示出该【群组】设计图标的内容。

（5）第一层设计窗口的窗口标题是当前打开的程序文件名，以下各层设计窗口分别以各自所属的【群组】设计图标命名。

（6）主流程线的最上方和最下方分别有一个【入口点】标志、【出口点】标志。第一层设计窗口的【入口点】代表整个程序的起点，【出口点】代表整个程序的终点；以下各层设计窗口的【入口点】和【出口点】分别表示一个群组的入口和出口。

（7）在任何时刻当前设计窗口只能有一个，它的标题栏会加亮显示。

（8）在执行【粘贴】操作时，剪贴板上的内容将会复制到手形插入指针所处的位置。

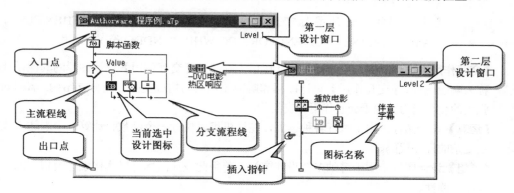

图 1-8　Authorware 的设计窗口

1.2.8　浮动面板

Authorware 7.0 提供了 3 种浮动面板：【Functions】面板、【Variables】面板和【Knowledge Objects】面板。浮动面板通常停靠在 Authorware 主窗口右侧，设计人员随时可以将它们拖放到屏幕中任意位置处，甚至拖放到 Authorware 主窗口之外：只需在鼠标指针处于面板标题栏左方的拖放区时（拖放区由 5 个点标识，此时鼠标指针的形状变为十字箭头形✛，如图 1-9 所示），按下鼠标左键并拖动鼠标即可。

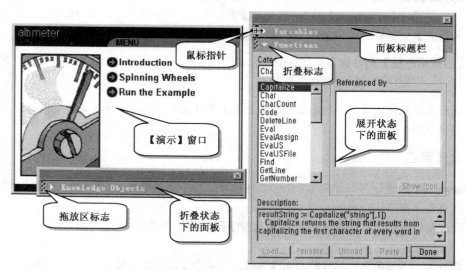

图 1-9　不同状态下的浮动面板

如图 1-9 所示，浮动面板既可以在屏幕中成组放置（如图中所示的【Functions】面板和【Variables】面板），也可以单独摆放（如图中所示的【Knowledge Objects】面板）。将【Knowledge Objects】面板拖放到另两个面板上方，就可以使 3 个浮动面板成为一组。但是无论如何摆放，浮动面板总是处于其他窗口的前面，使设计人员在任何时刻都能够方便地获得各种变量、函数和知识对象。

单击浮动面板的标题栏，可以使面板在展开或折叠状态之间进行切换，面板标题栏左侧的三角形折叠标志指示面板的当前状态：指向右方，表示面板当前处于折叠状态；指向下方，则表示面板当前处于展开状态。单击工具栏中的【函数】命令按钮、【变量】命令按钮或【知识对象】命令按钮，可以关闭或打开对应的浮动面板。已经被拖放到屏幕中间的浮动面板，可以通过上述 3 个命令按钮使其快速恢复到停靠状态。

1.2.9　属性检查器

属性检查器可以视为一种较为特殊的浮动面板，如图 1-10 所示，它同样可以被折叠、展开和移动，也可以停靠在 Authorware 主窗口的下方。其作用则完全不同于前述 3 个浮动面板，它可以使用各种属性检查器显示和设置当前程序文件、设计图标或分支流程的属性，究竟显示哪些内容视设计人员当前选择的对象而定。执行 Window→Panels→Properties 菜单命令，或者按下 Ctrl + I 组合键，可以打开或关闭属性检查器，图 1-10 所示的是一个【显示】设计图标属性检查器，在其中可以预览【显示】设计图标的内容，并对其属性进行设置。

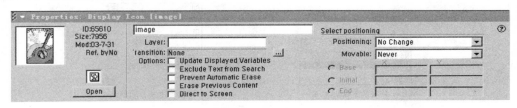

图 1-10　属性检查器

1.2.10　常用的界面元素

在使用 Authorware 进行开发的过程中，会遇上各种各样的按钮、列表框及其他界面元素（如图 1-11 所示），在这里对它们进行一下简要说明。本书在以后的章节中将不再回答"什么是选项卡组"之类的问题。

（1）预览框能粗略地显示出选择的对象，如按钮、图像、指针的样式等，给你一个大概的印象。

（2）命令按钮允许你执行一个操作。当命令按钮的名称后面有省略号时，单击命令按钮会首先为你提供一个对话框窗口，让你输入进一步的信息。

（3）选项卡用以将各种功能和选项按照特定的主题分类，选项卡通常以组出现，一个选项卡组可以包含多个选项卡，每个选项卡的主题显示在标签（选项卡的突耳）上。单击某个标签可以切换到它所代表的选项卡，如图 1-11(a)中的选项卡组显示的是【Interaction】选项卡的内容，图 1-11(b)中同一选项卡组显示的则是【Layout】选项卡的内容。

（4）文本框供输入或编辑一行文本。

（5）下拉列表框使你能够从一个预定义的列表中选取一个项目，单击下拉列表框右侧向下箭头就会弹出列表，如图 1-11(c)所示；如果列表中的选项比较多，Authorware 还会给你提供一个带有垂直滚动条的列表框，如图 1-11(d)所示。

（6）复选框其实是一个选项开关，每单击一次复选框，它的状态就切换一次。带有复选标记表示它处于打开状态。有些资料中也把它叫做复选按钮，因为在它们成组放置的时候，一次可以选中多个（与下面的单选按钮相反）。

（7）单选按钮组为你提供一组互斥的选项，你一次只能从中选取一个。

（8）单击对话按钮可以弹出一个对话框，在那里你可以输入更多的信息或进行更加详细的设置。

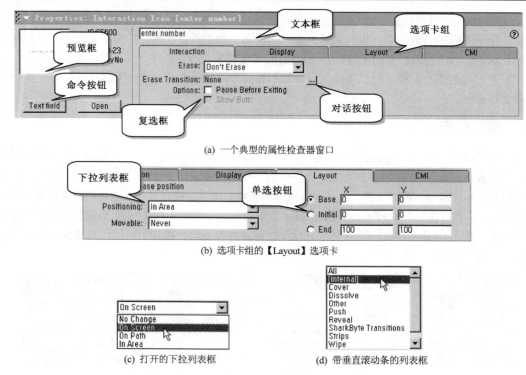

(a) 一个典型的属性检查器窗口

(b) 选项卡组的【Layout】选项卡

(c) 打开的下拉列表框　　　　　　　(d) 带垂直滚动条的列表框

图 1-11　Authorware 中最常用的界面元素

 从现在起要养成一个好习惯，那就是坚持使用正确的术语，这使你同别人交流时不会闹出"那个白色的右边带箭头的东西"之类的笑话，更重要的是在向行家学习或查阅资料时，不会存在表达上的障碍。

1.2.11　几个常用的概念

本节中解释的几个概念会在使用 Authorware 的过程中经常遇到。

1. 显示对象

运行程序时，显示在屏幕中的文本、图形、图像、数字化电影统称为显示对象。有的显示对象可以利用 Authorware 提供的设计工具生成，有的则必须从 Authorware 外部导入或链接到程序文件中。显示对象实际存在于流程线上的各种设计图标内，如【显示】设计图标、【数字化电影】设计图标及【交互作用】设计图标都可以直接容纳显示对象。因此，对显示对象进行的操作（如移动、擦除等）事实上作用在相应的设计图标上。

 存在一些比较特殊的情况：有的图形对象是通过绘图函数在屏幕中直接绘制而成的，如使用 Box( )函数可以在屏幕中绘制一个矩形对象，那么该矩形对象是否仍然属于某个设计图标呢？在这种情况下，该矩形对象属于执行 Box( )绘图函数的设计图标。

有的设计图标可以容纳多个显示对象，如一个【显示】设计图标可以同时容纳文本、图形、图像等显示对象，对【显示】设计图标进行的操作将同时作用在其中包含的所有显示对象上；而另外一些设计图标在同一时刻仅能容纳一个显示对象，例如【数字化电影】设计图标在同一时刻只能播放一部数字化电影，如果想要达到在【演示】窗口中同时播放多部数字化电影的目的，则必须为每一部数字化电影设置一个【数字化电影】设计图标。

必须注意的是，屏幕显示的命令按钮并不是显示对象，它们是交互控制对象，具有与显示对象截然不同的性质。

2．父图标与子图标

当一个设计图标引领或包含其他设计图标时，该设计图标就成为那些被引领或被包含的设计图标的父图标，同时被引领或被包含的设计图标就称为子图标，例如页图标是对应【框架】设计图标的子图标，响应图标是对应【交互作用】设计图标的子图标，存在于【群组】设计图标之内的所有设计图标都是该【群组】设计图标的子图标。在 Authorware 中有可能成为父图标的设计图标有【群组】设计图标、【交互作用】设计图标、【决策判断】设计图标、【框架】设计图标、【声音】设计图标和【数字化电影】设计图标。

3．可分支图标

可分支图标是指那些可以引领分支流程的设计图标，包括【交互作用】设计图标、【决策判断】设计图标、【框架】设计图标、【声音】设计图标和【数字化电影】设计图标。

向可分支图标的右侧拖放任意一个设计图标，就会产生一个新的分支流程，这是 Authorware 7.0 版的新特性之一。在以前的版本中，Authorware 不允许直接向可分支图标的右侧拖放另一个可分支图标，而是必须将可分支图标放置在一个【群组】设计图标中，然后将该【群组】设计图标再拖放到另一个可分支图标的右侧。现在这个过程由 Authorware 7.0 自动来完成，被拖放的分支图标会自动放置到一个【群组】设计图标之中。

1.2.12　退出 Authorware

共有 4 种正常退出 Authorware 的方法。
（1）选择 File 菜单组中的 Exit 菜单选项。
（2）单击主窗口右上角的关闭按钮。
（3）按下 Alt+F4 组合键。
（4）双击控制菜单图标。
如果你在这之前的工作尚未存盘，Authorware 会弹出一个提示窗口（如图 1-12 所示），提醒你保存你的工作成果；如果这是你第一次存盘，Authorware 还会弹出【Save File As】（【保存文件】）对话框（如图 1-13 所示），让你给程序文件起个名字，并让你选择存放它的文件夹。

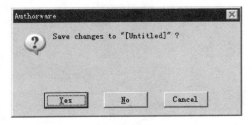

图 1-12　存盘提示窗口

尽量采用正常途径退出 Authorware。非正常退出会带来两个后果：一是当前的工作得不到保存，二是在你的 Windows 文件夹中留下一大堆垃圾文件。

记住要经常保存你的程序！即使现在你并不打算结束工作。因为在某些情况下你不会得到 Authorware 的存盘提示，如突如其来的停电、死机等。

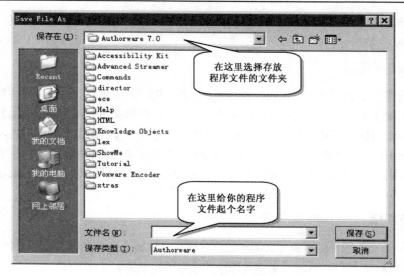

图 1-13　【保存文件】对话框

1.3　本 章 小 结

　　本章简单介绍了 Authorware 是如何组织程序的，并对开发过程中经常用到的菜单、工具进行了简要说明。这些工具的详细使用方法将在以后各章节中逐步介绍。通过阅读本章，希望大家对 Authorware 的开发环境有一个比较概略的认识。

　　Authorware 本质上是一种多媒体素材集成工具，这种集成体现在对各种多媒体素材进行灵活的组织和管理。设计图标是 Authorware 多媒体程序的基本组成元素，每种设计图标都有其独特的工作方式和功能：有些设计图标的作用就像是多媒体素材的容器（如【显示】设计图标），有些设计图标起到引领和组织其他设计图标的作用（如【交互作用】设计图标），还有部分设计图标起到控制其他设计图标（如移动或擦除）或流程（如【等待】设计图标）的作用。流程线用于将设计图标组织在一起，设计人员可以通过设计窗口观察和编辑多媒体程序各部分的流程。

第2章　文本和图形图像的应用

文本和图形图像在多媒体作品中的应用最为普遍，Authorware 对它们提供了完善的处理能力，本章将介绍在 Authorware 中处理文本和图形图像的具体方法。

2.1　创建第一个程序

单击工具栏上的【新建】命令按钮，Authorware 将产生一个新的设计窗口。从此，就有了一个新的程序文件，可以对它进行添加内容、修改、存盘，但是不能把文本或图形直接绘制到主流程线上，需要有一个【显示】设计图标来容纳它们。

2.1.1　【显示】设计图标

将鼠标指针移到图标选择板中的【显示】设计图标上，按下鼠标左键后可以看到鼠标指针变为【显示】设计图标形状，如图 2-1(a)所示，然后移动鼠标指针到主流程线上后释放鼠标左键，一个【显示】设计图标就出现在主流程线上了，如图 2-1(b)所示，在默认情况下该设计图标以"Untitled"命名。由于该设计图标目前并没有包含其他内容，因此以灰色显示。

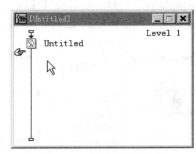

(a) 拖放【显示】设计图标　　　　　　　(b) 流程线上的【显示】设计图标

图 2-1　包含【显示】设计图标的设计窗口

在做进一步的工作之前，有必要了解一下将在哪里开展具体设计及要用到哪些工具。双击"Untitled"设计图标，Authorware 会弹出【Presentation Window】（【演示】）窗口（如图 2-2 所示）和一个浮动工具板，浮动工具板中提供了一些常用的设计工具，包括绘图工具箱、填色工具、线型工具、模式工具和填充工具。

2.1.2　【演示】窗口

【演示】窗口是最常用到的窗口，它提供了一个所见即所得的设计环境。它就像一块画布，可以在上面写字、绘图，或是放一段电影；在程序设计期间，在【演示】窗口中看到的设计内容及窗口大小、菜单样式、背景颜色，同程序打包运行之后在程序窗口中见到的几乎完全相同（关于打包的概念，请参阅第 12 章）。

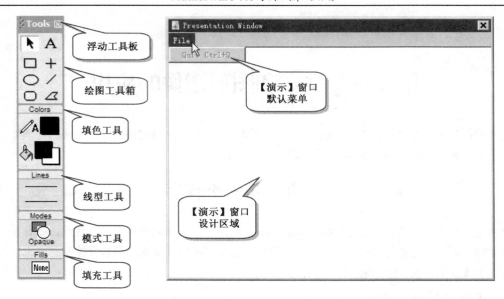

图 2-2　【演示】窗口和浮动工具板

 正是由于上述原因，必须要在动手设计之前对【演示】窗口进行必要的设置。理由很简单：如果在设计时采用的【演示】窗口大小为 800×600，而最终用户使用的是 640×480 显示模式，那么会有相当一部分的内容不能被用户看到（见图 2-3）；如果不想使用具有 Windows 风格的标题栏和菜单栏，也需要对【演示】窗口进行适当的设置。一旦在完成了所有的设计之后才发现窗口设置必须改变，随之而来的工作量几乎等于重新设计一个新的程序。

图 2-3　同样大小的窗口在不同显示模式下的显示情况

执行 Modify→File→Properties 菜单命令或按下 Ctrl+Shift+D 快捷键，调出【Properties:File】（【文件】）属性检查器（如图 2-4 所示）。影响程序外观的控制都集中在【Playback】（【回放】）选项卡上，现将这些控制简介如下。

图 2-4　【文件】属性检查器——【Playback】选项卡

（1）【程序窗口标题】文本框：如果打包之后的程序运行时带有一个窗口标题栏，输入到这个文本框中的文字将会作为窗口标题出现在窗口标题栏上。默认情况下，程序窗口以程序文件名作为窗口标题。

（2）【Colors】颜色选择框：单击【Background】背景颜色框，出现颜色选取对话框（如图 2-5 所示），在该对话框中可以选取【演示】窗口背景色，默认背景色为白色。如果对话框中提供的 256 种色彩仍然不能满足需要，可以单击【Custom】（定制）命令按钮，打开 Windows 系统提供的【颜色】对话框，在 1600 万种色彩中做出选择。单击【Chroma Key】颜色框，出现【Chroma Key】颜色选取对话框，选取用于视频叠加卡的 Chroma 关键色。

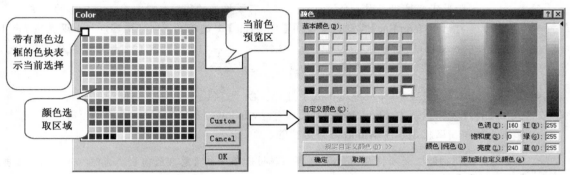

图 2-5　颜色选取对话框

（3）【Size】窗口大小下拉列表框：用于设置【演示】窗口的大小，提供如下一些选择。

- 【Variable】：通过用鼠标拖动【演示】窗口的边框和四角，用户可以对【演示】窗口的大小进行调整，这时窗口的宽度（w）和高度（h）会在窗口的左上角显示出来（如图 2-6 所示）。这种调整只能在程序设计期间进行，一旦完成了程序并打包运行它，此时窗口的大小就是固定不变的了。这个选择项可以根据实际需要对窗口的大小进行精确调整。

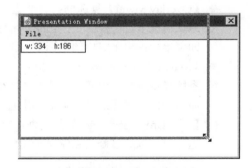

图 2-6　可变大小窗口

- 【512×342(Mac 9")】至【1152×870(Mac 21")】：设置【演示】窗口为固定大小，尺寸从 512×342 到 1152×870，以像素为单位。【演示】窗口的默认大小为 640×480。
- 【Use Full Screen】：使【演示】窗口占据整个屏幕而不管当前处于何种显示模式。

 当选择【Full Screen】时，你在 800×600 显示模式下设计的程序运行于 640×480 显示模式下时，右方和下方的内容会消失；而运行于 1024×768 显示模式下时，会挤在屏幕的左上角；只有运行于 800×600 显示模式下时，看起来同设计时的样子一样。所以想使用这种方式时，必须明白程序将来会运行在哪种显示模式下。

（4）【Options】复选框组

- 【Center on Screen】复选框：打开之后，【演示】窗口将处于屏幕正中间。如果设计时采用的【演示】窗口大小有可能小于程序运行时的屏幕大小，一般要打开此复选框。
- 【Title Bar】复选框：打开之后，【演示】窗口会有一个 Windows 风格的标题栏。此复选框默认情况下为打开状态。

- 【Menu Bar】复选框：打开之后，【演示】窗口会有一个 Windows 风格的菜单栏，在默认情况下，此菜单栏仅包含 File 菜单组，其下只有用于退出程序的【Quit】菜单选项。此复选框默认情况下为打开状态。

虽然在这里可以任意指定【Title Bar】和【Menu Bar】复选框的打开、关闭状态，【演示】窗口也会变成所希望的样式，但事实上不可能创造出一个在包含菜单栏的同时不包含标题栏的程序窗口——尽管可以把【演示】窗口变成这种样式，在把程序打包运行之后会发现程序窗口的标题栏仍然存在。

如果实在很想实现一个没有标题栏却有菜单栏的程序窗口，有一种折中的办法：在打开【Menu Bar】复选框、关闭【Title Bar】复选框的同时，把窗口大小设置为【Full Screen】或是同屏幕大小相等。这样，程序在打包运行之后看起来确实跟设想的一样——但标题栏仍然是存在的，只不过是显示在屏幕顶端可见区域之外。

- 【Task Bar】复选框：如果此复选框处于打开状态，当程序打包运行后程序窗口大于等于屏幕大小或程序窗口设置为【Full Screen】模式时，Windows 任务栏会显示于程序窗口之前。默认情况下程序窗口总是遮住 Windows 任务栏的。

要想实现此功能，必须将 Windows 任务栏属性选项中的【总在最前】复选框打开，而将【自动隐藏】复选框关闭。

- 【Overlay Menu】复选框：这个选项决定菜单栏是否在垂直方向上占用 20 个像素的窗口空间。默认情况下，菜单栏左下角的坐标为(0, 0)，打开【Overlay Menu】复选框后，该点坐标为(0, 20)，即菜单栏占用了窗口的坐标空间。
- 【Match Window Color】复选框：Windows 系统默认的窗口颜色是白色，这一点可以通过修改系统显示属性来改变。此复选框打开之后，【演示】窗口的背景色就变为指定的系统窗口颜色，而与如何设置【Background】颜色框无关。
- 【Standard Appearance】复选框：Windows 系统默认的立体对象（如按钮等）的颜色为灰色，这一点可以通过修改系统显示属性来改变。此复选框打开之后，【演示】窗口中用到的立体对象的颜色就采用指定的颜色，而不是默认的灰色。

如果打开了【Match Window Color】和【Standard Appearance】复选框，要小心：用户很有可能改动 Windows 的默认设置，他们所做的改动是你无法控制的，也就是说你并不知道最终你的程序会使用什么背景色和按钮颜色。用户选择的颜色方案很可能使你精心设计的程序看起来很难看。

（5）文件信息：信息中提供了当前程序文件的描述信息，具体包括以下内容。
- File：程序文件的大小。
- Icon：程序中包含的设计图标数量。
- Vars：程序中包含的自定义变量的数量。
- Mems：当前系统的空闲内存总量。

（6）【帮助】命令按钮：单击该按钮，Authorware 将打开帮助程序，显示关于当前属性检查器的帮助信息。

在文件属性中，Authorware 旧版本中的【Windows 3.1 Metrics】属性已经被取消，因为 Authorware 7.0 不再支持 Windows 3.1。

2.1.3　绘图工具箱

绘图工具箱（如图 2-7 所示）位于浮动工具板顶端，其中提供了一系列用于输入文本、绘制图形的工具。现将各种工具简介如下。

图 2-7　绘图工具箱

　　指针工具：用于选择对象、移动对象和调整对象的大小。

　　矩形工具：用于绘制长方形和正方形。

　　圆形工具：用于绘制椭圆和正圆。

　　圆角矩形工具：用于绘制圆角矩形。

　　文本工具：用于输入和编辑文本。

　　直线工具：用于绘制水平线、垂直线或 45° 直线。

　　斜线工具：用于绘制各种角度的斜线。

　　多边形工具：用于绘制任意多边形。

可以用鼠标在绘图工具箱中单击来选择某种工具，图 2-7 中所示的指针工具就处于选中状态。

2.1.4　保存程序

有 3 种方法可以保存程序。

（1）单击工具栏上的【全部保存】命令按钮。

（2）执行 File→Save 菜单命令。

（3）按下 Ctrl+S 组合键。

由于这是第一次保存这个程序，Authorware 会弹出【Save File As】对话框，让你给它起一个文件名。不要随便起一个"QQQ"或"123"之类的文件名，你可以为它起一个有意义而且便于记忆的名字，以便你在半年之后看到它时仍能记起它的内容，这次请在【文件名】文本框中输入"first"作为文件名（因为这是你在 Authorware 世界中迈出的第一步），Authorware 会自动加上扩展名".a7p"，以表示这是一个 Authorware 的程序文件。Authorware 也支持中文文件名。

2.2　绘　制　图　形

单击【打开】命令按钮，出现【Select a File:】（【打开文件】）对话框（如图 2-8 所示），选择 2.1 节保存的 first.a7p 程序文件并打开它。

Authorware 7.0 可以打开由 Authorware 6.5 产生的.a6p 程序文件，打开此类文件时，Authorware 会首先提示你进行文件格式转换，将程序文件另存为最新的.a7p 格式。但是 Authorware 7.0 不能打开格式更旧的程序文件（如由 Authorware 6.0 产生的.a6p 文件）。可以到 Adobe 公司的 Authorware 支持中心（网址为 http://www.adobe.com/support/authorware/ download.html#updaters）下载并安装 Authorware 7.0.2 Updater，将 Authorware 7.0 升级至 7.0.2，就可以解决打开旧版本程序文件的问题。也可以从支持中心下载并安装 Authorware 7 File Converter，该软件安装后会将 Authorware 7 Converter.exe 和 BRANDO32.DLL 两个文件复制到 Authorware 7.0 文件夹中，然后就可以在【Macromedia】程序组中运行【Macromedia Authorware 7.0 File Converter】程序项，启动 Authorware 7.0 文件转换程序，将 Authorware 5.x、6.0 和 6.5 格式的文件转存为 7.0 格式并继续使用。

目前，这个程序文件中唯一的设计图标以"Untitled"命名，这是 Authorware 提供的默认设计图标名称。单击该设计图标或它的标题，输入"图形"，这个图标就有了一个正式的名称，如图 2-9 所示。一个设计图标的名称最长可达 410 个字符。

图 2-8　【Select a File:】对话框　　　　　　　　　图 2-9　给设计图标命名

这个文件目前只包含一个"空白的"【显示】设计图标，从现在开始可以逐步地向设计图标中添加内容。

2.2.1　创建图形对象

2.2.1.1　线段

绘制线段的工具有直线工具和斜线工具两种，它们的使用方法基本相同，区别是直线工具只能绘制与水平方向成 0°、45°及 90°的直线，斜线工具可以沿任意方向绘制斜线。Authorware 并没有提供绘制曲线段的工具。

1．绘制线段对象

（1）双击"图形"设计图标，打开【演示】窗口。

（2）选择绘图工具箱中的直线工具，然后将鼠标指针移到【演示】窗口中，此时鼠标指针变为"+"形。

（3）在【演示】窗口中要绘制线段的起始位置按下鼠标左键并拖动鼠标，移动到终点位置时释放鼠标左键，此时一条直线绘制完毕。刚刚绘制完毕的线段对象处于选中状态，表现在直线两端各有一个方形的控制点，如图 2-10(a)所示。

（4）选择绘图工具箱中的斜线工具，按照第（3）步中的方法绘制一条斜线，如图 2-10(b)所示。在绘制斜线的同时按住 Shift 键，可以绘制与水平方向成 0°、45°及 90°的斜线。

2．编辑线段对象

对绘制好的线段可以进行长度、方向及位置的调整。

（1）选择绘图工具箱中的指针工具，单击需要进行调整的线段对象，被选中的线段对象周围会出现控制点。

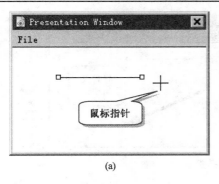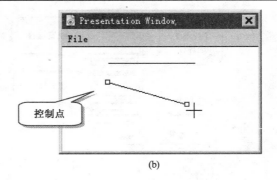

图 2-10　绘制线段对象

（2）用鼠标拖动控制点，可以调整线段对象的长度及方向，如图 2-11(a)所示。直线对象的方向只能沿 0°、45°、90°方向进行调整；在调整斜线对象的方向时按住 Shift 键，可以使斜线沿 0°、45°、90°方向进行调整。

斜线对象与直线对象的本质区别在于它可以处在任意方向上，而不管它看起来多么像"直线对象"。即使在绘制和调整斜线对象时按住 Shift 键，使它处在 0°、45°或 90°方向上，它也随时可以调整到别的方向，直线对象永远也做不到这一点。

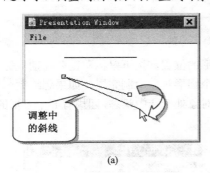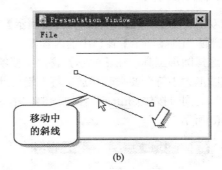

图 2-11　编辑线段对象

（3）将鼠标指针移到线段上任意位置（两端的控制点除外），按下鼠标左键拖动鼠标可以调整线段对象的位置，如图 2-11(b)所示。使用键盘上的上、下、左、右方向键可以精确地调整对象的位置，按一次方向键，对象就会沿该方向移动一个像素的距离。

（4）删除对象可以先用指针工具选中它，然后按下 Del 键，或执行 Edit→Clear 菜单命令。

（5）复制对象可以先用指针工具选中它，然后单击工具栏上的【复制】命令按钮（要移动对象只需对选中的对象改用【剪切】操作即可），接着单击【演示】窗口中希望将对象复制到的地方，再单击工具栏上的【粘贴】命令按钮。

3．设定线段的样式

在默认情况下绘制的线段是两端不带箭头的细线，Authorware 允许对线段的样式进行修改。

（1）单击浮动工具板中的线型工具，或者执行 Window→Inspectors→Lines 菜单命令，或者按下 Ctrl+L 快捷键，都可以调出【线型】选择板，如图 2-12 所示。

（2）使用指针工具，选择需要修改的线段对象。

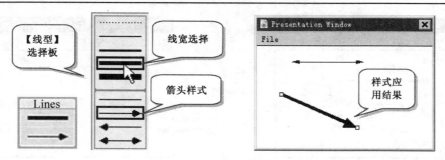

图 2-12　设定线段的样式

（3）在线宽选择区可以用鼠标选取合适的线宽，如果选择了虚线，则将线段对象设置为隐藏状态。

（4）在箭头样式选择区可以选择线段是否带有箭头，以及哪端带有箭头。

如果你在【线型】选择板中进行了选择，被选择的样式就会出现在线型工具中，并且以后绘制的线段就会带有你指定的样式。

2.2.1.2　圆形

使用绘图工具箱中的圆形工具，可以在【演示】窗口中绘制椭圆和正圆。

1．绘制圆形对象

（1）双击"图形"设计图标，打开【演示】窗口。

（2）删除当前【演示】窗口中的内容。

（3）选择圆形工具，在【演示】窗口中要绘制圆形的位置，按下鼠标左键并拖动鼠标，当窗口中显示的圆形大小符合要求时释放鼠标左键，此时一个圆形对象绘制完毕。如果想绘制一个正圆，在拖动鼠标的同时按住 Shift 键。刚刚绘制完毕的圆形对象处于选中状态，四周有 8 个方形的控制点，如图 2-13(a)所示。

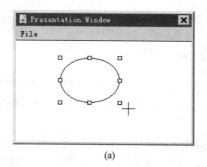
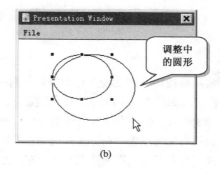

(a)　　　　　　　　　　　　　　　　　(b)

图 2-13　绘制和编辑圆形对象

2．编辑圆形对象

对绘制好的圆形对象可以进行大小、形状及位置的调整。

（1）用鼠标拖动任一控制点，可以调整圆形对象的大小及形状；按下 Shift 键的同时用鼠标拖动位于四角的控制点，可以在改变圆形对象大小的同时保持其原来的形状（长宽比），如图 2-13(b)所示。

（2）将鼠标指针移到圆周上任意位置（注意不是圆周之内），按下鼠标左键拖动鼠标可以调整圆形对象的位置。

3．设定圆形对象的样式

在默认情况下，Authorware 用默认的线条颜色和宽度来绘制圆形对象的轮廓线，而且不用任何颜色或底纹图案进行填充。Authorware 允许对圆形对象的样式进行修改，如图 2-14 所示。

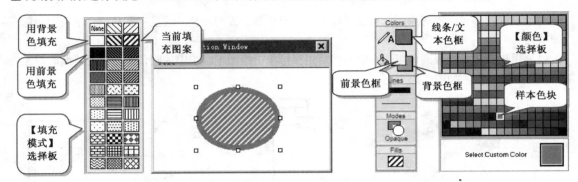

图 2-14　设定圆形对象的样式

（1）使用【线型】选择板，可以改变圆形对象轮廓线的宽度。

（2）单击浮动工具板中的填充工具，或执行 Window→Inspectors→Fills 菜单命令，或按下 Ctrl+D 快捷键，都可以调出【填充模式】选择板。使用【填充模式】选择板可以选择对象的填充模式：是用前景色填充，还是用背景色填充，或者是用底纹图案进行填充（用鼠标点在填充过的图形对象内任意一点就可以拖动该对象，因为它此时不再是"中空的"），被选择的填充模式将显示在填充工具中。

（3）单击浮动工具板中填色工具的 3 种色框，或者执行 Window→Inspectors→Colors 菜单命令，或者按下 Ctrl+K 快捷键，都可以调出【颜色】选择板。不同的色框分别决定了对象的前景色、背景色和线条/文本色。在设置颜色时，首先单击需要设置的色框，然后在【颜色】选择板中选择合适的色块，如果 Authorware 提供的 256 种颜色仍然不能满足你的需要，还可以在【颜色】选择板中单击【Select Custom Color】色块，打开 Windows 系统提供的【颜色】对话框，在 1600 万种色彩中做出选择。

　这里用到的背景色与【演示】窗口的背景色是完全不同的两个概念，这里的背景色指的是对象的背景色，是填充在底纹图案镂空部分的颜色。

如果你在【线型】选择板、【颜色】选择板和【填充模式】选择板中进行了选择，以后绘制的圆形对象、矩形对象及多边形对象就会带有你指定的样式。

2.2.1.3　矩形和圆角矩形

使用绘图工具箱中的矩形工具和圆角矩形工具，可以在【演示】窗口中绘制矩形和圆角矩形。绘制、编辑矩形对象的操作与前面讲到的针对圆形对象的操作类似，按住 Shift 键可以用鼠标绘制出正方形，对绘制好的矩形对象同样可以进行大小、形状及位置、样式的调整。这里重点介绍圆角矩形对象。

1．绘制圆角矩形对象

（1）双击"图形"设计图标，打开【演示】窗口。

（2）删除当前【演示】窗口中的内容，恢复【线型】选择板、【颜色】选择板、【填充模式】选择板的默认设置。

（3）选择圆角矩形工具，在【演示】窗口中要绘制圆角矩形的位置按下鼠标左键并拖动鼠标，当窗口中显示的圆角矩形大小符合要求时释放鼠标左键，此时一个圆角矩形对象绘制完毕。如果想绘制一个等边圆角矩形，在拖动鼠标的同时按住 $\boxed{\text{Shift}}$ 键。刚刚绘制完毕的圆角矩形对象四周并没有出现控制点，仅在内部显示出一个控制点，称为弯度控制点。

2．编辑圆角矩形对象

对绘制好的圆角矩形对象同样可以进行大小、形状及位置的调整。这里主要介绍一下对圆角弯度的调整。

（1）用指针工具选择圆角矩形对象，然后用鼠标单击绘图工具箱中的圆角矩形工具，此时对象内部出现弯度控制点，如图 2-15 所示。

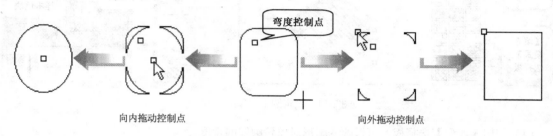

向内拖动控制点　　　　　　　　　　　　　　　向外拖动控制点

图 2-15　将圆角矩形改变为圆形或矩形

（2）用鼠标将弯度控制点向对象中心位置拖动，此时圆角的弯度会变大，直到圆角矩形变为一个圆形。

（3）用鼠标将弯度控制点向对象外部拖动，此时圆角的弯度会变小，直到圆角矩形变为一个矩形。

（4）用鼠标将弯度控制点沿圆角矩形的一边拖动，此时圆角的弯度沿该边变大，直到圆角矩形变为一个桶形（或枕形），如图 2-16 所示。

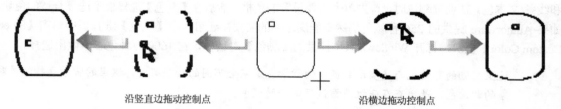

沿竖直边拖动控制点　　　　　　　　　　　沿横边拖动控制点

图 2-16　将圆角矩形改变为桶形或枕形

 仅使用指针工具选中圆角矩形对象并不会出现弯度控制点，想要调整圆角弯度还必须使用圆角矩形工具。

前面介绍的修改样式的方法同样适用于圆角矩形对象，在此不再赘述。

2.2.1.4　任意多边形

使用绘图工具箱中的多边形工具可以在【演示】窗口中绘制任意多边形。

1．绘制多边形对象

（1）双击"图形"设计图标，打开【演示】窗口。

（2）删除当前【演示】窗口中的内容，恢复【线型】选择板、【颜色】选择板、【填充模式】选择板的默认设置。

（3）选择多边形工具，将鼠标移到【演示】窗口中单击一下，就确定了要绘制的多边形对象的第一个顶点。拖动鼠标时有一条直线会随着鼠标指针移动，在另一位置单击鼠标就确定了第二个顶点，同时也就形成了多边形对象的第一条边。拖动鼠标的同时按住 Shift 键可以沿着 0°、45°、90°方向绘制一条边。重复上述操作直至绘制到最后一个顶点，在最后一个顶点处双击鼠标，就完成了一个未封闭的多边形对象 [如图 2-17(a)所示]；也可以将鼠标指针移至第一个顶点上，单击鼠标，完成一个封闭的多边形对象 [如图 2-17(b)所示]。

图 2-17 多边形对象

2．编辑多边形对象

可以使用指针工具对绘制好的多边形对象进行大小、形状及位置的调整，具体操作不再赘述。使用多边形工具拖动当前选中的多边形对象的顶点，可以改变顶点的位置，同时也就改变了多边形对象的形状。

 可以增加多边形对象的顶点数目和边的数目。方法是首先选中多边形对象，然后选择多边形工具，在按下 Ctrl 键的同时用鼠标单击多边形对象的一条边，这条边上就被插入了一个新的顶点，从而由一条边变为两条边。对于填充过的多边形对象，按下 Ctrl 键的同时，用多边形工具在其内部单击，也会为该对象增加一个顶点，Authorware 会自动地在新增顶点与最后顶点之间绘制一条边，同时将新增顶点作为最后顶点。

3．设定多边形对象的样式

前面介绍的修改样式的方法同样适用于多边形对象，在此不再赘述。值得一提的是，对未封闭的多边形对象仍然可以对其内部进行填充。

2.2.2 对象的放置

现在已经知道在同一个【显示】设计图标中可以绘制一个以上的对象，所以必须要了解在【演示】窗口中如何摆放这些对象。

2.2.2.1 改变对象的先后次序

如果几个对象在位置上发生重叠，Authorware 在默认情况下将把后绘制的对象放在先绘制的对象的前面，如图 2-18 所示。

图 2-18 几个重叠的对象

Authorware 允许对这种默认的次序进行调整。要想把圆形对象放在其他所有对象之后，可以先用指针工具选择圆形对象，再执行 Mdoify→Send to Back 菜单命令，或按下 Ctrl+Shift+↓ 快捷键，结果如图 2-19(a)所示；要想把圆形对象放在其他所有对象之前，可以先用指针工具选择圆形对象，再执行 Mdoify→Bring to Front 菜单命令，或按下 Ctrl+Shift+↑ 快捷键，结果如图 2-19(b)所示。

图 2-19　改变对象的次序

2.2.2.2　对象的排列与对齐

1．使用网格线

Authorware 提供了网格线功能，利用网格线可以精确地绘制和定位对象。

执行 View→Grid 菜单命令，【演示】窗口中出现一些均匀分布的交叉线，如图 2-20 所示。以这些交叉线为基准，使用鼠标或键盘可以精确地绘制和定位对象。执行 View→Snap To Grid 菜单命令之后，在用鼠标绘制和移动对象时，对象自动以半格为单位缩放或移动，此时使用键盘方向键仍可以使对象以像素为单位移动。再次执行 View→Grid 菜单命令则关闭网格显示。网格只在设计期间是可见的，在程序运行时不会出现。

2．使用【对齐方式】选择板

执行 Modify→Align 菜单命令或按下 Ctrl+Alt+K 快捷键，调出【对齐方式】选择板，如图 2-21 所示。每种对齐方式都很形象地用图形表示了出来。

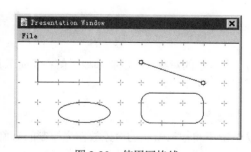

图 2-20　使用网格线

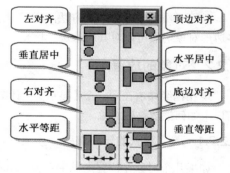

图 2-21　【对齐方式】选择板

先用鼠标选择要对齐的对象，选择多个对象可以采取以下几种方法。

（1）执行 Edit→Select All 菜单命令或按下 Ctrl+A 快捷键，可以选取当前【显示】设计图标中的所有对象。

（2）按住 Shift 键的同时使用指针工具依次单击需要选择的对象，直到所需对象全部被选中为止。这种方法适用于选取一组不相邻的对象。

（3）使用指针工具，将鼠标指针移到【演示】窗口中需要选择的对象的左上方，按下鼠标左键并拖动鼠标，直到出现的选择线将所需对象完全包围后释放鼠标左键［如图 2-22(a)所示］，刚才被选择线包围的对象此时全都处于选中状态。这种方法适用于选取一组相邻的对象。

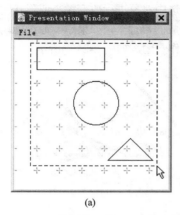 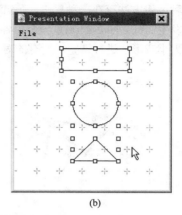

图 2-22   将选中的对象对齐

（4）要撤销某对象的选中状态，可以在按住 Shift 键的同时使用指针工具单击该对象；要撤销所有对象的选中状态，可以用鼠标左键单击【演示】窗口中的空白处或按下空格键。

选择好对象之后，单击【对齐方式】选择板中的一种对齐方式，就能使所选对象以该方式对齐，图 2-22(b)显示的是对选中对象进行垂直居中之后的结果。

2.2.3   多个对象的编辑

有时对于同一【显示】设计图标中的多个对象要进行同样的编辑操作或设定同一种样式，如要将当前【显示】设计图标中的一个圆形对象、10 个多边形对象及 16 个矩形对象填充同一种底纹图案，并且要在保持相对位置不变的情况下都向右移动一段距离，如果采用前面介绍的方法逐个地编辑对象就太麻烦了，此时就要想办法同时对多个对象进行编辑。

要对多个对象同时进行编辑或设定样式，首先必须应用 2.2.2 节中介绍的方法使这些对象同时处于选中状态，如图 2-23 所示。图 2-23(a)中的 4 个对象各自具有不同的线条宽度、颜色和填充模式，全部选中后就可以对 4 个对象进行编辑。

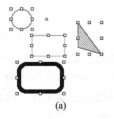 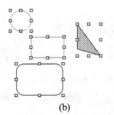 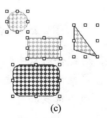 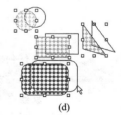

图 2-23   对多个对象的操作

在【线型】选择板中选择一种线条宽度，此时 4 个对象就具有了相同宽度的边框线条，如图 2-23(b)所示。线条颜色不同是因为并没有为它们选择同一种线条/文本色。

保持选中状态不变，再在【填充模式】选择板中选择一种底纹图案，此时 4 个对象又具有了相同的填充图案，如图 2-23(c)所示。

使用指针工具拖动一个对象的同时，其余 3 个对象跟着移动，从而保持对象的相对位置不变，如图 2-23(d)所示。

此外，对多个选中对象还可以同时指定前景色、背景色及线条/文本色，同时进行剪切、复制、粘贴、删除等操作。

但是，这种编辑方法存在一种局限，那就是对一组选中对象进行改变大小或形状的操作时，对象的相对位置会发生错乱。图 2-24(a)是一个用各种对象拼成的自行车，如果想要通过拖动控制点来同时对各个对象的大小或形状进行调整，所有的对象就会乱作一团，如图 2-24(b)所示。

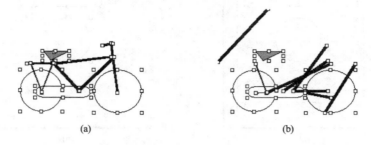

(a)   (b)

图 2-24   对未组合对象不宜同时进行改变大小和形状的操作

正确的方法是先将对象组合到一起。首先选中所需对象，然后执行 Modify→Group 菜单命令或按下 Ctrl+G 快捷键，所有选中的单个对象就组合成了一个整体对象［如图 2-25(a)所示］，以后就可以像对单个对象那样对组合对象进行各种操作了——比如，用鼠标单击来选中它、拖动它周围的控制点来改变它的大小和形状等，从任何操作上都分辨不出它和单个对象有何区别。图 2-25(b)、(c)分别是对图(a)进行缩小、放大操作后的结果，可以看出单个对象之间的关系维持得有多么好。执行 Modify→Ungroup 菜单命令或按下 Ctrl+Shift+G 快捷键，可以将当前选中的组合对象分离成单个的对象。

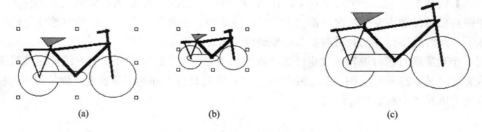

(a)   (b)   (c)

图 2-25   组合对象的缩放效果

 在任何时候，对组合对象中的单个对象是无法进行单独调整的。要达到这个目的，可以在对组合对象调整完毕之后，分离组合对象，对单个对象调整之后再将所有对象组合起来。组合对象的复制品仍然是组合对象，同样可以进行分离操作，结合上面所介绍的方法，可以制作出一连串大体相同但有微小区别的组合对象。

2.2.4 设置对象的覆盖模式

如果几个对象在位置上发生重叠，Authorware 在默认情况下会用前面的对象覆盖住后面的对象，这种覆盖可能发生在对象间交叠的部分，也可能使前面的对象完全遮住后面的对象。通过改变对象的覆盖模式可以改变这种状况。

Authorware 提供了 6 种覆盖模式，如图 2-26 所示。选择 Window→Inspectors→Modes 菜单命令（如

果你的 Inspectors 菜单选项是灰色，那准是你还没有打开【显示】设计图标），或者单击浮动工具板中的模式工具，或者按下 Ctrl+M 快捷键，都可以调出【覆盖模式】选择板，下面分别介绍这 6 种覆盖模式。

覆盖模式的使用与计算机的颜色表示方法密切相关。在计算机中，所有的颜色都是由 R（Red，红）、G（Green，绿）、B（Blue，蓝）3 种基色混合而成的，每种基色以 8 位二进制数表示（其取值范围以十进制表示为 0～255），3 种基色共同使用就可以表示 24 位真彩色（即混合成 1600 万种颜色），例如纯黑色以 RGB 方法可以表示为(0, 0, 0)，纯红色以 RGB 方法则表示为(255, 0, 0)，这一点很容易从 Windows 系统的【颜色】对话框中看出来。

1．不透明模式

这是 Authorware 提供的默认覆盖模式。将对象设置为这种模式时，对象会将其后的内容遮住。如图 2-27 所示，位图对象和圆角矩形对象都设为不透明模式，它们完全遮盖了其下的内容。

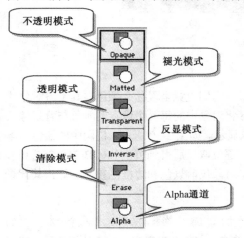

图 2-26 【覆盖模式】选择板

图 2-27 3 个重叠的对象

2．褪光模式

褪光模式对在 Authorware 中绘制的图形对象所起的作用与不透明模式相同。对于一幅位图而言，选择这种模式将会使位图边沿部分的纯白色［RGB 数值为(255, 255, 255)］褪掉，但位图内部的纯白色部分（即与外部相隔绝的纯白色部分）仍然保留。如图 2-28 所示，经褪光之后的位图其圆形区域之外仍然残留着部分白色的像素，这是因为那些看起来像白色的部分并不是纯白色，

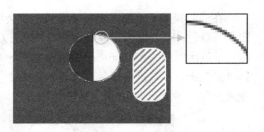

图 2-28 褪光模式

而只是非常接近于纯白色［人眼无法分辨出 RGB(255, 255, 255)和 RGB(254, 254, 254)两种颜色的区别，但是 Authorware 可以做到］，这一点可以通过图 2-28 中的局部放大部分得到证明。

3．透明模式

在透明模式下，位图对象的所有纯白色部分均变为透明，其下的内容会通过透明部分显示出来（如

图 2-29(a)所示，位图中仍然残留着非纯白色的内容)。对于在 Authorware 中绘制的图形对象来说，如果在【颜色】选择板中将其背景色设为白色，那么这时背景色就会变得透明，使得其下的内容显露出来。但是不管其线条色、前景色如何设置，都不会变成透明，这一点很容易通过改变【演示】窗口背景色看出来。如图 2-29(b)所示，【演示】窗口背景色设置为蓝色，当前选中的矩形对象的线条色、前景色及背景色全部设为白色，将该对象设置为透明模式后，窗口的背景色和圆形对象的颜色只能通过矩形对象的透明背景色显露出来。

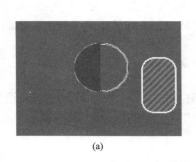
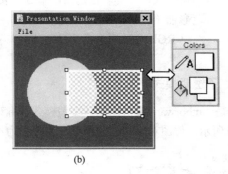

(a)   (b)

图 2-29 透明模式

4. 反显模式

在反显模式下，位图对象和图形对象将以反色显示，最终它们究竟呈现什么颜色与其下方对象或【演示】窗口的背景色有关。反色的形成过程是：Authorware 将对象中的每一个像素的颜色与背景像素颜色相减，再将二进制形式的运算结果逐位取反，然后加以显示。如图 2-30 所示，位图中的黑色与下方矩形对象的蓝色相减，得到的运算结果为 RGB(0, 0, 255)，逐位取反后得到黄色 [RGB(255, 255, 0)]，位图中的白色进行反色运算的结果是白色变为透明。而图形对象仅前景色和边框色参与运算，其背景色不管如何设置，都会变得透明。

 利用反显模式显示颜色丰富的图像，可以产生照相底片效果。另外，把两个一模一样的对象都设置为反显模式后，将它们完全重叠在一起，会发现它们神奇地消失了。它们后面的所有对象及窗口背景完全地显露出来。这一技巧可用于精确地对齐两个对象。

5. 清除模式

在清除模式下，图形对象的背景色将会变为透明，其前景色和线条色所在区域则会变为【演示】窗口背景色，其效果就好像是将下方的所有对象清除了一部分露出了窗口底色一样（如图 2-31 所示）。而对于位图对象，Authorware 将其中的每一个像素的颜色逐位取反，然后再与背景像素的颜色逐位进行"或"运算，最后将运算结果显示出来，位图的白色部分在清除模式下会变成透明，而黑色部分会变成白色。

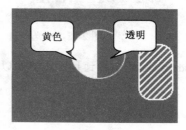
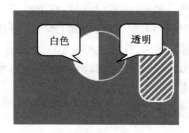

图 2-30 反显模式   图 2-31 清除模式

位图对象在透明模式、褪光模式、反显模式及清除模式下其白色部分会在不同程度上变得透明，此时用鼠标单击对象中透明的部分是无法选中该对象的。还有一点就是如果指定了一种覆盖模式，之后绘制的图形对象都会具有此种模式。

6．Alpha 通道模式

Alpha 通道模式利用图像的 Alpha 通道，可以制作出透明物、发光体等效果，如图 2-32 所示。这时的透明效果与使用透明模式达到的效果并不完全一样——它不是简单地使背景完全显露出来，而是将图像与背景色混合达成一种半透明效果。

图 2-32　Alpha 通道模式

可以使用 Photoshop 等软件来为图像增加一个 Alpha 通道，如图 2-33 所示。通常的彩色图像都具有 3 个通道：Red 通道、Green 通道、Blue 通道，因为所有的颜色都是由红、绿、蓝三色混合而成的，而 Alpha 通道是一种特殊的通道，使用它可以将图像设置为局部或整体上透明，也就是说由它来决定图像哪些部分是透明的，哪些部分是半透明的，哪些部分是不透明的。在 Alpha 通道中，全黑的部分作为完全透明的部分，白色的部分作为完全不透明的部分，其余则是半透明的部分，透明的程度与黑色所占的比例有关（可以与图 2-32 对照着来理解 Alpha 通道）。最常见的可以带有 Alpha 通道的图像文件格式有.psd、.tif、.gif、.pct、.png 等，在一个图像文件中可以有多个 Alpha 通道，但 Authorware 仅支持带有一个 Alpha 通道的图像文件。

一个对象的具体表现往往与其本身的颜色设置、覆盖模式及其下方对象的颜色、模式、【演示】窗口背景色有关。将上述 6 种覆盖模式综合应用，能创造出千差万别的显示效果。只有通过反复实践，才能完全掌握覆盖模式的使用方法。

图 2-33　RGB 图像的通道

2.3　使用文本

尽管设计多媒体作品可用的素材多种多样，文本却一直是必不可少的内容。Authorware 对文本对象同样提供了强大的处理功能，使用绘图工具箱中的【文本】工具，可以方便地创建一个文本对象并对它进行编辑、格式化等。

2.3.1　创建文本对象

创建一个文本对象，需要进行以下操作。

（1）双击"图形"设计图标，打开【演示】窗口，删除现有的内容。

（2）在绘图工具箱中选择【文本】工具，将鼠标指针移到【演示】窗口中，此时鼠标指针变为文字指针。

（3）在需要放置文本对象的位置单击鼠标左键，此时【演示】窗口中出现一条文本标尺和一个文本插入点光标，接下来就可以输入文字了，如图 2-34 所示。

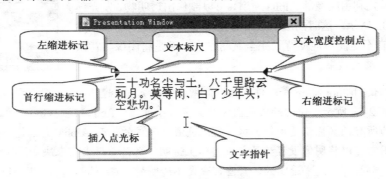

图 2-34　创建文本对象

（4）当输入的文本到达右缩进标记时，再输入的文本会自动转入下一行；按 Enter 键可以开始新的一段。

（5）输入完毕之后，单击绘图工具箱中的【指针】工具，此时全部文本以对象形式显示，文本对象周围出现 6 个控制点（不选择【指针】工具而直接在【演示】窗口的空白处单击鼠标左键，会产生另一个文本对象）。

2.3.2　编辑文本对象

既然已经有了一个文本对象，现在就可以对它进行编辑了。

1．修改文本对象内容

（1）插入、删除文字

首先选中文本对象，然后选择【文本】工具，将文字指针移到要插入或删除文字的位置单击鼠标左键，出现闪烁的插入点光标。此时就进入了文本编辑状态，可以向插入点输入文字，或按下 Del 键、退格键删除文字，按 Enter 键插入新行等。可以使用上、下、左、右方向键移动插入点光标到所需位置。要注意在这里只存在插入模式，而不存在改写模式。

（2）复制、移动文字

首先选中要复制或移动的文字。选取文字可以采取按下鼠标左键将文字指针拖过文字的方法，也可以在按下 Shift 键的同时使用方向键来选择文字，选中的文字会以高亮度显示。选中文字之后，单击【复制】按钮，再将插入点光标移到要放置文字的地方，单击【粘贴】按钮。要进行文字移动操作，只需将【复制】操作改为【剪切】操作。

2．调整文本格式

（1）改变文本对象的宽度

用鼠标向文本标尺中间拖动位于标尺两端的文本宽度控制点，可以改变文本对象的宽度，宽度变窄的文本对象一行中显示的文字数目会减少，如图 2-35(a)所示；还可以用【指针】工具拖动文本对象周围的控制点来改变对象的宽度，如图 2-35(b)所示。

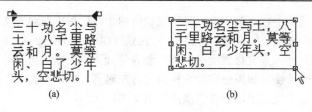

图 2-35　改变文本对象宽度

（2）设置文本对齐方式

在默认情况下，文本对象的内容采用左对齐方式。Authorware 允许改变文本对齐方式。

在编辑状态下，执行 Text→Alignment→Left 菜单命令，或者按下 Ctrl+[快捷键，将一段文本设为左对齐。执行 Text→Alignment4→Center 菜单命令，或者按下 Ctrl+\ 快捷键，将一段文本设为居中对齐，如图 2-36(a)所示。执行 Text→Alignment→Right 菜单命令，或者按下 Ctrl+] 快捷键，将一段文本设为右对齐，如图 2-36(b)所示。执行 Text→Alignment→Justify，或者按下 Ctrl+Shift+\ 快捷键，将一段文本设为两边对齐。

图 2-36　文本对齐

以上介绍的是对插入点光标所在段落的文本进行的对齐调整，使用【指针】工具选中整个文本对象之后进行上述操作，可以将文本对象中所有的段落设定同一种对齐方式。

（3）设置文本缩进

通过移动缩进标记可以调整段落缩进量，将段落设置为首行缩进或悬挂缩进，如图 2-37 所示。用鼠标移动左缩进标记时，首行缩进标记会随着移动，以保持该段首行与其余各行的相对缩进量。按下 Shift 键可以用鼠标单独调整左缩进。

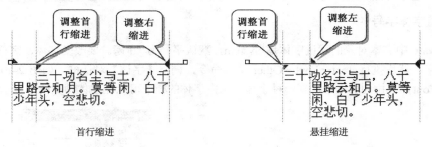

图 2-37　设置文本缩进

要对多段文本设置相同的缩进量，首先要选中这些段落。

　通过调整缩进量，可以使段落的宽度发生变化，但文本对象的宽度并未改变，发生改变的只是文字边沿与对象边沿的距离。

（4）设置制表位

如果想要创建多栏目的文本对象，可以在文本标尺上用鼠标单击来设置制表位。Authorware 提供两种制表位：文字制表位和小数点制表位。文字制表位用于在栏目中左对齐文字内容，小数点制表位用于对齐栏目中数字的小数点，如果数字为整数，则小数点制表位使它们右对齐，如图 2-38 所示。每输完一栏后按下 Tab 键，插入点光标就会跳到下一制表位处。单击制表位符号，制表位可以在文字制表位与小数点制表位之间转换。如果想将数字栏也进行左对齐，单击小数点制表位，将它转换为文字制表位即可。要想删除制表位，用鼠标将它横向拖出文本标尺即可。

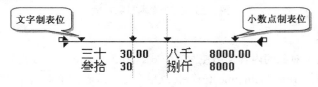

图 2-38　使用制表位

2.3.3　设置文本风格

Authorware 允许通过改变文本的颜色、字体、字号等来设置文本风格。

1．设置文本颜色

Authorware 中默认的文本颜色为黑色，背景色为白色。选中需要改变颜色的文字，然后单击填色工具中的线条/文本色框，在【颜色】选择板中挑选一种文本色，如图 2-39 所示。

图 2-39　设置文本颜色

在同一文本对象中文字的背景色必须是相同的。如果想让文本对象下面的对象或【演示】窗口背景色透过文字笔画的空隙显露出来，可以将文本对象的覆盖模式设置为透明模式。

2．设置字体字号

Authorware 中文本对象的默认字体是 System，默认字号为 10 磅。要改变字体，需首先选中要改变字体的文字，然后执行 Text→Font→Other 菜单命令，调出【字体】对话框，如图 2-40 所示。此时就可以在【Font】下拉列表框中选择一种字体，选中字体的样子可以在字体预览框中显示出来。

图 2-40　使用【字体】对话框设置文本对象的字体

如果需要改变字号，首先选中要改变字号的文字，然后在 Text→Size 菜单选项下的级联菜单中直接选择一种字号，或执行 Text→Size→Others 菜单命令，调出【字号】对话框，如图 2-41 所示，此时就可以在【Font Size】文本框中输入所需字号。此外也可以使用 Ctrl+↑ 和 Ctrl+↓ 快捷键来逐渐增大或减小文本对象的字号。

将文本对象的字号增大之后，可以看出文字的笔画边沿出现明显的锯齿现象，这会严重影响画面的整体显示效果。Authorware 提供了文字消锯齿功能，使用该功能，可以消除这种锯齿现象（如图 2-42 所示）。要使用消锯齿功能，先选中文本对象，然后执行 Text→Anti-Aliased 菜单命令。

图 2-41　使用【字号】对话框改变文本对象的字号　　　　　　图 2-42　文字消锯齿

3．设置文本样式

要将当前文本对象以粗体、斜体、上标、下标等方式显示，可以通过选择 Text→Style 级联菜单中的选项来实现，如图 2-43 所示。现将文本样式列在表 2-1 中。图 2-44 所示为字体样式应用举例。

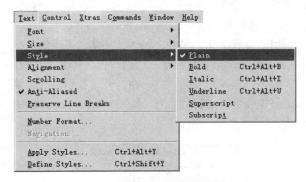

图 2-43　用于设置文本样式的菜单命令

表 2-1　文本样式的设置

选　　项	字 体 风 格	快　捷　键
Plain	普通	
Bold	粗体	Ctrl+Alt+B
Italic	斜体	Ctrl+Alt+I
Underline	下画线	Ctrl+Alt+U
Superscript	上标	
Subscript	下标	

如果文本对象中的文字内容很多，在一个限定的区域内放不下，就可以将文本对象设为滚动显示。方法是对当前选中的文本对象执行 Text→Scrolling Text 菜单命令，此时用鼠标单击文本对象右侧滚动条上的方向按钮，可以使文本对象在滚动框中滚动，结果如图 2-45 所示。

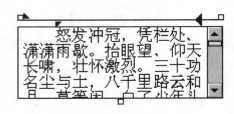

图 2-44　字体样式应用　　　　　　　　　　　图 2-45　滚动显示文本对象

4．自定义文本风格

如果要将多个不同的文本对象设置成相同的文本风格，再采取上述方法就显得有点低效。Authorware 可以让你定义自己常用的文本风格，然后就可以像使用普通风格那样使用自定义风格。

执行 Text→Define Styles 菜单命令或按下 Ctrl+Shift+Y 快捷键，会调出【定义风格】对话框，如图 2-46 所示。

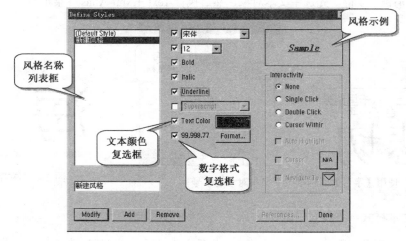

图 2-46　定义自己的风格

单击【Add】命令按钮，然后在【风格名称】列表框下方的文本框中输入一个新的名称，输入完毕后按下 Enter 键，新的文本风格名称就出现在【风格名称】列表框中。

在【风格名称】列表框右边有一组复选框，分别用于设置字体、字号、粗体、斜体、下画线、上标或下标、文本颜色和数字格式。在打开【文本颜色】复选框之后，单击它右边的颜色选择命令按钮，可以调出【文本颜色】对话框（如图 2-47 所示），从中可以选择一种文本色。在打开【数字格式】复选框之后，单击它右边的格式选择命令按钮，可以调出【数字格式】对话框（如图 2-48 所示），从中可以设置所需的数字格式。

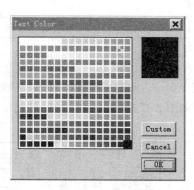

图 2-47　【文本颜色】对话框

图 2-48　【数字格式】对话框

【定义风格】对话框右上角的风格示例中显示出当前设置的文本风格。当设置完成后，单击【Done】（【结束】）命令按钮就保存了这种文本风格。在【风格名称】列表框中选中一种文本风格后，单击【Modify】（【修改】）命令按钮可以对该种风格进行修改。

风格定义完成之后，可以对文本对象应用自定义文本风格。首先选中文本对象，执行 Text→ Apply Styles 菜单命令或按下 Ctrl+Alt+Y 快捷键，调出【应用风格】对话框（如图 2-49 所示），在对话框中显示出一组复选框，代表可用的自定义风格。打开某个复选框，就对当前选中的文本对象应用了它所代表的风格。

图 2-49　应用自定义文本风格

2.3.4　嵌入变量

在文本对象中输入的内容一般是固定不变的。比如在一个文本对象中输入"今天是 6 月 1 日"，则无论在何时何地，以何种方式显示这个文本对象，它总是告诉你"今天是 6 月 1 日"，而不管当时的日期究竟是几月几日。要想改变这种状况，就需要用到 Authorware 提供的使用变量的功能（变量代表可以变化的数据）。

在一个文本对象中使用变量很容易，只需将变量输入到文本对象中，并用花括号将它括起来就行。Authorware 允许你使用它提供的系统变量和你自己定义的变量，下面将分别介绍这两类变量的使用。

1．使用系统变量

Authorware 提供了丰富的系统变量，下面以两个与时间有关的变量举例说明系统变量的使用。

系统变量 FullDate 中以年、月、日的形式保存了当前的日期，系统变量 FullTime 中以时、分、秒的形式保存了当前的时间。使用这两个系统变量就能够解决上面所说的问题，即可以随时显示出当前的日期和时间。

（1）双击"图形"设计图标，打开【演示】窗口，删除现有的内容（如果现在没有打开程序文件，请打开 first.a7p 文件）。

（2）选择绘图工具箱中的【文本】工具，在【演示】窗口中用鼠标单击建立一个文本对象，输入如图 2-50(a)所示的内容。注意要将两个系统变量用花括号括起来。

（3）输入完毕后，单击工具栏上的【运行】命令按钮，程序运行结果如图 2-50(b)所示。

现在可以看到 Authorware 自动用系统中的日期和时间替换系统变量。Authorware 中与时间和日期有关的系统变量很多，可以通过这些变量获得当前的月（如 December）、星期（如 Monday）等，具体情况可以参考本书后的附录 A。

 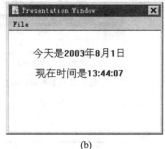

　　　　　　　　(a)　　　　　　　　　　　　　　　　　　　(b)

图 2-50　向文本嵌入系统变量

2. 使用自定义变量

使用自定义变量与使用系统变量的步骤有所不同，必须事先设定自定义变量的内容，而上述两个系统变量的内容是由 Authorware 自动设定的。设定变量内容的操作称为赋值，要对变量赋值则需要用到【运算】设计图标。

图 2-51　使用"赋值"设计图标

（1）从图标选择板上拖动一个【运算】设计图标到【演示】窗口中，在主流程线上"图形"设计图标之前的位置上释放，然后将它命名为"赋值"，如图 2-51 所示。

（2）双击"赋值"设计图标，就会打开一个与它同名的运算窗口，如图 2-52(a)所示，在这里输入表达式：Text:="欢迎进入 Authorware 世界"，其中 Text 是自定义的变量；":="是赋值运算符，在此用于将其后的字符串赋予变量 Text。输入完毕后，单击运算窗口右上角的关闭按钮，这时会出现一个提示窗口，询问是否保存在运算窗口中输入的内容，请单击【Yes】按钮确认。

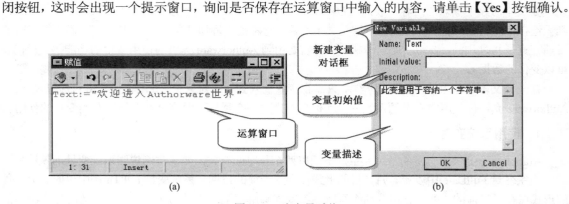

(a)　　　　　　　　　　　　　　　　　　(b)

图 2-52　为变量赋值

（3）由于 Text 是一个新建立的变量，Authorware 会弹出一个【新建变量】对话框［如图 2-52(b)所示］，在此可以输入变量名、变量的初始值及变量描述。由于不能使用中文变量名，建议在变量描述框中输入一段关于此变量的说明性信息，使得将来在程序有了几十个变量之后不至于搞混。由于已经使用表达式为 Text 变量设定了一个值，在此处就不必为它再输入一个初始值了。单击【OK】按钮关闭此对话框。现在变量 Text 就有了一个值，可以将它嵌入到文本对象中去。

（4）单击【运行】命令按钮，当文本对象显示在屏幕上时，双击文本对象，此时就进入程序编辑状态，出现绘图工具箱（双击"图形"设计图标也能进入程序编辑状态，这里只是介绍一下在将来的程序设计过程中更常用的方法）。选择【文本】工具，在当前文本对象中插入自定义变量，如图 2-53(a)所示。

（5）编辑完毕后，单击【运行】命令按钮，程序运行结果如图 2-53(b)所示。

(a)

(b)

图 2-53　嵌入自定义变量

现在就可以看到 Authorware 用自定义变量 Text 的值替换变量。对变量的显示仍然可以指定各种风格，方法同普通文本对象一样。现在将包含文本对象的"图形"设计图标改名为"文本"，单击【全部保存】命令按钮，保存本节的工作。

利用 Authorware 提供的系统变量和自定义变量，可以设计出更灵活的流程控制和更复杂的程序，本书在以后的章节中将进一步介绍变量的具体使用。

2.3.5　导入外部文本

在 Authorware 中既可以在【显示】设计图标中直接输入文本，也可以将外部已经存在的文本导入到 Authorware 中来。下面介绍几种从 Authorware 外部导入文本的方法。

1．使用复制、粘贴操作

以 Windows 写字板为例，介绍如何从外部应用程序向 Authorware 导入文本。

（1）在写字板中打开所需文件，并选择要复制的文本，执行复制操作。

（2）在 Authorware 中打开【显示】设计图标，然后单击【粘贴】命令按钮。

（3）Authorware 会弹出一个【导入文本】对话框（如图 2-54 所示），在左边的【Hard Page Break】单选按钮组中选择如何对待导入文本中的分页符：是忽略还是从分页符处另外建立一个【显示】设计图标来容纳下一页文本；在右边的【Text Object】单选按钮组中选择用导入的文本建立标准文本对象或带有滚动风格的文本对象。选择完毕后，单击【OK】按钮确认。

（4）此时文本就导入到【显示】设计图标中。一个显示对象最多可以容纳 32KB 的文本内容，如果复制的文本数量较大（超过了 32KB），Authorware 会自动为每 32KB 大小的文本建立一个【显示】设计图标来容纳它，如图 2-55 所示。

（5）上述操作也可直接对处于编辑状态的文本对象进行。

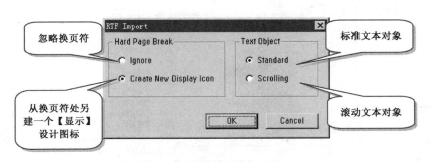

图 2-54　导入文本对话框

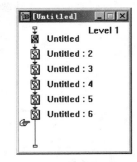

图 2-55　使用【显示】设计
图标容纳大量文本

2．从外部应用程序向 Authorware 中拖入文本

仍以 Windows 写字板为例，介绍使用拖放操作从外部应用程序向 Authorware 导入文本。

（1）在写字板中打开所需文件，选择要复制的文本。

（2）按下鼠标左键拖动鼠标，将选中文本拖到设计窗口中，如图 2-56 所示。

（3）当拖放指针位于主流程线上时，释放鼠标左键，此时 Authorware 自动根据文本长度创建一个或多个【显示】设计图标来容纳拖入的文本。

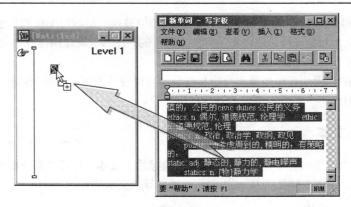

图 2-56   使用拖放操作导入文本

3．直接向 Authorware 中拖入文本文件

Authorware 支持通过直接向设计窗口中拖入文本文件的方法从外部导入文本，操作步骤如下。

（1）打开 Windows 资源管理器（或其他文件管理应用程序），选中需要导入的文本文件。

（2）按下鼠标左键拖动鼠标，此时鼠标指针变为拖动指针。

（3）拖动文件至设计窗口主流程线上，释放鼠标左键，此时 Authorware 会自动建立一个与文本文件同名的【显示】设计图标，如图 2-57 所示。如果文件过大，Authorware 会自动建立多个与文本文件同名的【显示】设计图标。

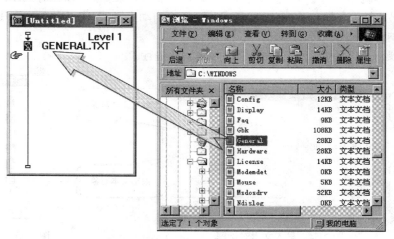

图 2-57   直接向 Authorware 中拖入文本文件

4．使用导入文件命令

单击【导入文件】命令按钮或执行 File→Import 菜单命令，在随之打开的【Import which File】对话框中选择一个文本文件，可以直接向流程线上或打开的【显示】设计图标中导入外部文本文件。接下来的操作与前面介绍的第一种导入外部文本的方法类似，在此不再赘述。

 在上述 4 种导入外部文本的方法中，第二、三种方法只适用于支持 OLE 2.0 的外部应用程序。除了可以向流程线上拖放外部文本外，还可以将外部文本直接拖放到流程线上已有的【显示】设计图标之上，或者已经打开的【演示】窗口之中。

2.4　设置【显示】设计图标的属性

到现在为止，所有的工作都没有离开过【显示】设计图标，这充分表明【显示】设计图标对多媒体程序设计的重要性。在进行下一步工作之前，有必要对【显示】设计图标进行更深一步的认识，更全面地了解一下它究竟还能为大家做些什么。

2.4.1　【显示】设计图标属性检查器

打开 first.a7p 程序文件，从图标选择板上拖动一个【显示】设计图标到主流程线"文本"设计图标之后的位置，将它命名为"图形"，并在其中创建一个矩形对象、一个圆形对象及一个多边形对象，如图 2-58 所示。对象创建完毕之后保存程序文件。

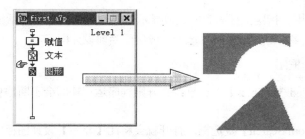

图 2-58　添加一个【显示】设计图标

选中"图形"设计图标，执行 Modify→Icon→Properties 菜单命令或按下 Ctrl+I 快捷键（或按住 Ctrl 键的同时双击设计图标），调出【Properties:Display Icon】（【显示】设计图标属性检查器），如图 2-59 所示。这里呈现的内容对将来的设计很重要，现在就来快速浏览一下这里面都有些什么。

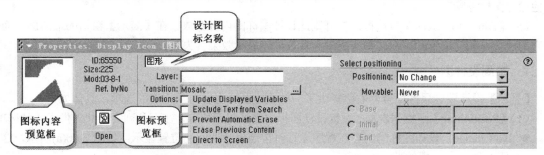

图 2-59　【显示】设计图标属性检查器

1．图标内容预览框

图标内容预览框是对图标内容的一个大致浏览，右侧是一些设计图标本身的数据。ID 代表这个设计图标的标识号，一个设计图标可以和其他设计图标重名，但每个设计图标都有唯一的一个标识号，Authorware 实际上是通过 ID 号来区别每一个设计图标的；Size 是当前设计图标的大小，这和图标的内容有关；Mod 反映出最近一次修改图标的时间；Ref by Name 反映出程序中是否有其他地方通过图标名称引用该设计图标，No 指的是不存在引用。

　在对程序文件进行编辑时，要注意设计图标的 Ref by Name 属性，以确保在删除设计图标时不会对其他设计图标造成影响。

2．图标预览框

图标预览框表示当前设计图标的种类，因为不止一种设计图标存在这种属性检查器；单击【Open】按钮就为该设计图标打开【演示】窗口。

3．设计图标名称文本框

设计图标名称文本框用于给当前设计图标命名。

4．【Layer】文本框

【Layer】文本框用于设置当前设计图标所处的层数，层数较高的【显示】设计图标的内容会放置于层数较低的【显示】设计图标内容之前。

5．【Transition】文本框

【Transition】文本框用于指定图标内容的过渡显示效果，单击右边的对话按钮可以弹出一个对话框，在那里可以从为数众多的过渡效果中挑选一种应用于当前设计图标。

6．【Options】复选框组

（1）【Update Displayed Variables】复选框：打开则程序运行期间会不断地更新嵌入到文本对象中的变量值并刷新显示结果。

（2）【Exclude Text from Search】复选框：打开就会将此【显示】设计图标中文本对象的内容排除在 Authorware 进行的字符串搜索范围之外。

（3）【Erase Previous Content】复选框：打开则程序运行到此【显示】设计图标，在显示设计图标内容时会将【演示】窗口中层数较低的显示内容自动擦除。

（4）【Prevent Automatic Erase】复选框：打开则此设计图标的内容可以避免被具有自动擦除属性的其他设计图标擦除。

（5）【Direct to Screen】复选框：打开则此设计图标的内容会放置在【演示】窗口的最前面，而不管它的层数是如何设置的。在这种情况下大多数过渡显示效果会失效。

7．布局设计区

【显示】设计图标属性检查器右侧提供了一些决定图标内容布局方式的选项，具体如下。

（1）【Positioning】下拉列表框：设置设计图标内容的显示位置，在下拉列表中共提供了 4 种选项。

- No Change：设计图标的内容在程序运行时按照设计期间的位置显示，如图 2-60(a)所示，这也是 Authorware 中的默认选项。
- On Screen：按照【Initial】文本框中提供的坐标显示在【演示】窗口中相应的位置。此时与上一种方式有了本质的区别，可以使用变量来确定程序运行时设计图标内容在【演示】窗口中的位置，如图 2-60(b)所示。
- On Path：在定义好的路径上显示。选择此方式后，你需要在【演示】窗口中拖放设计图标内容来形成一条路径。如图 2-61 所示，每拖放一次就形成一条直线路径，多次拖放可以形成一条有一系列三角形拐点的折线路径，双击三角形拐点可以使它变为圆形拐点并与相邻的两个拐点形成曲线路径。接下来就可以确定设计图标内容在路径上的位置了：【Base】（路径起点）、【Initial】（初始位置）、【End】（路径终点）文本框中的数值只是一个比例值，如图 2-61 中所设的值表示设计图标内容当前显示在路径总长度 37.84%的位置。沿路径拖动图标内容可以看到【Initial】的值在增大或减小，在这 3 个文本框中同样可以使用变量来代替具体数字。选中路径

上的拐点并单击【Delete】命令按钮可删除该拐点，拖动拐点可以改变拐点的位置，单击【Undo】命令按钮可以撤销上一步对拐点的操作。

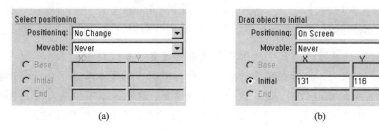

图 2-60　布局设计

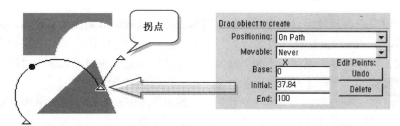

图 2-61　沿路径显示设计图标的内容

- **In Area**：在一个矩形区域内显示。选择此种方式之后，首先单击【Base】单选按钮，然后用鼠标将设计图标内容拖到区域的起始位置；接着单击【End】按钮，然后用鼠标将设计图标内容拖到区域的结束位置，此时【演示】窗口中出现一个用方框包围的矩形区域，如图 2-62 所示。现在就可以单击【Initial】单选按钮并在其后的文本框中输入坐标值，以确定设计图标内容的初始显示位置，也可以通过用鼠标在设定的区域内拖动图标内容来确定初始显示位置。在这 6 个文本框中同样可以使用变量代替具体数字，以确定程序运行时设计图标内容在所设区域中的位置。

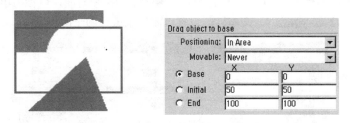

图 2-62　在区域内显示设计图标内容

（2）【Movable】下拉列表框：设置设计图标内容在【演示】窗口中可能被用户移动的方式。在下拉列表框中共提供了如下 5 种选项。

- **Never**：不能被移动。选择此种方式之后，设计图标中的内容尽管在设计期间可以用鼠标任意拖动，但在程序打包运行之后，显示位置就不能再移动。这也是 Authorware 中的默认选项。
- **On Screen**：可以在【演示】窗口中移动。选择此种方式，在程序设计期间，设计图标的内容可以在【演示】窗口的范围内移动，在程序打包运行之后，设计图标的内容可以在程序窗口的范围内移动。
- **Anywhere**：可以在任意范围内移动。选择此种方式之后，设计图标中的内容可以任意移动，甚至可以用鼠标拖到窗口的可视区域之外。

- On Path：可以沿路径移动。这个选项只有在【Positioning】下拉列表框中选择"On Path"之后才会出现。选择此种方式之后，设计图标中的内容可以沿着定义过的路径拖动。
- In Area：可以在区域内移动。这个选项只有在【Positioning】下拉列表框中选择"In Area"之后才会出现。选择此种方式之后，设计图标中的内容可以在定义过的区域内移动。

 【显示】设计图标属性检查器中的诸多设置都对【显示】设计图标本身起作用，影响到一个【显示】设计图标包含的所有显示对象，即对其中所有的文本和图形图像等对象起作用而不是单对其中某个对象起作用，这一点一定要分清楚。这也是本节中反复提到"设计图标内容"而不使用"对象"的原因。关于显示对象的属性设置在前面已经介绍过。

2.4.2　现场实践：使用过渡效果

显示对象可以采取各种过渡显示效果展示在屏幕上，这使画面效果生动了许多，大大丰富了多媒体制作的表现力。Authorware 提供了许多过渡显示效果，本节将介绍选用这些效果的方法。

打开 first.a7p 程序文件，现在开始为"文本"设计图标指定一种过渡效果。过渡效果是在【过渡效果】对话框中设置的，打开【过渡效果】对话框可以采取两种方法。

（1）按下 Ctrl 键的同时双击"文本"设计图标，或者在【演示】设计窗口中按下 Ctrl 键的同时双击文本对象，调出图标属性对话框，单击【Transition】文本框右边的对话按钮。

（2）单击选中"文本"设计图标，执行 Modify→Icon→Transition 菜单命令或按下 Ctrl+T 快捷键。

【过渡效果】对话框如图 2-63 所示，现将该对话框内容简介如下。

（1）【Categories】（【种类】）列表框：列出了过渡效果的种类。默认的过渡种类为[internal]（内置）。

（2）【Transitions】（【过渡效果】）列表框：列出了在当前效果种类中包含的过渡效果。

（3）【Xtras file】：指出当前类的效果都包含在哪个 Xtras 文件中。[internal]类的效果是 Authorware 内置的效果，其他各类效果都包含在 Authorware 系统目录下的 Xtras 文件夹的.x32 文件中。Authorware 7.0 已经不再支持老式的.x16 过渡效果。

（4）【Duration】（【持续时间】）文本框：设置过渡效果的接续时间，以秒为单位。

（5）【Smoothness】（【平滑度】）文本框：设置过渡效果进行的平滑程度。

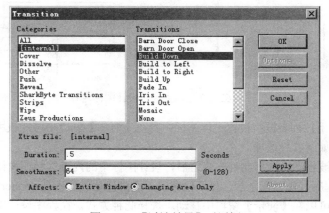

图 2-63　【过渡效果】对话框

（6）【Affects】（【影响区域】）单选按钮组：设置过渡效果影响的区域。选择"Entire Window"影响到整个窗口，选择"Changing Area Only"则仅影响该效果施用的设计图标内容所在的区域。并不是所有过渡效果都可以采取这两种方式。

（7）【Options】命令按钮：有的过渡效果可以使用此按钮来进行更进一步的设置。

（8）【Reset】命令按钮：用于将当前过渡效果的【Duration】、【Smoothness】参数设为默认值。

（9）【Apply】命令按钮：单击此按钮可以预览当前设置的过渡效果。

现在选择[internal]效果类中的"Build Down"过渡效果，单击【Apply】命令按钮，预览一下过渡效果，如图 2-64 所示。可以看到三行文字从上到下逐渐显示出来。过渡持续时间可以在【过渡效果】对话框中的【Duration】文本框控制，输入的数值越小，过渡越快；过渡的平滑程度在【Smoothness】文本框中控制，输入的数值越小，过渡越是平滑。反复调整这两种参数，满意之后单击【OK】按钮确认。

现在再用同样的方法，为"图形"设计图标设置[internal]效果类中的"Mosaic"过渡效果。设置完毕之后，单击【运行】命令按钮，程序执行结果如图 2-65 所示。

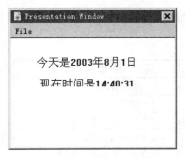

图 2-64 Build Down 效果

图 2-65 Mosaic 效果

现在，"图形"设计图标中的 3 个图形对象是以同样的过渡效果出现的，如果想让它们各自以不同的过渡效果出现，该怎么办？3 个图形对象位于同一设计图标中，而同一设计图标中的所有对象只能应用同一种过渡效果，所以只能将 3 个图形对象分开放置到不同的【显示】设计图标中。有了【剪切】、【粘贴】功能，实现这一点很容易，但是想要将 3 个对象分置 3 个设计图标的同时保持它们现在的显示位置就需要如下一些技巧。

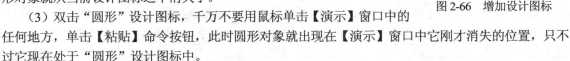

（1）在主流程线"图形"设计图标之后拖放两个【显示】设计图标，然后对这 3 个【显示】设计图标重新命名，如图 2-66 所示。3 个图形对象此时在"矩形"设计图标中。

（2）双击"矩形"设计图标，此时所有对象都处于选中状态。取消它们的选中状态之后，单击选中圆形对象，单击【剪切】命令按钮，此时圆形对象就从当前设计图标之中消失了。

图 2-66 增加设计图标

（3）双击"圆形"设计图标，千万不要用鼠标单击【演示】窗口中的任何地方，单击【粘贴】命令按钮，此时圆形对象就出现在【演示】窗口中它刚才消失的位置，只不过它现在处于"圆形"设计图标中。

（4）对多边形对象重复第（2）步和第（3）步的操作，将它移动到"多边形"设计图标之中。如果在单击【粘贴】命令按钮之前用鼠标单击过【演示】窗口中的某处，【粘贴】命令会将多边形对象放置到该位置上。

（5）按住 Shift 键的同时用鼠标分别双击"矩形"、"圆形"、"多边形"设计图标，3 个设计图标的内容会同时显示在【演示】窗口之中，可以看到它们完全保持了拆分之前的位置。

现在就可以分别对 3 个设计图标设置过渡效果了。为"矩形"设计图标选择[internal]类的"Mosaic"过渡效果，为"圆形"设计图标选择[internal]类的"Zoom from Point"过渡效果，为"多边形"设计图标选择[internal]类的"Venetian Blind"过渡效果，并适当增加各种过渡效果的持续时间和平滑程度。将【持续时间】和【平滑度】参数调整完毕之后，单击【运行】命令按钮。怎么样，效果是不是好了许多？文字缓缓地从窗口上方垂下，矩形、圆形、多边形依次以各不相同的方式姿态优美地登场，好像文字不应该在图形的后面，这个问题放在 2.4.3 节解决。程序运行效果如图 2-67 所示。

图 2-67　设置不同的过渡效果

[internal]类过渡效果是最常用的，表 2-2 是[internal]类过渡效果的中文说明。

表 2-2　　[internal]类过渡效果的中文说明

英 文 名 称	中 文 说 明	英 文 名 称	中 文 说 明
Barn Door Close	以关门方式由外向内展示	Mosaic	以马赛克方式展示
Barn Door Open	以开门方式由内向外展示	None	不加效果
Build Down	由上向下展示	Pattern	以逐渐涂满方式展示
Build to Left	由右向左展示	Spiral	由外向内螺旋展示
Build to Right	由左向右展示	Venetian Blind	以水平方向百叶窗方式展示
Build Up	由下向上展示	Vertical Blind	以垂直方向百叶窗方式展示
Fade In	以小方块逐渐展示	Zoom from Line	从一条线逐渐伸展
Iris In	以照相机光圈收缩方式展示	Zoom from Point	从一点逐渐放大
Iris Out	以照相机光圈扩大方式展示		

　　如果要选择[internal]类以外的效果，则程序打包发行时要带上包含该类效果的 Xtras 文件，关于这一点将在本书第 12 章详细介绍。[internal]类以外的过渡效果有很多，显示效果也很不错，有的甚至还伴随有音效。抽出点时间将它们逐个调出来试一试，这样就知道今后的设计都有什么效果可用了。选择[Cover]类中的过渡效果试一下，该类中的过渡效果在"Entire Window"或"Changing Area Only"两种方式下的区别表现得很明显。

2.4.3　现场实践：层的使用

　　在 2.2.2 节中介绍过改变对象放置次序的方法，但该方法只适用于同一【显示】设计图标中的多个对象。对于处在不同【显示】设计图标中的多个对象，Authorware 在默认情况下，将后执行的设计图标中的内容放置在先执行的设计图标中的内容的前面，就像图 2-67 中表现出来的一样，文字显示在图形的下方。现在以 first.a7p 为例，介绍改变这一情况的方法。

　　将"文本"设计图标中的内容显示在其余 3 个【显示】设计图标内容的前面，可以采取以下两种办法。

　　（1）在流程线上将"文本"设计图标拖到其余 3 个【显示】设计图标的下方。这种方法同时改变了程序的执行顺序，在显示完 3 种图形之后，才会显示文字。

　　（2）改变"文本"设计图标的层属性。Authorware 在默认情况下，所有【显示】设计图标中的内容在第 0 层上显示。通过设定更高的层数，可以在不改变程序执行顺序的前提下，将先执行的设计图标中的内容放置在后执行的设计图标中的内容的前面。

下面重点介绍第二种方法的使用。

（1）打开 first.a7p 程序文件，按下 [Ctrl] 键的同时双击"文本"设计图标，或者在【演示】设计窗口中按下 [Ctrl] 键的同时双击文本对象，调出【显示】设计图标属性检查器。

（2）在【Layer】文本框中输入数字"1"，这样"文本"设计图标就处于第 1 层。然后关闭属性检查器。

（3）将"文本"设计图标中的文本对象设置为反显覆盖模式，以使文字在不同颜色的背景上仍能清晰可辨。

（4）保存对程序的修改，单击【运行】命令按钮。程序运行结果如图 2-68 所示。

图 2-68 改变设计图标层属性

从程序执行结果可以看到，通过改变"文本"设计图标的层数，可以达到将文字显示在图形前面的目的。

  从图 2-68 还可以看出，在过渡效果持续期间，不同的过渡效果在显示层次上存在一些区别：矩形和多边形的过渡显示是在文字之后进行的，而圆形的过渡显示是在文字之前进行的，在过渡效果持续期结束后，圆形才显示在文字之后。

影响多个设计图标内容放置次序的还有【Direct to Screen】复选框。为一个设计图标打开此复选框，则该设计图标的内容会放置在【演示】窗口的最前面，而不管其他设计图标的层数设置有多大。这一点是 Authorware 4.0 之后的版本才具有的特性，在 Authorware 3.5 中只为【数字化电影】设计图标提供了这个选项。

  使用此属性要注意以下几个方面：①如果一个【显示】设计图标的内容正好显示在另一个打开了此选项的设计图标的内容之后，那么它的过渡效果可能会和平时看起来不太一样；②如果程序中有多个设计图标打开了此选项，那么它们的内容在【演示】窗口中的放置次序取决于程序执行的顺序；③打开此选项会屏蔽掉大多数过渡效果，有的过渡效果即使能够保留下来，也可能会在显示过程中对其他设置为【Direct to Screen】的设计图标的内容产生闪烁干扰。

  如果你想在不改变程序执行顺序的前提下，将一个设计图标的内容放置在其他所有设置为【Direct to Screen】的设计图标的内容之前，可以在打开【Direct to Screen】复选框的同时增大此设计图标的层数。如果你使用过 Authorware 3.5，你就知道无论如何也不可能将一个显示对象放置到一个外部 avi 数字化电影之上，但在 4.0 以后的版本中采取此方法就能够在某种程度上做到这一点：即使看起来数字化电影仍显示在最前面，单击两对象的交叠部分，选中的却是显示对象而不是数字化电影对象。如果将显示对象设置为热对象，那么此举就会将它激活。

2.4.4 现场实践：其他显示属性

在【显示】设计图标属性检查器的【Display】选项卡中还有其他几个显示属性，本节将逐一介绍。

1.【Update Displayed Variables】

你是否还记得在 first.a7p 程序文件的"文本"设计图标中嵌入过一个系统变量 FullTime？每次运行此程序文件时，系统当前时间会显示在【演示】窗口中，但是这个显示的时间值并没有随着光阴的流逝而变化，它静静地等在那里直到你再次运行程序。要想让它时刻反映出系统当前时间，只需把"文本"设计图标属性检查器中的【Update Displayed Variables】复选框打开即可。现在运行一下 first.a7p 试试看，你的表开始走动了，如果在晚上 23:59 运行此程序一分钟，日期值也会发生改变。

这一切都是因为打开了【Update Displayed Variables】复选框。Authorware 会时刻跟踪嵌入到【显示】设计图标中的变量，一旦它的值发生改变，Authorware 就立刻将它重新显示出来。

2.【Erase Previous Contents】

前面介绍过，如果为一个【显示】设计图标打开此复选框，则程序运行到此【显示】设计图标，在显示设计图标内容时会将【演示】窗口中层数较低的显示内容自动擦除。现在来试一下此功能的应用效果。

打开 first.a7p 程序文件，为"多边形"设计图标打开【Erase Previous Contents】复选框，然后运行程序。可以看到在以水平百叶窗效果显示多边形的同时，以同样的过渡效果擦除了矩形和圆形，如图 2-69 所示。为什么会留下文字呢？因为前面已经把"文本"设计图标的层数设为 1，而此时"矩形"、"圆形"、"多边形"设计图标的层数都是默认的 0。现在把"多边形"设计图标的层数设为 1，再次运行程序，可以看到所有层数小于等于 1 的【显示】设计图标内容都被擦除了，只留下了"多边形"设计图标的内容，如图 2-70 所示。

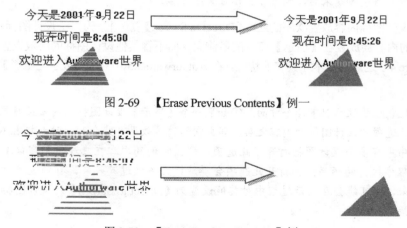

图 2-69 　【Erase Previous Contents】例一

图 2-70 　【Erase Previous Contents】例二

如果想保留某个【显示】设计图标的内容，就为该设计图标打开【Prevent Automatic Erase】复选框，此设计图标的内容就避免了被具有自动擦除属性的设计图标擦除。

如果再为"多边形"设计图标打开【Direct to Screen】复选框，则程序运行到"多边形"设计图标时，会先以水平百叶窗效果擦除此前的设计图标内容，然后多边形会"猛然"地出现在【演示】窗口中。

2.4.5　编辑多个【显示】设计图标

现在 first.a7p 开始有了越来越多的【显示】设计图标。有了多个【显示】设计图标之后，就经常会遇到同时对多个【显示】设计图标进行编辑的情况，了解一下可用的操作是非常必要的。

1．在设计窗口中预览设计图标内容

在不打开设计图标的情况下，可以预览设计图标中的内容，这样就不必总是打开设计图标来查找所需的内容。方法是按下 Ctrl 键的同时在设计窗口中用鼠标右键单击设计图标，此时设计图标的内容会出现在该设计图标的右下方，如图 2-71 所示，甚至连变量内容都显示出来了，真是方便。这种方法可以用于预览【显示】设计图标、【数字化电影】设计图标、【声音】设计图标、【交互作用】设计图标、【导航】设计图标、【移动】设计图标及【擦除】设计图标。

图 2-71　预览设计图标内容

2．同时显示多个【显示】设计图标的内容

按住 Shift 键的同时依次双击需要的【显示】设计图标，被双击过的【显示】设计图标内容会同时出现在【演示】窗口中。最终停留在最后双击的【显示】设计图标上，该设计图标中所有对象呈选中状态。

3．同时编辑多个【显示】设计图标中的显示对象

当所需的【显示】设计图标内容全部出现在【演示】窗口中之后，就可以采取如下方法进行编辑。

（1）双击一个显示对象，打开它所属的【显示】设计图标，同时其他设计图标中的内容仍然显示在【演示】窗口中。随后就可以参照其他设计图标内容的位置及大小，对该设计图标中的所有对象进行缩放、移动等操作。

（2）按住 Ctrl+Shift 键的同时用鼠标单击【演示】窗口中的显示对象，可以同时选中处于不同【显示】图标中的显示对象，非当前设计图标中的对象周围出现灰色的控制点。在这种状态下，可以使用前面介绍过的方法对选中的对象进行对齐操作；也可以用鼠标拖动当前设计图标中显示对象的控制点进行缩放操作，此时非当前设计图标中的显示对象也会移动，以保持相对位置，但是不会改变大小；用鼠标拖动灰色的控制点可以移动当前所有选中的对象。

2.5　使 用 图 像

使用 Authorware 的绘图工具很难绘制出蓝天白云、带露珠的玫瑰，幸运的是，你根本不必去这么做。在 Authorware 中进行多媒体程序设计可以直接使用外部的图像，这样就可以将复杂的图像处理工作留给那些重量级的专业工具来做，如 Photoshop、CorelDRAW 等。Authorware 支持以下格式的图像文件：.pict、.tiff、.lrg、.gif、.png、.bmp、.rle、.dib、.jpeg、.photoshop 3.0、.tga、.wmf、.emf。

2.5.1　导入外部图像

Authorware 导入外部图像的方法同前面介绍的导入外部文本的方法相似，如果记不起来，可以再看一下 2.3.5 节。如果有一个图像浏览器，使用直接向流程线上拖入图像文件的方法可以大大提高工作效率（如图 2-72 所示）。

这里再介绍一种导入外部图像的方法，即使用 Import 命令（事实上此方法同样适用于导入外部文本，只要在【文件类型】中选择相应文件类型即可），操作如下。

（1）打开一个【显示】设计图标，单击【导入文件】命令按钮，出现【Import Which File】对话框，如图 2-73 所示。

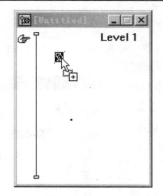 

图 2-72　从图像浏览器向 Authorware 中导入图像文件

（2）在对话框中可以选择要导入的文件，打开【Show Preview】复选框可以对当前选中的图像文件进行预览。

（3）单击展开按钮，会将对话框扩大，出现一个【Files to Import】文件列表框和几个命令按钮。单击【Add】命令按钮可以将当前选中的图像文件添加到文件列表中，单击【Add All】命令按钮可以将当前文件夹下的所有图像文件添加到文件列表中，在文件列表中选择文件名后单击【Remove】按钮可以将文件从列表中删除。

（4）单击【Import】命令按钮，可以将当前选中的图像文件导入到【显示】设计图标中，形成图像对象。

（5）打开【Link To File】复选框，则导入的图像以外部文件方式连接到程序文件中。

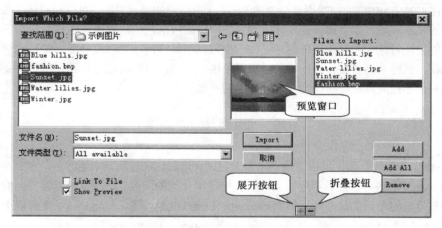

图 2-73　导入文件对话框

　采用拖放操作导入图像时，图像数据被导入到程序文件内部。在按下 Shift 键的同时进行拖放操作，则可以使图像以外部文件方式连接到程序文件中。拖放过程的目的地既可以是设计窗口中的流程线，也可以是已经存在于流程线上的设计图标，或者是打开的【演示】窗口。

2.5.2　设置图像对象的属性

图像对象形成之后，就可以对它的各项属性进行设置。

打开图像对象所在的【显示】设计图标，双击图像对象，打开图像对象属性对话框，如图 2-74 所示。图像预览框中显示的内容由 Windows 系统中与当前图像文件相关联的应用程序决定（如 BMP 图像通常与画图附件程序相关联），下面主要介绍一下选项卡组中的设置。

图 2-74　图像对象属性对话框

1.【Image】选项卡

（1）【File】文本框：指示图像对象的来源文件。

如果图像是以 Link To File 方式导入的，则在此直接编辑图像文件的路径信息，可以使图像对象连接到其他的图像文件。如果输入一个合法的 URL（Uniform Resource Locator，统一资源定位符）地址，就可以使用位于网络中的各种图像。如图 2-75 所示，在【File】文本框中输入 "http://www.phei.com. cn/bookshop/images/200210/TP80820.gif"，就可以使图像对象直接连接到电子工业出版社网上书店提供的《Authorware 6.5 教程》封面图像。

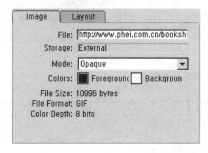

图 2-75　使用位于 Internet 中的图像

在【File】文本框还可以通过变量指定图像对象连接的图像文件，如图 2-76 所示，通过【运算】设计图标将图像文件地址赋值给一个自定义变量 picname，然后在【File】文本框中输入 "=picname"，程序运行时，图像对象就根据变量的内容，自动定位并显示指定的图像。

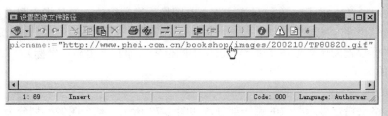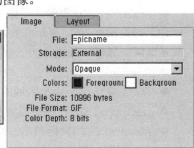

图 2-76　通过变量连接图像文件

由于变量的值可以在程序运行时进行修改，因此通过变量指定图像文件有可能使同一个图像对象在不同时刻显示出不同的图像，从而为程序带来更大的灵活性。

（2）【Storage】文本框：指示图像数据的存储方式。

此文本框中的内容由导入图像的方式决定：External 表示图像数据以独立文件方式存放于程序文件外部，Internal 表示图像数据已经被导入到图像对象之中。

（3）【Mode】下拉列表框：设置图像对象的覆盖模式。

（4）【Colors】颜色选择框：为单色图像指定前景色（Foreground）和背景色（Background）。

（5）【File Size】：指示图像文件的大小。

（6）【File Format】：指示图像文件的格式。

（7）【Color Depth】：指示图像的包含颜色深度，8bits 表示这是一幅 256 色的图像，24bits 则表示这是一幅真彩色的图像。

2．【Layout】选项卡

【Display】下拉列表框中共有 3 种选择，代表图像对象的 3 种显示方式，分别介绍如下。

（1）As is：按图像原大小显示，这也是图像对象的默认显示方式，如图 2-77(a)所示。

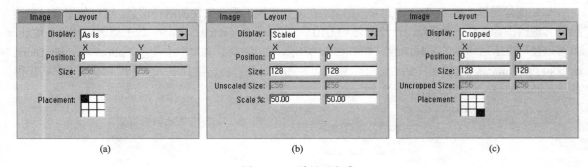

(a)   (b)   (c)

图 2-77　3 种显示方式

- Position：通过 X、Y 文本框设置图像对象在【演示】窗口中的位置（即左上角显示坐标）。
- Size：图像原大小（以像素为单位）。
- Placement：用鼠标单击方格来指定显示图像的哪一部分。

（2）Scaled：缩放显示，如图 2-77(b)所示。在这种方式下，图像以指定的比例缩小或放大显示。

- Position：通过 X、Y 文本框设置图像对象在【演示】窗口中的位置（即左上角显示坐标）。
- Size：在这里输入期望得到的图像显示尺寸。X、Y 文本框分别代表图像对象的宽度和高度。
- Unscaled Size：图像原大小。
- Scale %：在这里输入图像缩放比例。

（3）Cropped：裁剪显示，如图 2-77(c)所示。在这种方式下，对图像不进行缩放，但是指定图像的显示区域，显示区域以外的部分图像将被裁剪。

- Position：通过 X、Y 文本框设置图像对象在【演示】窗口中的位置（即左上角显示坐标）。
- Size：指定显示矩形区域的大小。
- Uncropped Size：图像原大小。
- Placement：用鼠标单击方格来指定显示图像的哪一部分，如图 2-78 所示，整个图像被划分为 9 个区域，黑色方块代表允许显示的区域。

处于编辑状态的图像对象周围会有 8 个控制点，当使用鼠标拖放控制点对图像对象进行缩放时，

Authorware 会提示图像对象的显示方式将由默认的 As is 方式转换为 Scaled 方式。图像对象的其他编辑方法和以前介绍过的其他对象的编辑方法类似，在此不再赘述。

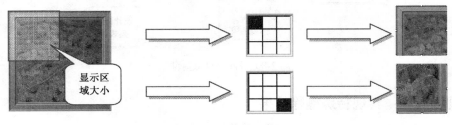

图 2-78　裁剪显示举例

2.6　擦 除 对 象

如果要想擦除【演示】窗口中特定设计图标的内容，必须使用【擦除】设计图标。

2.6.1　【擦除】设计图标属性检查器

拖动一个【擦除】设计图标到设计窗口主流程线上，双击该设计图标，就会出现【擦除】设计图标属性检查器，如图 2-79 所示。【擦除】设计图标的内容预览框总是空白的。

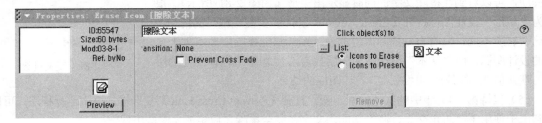

图 2-79　【擦除】设计图标属性检查器

（1）【Preview】命令按钮：单击此命令按钮可以预览擦除效果。

（2）【Transition】文本框：用于设置擦除过渡效果，作用与为【显示】设计图标设置显示过渡效果类似。

（3）【Prevent Cross Fade】复选框：用于防止交叉过渡。由于在 Authorware 中对设计图标既可以设置显示过渡效果，又可以设置擦除过渡效果，此复选框的目的就是处理这些过渡效果之间的关系。打开此复选框，则在显示下一设计图标内容之前将选定的设计图标内容完全擦除，关闭此复选框，则 Authorware 会在擦除当前目标的同时显示下一设计图标的内容。

（4）擦除目标选择区，如图 2-80 所示。提示栏中提示用户单击【演示】窗口中的显示对象，被单击对象所属的设计图标就会成为【擦除】设计图标的擦除目标。同一个【擦除】设计图标可以同时擦除多个设计图标。

- 【List】单选按钮组：选择【Icons to Erase】单选按钮，则处于下方的设计图标列表中的设计图标将被擦除；选择【Icons to Preserve】单选按钮，则未包含在设计图标列表中的设计图标将被擦除，同时保留列表中的设计图标。
- 设计图标列表框：显示擦除目标列表。
- 【Remove】命令按钮：单击此命令按钮，将设计图标列表框中选中的设计图标排除在列表之外。

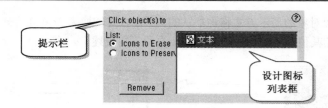

图 2-80　擦除目标选择区

2.6.2　现场实践：实现特殊擦除效果

打开 first.a7p 程序文件，拖动一个【擦除】设计图标到主流程线上"文本"设计图标和"矩形"设计图标之间释放，现在准备用它擦除"文本"设计图标的内容，因此将它命名为"擦除文本"。

（1）双击"文本"设计图标，使文本对象出现在【演示】窗口中。

（2）双击"擦除文本"设计图标，打开属性检查器，单击【演示】窗口中的文本对象，此时"文本"设计图标出现在【Icons】选项卡的设计图标列表中。

（3）随意设置一种擦除过渡效果，然后单击【Preview】按钮，可以在【演示】窗口中看到文本对象的擦除效果。

（4）现在为"擦除文本"设计图标设置马赛克擦除效果——与"矩形"设计图标的显示过渡效果相同，然后关闭【Prevent Cross Fade】复选框。关闭属性检查器之后运行程序，可以看到在擦除文字的同时显示出矩形（如图 2-81 所示），很像为"矩形"设计图标打开【Erase Previous Content】复选框时的情形。但这次有所不同，具有自动擦除属性的设计图标只能擦除层数不大于自己的设计图标，而"文本"设计图标的层数为 1，"矩形"设计图标的层数为默认值 0。这是使用"擦除"设计图标的结果。

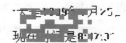

图 2-81　交叉过渡

（5）保持第（4）步中的其他设置不变，打开【Prevent Cross Fade】复选框。再次运行程序，可以看到由于使用了"防止交叉过渡"功能，文字在完全擦除之后矩形才慢慢出现。

现在为"擦除文本"设计图标设置"Remove Down"擦除效果——与"文本"设计图标的显示过渡效果相同，然后关闭【Prevent Cross Fade】复选框。关闭属性检查器之后运行程序，会发现文字根本就没有在【演示】窗口出现过——文字在显示的同时就被擦除了，这是由于关闭了"防止交叉过渡"功能。打开【Prevent Cross Fade】复选框并再次运行程序，文字就会像设想的一样由上而下出现，从上到下消失。正如你在上面第（4）步至第（5）步看到的那样，根据设计图标的显示（擦除）过渡效果并结合使用"防止交叉过渡"功能，设置对该设计图标的擦除（显示）效果，可以使一连串显示对象的展示非常连贯平滑。

【擦除】设计图标作用的对象是设计图标而不是某个显示对象，这一点一定要清楚。为了给某个显示对象设置一种与众不同的擦除效果，只有将它独立放置于一个设计图标之中，并且专门为它建立一个【擦除】设计图标——因为同一个【擦除】设计图标对它作用的所有对象采用的是同一种过渡效果。

本例擦除指定设计图标的方法是通过打开【擦除】设计图标属性检查器，然后单击【演示】窗口中的显示对象来完成。Authorware 7.0 提供了一种更为快捷的方法：那就是在设计窗口中直接将要擦除的设计图标拖放到【擦除】设计图标上。

2.7　程序的延时

在进行多媒体程序设计时经常要控制程序的暂停与继续，以使用户有足够的时间看清屏幕上的内容或进行短暂思考，这时就要用到【等待】设计图标。

2.7.1　【等待】设计图标属性检查器

拖动一个【等待】设计图标到设计窗口主流程线上，双击该设计图标，就会出现【等待】设计图标属性检查器，如图 2-82 所示。

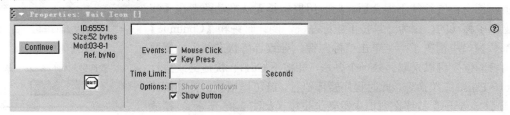

图 2-82　【等待】设计图标属性检查器

（1）图标内容预览框中显示出当前【等待】设计图标中的内容。

（2）【Events】复选框组：指定用来结束等待状态的事件。

● 【Mouse Click】复选框：打开此复选框，当用户单击鼠标左键时，结束等待状态。

● 【Key Press】复选框：打开此复选框，当用户按下键盘上的任意键时，结束等待状态。

（3）【Time Limit】文本框：输入等待时间，单位为秒。在输入等待时间后，到了设定的时间即使用户没有进行任何操作，也会结束当前的等待状态。

（4）【Options】复选框组：指定【等待】设计图标的内容。

● 【Show Countdown】复选框：打开后，程序在执行到【等待】设计图标时，【演示】窗口中会显示一个倒计时钟。此复选框只有在输入了等待时间之后才有效。

● 【Show Button】复选框：打开后，程序在执行到【等待】设计图标时，【演示】窗口中会显示一个等待按钮。默认的等待按钮样式显示在图标内容预览框中。执行 Modify→File→Properties 菜单命令可以在【文件】属性检查器中指定等待按钮的样式。

2.7.2　现场实践：在程序中设置暂停

在 2.7.1 节中向 first.a7p 程序文件中加入了一个【擦除】设计图标，由于没有设置暂停，所以在程序执行时【演示】窗口中显示的文字还没有看清就被擦除了。现在有了【等待】设计图标，就能够改变这种状况。打开 first.a7p 程序文件，拖动一个【等待】设计图标到主流程线上"文本"设计图标和"擦除文本"设计图标之间释放，然后将它命名为"暂停"，如图 2-83 所示。

（1）双击"暂停"设计图标，打开【等待】设计图标属性检查器，按照图 2-84 设置暂停状态。

（2）单击【运行】命令按钮运行程序，可以看到在显示出文字之后，一个倒计时钟和一个【Continue】按钮出现在【演示】窗口中。此时根据"暂停"设计图标属性检查器中的设置，单击【Continue】按钮、单击鼠标或按下键盘上任意键均可结束等待状态，否则在倒计时 5 秒后等待状态自行结束。

图 2-83　插入暂停

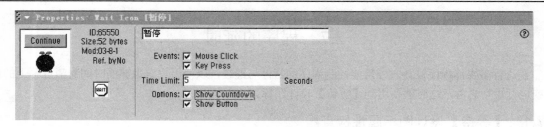

图 2-84   设置暂停状态

（3）倒计时钟和【Continue】按钮出现在 Authorware 提供的默认位置上，这个位置往往不很合适。此时用鼠标是无法拖动两者在【演示】窗口中移动的，因为一旦按下鼠标左键，倒计时钟和【Continue】按钮都从窗口中消失了——单击鼠标左键，导致等待状态结束。想要调整两者的位置可以采取另外一个办法，即按下 Ctrl+P 快捷键或执行 Control→Pause 菜单命令，此时程序暂停执行，就可以用鼠标拖动倒计时钟或【Continue】按钮在窗口中重新定位了（如图 2-85 所示）。摆放停当之后再次按下 Ctrl+P 快捷键，程序就会继续执行下去。

图 2-85   暂停程序

 利用 Ctrl+P 快捷键暂停或继续执行程序是使用 Authorware 进行多媒体程序设计过程中经常运用的调试手段，每当程序运行到想要进行修改的地方，双击需要修改的对象，可直接进入编辑状态进行编辑，完成之后按下 Ctrl+P 快捷键会继续向下执行程序，而不用重新从头开始。

2.8   轻松制作片头

本节使用一个综合性的例子作为本章的结束。通过综合使用本章介绍的内容，可制作一个漂亮的片头。

进入 Authorware，建立一个新的程序文件。现在就开始，看看本章到底带给你了些什么。

1．首先设置【演示】窗口

你见过的多媒体作品有多少是片头带有标准 Windows 标题栏和菜单栏的？打开【文件】属性检查器（执行 Modify→File→Properties 菜单命令或按下 Ctrl+Shift+D 快捷键），关闭【Title Bar】和【Menu Bar】复选框，其他选项保持默认属性。

2．选择一个窗口背景

好的片头最好有一个优美的背景。Windows 系统本身就自带了不少图像，蓝天白云图像（clouds.bmp）就不错，大小合适（640×480），色彩明快，也不会喧宾夺主。

一般情况下，背景图像的选择要尽量保证程序主要内容的突出地位，不能对其他显示内容造成干扰。内容过于繁杂的背景图像很容易对看清屏幕上的文字造成障碍。

现在可以在主流程线上拖放一个新的【显示】设计图标，然后将 clouds.bmp 从 Windows 资源管理器中直接拖放到这个【显示】设计图标中（2.5.1 节中还有几种导入外部图像的方法），再把这个设计图标命名为"背景"。双击打开"背景"设计图标看一下，图像的大小、位置都正好，连调整都省了，如图 2-86 所示。

图 2-86　设置背景

3．制作一个动态标题

在主流程线上拖放一个新的【显示】设计图标，命名为"Authorware"，因为这将是标题内容。按下 Shift 键双击打开"Authorware"设计图标，创建一个文本对象，输入文字"Authorware"，此时就可以参照背景色彩为文本对象选择一种醒目的文本色。在这里选择白色或浅蓝色肯定是不合适的，因此选择明黄色作为文本色。字体设为"Times New Roman"，字号大小设为 65 磅，覆盖模式为透明模式，并将文本对象移动到窗口正中位置，如图 2-87 所示。

图 2-87　设置文本对象属性

怎么让它动起来呢？可以通过为"Authorware"设计图标设置一种显示过渡效果做到这一点。按下 Ctrl+T 键为"Authorware"设计图标调出【过渡效果】对话框，在其中选择[internal]类的"Zoom form Point"过渡效果，并增加过渡效果的持续时间及平滑程度，将【Duration】设置为 1 秒，【Smoothness】设置为 1。

4．制作动态消失效果

刚才为"Authorware"指定的是动态出现效果，现在为它指定一个动态消失效果。最直接的方法是为它创建一个【擦除】设计图标，并在其中指定一种擦除过渡效果。

向主流程线上拖放一个【擦除】设计图标，将它命名为"画面滚动"，指定"Authorware"设计图标为它的作用目标，并在其中设置一个滚动擦除效果。为了使整个窗口内容同时发生滚动，选择【Entire Window】单选按钮。其他设置如图 2-88 所示。

现在单击【运行】命令按钮，看一下程序运行结果："Authorware"由小到大出现，紧接着整个窗口内容发生滚动，将文字内容移出画面——看来需要在这里增加一点延时。拖动一个【等待】设计图标放置到"Authorware"设计图标和"画面滚动"设计图标之间，将等待时间设置为 1 秒，具体设置如图 2-89 所示。现在再运行一下程序，看看效果是不是好了一些。

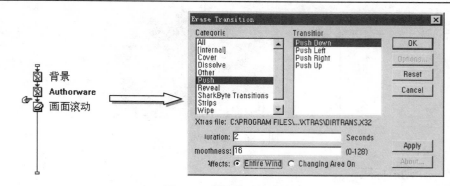

图 2-88　设置滚动擦除效果

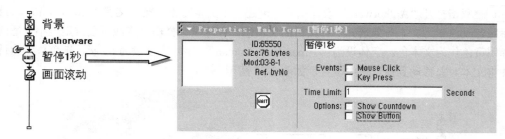

图 2-89　添加延时效果

5. 显示另一标题

在擦除了"Authorware"标题之后，要在【演示】窗口中显示另一标题，向主流程线上拖放一个【显示】设计图标并将它命名为"创意未来"，然后在那里创建两个文本对象，如图 2-90 所示。一个文本对象的文字内容为"创意"，字体设置为隶书体，字号为 72 磅，颜色为暗红色，风格设置为斜体，覆盖模式为透明模式；另一个文本对象的文字内容为"未来"，字体设置为黑体，颜色为红色，风格设置为斜体，覆盖模式为透明模式，使用 Ctrl+↑ 快捷键将字号设置得大一些。为什么这么做呢？因为下一步打算将"创意"文本对象作为另一文本对象的阴影效果，而"未来"文本对象将作为绘图的底版。

图 2-90　显示另一标题

6. 制作艺术字

Authorware 中提供的字体效果略显单薄，但是可以使用一些别的方法来制作更多的字体效果。

（1）充分利用【多边形】绘图工具

刚才制作的大字现在派上了用场：用做绘图的底版。使用【多边形】绘图工具，沿文字笔画边沿绘制多边形，在文字笔画弯曲之处多放置几个顶点，这样就绘制成了"多边形文字"。对于多边形的边与字的外轮廓不太吻合的地方，可以再用【多边形】工具拖动多边形的顶点来进行调整，如图 2-91 所示。这样有什么用呢？好好想一想，一般的文本对象只能有单一的文本色，而且没有填充模式的变化，改用"多边形文字"之后，就可以利用 Authorware 提供的各种填充模式，制作具有不同填充模式、不同边框的文字，如图 2-92 所示。

红砖效果　　　雪花效果　　　木刻效果　　　金鳞效果

图 2-91　多边形文字　　　　　　　　　　图 2-92　几种多边形文字效果

（2）重叠放置文本对象制造立体阴影效果（如图 2-93 所示）

重叠放置不同颜色的两个文本对象可以制作出阴影效果，文字看上去就有了立体感。比如将刚才制作的暗红色的"创意"文本对象作为阴影，再制作一个同样风格但是文本色为红色文本对象，作为上层文字，重叠放置两个文本对象，就制作出了阴影效果。

两个文本对象的相对位置不同，阴影效果也就不同，就好像光源的位置发生了变化一样。当然也可以运用制作"多边形文字"的方法来制作阴影，形成更为丰富的阴影效果，如图 2-94 所示。

图 2-93　立体阴影效果　　　　　　　　　图 2-94　带网点阴影的多边形文字

好了，现在就用"多边形文字"来替换掉"未来"文本对象，并指定填充模式，如图 2-95 所示。

图 2-95　应用多边形文字

7. 为艺术字设置特殊过渡效果

特殊过渡效果特殊在哪里呢？一般的过渡效果看起来不是使某个显示对象完全消失，就是让它"从无到有"地出现，有没有一种方法可以让这种过渡看起来只进行了一半？或者只让一个显示对象的部分特征发生变化？利用填充模式就能做到这一点。如图 2-96 所示，有两个矩形对象，一个是实心矩形，另一个是用竖直条纹填充的矩形，将两个矩形对象分置前后两个【显示】设计图标，并使第二个矩形重叠在第一个矩形上方，接下来为第二个【显示】设计图标指定一个垂直百叶窗显示过渡效果，从这个例子运行起来就可以看出：实心矩形慢慢以垂直百叶窗效果擦除，但这种擦除效果看起来只进行了一半——到了第二个矩形被填充的程度就停止了。此外，对两个完全一样的多边形显示对象只进行填充图案的改变，然后采用上述方法可以制作出显示对象的填充图案平滑过渡的效果。

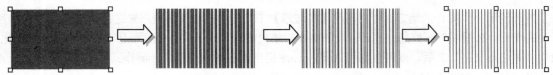

图 2-96　利用填充模式制作特殊过渡效果

　　好了，现在接着进行设计。在流程线上再增加一个【显示】设计图标，命名为"字体特效"，然后将"创意未来"设计图标的内容复制到此设计图标中来（注意打开此设计图标时要按住 Shift 键，这样在进行位置调整时就有了参照），将"创意"文本对象改为红色，对"未来"多边形文字对象只进行填充图案上的修改。然后调整两对象的位置："创意"文本对象位于阴影斜上方，"未来"多边形文字对象位于前一个多边形文字对象的正上方，如图 2-97 所示。

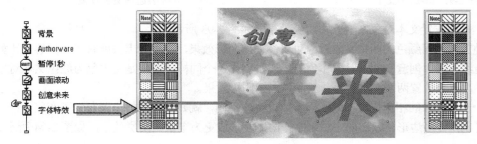

图 2-97　设计字体特效

　　接下来为"字体特效"设计图标指定[internal]类的"Pattern"显示过渡效果，将过渡持续时间设置为 1 秒，平滑程度设置为 1。

8．最后的修改

　　既然第一个标题以全屏滚动的方式退场，为了保持过渡的连续性，也应该将第二个标题的出场设置为全屏滚动方式（可以参见 2.6.2 节中关于平滑过渡的论述）。为"创意未来"设计图标打开【过渡效果】对话框，按照图 2-88 所示【擦除效果】对话框中的设置对显示过渡效果进行设置。

9．运行程序

　　做了这么多工作，现在到了欣赏结果的时候了。单击【运行】命令按钮，蓝天白云之中飞出一行大字标题"Authorware"，稍后整个画面向下翻滚，屏幕显示"创意未来"，紧接着"创意"两字向上浮起，"未来"两字的填充图案发生平滑变化，程序运行结果如图 2-98 所示。

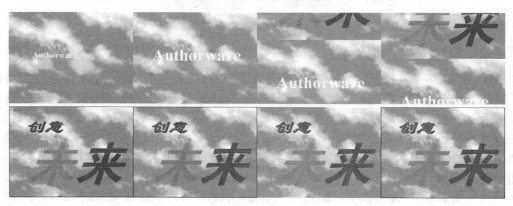

图 2-98　程序运行结果（由左至右）

感觉怎么样？别忘了整个程序全是使用 Authorware 提供的设计手段完成的，没有借用其他任何辅助设计工具。这才仅仅是开始，在看完本书以后的各章后，还可以为这段片头加上音乐、动画效果，那可就更加专业化了。由于在前面关闭了【文件】属性检查器中的【Menu Bar】复选框，所以不能采取执行 Quit 菜单命令的方法退出程序，此时有两种方法可以退出程序。

（1）按下 Ctrl+Q 快捷键。

（2）将一个命名为"退出"的【运算】设计图标放置在流程线上"字体特效"设计图标的下方，向【运算】设计图标中输入一个函数 Quit(0)，如图 2-99 所示，Quit(0)函数的作用就是退出程序，返回到 Authorware 窗口。然后在"退出"设计图标和"字体特效"设计图标之间加入一个名为"等待单击"的【等待】设计图标，将结束等待状态的事件设置为【Mouse Click】，清除其他所有选项，则程序运行到"字体特效"设计图标时并不会立即退出，而是在单击鼠标左键之后才返回 Authorware 窗口。这样就有充裕的时间来欣赏字体效果了。

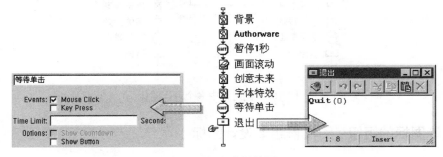

图 2-99　程序结构图

如果你认为这段片头值得保留，就将程序命名存盘。

通过这个例子可以看出用 Authorware 制作一个多媒体应用程序的基本方法。熟悉每种设计图标、绘图工具的使用方法非常重要，但千万不要被各种设计图标、绘图工具的基本用法所限制——各种技术的综合应用能力同样重要！

通过这个打开的门缝，读者已经可以看到 Authorware 强大的功能。另外，进行多媒体程序设计，最要紧的是要有良好的构思，充实的内容，具备运用辅助设计工具的能力固然重要，但毕竟不是每个人都有精力和时间去精通 Photoshop、CorelDRAW、Premiere、3D Max 等设计工具的。充分发挥想象力，灵活运用所掌握的技术，同样能设计出表现力丰富的作品。

2.9　针对设计图标的操作

在本章前面各节中，详细介绍了针对各种显示对象的复制、剪切、粘贴、组合与分组等操作。在本节中将介绍针对设计图标的各种操作。

2.9.1　设计图标的复制与移动

如果要复制一个设计图标到流程线上另一位置处，只需用鼠标左键单击选中该设计图标，然后单击【复制】命令按钮，就将该设计图标复制到系统剪贴板上，接下来在流程线上目标位置处旁边单击鼠标左键，此时手状插入指针就出现在该位置处，单击【粘贴】命令按钮后，设计图标的复制品就出现在那里。同一个设计图标可以有多处复制品，但有时多个设计图标同名会带来麻烦——将它们重新命名即可。

　　移动一个设计图标到流程线上另一位置处有两种方法：一是采用与复制设计图标相类似的方法，只是将【复制】操作改为【剪切】操作；二是用鼠标直接拖动设计图标到目标位置处释放。

　　也可以一次复制或移动多个设计图标。首先必须选中要复制或移动的多个设计图标，如图 2-100 所示，在设计窗口中按下鼠标左键拖动鼠标，可以选中多个在位置上连续的设计图标；在按下 Shift 键的同时用鼠标左键单击不同的设计图标，可以选中多个在位置上不连续的设计图标，也可以用来撤销已选中设计图标的选中状态。选中多个设计图标之后，就可以按照对单个设计图标操作的方法对多个设计图标同时进行删除、复制、移动等操作（用鼠标拖动单个设计图标的方法不适用于多个设计图标）。

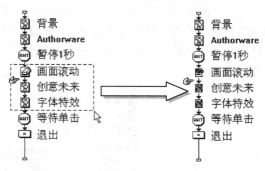

图 2-100　同时选中多个设计图标

2.9.2　设计图标的组织——【群组】设计图标

　　前面曾经介绍过显示对象的组合与分组，对设计图标而言也可以进行类似的操作，但意义大不一样。

　　设计过几个小程序之后，你可能已经发现由于受到屏幕尺寸的限制，设计窗口中能够同时显示的设计图标数量是有限的。目前设计窗口的长度还能够容纳你放置的设计图标，但以后呢？随着学习的深入，掌握的设计图标种类会增多，程序会越设计越长，总有一天你会发现设计窗口再也容纳不了下一个设计图标！这时，你就会用到设计窗口的滚动条。在设计窗口中单击鼠标右键，在弹出菜单中选择 Scrollbars 菜单命令，如图 2-101 所示，就可以为设计窗口增加滚动条。

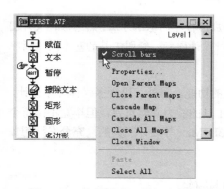

图 2-101　为设计窗口增加滚动条

　　尽管增加滚动条之后设计窗口内部可以容纳更多的设计图标，但是一味地向流程线上增加各种独立的设计图标，会使查找设计图标所用的时间延长，同时流程的可读性也大大降低。为避免出现这种情况，需要用到设计图标的组合功能。

　　请牢记：单个程序文件可容纳设计图标的总量是有限的。尽管可以反复向流程线上增加各种各样的设计图标，但是一个程序文件中设计图标的最大数量不能超过 32760。

　　【群组】设计图标可以将多个设计图标集合在一起放置，如图 2-102 所示，执行 Modify→Group 菜单命令或按下 Ctrl+G 快捷键，可以将当前选中的多个连续的设计图标组合为一个【群组】设计图标。【群组】设计图标具有以下特点：【群组】设计图标可以嵌套，即【群组】设计图标中还可以包含其他一个或多个【群组】设计图标；双击一个【群组】设计图标可以为该【群组】设计图标所包含的设计图标打开一个新的设计窗口，新的设计窗口以该【群组】设计图标的名称命名，具有自己的流程线及程序入口和出口，其层次低于该【群组】设计图标所处的设计窗口的层次；嵌套层次最深的【群组】

设计图标的设计窗口具有最低的层次。（以上这些特点，是否让你想起了通常程序设计语言中的"子程序"？）按下 Ctrl 键用鼠标双击【群组】设计图标，可以调出【群组】设计图标属性检查器，其中清楚地表现了当前【群组】设计图标的嵌套层次结构，单击【Open】命令按钮可以打开【群组】设计图标属性检查器进行编辑，如图 2-103 所示。

可以通过多种方式向已有的【群组】设计图标中增加新的设计图标：将流程线上其他位置处的设计图标拖放到【群组】设计图标之上；或者将设计图标拖放到打开的【群组】设计图标之中；或者在已打开的【群组】设计图标中粘贴位于剪贴板中的设计图标。由于一个【群组】设计图标可以容纳多个设计图标，这就直接减少了流程线上的设计图标数目，然而它带来的好处远不止这些，通过赋予【群组】设计图标一个与其内容相关的名字，可以大大增加程序的可读性，使得一条流程线上的内容一目了然，更进一步的细节可以通过打开【群组】设计图标来进行了解。

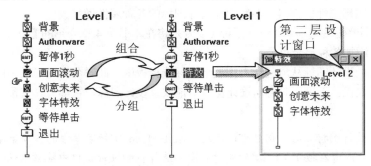

图 2-102　设计图标的组合与分组

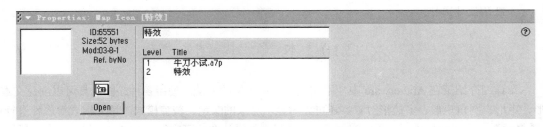

图 2-103　【群组】设计图标属性检查器

对【群组】设计图标，可以像对其他单个设计图标那样进行复制和移动操作，其中包含的所有设计图标被同时复制或移动。

执行 Modify→Ungroup 菜单命令或按下 Ctrl+Shift+G 快捷键，可以将一个【群组】设计图标分组——其中的设计图标分散为组合前的状态。

在有了多个【群组】设计图标和多层设计窗口之后，就需要对它们进行管理，将它们合理地摆放在 Authorware 主窗口中，以便于开展更进一步的设计工作。通过 Windows 菜单组中的下列菜单命令，可以对多个【群组】设计图标进行管理。

（1）执行 Window→Open Parent Maps 菜单命令，可以沿当前【群组】设计图标的嵌套路径打开所有高层【群组】设计图标。

（2）执行 Window→Close Parent Maps 菜单命令，可以沿当前【群组】设计图标的嵌套路径关闭所有高层【群组】设计图标。

（3）执行 Window→Cascade Map 菜单命令，可以使当前【群组】设计图标的所有高层【群组】设计图标沿嵌套路径层叠显示。

（4）执行 Window→Cascade All Maps 菜单命令，可以使当前所有被打开的【群组】设计图标执行 Window→Cascade Map 菜单命令。

（5）执行 Window→Close All Maps 菜单命令，可以关闭当前所有处于打开状态的【群组】设计图标。

（6）执行 Window→Close Window 菜单命令，可以关闭当前处于打开状态的【群组】设计图标。

2.9.3 设计图标的定制

Authorware 允许将各种最常用的设计图标属性和内容保存下来，定制为用户自己的设计图标。定制设计图标的过程如下。

（1）向设计窗口中的流程线上拖放一个设计图标。

（2）打开设计图标属性检查器，在其中对设计图标的各种属性做修改。

（3）如果该设计图标是【显示】设计图标（或者是将在本书第 4 章介绍的【交互作用】设计图标），打开该设计图标，添加各种显示对象。

（4）将修改后的设计图标从流程线上拖放至图标选择板中，此时图标选择板中的设计图标就被修改后的设计图标所取代。无论何时再向设计窗口中拖放该设计图标，它都会具有预先设置的各种属性和内容。

在定制了设计图标之后，仍然可以通过 Insert→Icon 下拉菜单中的各项菜单命令插入默认的设计图标，或者在按下 Ctrl 键的同时从图标选择板向设计窗口中拖放默认的设计图标。执行 File→Preferences→Reset Icon Palette 菜单命令，可以将图标选择板中的所有设计图标恢复为默认设计图标。

2.10　本 章 小 结

本章详细介绍了在 Authorware 中使用文本和图形图像的方法。使用各种绘图工具可以创建文本、圆形、矩形、圆角矩形、多边形对象，还可以对显示对象的颜色、覆盖模式、填充模式等属性进行设置。【显示】设计图标是显示对象的容器，一个【显示】设计图标可容纳多个（种）显示对象。通过对【显示】设计图标的属性进行设置，可以制作各种各样的过渡效果、改变显示对象在窗口中显示的次序。此外还介绍了导入外部文本和图像的方法，并且尝试使用了变量和函数。在利用变量和函数的情况下，能够实现动态更新文本内容。

本章还详细介绍了【擦除】设计图标、【等待】设计图标的使用方法。【擦除】设计图标的作用对象是设计图标而不是显示对象，它可用于擦除一个或多个【显示】设计图标。【等待】设计图标可用于控制程序延时或等待用户操作（键盘或鼠标）。

本章介绍的内容是使用 Authorware 进行多媒体程序设计最基础的东西——就像一位画师的笔和调色盘，熟练掌握这些内容是必要的。除了做本章的练习之外，最好还能再做一些实验。

2.11　上 机 实 验

（1）调整多个显示对象的相对次序。

- 在同一【显示】设计图标中分别导入外部文本和图像，并调整它们显示的次序；
- 在不同【显示】设计图标中分别导入外部文本和图像，并调整它们显示的次序。

（2）制作可动态改变内容的文本对象。

- 利用系统变量 Year、Month、Day 显示当前日期；
- 利用系统变量 CursorX、CursorY 显示当前鼠标指针的位置。

（3）练习使用【擦除】设计图标。

- 使用 1 个【擦除】设计图标同时擦除【演示】窗口中指定的若干显示对象；
- 使用 1 个【擦除】设计图标同时擦除【演示】窗口中的所有显示对象；
- 使用 1 个【擦除】设计图标，实现在【演示】窗口中保留指定显示对象的同时，擦除其他所有的显示对象；
- 使多个显示对象在【演示】窗口中同时出现但先后消失；
- 使多个显示对象在【演示】窗口中先后出现但同时消失。

第3章 动画设计

在 Authorware 中进行动画设计非常简单——简单到在设计期间用鼠标把显示对象拖到哪里，在程序运行时它就能够自动移动到哪里。但是如果真正要做出更好的效果来，还是要仔细看一下本章的内容，学会处理动画设计过程中的一些具体细节问题。设计动画效果主要使用【移动】设计图标，利用该设计图标提供的功能可以方便地制作出简单实用的平面动画。

3.1　【移动】设计图标

使用【移动】设计图标，可以将显示对象在【演示】窗口中从一个位置移动到另一个位置。【移动】设计图标的作用对象是设计图标而不是设计图标中的某个对象，也就是说，它一次能够（且仅能）移动一个设计图标中的所有显示对象。如果想要移动单个显示对象，只有将它单独放在一个设计图标中并为此设计图标创建一个【移动】设计图标。有两种指定【移动】设计图标作用对象的方式：一是通过【移动】设计图标属性检查器来指定被移动的对象，二是在设计窗口中直接将需要移动的设计图标拖放到【移动】设计图标上。

利用【移动】设计图标可以创建以下 5 种类型的动画效果。

 直接移动到终点的动画。这种动画效果是使显示对象从【演示】窗口中的当前位置直接移动到另一位置。

 沿路径移动到终点的动画。这种动画效果是使显示对象沿预定义的路径从路径的起点移动到路径的终点并停留在那里，路径可以是直线段、曲线段或是二者的结合。

 沿路径定位的动画。这种动画效果也是使显示对象沿预定义的路径移动，但最后可以停留在路径上的任意位置而不一定非要移动到路径的终点。停留的位置可以由数值、变量或表达式来指定。

 终点沿直线定位的动画。这种动画效果是使显示对象从当前位置移动到一条直线上的某个位置。被移动的显示对象的起始位置可以位于直线上，也可以在直线之外，但终点位置一定位于直线上。停留的位置由数值、变量或表达式来指定。

 沿平面定位的动画。这种动画效果是使显示对象在一个坐标平面内移动。起点坐标和终点坐标由数值、变量或表达式来指定。

下面将详细介绍【移动】设计图标及上述 5 种动画类型的使用。

3.2　直接移动到终点的动画

直接移动到终点的动画是最基本的动画效果，熟悉它的制作过程之后就会很容易地掌握其他类型动画的制作。

3.2.1 【移动】设计图标属性检查器

本节准备采用一个射箭的例子来介绍【移动】设计图标的属性设置及如何制作直接移动到终点的动画。

（1）首先准备两幅程序中将要使用的图像：箭和箭靶，如图 3-1 所示。

（2）进入 Authorware，建立一个新的程序文件，将它命名为 sj.a7p（射箭）。

（3）在主流程线上放置 2 个【显示】设计图标，分别用于容纳箭和箭靶 2 个图像对象。将这 2 个【显示】设计图标命名为"箭"和"靶"。按下 Shift 键用鼠标双击打开这 2 个设计图标，将箭摆放在箭靶的右上方，如图 3-2 所示。由于箭的图像带有不希望存在的白色背景（如果将箭移到箭靶上就可以看见），所以将该图像对象的覆盖模式设置为褪光模式或透明模式。

图 3-1　箭和箭靶

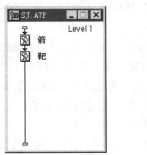

图 3-2　设置两个显示对象的相对位置

（4）从图标选择板中拖动一个【移动】设计图标放置到主流程线上，并将它命名为"射箭"，如图 3-3 所示。双击"射箭"设计图标，调出【Properties:Motion Icon】（【移动】设计图标属性检查器），它会提示你单击【演示】窗口中的显示对象来选择需要进行移动的设计图标。由于刚才已经将"箭"和"靶"中的 2 个图像对象都显示在了【演示】窗口中，所以现在用鼠标单击代表箭的图像对象就将"箭"设计图标作为此【移动】设计图标的作用对象。作用对象选定之后，【移动】设计图标属性检查器又会提示你拖动该设计图标内容，在【演示】窗口中设置终点位置，如图 3-4 所示。现将【移动】设计图标属性检查器的内容介绍如下。

图 3-3　增加【移动】设计图标

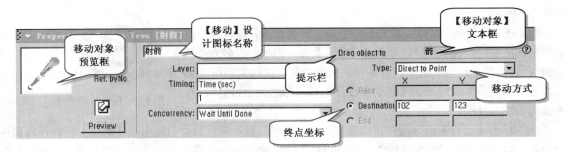

图 3-4　【移动】设计图标属性检查器

● 移动对象预览框：用于预览被移动的设计图标内容。

● 图标名称文本框：用于给当前【移动】设计图标命名。

- 【Preview】命令按钮：用于预览当前设置的动画效果。
- 【Type】下拉列表框：从列表中选择一种移动方式，可用的移动方式有如下 5 种：

Direct to Point：直接移动到终点。

Direct to Line：终点沿直线定位。

Direct to Grid：沿平面定位。

Path to End：沿路径移动到终点。

Path to Point：沿路径定位。

可以看出制作前面所说的 5 种动画效果其实就是由这里的 5 种移动方式来决定的，Authorware 默认的移动方式是 Direct to Point。

- 【移动对象】文本框：显示当前【移动】设计图标作用的对象，其内容显示在移动对象预览框内。
- 【Destination】单选按钮：其后的文本框中记录的是被移动显示对象的终点位置在【演示】窗口中的坐标。
- 【Base】和【End】单选按钮：对于 Direct to Point 移动方式不起作用。
- 【Layer】文本框：用于设定显示对象移动时处于的层数。
- 【Timing】下拉列表框：与下方的【时间/速度】文本框共同用于控制显示对象移动的速度。

Time(sec)：选择此选项，表示在【时间/速度】文本框中的数值、变量或表达式代表了显示对象完成移动过程所需的时间，单位为秒。

Rate(sec/in)：选择此选项，表示在【时间/速度】文本框中的数值、变量或表达式代表了显示对象进行移动的速度，单位为秒/英寸。

- 【Concurrency】：设置【移动】设计图标的执行过程同其他设计图标的执行过程之间的同步方式。

【Wait Until Done】：如果选择此项，则 Authorware 等到此【移动】设计图标控制的移动过程结束之后，再沿流程线向下执行其他设计图标中的内容。

【Concurrent】：如果选择此项，则流程线上位于此【移动】设计图标之后的设计图标中的内容与此【移动】设计图标控制的移动过程同时执行。

（5）在【演示】窗口中将箭拖到靶心的位置释放，这样就设定了箭的终点位置。终点位置坐标出现在【Destination】单选按钮右侧的文本框中，如果想精确控制终点位置，可以直接在文本框中输入坐标值。

（6）保持其他默认设置不变，关闭对话框窗口。运行程序，可以看到箭从【演示】窗口右上方射向箭靶并命中靶心——这时你是否已经体会到用 Authorware 进行动画设计是多么简单了？程序运行结果如图 3-5 所示。

（7）现在再准备一支箭，对它的移动进行一番设置，看看会有什么效果。在主流程线上创建一个新的【显示】设计图标，命名为"第二箭"，只需简单地将"箭"设计图标的内容复制一份过来即可。然后再为"第二箭"创建一个【移动】设计图标，命名为"再射"，程序结构如图 3-6(a)所示。

图 3-5　直接移动到终点的动画

（8）单击【运行】命令按钮，程序执行到"再射"设计图标时会自动出现【移动】设计图标属性检查器，要求指定作用对象及移动的终点位置。按照第（4）步中的操作将作用对象设置为"第二箭"，终点位置设置在靶的外沿（如图 3-6(b)所示），并将移动过程持续时间设置为 0.1 秒。单击【Preview】命令按钮预览一下效果，你可能会发现"第二箭"飞快地射向箭靶时稍微有些"侧移"，这是因为在改变终点位置后并没有重新设置起点位置。

设置为 "Direct to Point" 移动方式时，在【移动】设计图标属性检查器打开状态下是无法调整移动对象的起点位置的，此时在【演示】窗口中拖动作用对象只能改变对象移动的终点位置。第 9 步中进行的操作为你提供了一种妥善的解决办法。

（9）关闭【移动】设计图标属性检查器。双击打开"第二箭"设计图标，然后再按下 Shift 键双击打开"靶"设计图标，这样在调整"第二箭"的位置时就有了参照。接下来在【演示】窗口中双击选中"第二箭"（或按住 Ctrl 键单击它来选中），此时就可以用鼠标拖动"第二箭"来重设它的起始位置了。

（10）现在可以单击【运行】命令按钮看一下结果：第一箭命中靶心之后，第二箭才出现在【演示】窗口中并开始射向箭靶。能否制作一个"双箭齐发"的效果呢？

（11）双击"射箭"设计图标，打开【移动】设计图标属性检查器，将【Concurrency】选项设置为"Concurrent"，再次运行程序，可以看到两箭同时射向箭靶。由于"第二箭"的移动速度很快，所以能够达到一种"后发先至"的效果，如图 3-7 所示。之所以造成这样的结果，是因为选择了并行执行方式"Concurrent"。在"射箭"设计图标开始执行之后，"第二箭"及"再射"设计图标紧接着被执行。

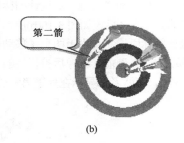

图 3-6　增加一个动画　　　　　　　　　　　　　　图 3-7　同时进行移动的效果

（12）这个例子至此为止，现在可以将程序存盘了。如果感兴趣，可以反复调整【移动】设计图标属性检查器中的各项设置，再运行一下程序看看会出现什么效果。

3.2.2　【移动】设计图标的层属性

你可能已经注意到在【移动】设计图标属性检查器中有一个【Layer】属性，以前在【显示】设计图标属性检查器中也有一个【Layer】属性，两者的作用是相似的，但也有一些区别：【移动】设计图标的【Layer】属性不但影响被移动显示对象与静止显示对象之间的关系，而且还影响多个被移动显示对象之间的关系。现在就来试验一下：将"箭"和"靶"设计图标的【Layer】属性设置为 1，运行程序，可以看到箭依然射中靶心，但在移动过程中箭飞到了箭靶的后面，如图 3-8 所示。这是因为【移动】设计图标默认的层数是 0，低于"靶"的层数 1，这个层数会暂时影响被移动显示对象在移动过程中的层次关系。如果将"射箭"设计图标的【Layer】属性设置为 1 或更高，就不会出现这种结果了。

为了更详细地说明这一点，现在再看一个例子：建立一个如图 3-9 所示的程序，移动之前车、人、路标的位置摆放可以参照 3.2.1 节中的例子，在此不再赘述。在程序中"人跑"【移动】设计图标控制人从左向右移动，"车行"【移动】设计图标控制车从右向左移动。同时将"车"设计图标的层数设置为 1，"人"设计图标的层数设置为 2，"路标"设计图标的层数设置为 3，而"人跑"、"车行"设计图标的层数保持默认值 0。为了使人、车同时移动，将 2 个【移动】设计图标的【Concurrency】属性都设置为"Concurrent"。

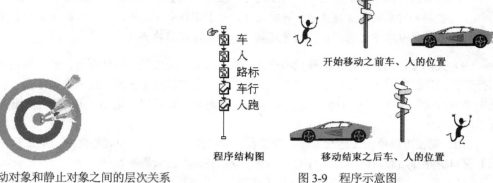

图 3-8　被移动对象和静止对象之间的层次关系　　　　图 3-9　程序示意图

　　在完成了上述设置之后，很显然此时如果将分属 3 个【显示】设计图标的 3 个显示对象重叠在一起显示，则"路标"将会位于"人"之前，而"人"将会位于"车"之前。现在运行一下程序，看看在移动过程中 3 个显示对象的显示层次是如何表现的。

　　从图 3-10(a)中可以看出：在移动到重叠位置时，"路标"位于"人"之前，而"人"位于"车"之前，这并不出乎意料；但在主流程线上交换"车行"和"人跑" 2 设计图标的位置之后再次运行程序，会发现层数较高的"人"居然位于层数较低的"车"之后，如图 3-10(b)所示。这是因为【移动】设计图标作用的对象在移动时，层数被【移动】设计图标所控制，由于两个【移动】设计图标的层数都是默认的 0，所以后被移动的"车"显示于先被移动的"人"前（就像后被执行的【显示】设计图标内容显示于先被执行的【显示】设计图标内容之前一样），而两者都显示在处于第三层的"路标"之后。

(a)　　　　　　　　　　　　　　　(b)

图 3-10　默认情况下的移动对象显示层次

　　现在来改变一下【移动】设计图标的层数。将"人跑"设计图标的层数设置为 2，"车行"设计图标的层数设置为 3 或更高，同时保持 3 个【显示】设计图标的层数设置不变。再次运行程序，结果如图 3-11 所示。由于层数最低的"车"在移动时具有最高的层数，所以其显示于所有显示对象的最前面；由于层数高于"车"的"人"在移动时具有的层数较低，反而显示于所有显示对象的最后面。

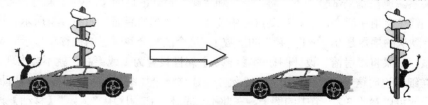

图 3-11　设置移动对象的层属性

　　【显示】设计图标的 "Direct to Screen" 属性也会影响移动过程中显示对象的层次关系：如果将"路标"设计图标的 "Direct to Screen" 复选框打开，则"车"和"人"都会从"路标"后面穿过，但"路标"的显示会稍微受到影响。

3.2.3 现场实践：制作滚动字幕动画效果

利用本节介绍的这种最简单的移动方式，结合运用【移动】设计图标的层属性，就已经能够制作出效果很棒的动画，这里举一个制作滚动字幕的例子。

（1）首先准备两幅程序中将要使用的图像：画和边框。如图 3-12 所示，将"边框"设计图标的层数设置为 1 或更高，并将它设置为透明覆盖模式，以使其后的"画"能够显示出来。调整两者的相对位置，使它们合起来看像一幅带框的画。

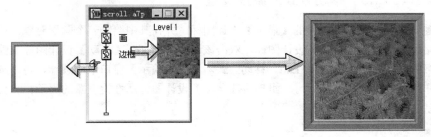

图 3-12　制作滚动字幕的背景

（2）创建一个命名为"字幕"的【显示】设计图标并在其中创建一个文本对象，将文本对象的宽度调整为与画同宽，并将它设置为透明覆盖模式。

（3）创建一个命名为"滚动字幕"的【移动】设计图标，以"字幕"设计图标为作用对象，保持默认的层数不变，用鼠标向上拖动"字幕"中的文本对象直到最后一行文本从边框中消失，以确定移动的终点位置，如图 3-13 所示。

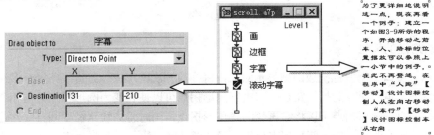

图 3-13　设置滚动字幕效果

（4）单击【运行】命令按钮，程序运行结果如图 3-14 所示。一段文字从画的底部冉冉上升，直到完全从上方移出画面。

图 3-14　程序运行结果

之所以字幕会显示在画之上、边框之下，是因为边框所处的层数高于字幕和画。尽管字幕的移动与画同层，但是移动过程发生在画完全显示之后，所以滚动的字幕可以显示在画的上方。

3.3　沿路径移动到终点的动画

制作沿路径移动到终点的动画与 3.2 节介绍的制作直接移动到终点的动画操作过程相似，只不过可以指定被移动对象的移动路线，并且增加了两种对移动的控制方式，但这已经大大增加了对象移动的灵活性。

3.3.1　"Path to End"移动方式的属性设置

首先创建一个命名为"圆球"的【显示】设计图标，并在其中绘制一个圆形对象，然后创建一个命名为"沿路径运动"的【移动】设计图标，双击该设计图标打开【移动】设计图标属性检查器，在【Type】下拉列表框中选择"Path to End"移动方式，单击【演示】窗口中的圆球，将"圆球"设计图标作为它的作用对象，如图 3-15 所示，此时在【移动】设计图标属性检查器的提示栏上会提示你拖动显示对象来创建一条移动路径。

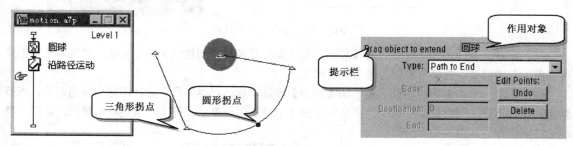

图 3-15　设置移动路径

1. 移动路径的编辑

在【演示】窗口中用鼠标拖放圆球显示对象，每拖放一次就形成一条直线路径，多次拖放可以形成一条有一系列三角形拐点的折线路径；双击三角形拐点可以使它变为圆形拐点并与相邻的两个拐点形成曲线路径，双击圆形拐点可以将它再变回三角形拐点，同时将曲线路径变回直线路径；在圆形拐点的两边一般是曲线路径，但在圆形拐点位于路径的两端时，它与三角形拐点之间为直线路径。

用鼠标左键单击选中路径上的拐点，单击【Delete】命令按钮可删除该拐点；在已有路径上单击可以为路径增加拐点，在两个三角形拐点之间增加的是三角形拐点，否则增加的是圆形拐点；拖动拐点可以改变拐点的位置，从而改变路径的形状，在拖动圆形拐点的同时也改变了曲线的弧度；单击【Undo】命令按钮可以撤销上一步对拐点的操作。

2. 同步方式与移动条件

选择了"Path to End"移动方式之后，在【移动】设计图标属性检查器中多了一项【Move When】属性，如图 3-16 所示。在该文本框中输入的逻辑常数、变量或表达式将作为此【移动】设计图标是否执行的条件。当 Authorware 运行至此【移动】设计图标时，会首先检查【Move When】属性的值是否为真（TRUE、1 或 ON），如果为真，就会执行此设计图标；如果为假（FALSE、0 或 OFF），就将此设计图标忽略，如果保持该文本框为空，Authorware 仅在第一次遇到该设计图标时执行它一次。

选择了"Path to End"移动方式之后，在【Concurrency】下拉列表框中会增加一个"Perpetual"（持续）选项，选择该项之后，只要【Move When】属性值为真，则【移动】设计图标会控制作用对象不停地沿路径重复移动；一旦【Move When】属性值变为假，便立即停止移动对象。如果【Move When】属性值保持默认的空值，则选择"Perpetual"选项与选择"Concurrent"选项没有什么区别。

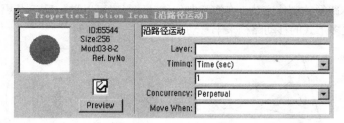

图 3-16　同步方式与移动条件

3.3.2　现场实践：制作多种特殊路径

1．制作正圆路径

通过使用圆形拐点，可以制作出圆形的路径，但要制作出正圆路径，还需要一点技巧：

（1）建立一条仅有 3 个三角形拐点的折线路径，如图 3-17(a)所示。

（2）用鼠标移动处于路径一端的拐点，直至与另一端的拐点在位置上完全重合为止，如图 3-17(b)和(c)所示。

（3）双击中间的三角形拐点将它转变为圆形拐点，同时折线路径转变为曲线路径，正圆路径制作完毕。

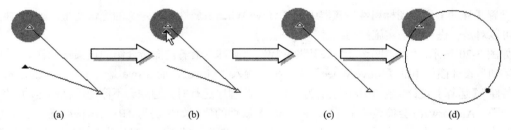

图 3-17　制作正圆路径

2．制作弹跳路径

（1）制作出如图 3-18(a)所示的折线路径。

（2）将位于波峰位置的三角形拐点转变为圆形拐点，如图 3-18(b)所示。

（3）用鼠标拖动圆形拐点调整曲线的弧度，使抛物线看起来更自然，弹跳路径制作完毕。

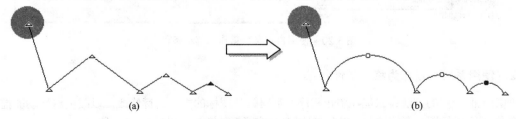

图 3-18　制作弹跳路径

3．制作螺旋路径

（1）制作如图 3-19(a)所示的折线路径。

（2）用鼠标双击每一个三角形拐点，将它们转变为圆形拐点，同时所有的直线段都变为平滑衔接的曲线段，如图 3-19(b)所示，螺旋路径制作完毕。

以上是 3 种特殊路径的制作方法，在实际制作移动路径时可以举一反三，灵活运用三角形拐点和圆形拐点，设计出更多形式的移动路径来丰富动画效果。

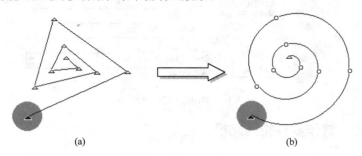

(a)　　　　　　　　　　　　　　(b)

图 3-19　制作螺旋路径

3.3.3　现场实践：使用变量对移动进行控制

使用变量可以对移动进行更加机动灵活的控制，既可以控制对象是否移动，又可以控制对象的移动速度。

1．使用自定义变量作为移动条件

设置【移动】设计图标属性检查器中的【Move When】属性为自定义的逻辑变量，则通过翻转变量值可以对是否进行移动实施控制。

如图 3-20 所示，"沿正圆运动"设计图标控制"圆球"沿着前面所介绍的正圆路径移动。在"沿正圆运动"设计图标中的【Move When】文本框中输入"Move"，而 Move 是一个自定义的逻辑变量，在"条件"【运算】设计图标中将它赋值为 TRUE。此程序运行时，圆球会不停地沿正圆运动，因为每转完一圈，Authorware 会检查一下【Move When】属性的值，如果仍为 TRUE，移动就会重复进行，如果变为 FALSE，移动就会停止。如果在"条件"设计图标中将 Move 赋值为 FALSE，运行程序就会看到圆球停在原处一动不动。

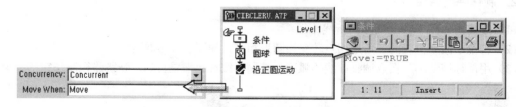

图 3-20　使用自定义变量作为移动条件

2．使用系统变量作为移动条件

使用上面介绍的方法，只能在中止程序之后对设计图标的内容进行修改，以改变对移动的控制，能不能在程序运行期间直接控制移动的启/停呢？使用系统变量可以做到这一点。

程序如图 3-21 所示，3 个【移动】设计图标分别采用前面介绍的 3 种特殊路径，"沿正圆运动"设计图标的【Concurrent】属性设置为"Concurrent"，其余两个【移动】设计图标的【Concurrent】属性设置为"Perpetual"。用于控制这 3 个设计图标【Move When】属性值的系统变量分别为"CapsLock"、

"ShiftDown"和"DoubleClick"。按下 CapsLock 键进入大写锁定状态，然后运行程序，就会看到圆球不停地沿正圆运动；在任何时候按下 Shift 键，圆球就会按照弹跳路径进行运动；在任何时候双击鼠标左键，圆球就会按照螺旋路径进行运动；一旦改变了一次圆球的运动方式，之后不论按下 CapsLock 键多少次，圆球也不会再按照正圆路径进行运动了。

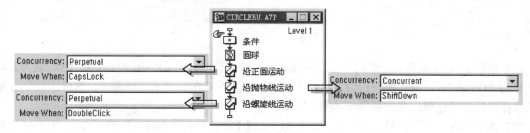

图 3-21　使用系统变量作为移动条件

以下是上述现象的解释：

CapsLock、ShiftDown 和 DoubleClick 都是 Authorware 提供的系统逻辑变量，如果按下 CapsLock 键进入大写锁定状态，则 CapsLock 为 TRUE，再次按下 CapsLock 键退出大写锁定状态，则 CapsLock 为 FALSE；ShiftDown 在按下 Shift 键时为 TRUE，反之为 FALSE；如果最近双击过鼠标左键，则 DoubleClick 为 TRUE，否则为 FALSE。

将【移动】设计图标的【Concurrency】属性设置为"Perpetual"——持续移动方式，则 Authorware 在程序运行的整个过程中，会不停地查看【Move When】属性的值，在任何时候只要【Move When】属性值为 TRUE，Authorware 就立即执行该【移动】设计图标，这也就是按下 Shift 键或双击鼠标左键圆球会立即开始运动的原因。而"Wait Until Done"和"Concurrent"方式不具备这种特性，一旦【Move When】属性值变为 FALSE，Authorware 就认为该【移动】设计图标执行完毕，再也不去管它了。类似于 CapsLock 等用于监视用户操作的系统逻辑变量还有很多，表 3-1 给出了常用的此类变量。

表 3-1　常用监视用户操作的系统逻辑变量

变 量 名 称	说　　明
AltDown	按下 Alt 键为 TRUE
CapsLock	按下 CapsLock 键进入大写锁定状态为 TRUE
CommandDown	按下 Ctrl 键（Windows 系统）或 Command 键（Mac 系统）为 TRUE
ControlDown	按下 Ctrl 键为 TRUE
DoubleClick	最近一次点按鼠标的操作是双击左键时为 TRUE
MouseDown	单击鼠标左键为 TRUE
RightMouseDown	单击鼠标右键为 TRUE
ShiftDown	按下 Shift 键为 TRUE

3．使用变量控制移动的速度

可以利用变量对移动的速度进行控制，方法是在【时间/速度】文本框中使用变量或使用含有变量的表达式。另外，在这里将结合变量的使用来介绍一下两种路径在使用上的区别：一种是本节介绍的移动路径，另一种是在第 2 章中介绍过的用于确定【显示】设计图标的内容在【演示】窗口中显示位置的显示路径。

（1）按照图 3-22 所示建立程序，在"圆球"设计图标中创建一个圆形对象，在"标尺"设计图标中创建一个直线对象（作为调整滑钮位置的参照），在"滑钮"设计图标中创建一个小的圆形对象。

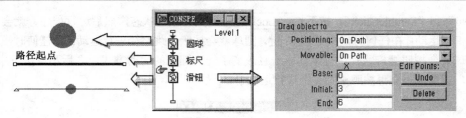

图 3-22　程序示意图

（2）按照图 3-22 所示对"滑钮"设计图标的属性进行设置，把【Positioning】和【Movable】属性都设置为"On Path"，并将路径设置成与作为标尺的直线对象在位置上完全重合。这样在程序运行时使用鼠标将只能沿这里定义的路径拖动圆形滑钮。

（3）为"圆球"设计图标增加一个"沿正圆运动"【移动】设计图标，按照图 3-23 所示对其属性进行设置。其中 PathPosition 是系统变量，返回其引用的设计图标在显示路径上的位置；符号"@"是引用符号，与设计图标名称联用返回该设计图标的 ID 号，注意设计图标名称一定要用双引号括起来；【Move When】属性设置为 TRUE，结合"Perpetual"同步方式使用，则程序运行时该【移动】设计图标会被不停地执行，因为【Move When】属性永远不会变为 False。

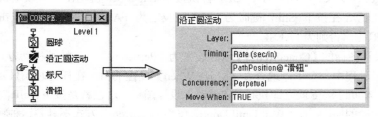

图 3-23　用变量控制移动速度

（4）运行程序，用鼠标拖动滑钮，你会发现滑钮只能沿标尺左右移动，将滑钮拖向左边，圆球会转动得飞快，如图 3-24(a)所示；将滑钮拖向右边，圆球转速会变得很慢，如图 3-24(b)所示。如果能为标尺再加上一些刻度线，就会更加形象一些。

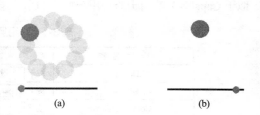

从这个例子可以看出：显示路径指定了在程序运行过程中人为移动对象的路线，因此，在此例中用鼠标只能将滑钮沿着标尺拖动；而移动路径是【移动】设计图标控

图 3-24　移动滑钮控制圆球运动速度

制对象进行移动的路线。由于拖动滑钮使滑钮在显示路径上的位置发生变化，也就是 PathPosition@"滑钮"发生了变化，因此由它控制的圆球移动速度也随着发生了变化。

这个例子的应用范围很广，如用它来调节数字化电影的播放速度、调节音乐的播放速度等。总之，它为你提供了一个可视化的调整手段。

3.4　沿路径定位的动画

沿路径定位的移动方式与沿路径移动到终点的移动方式只有一点区别：对象在沿路径移动时，可以停留在路径上任意一点而不仅是路径的终点。

3.4.1 "Path to Point" 移动方式的属性设置

首先创建一个命名为"圆球"的【显示】设计图标，并在其中绘制一个圆形对象，然后创建一个命名为"沿路径定位"的【移动】设计图标，双击该设计图标打开【移动】设计图标属性检查器，在【Type】下拉列表框中选择"Path to Point"移动方式，单击【演示】窗口中的圆球，将"圆球"设计图标作为它的作用对象，设置移动路径的方法与在"Path to End"移动方式下设置移动路径的方法相同。在【移动】设计图标属性检查器中出现了几项新的属性，介绍如下。

（1）增加了 3 个文本框：【Base】（路径起点）、【Destination】（目标位置）、【End】（路径终点），【Base】和【End】的默认值为 0 和 100（如图 3-25 所示），文本框中的数值只是一个比例值，即在以下两种情况下对象在路径上的目标位置是相同的：【Base】为 0、【End】为 100、【Destination】为 60，【Base】为 0、【End】为 50、【Destination】为 30，对象移动的终点都位于移动路径总长的 60%处。在文本框中还可以使用变量或表达式。

图 3-25 设置对象位置

（2）【Beyond Range】下拉列表框：如图 3-26 所示，其中共有两个选项，即"Stop at Ends"——停留在终点（默认值）和"Loop"——循环定位。选择"Stop at Ends"选项时，如果【Destination】的值超出了【Base】（或【End】）的值，对象会移动到路径的起点（或终点）处；选择"Loop"选项时，如果发生了上述情况，对象会在移动路径上循环定位，就好像数学上的取模运算，如果【Base】为 0，【End】为 100，则【Destination】为 40、240 或 1040在效果上是一样的。

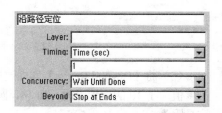

图 3-26 越界处理

3.4.2 现场实践：使用变量控制对象移动的终点

仿照 3.3.3 节的例子，创建如图 3-27 所示的程序并做以下修改。

（1）将"沿正圆移动"设计图标的移动方式设置为"Path to Point"，并将【Concurrency】属性设置为"Perpetual"，【Beyond Range】设置为"Stop at Ends"，【Base】、【End】和【Destination】的值分别设置为 0、10 和 PathPosition@"滑钮"。

（2）将"滑钮"设计图标显示路径的【Base】和【End】值分别设置为 0 和 20。

（3）给标尺加上一个简单的数值刻度，为了清楚地表示出圆球在正圆路径上的位置与标尺刻度值之间的关系，沿正圆路径画出一个圆环。

（4）现在运行程序，程序运行结果如图 3-28 所示。用鼠标拖动滑钮，可以看到圆球沿正圆路径移动，最后停止在标尺刻度指示出的位置，如将滑钮拖动到标尺刻度值为 5 的位置，则圆球就会移动到正圆移动路径上位置为 5 的地方。但是如果将滑钮拖动到标尺刻度值大于 10 的任意位置，由于定义的正圆移动路径总长为 10，圆球将会停止在移动路径的端点位置。

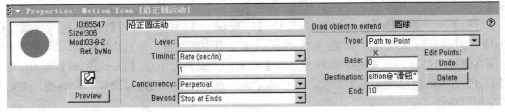

图 3-27　使用变量控制对象移动的终点

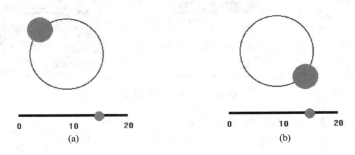

图 3-28　两种定位方式下圆球在移动路径上的定位

（5）将【Beyond Range】属性改变为"Loop"并再次运行程序，这回可以看到将滑钮拖动到标尺刻度值大于 10 的位置上时，如 15，圆球会移动到正圆路径上位置为 5 的地方停止下来（从数学上讲，这是因为 15 mod 10 = 5）。

这个例子同样很简单而实用，但它蕴涵的思想不简单。它实际上是为你提供了另外一种可视化调整方式。

3.5　终点沿直线定位的动画

终点沿直线定位的移动方式可以简单地理解为直接移动到终点和沿路径定位两种移动方式的结合，它使对象直接移动到指定直线上的某一点，被移动对象的起始位置可以位于直线上，也可以在直线之外。如果位于直线上，则该对象会沿着直线移动到指定位置。该对象在直线上的停留位置由数值、变量或表达式指定。

3.5.1　"Direct to Line"移动方式的属性设置

如图 3-29 所示，首先创建一个命名为"箭"的【显示】设计图标，并向其中导入一幅箭的图像；接着创建一个命名为"靶"的【显示】设计图标，并向其中导入一幅靶的图像；然后创建一个命名为"射箭"的【移动】设计图标，双击该设计图标打开【移动】设计图标属性检查器，在【Type】下拉列表框中选择"Direct to Line"移动方式，单击【演示】窗口中的箭将"箭"设计图标作为它的作用对象。

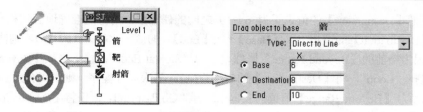

图 3-29 设置终点沿直线定位移动方式

先来看一下"Direct to Line"移动方式的【移动】设计图标属性检查器中的属性：选中【Base】单选按钮后，用鼠标在【演示】窗口中拖动对象可以确定终点位置线的起点；选中【End】单选按钮后，用鼠标在【演示】窗口中拖动对象可以确定终点位置线的终点。在确定了终点位置线的起点位置和终点位置之后，【演示】窗口中会出现一条直线，这就是终点位置线。对象移动结束后，终点位置一定会处在这条直线上。

如图 3-30 所示，【Beyond Range】下拉列表框中有 3 个选项，它们分别为"Stop at Ends"、"Loop"、"Go Past Ends"。选择"Stop at Ends"选项时，如果【Destination】的值超出了【Base】（或【End】）的值，对象会停止在终点位置线的起点（或终点）处；选择"Loop"选项时，如果发生了上述情况，对象会在终点位置线上循环定位，就好像数学上的取模运算，如果【Base】为 0，【End】为 100，则【Destination】为 40、240 或 1040 在效果上是一样的；选择"Go Past Ends"选项时，如果【Destination】的值超出了【Base】（或【End】）的值，则 Authorware 会将终点位置线从起点处（或终点处）向外延伸，最终对象移动的终点仍会位于伸长了的终点位置线上，但已经超出了【Base】和【End】所定义的范围。

图 3-30 移动属性设置

3.5.2 现场实践：利用数值控制终点位置

现在来完成上面的例子。

（1）双击打开"靶"设计图标，使箭靶图像显示在【演示】窗口中，作为指定"箭"的终点位置线的参照。

（2）为"射箭"设计图标打开【移动】设计图标属性检查器，选中【Base】单选按钮后，拖动"箭"到箭靶 6 环位置处，如图 3-31(a)所示；再选中【End】单选按钮，拖动"箭"到箭靶 10 环位置处，如图 3-31(b)所示，此时一条终点位置线会出现在【演示】窗口中；再将【Base】和【End】的值分别设为与环数相对应的 6 和 10。

(a)   (b)

图 3-31 设置终点位置线

（3）将【Destination】的值设为 8，然后运行程序，可以看到箭准确地射到箭靶 8 环上。如图 3-32(a)

所示，事实上把【Destination】的值设置为 6～10 之间的任意数，箭都能准确地射到相应的靶环上。如果设置的【Destination】的值超出了【Base】（或【End】）的值，比如 4（或 12），则箭会射中 6 环（或 10 环），因为当前的【Beyond Range】属性设置为 "Stop at Ends"；接下来从【Beyond Range】下拉列表框中选择 "Loop"，将【Destination】的值设为 12，再次运行程序，则箭仍会射到图 3-32(a)所示的位置；然后从【Beyond Range】下拉列表框中选择 "Go Past Ends"，仍将【Destination】的值设为 12，再次运行程序，则箭会射到图 3-32(b)所示的位置，因为 Authorware 已经把终点位置线从末端向外延伸了。

图 3-32　指定终点位置

3.6　沿平面定位的动画

沿平面定位移动方式是终点沿直线定位移动方式的平面扩展，也就是说，将终点的定位由一维坐标系（仅有 X 轴坐标）扩展到了由二维坐标系确定的平面。

3.6.1　"Direct to Grid" 移动方式的属性设置

如果将一个【移动】设计图标的【Type】属性设置为 "Direct to Grid"，它的移动属性与 "Direct to Line" 方式下没什么不同，而终点定位方式却发生了重大变化：每个定位单选按钮的位置坐标由 "Direct to Line" 方式下的一维坐标变成了包括 X 轴和 Y 轴的平面坐标。如图 3-33 所示，选中【Base】单选按钮后，用鼠标在【演示】窗口中拖动对象可以确定定位区域的起点；选中【End】单选按钮后，用鼠标在【演示】窗口中拖动对象可以确定定位区域的终点。在确定了定位区域的起点位置和终点位置之后，【演示】窗口中会出现一个黑色的方框，方框所包围的区域就是定位区域，对象只能在定位区域内进行移动。

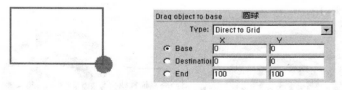

图 3-33　设置定位区域

3.6.2　现场实践：实现对象跟随鼠标指针移动

这里准备通过一个很有趣的程序来介绍 "Direct to Grid" 移动方式的用法。

（1）建立如图 3-34 所示的程序，"圆球" 设计图标中仍是一个圆形对象，在 "重设窗口大小"【运算】设计图标中使用了一个函数：ResizeWindow(150, 150)，ResizeWindow( )是一个调整【演示】窗口大小的函数，这里将【演示】窗口尺寸调整为 150×150。为什么将【移动】设计图标命名为"如影随形"呢？等一下就知道了。

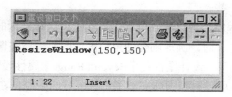

图 3-34　程序示意图

（2）打开"如影随形"【移动】设计图标，选择"Direct to Grid"移动方式之后，指定"圆球"设计图标作为它的作用对象。如图 3-35 所示，设置【演示】窗口左上角为定位区域的起点，右下角为定位区域的终点，并将定位属性按照图中所示进行设置：起点坐标为(0, 0)，终点坐标为(150, 150)，同【演示】窗口的大小完全符合，因为这里的数值仍然是比例值，将它设置为同【演示】窗口的大小完全相同则可以将整个【演示】窗口作为一个 1：1 的定位区域使用。注意在目标位置坐标处使用了两个系统变量：CursorX 和 CursorY。这两个变量反映了当前鼠标指针在【演示】窗口中的位置坐标。

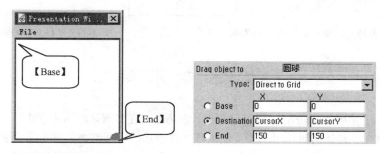

图 3-35　　"如影随形"设计图标【Layout】设置

（3）将各项移动属性按照图 3-36 进行设置。

（4）运行程序，将鼠标指针移动到【演示】窗口中，奇迹出现了：不管你如何上、下、左、右、快、慢地移动鼠标指针，圆球在【演示】窗口中"如影随形"地紧跟着鼠标指针移动，如图 3-37 所示；这是因为将【移动】设计图标的【Destination】的值设置为鼠标指针的当前位置坐标，同时该设计图标的【Concurrency】属性设置为"Perpetual"，这样，Authorware 在程序运行过程中会时刻监视 CursorX 和 CursorY 变量的值并用它们来更新对象的目标位置。

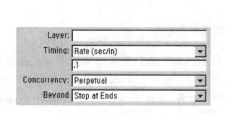

图 3-36　"如影随形"设计图标移动属性设置　　　　　图 3-37　程序运行结果

（5）在"圆球"设计图标和"如影随形"设计图标之间插入一个命名为"方框"的【显示】设计

图标，如图 3-38 所示，在其中用矩形工具创建一个与定位区域同样大小的矩形对象来表示定位区域的范围，然后将"重设窗口大小"设计图标中的内容改为"ResizeWindow(200, 200)"，这样再次运行程序时，窗口会扩大一些。

（6）再次运行程序，可以看到鼠标指针在定位区域之内时，圆球会跟随鼠标指针移动，而当鼠标指针移到定位区域之外时，圆球则会受定位区域限制停留在区域边界上（如图 3-38 所示）。

（7）将"如影随形"设计图标的【Beyond Range】属性设置为"Go Past Ends"，再次运行程序（结果如图 3-39 所示），可以看到圆球突破了定位区域的限制，在定位区域之外仍然紧跟鼠标指针移动。

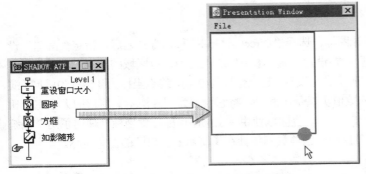

图 3-38 　"Stop at Ends"越界处理方式　　　　图 3-39 　"Go Past Ends"越界处理方式

3.7 　本 章 小 结

本章详细介绍了使用 Authorware 进行动画设计的方法。在多媒体应用程序中适当地使用动画，可以增强程序的表现力。具体何时使用动画及使用哪一种形式的动画都要依据实际情况来考虑，而没有千篇一律的定式。在实际应用中可以将多种移动方式综合在一起使用，而且可以和背景图案、对象的覆盖模式等属性结合起来应用，能够创造出更多美妙的效果。

例如，将一个黑色的圆形对象按图 3-40(a)所示的路径移动到同样大小的黄色圆形对象前面，这看起来没有什么特殊的地方，但是如果把这段动画在黑色夜空背景上播放，就是一个漂亮的月食过程，如图 3-40(b)所示。

(a) 移动路径　　　　　　　　　　　　　　(b) 月食过程

图 3-40 　结合背景制作动画

又如，将两个一模一样的彩环图像重叠在一起显示，为前面的图像对象指定反显覆盖模式，并使它沿一个封闭路径在小范围内不停地循环移动。由于为它指定了反显覆盖模式，它在移动时与后面的图像混合在一起显示，就会形成万花筒般的动画效果，如图 3-41 所示。还可以利用 Authorware 的绘图工具绘制出具有各种色彩、填充图案和覆盖模式的图形对象，然后将它们重叠在一起循环移动，制作出更加丰富多彩的动画效果。

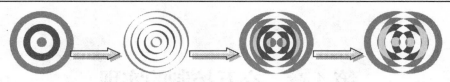

图 3-41 万花筒效果

设计对象的移动路径也有很多方法，还记得在第 2 章中介绍的制作"多边形文字"的方法吗？同样的思路可以运用到制作移动路径上来，比如可以制作出沿复杂地形表面进行的移动。【移动】设计图标的作用对象不是显示对象，而是容纳显示对象的设计图标，并且一个【移动】设计图标每次只能移动一个设计图标。要特别注意移动路径和显示路径的区别（3.3.3 小节的第 3 部分），两者相结合能够实现可视化的操控界面（控制音量、速度等）。

在本章的例子中有意使用了许多常用的系统变量，目的是进一步学习使用系统变量。将这些变量和各种移动方式结合起来，往往能够制作出很好的动画效果。只有多加练习，才能熟练掌握系统变量和各种移动方式的用法。

总之，Authorware 提供了制作平面动画的有力工具，具体能做出何种动画效果，就要看如何运用这些工具了。

3.8 上 机 实 验

（1）某个【显示】设计图标中包含了多个显示对象，利用【移动】设计图标移动其中一个或部分显示对象（提示：将显示对象拆分到多个设计图标中）。

（2）仿照本章中使用滑钮控制对象定位及移动速度的例子，试制作由滑钮控制超宽图像进行横向移动，从而达到浏览全图的效果。

（3）仿照本章中控制显示对象跟随鼠标指针移动的例子，制作特殊样式的鼠标指针。

（4）通过以下实验，观察、总结层对动画效率的影响。

● 使用多个【移动】设计图标在同一层中控制多个对象移动；

● 使用多个【移动】设计图标在多个层中控制多个对象移动。

第4章　交互控制的实现

良好的人机交互界面是用户对应用程序的共同需求，尤其是对于多媒体应用程序，有了各种人机交互作用，制作出的多媒体作品就不再是只能做展示。交互作用控制及多样化的交互作用能力是Authorware强大功能的集中体现，它对交互作用的控制是通过交互作用分支结构来实现的。

4.1　交互作用分支结构

常用的人机交互方式有通过按钮、热键、菜单选项等，这些都是最传统的交互方式，Authorware全部能实现，而且能够做得更好！

要实现所有的交互作用，必须依靠【交互作用】设计图标。【交互作用】设计图标具有安排交互界面、组织交互方式及控制交互作用、反馈结果的功能，这些功能使Authorware对用户的每一个操作都能正确地做出响应，如当用户按下了某个按钮，或者是敲击了键盘上的某个按键甚至是移动了窗口中的某个显示对象时，Authorware就会自动地在【交互作用】设计图标下选择并执行对应的响应分支流程，以对用户的操作进行响应。

但是，单独使用【交互作用】设计图标没有任何意义，如图4-1所示，【交互作用】设计图标和响应图标共同构成了交互作用分支结构，Authorware强大的交互能力正源于此。交互作用分支结构主要由以下几方面构成。

（1）【交互作用】设计图标：整个交互作用分支结构的入口。在【交互作用】设计图标中直接可以安排交互界面（如图4-2所示），而且从图4-1中可以清楚地看到，各种响应图标和响应类型都依附于【交互作用】设计图标。

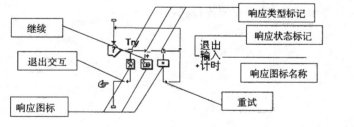

图4-1　交互作用分支结构

图4-2　交互界面（与图4-1对应）

（2）响应图标：提供了对用户的反馈信息，它的内容是作为对用户操作的响应呈现在用户面前的。所有设计图标都可以作为响应图标使用，但是【框架】设计图标、【交互作用】设计图标和【决策判断】设计图标必须首先放在【群组】设计图标中，然后才能放置在交互作用分支流程线上。

（3）响应类型：响应图标必须具备一种响应类型，因为Authorware需要知道在什么情况下或是用户进行何种操作时才将反馈内容呈现给用户。在Authorware中共有11种响应类型（如图4-3所示），将一个设计图标从图标选择板中拖放到【交互作用】设计图标右方时，Authorware会认为这是一个响应图标，自动为它新建一条响应分支流程线，并弹出【Response Type】（【响应类型】）对话框，提示为该响应图标选择一种响应类型，被选中的响应类型标记会出现在响应图标的上方。

（4）响应状态：在响应图标名称的左侧都有一个加号（+）、减号（−）或空格标记，该标记就表示了该响应图标的响应状态。响应状态共分 3 种（如图 4-4 所示）："Not Judged"（不予判断）、"Correct Response"（正确响应，以"+"号表示）和"Wrong Response"（错误响应，以"−"号表示），当为一个响应图标选择了后两种响应状态中的一个之后，Authorware 会跟踪用户的操作并做出判断，将用户进

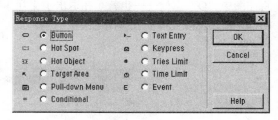

图 4-3　【Response Type】对话框

行的正确操作或者错误操作的次数累计起来，这对记忆分析用户的操作过程很有帮助，此时在【Score】文本框中输入的数值或表达式可以作为用户操作正确或错误时的得分情况：对于正确的操作，可以设置分值为正数，对于错误的操作，可以设置分值为负数；如果选择了"Not Judged"响应状态，则 Authorware 不对用户的操作进行判断。

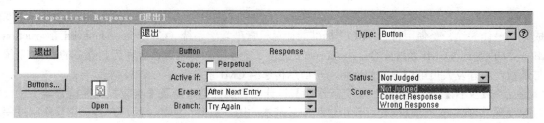

图 4-4　【Status】（【响应状态】）下拉列表框

（5）响应分支：由于多种类型的响应可以并存，使程序流程形成分支。在交互作用分支结构中通常存在 3 种类型的响应分支，如图 4-5 所示，它们是"Try Again"（再试）、"Continue"（继续）和"Exit Interaction"（退出交互）。当 Authorware 执行完一个响应图标中的内容后，会根据该响应图标的响应分支类型来决定分支流程的走向（可参阅图 4-1）：当选择了"Try Again"分支类型时，分支流程将会流向主流程分支起点，等待用户做出另一次操作；当选择了"Continue"分支类型时，流程走向会沿原路线返回并检查后面是否存在其他的期待响应能与最终用户的操作相匹配；当选择了"Exit Interaction"分支类型时，Authorware 在执行完响应图标的内容后，会退出交互作用分支结构回到主流程线上，继续执行主流程线上的其他设计图标内容。

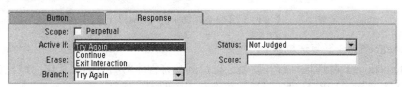

图 4-5　【Branch】（【分支类型】）下拉列表框

（6）还有一项关键性内容并不能直接从交互作用结构图中看出来，但它影响着交互作用的全过程，那就是响应图标的【擦除】属性，如图 4-6 所示。【擦除】属性用于设置何时擦除响应图标为用户提供的反馈信息（也就是响应图标的内容）。当选择了"Don't Erase"选项时，反馈信息不会被擦除，在退出交互作用分支结构后，反馈信息仍然留在【演示】窗口中；当选择了"After Next Entry"选项时，Authorware 将在图中"A"点处——也就是同用户开始了下一次交互作用时，擦除此次交互作用的反馈信息；当选择了"Before Next Entry"选项时，Authorware 将在图中"B"点处——也就是在同用户进行下一次交互作用之前，擦除此次交互作用的反馈信息；当选择了"On Exit"选项时，Authorware

将在图中"O"点处——也就是在退出了交互作用分支结构之后、执行主流程线上紧接的下一个设计图标之前，擦除此次交互作用的反馈信息。

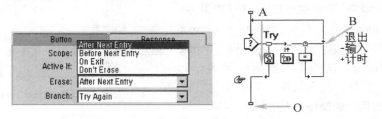

图 4-6　【Erase】（【擦除】）下拉列表框

4.2　知　识　跟　踪

如果需要跟踪用户在程序中的表现，例如在一段训练程序中跟踪学生在每个交互作用过程中取得的成绩，最佳的途径是使用符合 AICC 标准的计算机管理教学系统（Computer-Managed Instruction，CMI）。为了便于同 CMI 系统配合，Authorware 提供了一系列知识跟踪设置和为数众多的 CMI 系统变量与函数，使开发人员可以很方便地将用户信息传递给 CMI 系统。

通过在【文件】属性检查器、【交互作用】设计图标属性检查器及【响应】属性检查器中进行知识跟踪设置，可以方便地获得交互作用过程中最基本的用户数据。例如，用户在各个交互作用过程及在整个程序中用去的时间、取得的成绩、每次判断过程的正误等。如果需要对用户的操作进行更进一步的跟踪，可以通过 Authorware 提供的 CMI 系统变量和函数定制程序收集和传递用户信息的方式。

在利用程序进行知识跟踪之前，必须首先对文件属性进行设置。执行 Modify→File→Properties 菜单命令，打开【文件】属性检查器，选择其中的【CMI】选项卡，如图 4-7 所示。

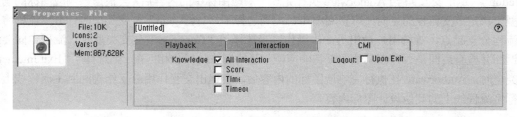

图 4-7　【文件】属性检查器中的【CMI】选项卡

（1）【Knowledge Track】复选框组
- 【All Interactions】复选框：打开此复选框，则允许程序对所有的交互作用过程进行跟踪。
- 【Score】复选框：跟踪且累计用户在每个响应中取得的成绩。
- 【Time】复选框：跟踪用户完成所有交互过程所用的时间。
- 【Timeout】复选框：跟踪用户处于空闲状态的时间。如果用户在很长一段时间内没有进行任何操作，Authorware 允许程序执行特定的操作。

（2）【Logout】复选框组
- 【Upon Exit】复选框：当用户退出程序时，从 CMI 系统中退出登录。

对于【交互作用】设计图标和各类响应的知识跟踪设置将在后面各节中介绍。

由于在整个交互作用分支结构中【交互作用】设计图标起着统领全局的作用，因此在详细介绍各种交互作用之前，先对【交互作用】设计图标进行介绍。

4.3 【交互作用】设计图标

仍以图 4-1 中的交互作用分支结构为例，介绍【交互作用】设计图标的使用。

4.3.1 交互作用显示信息的创建和编辑

在【交互作用】设计图标中，一是可以放置显示对象，用于提示用户如何进行下一步操作或对当前提供的交互功能进行介绍，也可以创建一些用于美化交互界面的文本和图形图像对象等；二是可以对交互作用中用到的按钮、文本输入框、倒计时钟等交互控制对象进行移动或调整。交互作用显示信息就由这些显示对象和交互作用控制对象组成。

要编辑交互作用显示信息，可以双击打开【交互作用】设计图标，此时交互作用显示信息就会出现在【演示】窗口中，同时还会出现以【交互作用】设计图标名称命名的绘图工具箱。接下去就可以采取以前介绍过的创建和编辑文本、图形图像对象的方法来设计交互作用界面了，就如同在【显示】设计图标中进行操作一样。

对于交互作用中用到的按钮、文本输入框等交互控制对象，可以用鼠标单击来选中它们，然后进行改变位置或调整大小的操作，如图 4-8 所示，还可以使用【对齐方式】选择板来统一安排所有交互控制对象的位置。

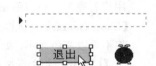

图 4-8 用鼠标对交互对象进行调整

如果要删除某个交互作用控制对象，在【演示】窗口中选中它再按下 Del 键是不行的，唯一的办法是删除与之对应的响应图标。

4.3.2 【交互作用】设计图标属性设置

按住 Ctrl 键双击【交互作用】设计图标，将打开【交互作用】设计图标属性检查器，如图 4-9 所示。现对其内容介绍如下。

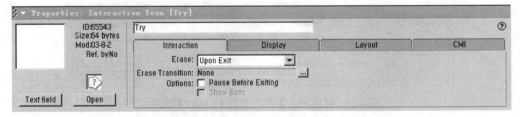

图 4-9 【交互作用】设计图标属性检查器

（1）【图标内容预览框】：用于预览在【交互作用】设计图标中创建的文本、图形图像等显示对象，但不包括按钮等交互作用控制对象。

（2）【Open】命令按钮：单击此命令按钮，可以创建或编辑交互作用显示信息。

（3）【Text field】命令按钮：用于设置文本输入框的样式，关于此命令按钮的使用，请参阅 4.10 节的内容。

（4）【Interaction】选项卡：用于设置与交互作用有关的选项，其中：

● 【Erase】下拉列表框：用于对何时擦除交互作用显示信息进行控制，该下拉列表中有 3 个选项。

Upon Exit：程序在退出当前交互作用分支结构时，擦除交互作用显示信息。当选择了此选项时，【交互作用】设计图标中的内容在整个交互作用过程中一直显示在【演示】窗口中，这是 Authorware 的默认设置。

After Next Entry：程序在同用户开始下一次交互作用时，擦除交互作用显示信息。但如果 Authorware 遇到一个"Try Again"时，交互作用显示信息在消失后又会重新显示在【演示】窗口中。

Don't Erase：如果选择了此选项，程序即使是退出了交互作用分支结构，交互作用显示信息仍会保留在【演示】窗口中，只有特地为【交互作用】设计图标创建一个【擦除】设计图标，才能擦除交互作用显示信息。

 在这里只是对交互作用显示信息进行擦除设置，也就是设置何时擦除在【交互作用】设计图标中创建的文本、图形图像等显示对象，这和 4.1 节中介绍的反馈信息的擦除是两个不同的概念。

● 【Erase】文本框：用于设置交互作用显示信息的擦除效果，使用方法同在【擦除】设计图标中指定一种擦除效果相同，在此不再赘述。

● 【Options】复选按钮组：它包括以下两个复选框。

【Pause Before Exiting】复选框：打开此复选框则在程序退出交互作用分支结构时，Authorware 会暂停执行下一个设计图标，这样可以使用户有足够的时间观看屏幕上显示的反馈信息。当用户看完后，可以敲击键盘上的任意键或单击鼠标，使 Authorware 执行后面的内容。

【Show Button】复选框：当用户打开【Pause Before Exiting】复选框后，【Show Button】复选框将不再以灰色显示，如果再打开此复选框，当程序退出交互作用分支结构时，屏幕上会出现一个【Continue】命令按钮，单击【Continue】命令按钮，才能使 Authorware 执行后面的内容。

（5）【Display】选项卡和【Layout】选项卡：如图 4-10 所示。由图可以看出和【显示】设计图标属性检查器中的对应内容完全相同，在此就不做重复说明了。

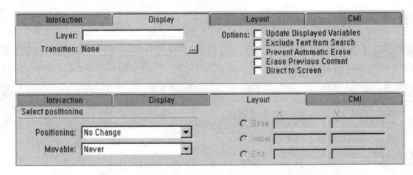

图 4-10　【Display】选项卡与【Layout】选项卡

（6）【CMI】选项卡：该选项卡提供了应用于计算机管理教学方面的属性，如图 4-11 所示。Authorware 将【CMI】选项卡中的内容用做系统函数 CMIAddInteraction( )的参数，然后通过系统函数 CMIAddInteraction( )向用户的 CMI 系统传递在交互作用过程中收集到的信息。

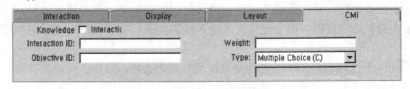

图 4-11　【CMI】选项卡

● 【Interaction】复选框：打开或关闭对交互作用过程的跟踪。在打开此复选框之前，必须使【文件】属性检查器中的【All Interactions】复选框处于打开状态。系统变量 CMITrackInteractions

同样可以用于打开或关闭对交互作用过程的跟踪，该变量的当前值将取代对于【Interaction】复选框的设置。

- 【Interaction ID】文本框：用于为交互作用过程设置一个唯一性的 ID 标识。在这里输入的内容将被 Authorware 用来作为系统函数 CMIAddInteraction( )的 Interaction ID 参数。
- 【Objective ID】文本框：用于设置与交互作用过程绑定的 Objective ID 标识。在这里输入的内容将被 Authorware 用来作为系统函数 CMIAddInteraction( )的 Objective ID 参数，如果在此没有输入任何内容，Authorware 将【交互作用】设计图标的标题作为 Objective ID 使用。
- 【Weight】文本框：用于设置交互作用在整个程序中的相对重要性。在这里输入的内容将被 Authorware 用来作为系统函数 CMIAddInteraction( )的 Weight 参数。
- 【Type】下拉列表框：用于设置交互作用的类型，在这里做出的选择将被 Authorware 用来作为系统函数 CMIAddInteraction( )的 Type 参数。交互作用分为如下 3 类。

  Multiple Choice(c)：多项选择。

  Fill in the Blank(F)：填空。

  From Field：使用用户输入的类型。选择该选项，Authorware 将使用下方文本框中内容作为系统函数 CMIAddInteraction( )的 Type 参数，在文本框中可以输入字符串和表达式，在输入表达式之前必须首先输入字符 "="。尽管可以使用任意字符串作为 Type 参数，但是符合 AICC 标准的字符串及其含义仅限于表 4-1 中列出的内容。

表 4-1　符合 AICC 标准的字符串及其含义

字　符　串	含　　义
C	多项选择
F	填空
L	类似
M	匹配
P	成绩
S	次序
T	正确或错误
U	无法预料

4.4　按　钮　响　应

在所有的响应类型中，按钮响应是使用得最多的，几乎任何一个程序都离不开按钮响应。

4.4.1　按钮响应属性设置

将一个设计图标拖放到【交互作用】设计图标右侧时，在 Authorware 弹出的【响应类型】对话框中，按钮响应（Button）是作为默认的响应类型出现在第一的位置上。单击【OK】命令按钮之后，一个被控制点包围且命名为 "Untitled" 的 Windows 风格的按钮就出现在【演示】窗口中，如图 4-12 所示。

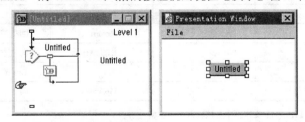

图 4-12　按钮响应类型

双击按钮响应类型标记，或者在【演示】窗口中双击按钮会打开【响应】属性检查器，如图 4-13 所示，现将其内容介绍如下。

（1）【响应标题】文本框：在这里输入的内容将会作为响应图标的标题。

（2）【Type】下拉列表框：包含了 11 种响应类型的列表，在此可以改变响应图标的响应类型。

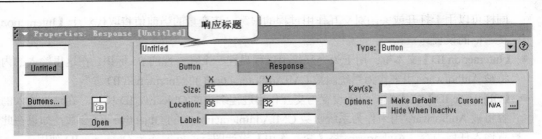

图 4-13　【响应】属性检查器

（3）【Button】选项卡：用于设置按钮响应的外观。其中：

● 【Size】文本框：用于设置按钮的大小，其中 X 表示按钮的宽度，Y 表示按钮的高度。虽然在【演示】窗口中拖动控制点也可以改变按钮的大小，但在这里进行的调整更为精确一些。

● 【Location】文本框：用于设置按钮的位置，其中 X、Y 分别表示按钮左上角在【演示】窗口中的横、纵坐标。虽然在【演示】窗口中拖动按钮也可以改变按钮的位置，但在这里进行的调整更为精确一些。

● 【Label】文本框：在此输入字符串，可指定按钮标题。如果该文本框的内容为空，则 Authorware 将【响应标题】文本框中的内容作为按钮的标题。如果在该文本框内输入字符型表达式，则表达式的计算结果就取代按钮的原有标题。

● 【Key(s)】文本框：用于设置按钮的快捷键。如果指定字母或数字键作为快捷键，在文本框中直接输入该字母或数字即可。使用"|"可以为一个按钮指定多个快捷键，如在文本框中输入了"A|a"，则表示按下"A"或"a"都相当于用鼠标单击了此按钮；如果想使用功能键作为快捷键，则在文本框中输入键名即可，如输入"F1"表示按下 F1 键相当于用鼠标单击了此按钮；在这里还允许使用组合键，如输入"CtrlA"则表示指定了 Ctrl + A 为快捷键。为方便起见，表 4-2 列出了一些常用的功能键名。

表 4-2　常用的功能键名

功 能 键 名	对 应 按 键	功 能 键 名	对 应 按 键
	空格键*	Home	Home 键
Backspace	退格键	Insert	Ins 或 Insert 键
Break	Break 键	LeftArrow	向左方向键
Delete	Del 或 Delete 键	PageDown	Page Down 键
DownArrow	向下方向键	PageUp	Page Up 键
End	End 键	Return	回车键
Enter	回车键	RightArrow	向右方向键
Esc	Esc 键	Tab	Tab 键
F1～F15	F1 至 F15 键	UpArrow	向上方向键

*注：在【Key(s)】文本框中直接输入 1 个空格。

● 【Options】复选框组：打开"Make Default"复选框，此按钮会作为默认的按钮；对于一个默认的按钮，从外观上看，它会被黑色边框包围，并且当用户按下回车键时，相当于用鼠标单击了此按钮；打开"Hide When Inactive"复选框，当此按钮不可用时，会被隐藏，而当此按钮可用时，又会重新显示出来；如果关闭此复选框，则当按钮不可用时会以灰色表示。

● 【Cursor】选择框：单击其右侧的对话按钮，会弹出鼠标指针类型设置对话框。如图 4-14 所示，在滚动列表框中可以选择一种鼠标指针类型，选中的鼠标指针类型会出现在【Button】选项卡的预览框中。在鼠标指针类型设置对话框中单击【Add】命令按钮，会弹出载入鼠标指针对话框（如图 4-15 所示），在其中可以选择一个外部鼠标指针文件，来弥补 Authorware 中提供的鼠标指针类型的不足（在你的 Windows 文件夹的 cursors 文件夹下面，有许多鼠标指针文件）。

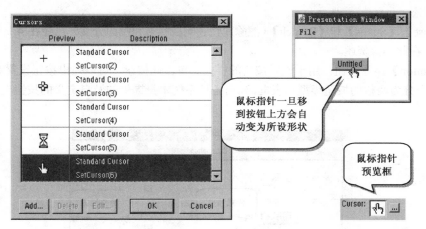

图 4-14　选择鼠标指针

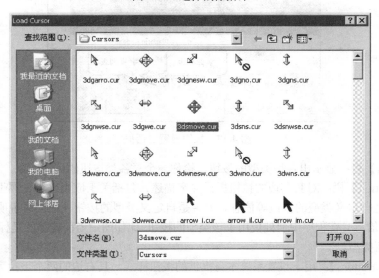

图 4-15　载入鼠标指针对话框

（4）【Response】选项卡：用于设置响应属性，如图 4-16 所示。

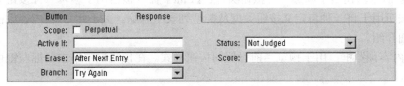

图 4-16　【Response】选项卡

● 【Scope】属性：用于设置此响应的作用范围。如果打开【Perpetual】复选框，则此响应就被设置为永久性响应。永久性响应是一种在整个程序执行过程中随时等待用户进行交互的响应，在 11 种响应类型中，不能设置为永久性响应的有文本输入响应、按键响应、重试限制响应和时间限制响应（关于永久性响应的使用放在 4.15 节进行详细介绍）。

● 【Active If】文本框：用于设置匹配该响应的允许条件。在文本框中的数值、变量或表达式值为 TRUE 时，此响应才被 Authorware 允许同用户的交互操作进行匹配，否则此响应处于非激活状态。

● 【Erase】、【Status】和【Branch】（擦除属性、响应状态和响应分支）已经在 4.1 节中进行了介绍，在此不再赘述。

（5）【Button】命令按钮：用于设置按钮的样式。单击此按钮，可以弹出按钮设置对话框，对话框上部是一个分为两栏的按钮类型列表框，列出各种系统本身提供的及自定义的按钮类型，如图 4-17 所示。

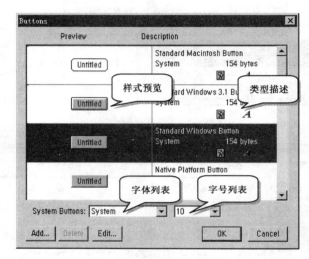

图 4-17　按钮设置对话框

● 【Preview】栏：显示出各种类型的按钮，给你一个对各类按钮的直观印象。

● 【Description】栏：对其左边的按钮提供文字描述，包括关于应用平台、属于系统本身提供的按钮还是自定义类型的按钮等信息。如果是自定义类型的按钮，还同时说明按钮是否包含图像、声音信息且在程序中何处使用了该类型的按钮。比如图中当前选择的是标准的 Windows 95 系统按钮类型。

● 【System Buttons】：用于设置系统本身提供的按钮样式，其右边的两个下拉列表框分别用于设置系统按钮的标题字体及字号。

● 【OK】和【Cancel】命令按钮分别用于确认或放弃当前选择。

● 【Add】命令按钮用于添加一种按钮类型；【Edit】命令按钮用于编辑一种按钮类型，【Delete】命令按钮用于将一种自定义按钮类型从类型列表中删除。关于此 3 项内容放在后面练习中进行详细介绍。

（6）图标内容预览框：用于预览当前设置的按钮样式。在预览框中单击鼠标左键可以调出【按钮设置】对话框。

（7）单击【Open】命令按钮，可以打开对应的响应图标进行编辑。

一下子记不住这么多内容不要紧，通过做以后的练习会慢慢地掌握每一项属性的用法。

4.4.2 现场实践：执行一项命令

按钮响应最常见的应用方式就是用来执行一项命令，如进入、退出、帮助、功能 A、功能 B 等。以下就采用按钮响应来实现这些功能。

（1）建立一个新的程序文件，从图标选择板中拖动一个【交互作用】设计图标放置到主流程线上并命名为"选择执行"。

（2）相继拖动两个【群组】设计图标放置到"选择执行"设计图标的右边，并将它们分别命名为"first"和"射箭"，如图 4-18 所示。为什么这样命名呢？看完下面两步你就明白了。

（3）将当前程序文件存盘，存盘时将它命名为"Button.a7p"，打开以前编写的 first.a7p 程序文件，选中其中所有的内容后单击【复制】命令按钮；再打开 Button.a7p 程序文件，用鼠标双击"first"【群组】设计图标，打开第二层设计窗口后，单击【粘贴】命令按钮，原先 first.a7p 程序文件中的内容就全部出现在"first"【群组】设计图标之中。

（4）按照第（3）步中的做法，将"射箭.a7p"程序文件中的全部内容复制到"射箭"【群组】设计图标之中，如图 4-19 所示。

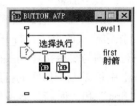

图 4-18 创建一个【交互作用】分支结构

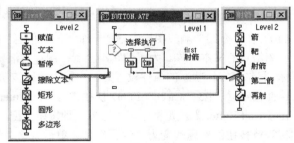

图 4-19 复制"first.a7p"和"射箭.a7p"程序文件中的内容

（5）双击打开【选择执行】设计图标，在【演示】窗口中调整好两个按钮的位置和大小。

（6）执行一下程序，在【演示】窗口出现两个按钮。单击【射箭】按钮，就执行了"射箭"响应图标中的内容（单击【first】按钮，则会执行"first"响应图标中的内容），如图 4-20 所示。美中不足的是在演示进行过程中，两个按钮始终显示在窗口中，演示进行完毕之后，演示的内容仍然留在窗口中。这个程序目前具有的缺点还不止这些，如它没有提供一个说明，以使用户了解这个程序的功能，也没有提供一个显而易见的退出此程序的方法。

图 4-20 程序运行结果

（7）造成按钮始终显示在屏幕上的原因是【交互作用】设计图标的【Erase】属性在默认情况下被 Authorware 设置为"Upon Exit"，也就是说，程序在退出当前交互作用分支结构时，才会擦除交互作用显示信息。将此项属性改变为"After Next Entry"之后，就不会发生在演示进行过程中按钮仍留在窗口中的情况了。由于程序中两个响应图标的【Branch】属性都保持了默认的"Try Again"，按钮在演示进行完毕之后又会重新显示在【演示】窗口中。

（8）造成演示的内容在演示过程结束之后仍然留在窗口中的原因，是由于两个响应图标的【Erase】属性都保持了默认的"After Next Entry"（因此，在单击了【first】按钮之后，【射箭】按钮的执行结果会从窗口中擦除）。将此项属性改变为"Before Next Entry"之后，就不会发生演示进行完毕之后演示的内容仍留在窗口中的情况了。

（9）为当前交互作用分支结构增加两个响应图标，如图 4-21 所示。将"退出"响应图标的【Branch】属性设置为"Exit Interaction"，这时在程序运行时单击"退出"按钮就会退出程序。如果不想在退出程序之后留下一个空白的【演示】窗口，可以在【退出】响应图标中增加一个【运算】设计图标，在其中使用一个 quit(0)函数。

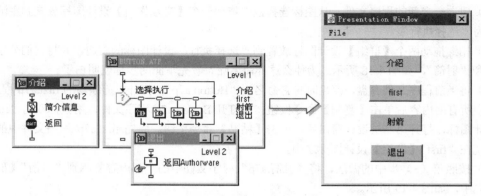

图 4-21   经过改进的交互作用分支结构

（10）在"介绍"响应图标中增加一个"简介信息"【显示】设计图标，向其中放置一个包含程序内容介绍信息的文本对象。为了使它不至于在用户看清楚之前就被擦除，在其后放置一个【等待】设计图标，将结束等待状态的条件设置为用户按下等待按钮。改变默认的等待按钮样式的方法是打开【文件】属性检查器（按下 Ctrl+Shift+D 快捷键），在【Interaction】选项卡中有两项与等待按钮相关的属性：在【Wait Button】预览框中可以选择一种按钮类型，在【Label】文本框中可以改变按钮的标题。在此将等待按钮的标题改变为"返回"显然更适合这个程序，也可以向"first"和"射箭"响应图标中各增加一个同样的"返回"【等待】设计图标。

（11）运行程序：在单击【介绍】按钮之后，"简介信息"设计图标中的内容会出现在【演示】窗口中，如图 4-22 所示；单击【返回】按钮之后，又回到主界面中。单击【退出】按钮，就退出程序，返回 Authorware 主窗口。瞧！这是一个多么完美的应用程序。

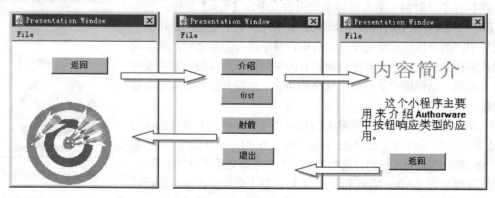

图 4-22   程序运行示意

在第（3）、（4）步中介绍的是在不同程序文件之间重复使用相同程序段的最简单的方法。如果重用的程序段很长，则不宜采用这种方法。此外，你可能已经注意到了在这个例子中响应图标全部使用了【群组】设计图标，这是一个好习惯，但并不是必需的，"退出"响应图标完全可以单独用一个【运算】设计图标来代替。但如果这么做对程序将来可能进行的修改工作是不利的：在此响应分支流程线上不可能再增加另一个响应图标，而且如果你删除了响应图标就等于删除了整个响应分支。在此提供一种补救的办法：选中响应图标，按下 Ctrl+G 快捷键，这个响应图标就被一个【群组】设计图标代替，而原先的响应图标此时存在于该【群组】设计图标之中，接下来你就可以为这条响应分支流程增加或删除反馈信息了。总之，使用【群组】设计图标会为设计带来很大的回旋余地。

 在设计交互作用分支结构时，频繁地打开响应图标属性检查器，以改变响应分支类型和响应类型是一件很麻烦的事，在此提供一种简便的方法：按住 Ctrl 键的同时用鼠标左键单击响应图标上方或下方的分支流程线，就能快速地改变响应分支类型；按住 Ctrl 键的同时用鼠标左键单击响应图标名称的左方，能快速地改变响应状态；按住 Ctrl+Alt 键的同时用鼠标左键双击响应类型标记可以调出【响应类型】对话框，这时可以迅速改变响应类型。

4.5　热　区　响　应

所谓热区（Hot Spot），指的是在【演示】窗口中的一个矩形区域，利用此区域可以得到相应的反馈信息。和按钮响应相比，这种响应类型更容易与背景风格协调一致。

4.5.1　热区响应属性设置

拖动一个【群组】设计图标到【交互作用】设计图标右边释放，在【响应类型】对话框中选择"Hot Spot"响应类型，如图 4-23 所示，用鼠标双击响应类型标记，打开【响应】属性检查器。

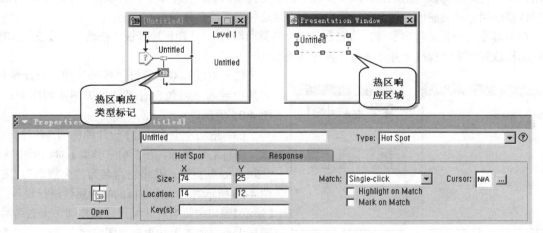

图 4-23　热区响应类型

（1）【响应标题】文本框：这里输入的内容会作为热区响应区域及响应图标的标题。

（2）【Type】下拉列表框：当前的选择是"Hot Spot"类型。

（3）【Hot Spot】选项卡：用于设置响应区域。其中：

● 【Size】文本框：用于设置热区响应区域的大小，其中 X 表示响应区域的宽度，Y 表示响应区域的高度。虽然在【演示】窗口中拖动控制点也可以改变响应区域的大小，但在这里进行的调整更为精确一些。

- 【Location】文本框：用于设置响应区域的位置，其中 X、Y 分别表示响应区域左上角在【演示】窗口中的横、纵坐标。虽然在【演示】窗口中拖动响应区域边框线也可以改变响应区域的位置，但在这里进行的调整更为精确一些。
- 【Key(s)】文本框：用于设置热区响应的等效快捷键。
- 【Match】下拉列表框：用于设置匹配此响应的操作，共有 3 种选择。
  Single-click：用鼠标左键单击热区响应区域就会匹配该响应；
  Double-click：用鼠标左键双击热区响应区域就会匹配该响应；
  Cursor in Area：当鼠标指针移动到热区响应区域内时就能匹配该响应。
- 【Highlight on Match】复选框：打开此复选框则当该热区响应被匹配时，响应区域会高亮显示。
- 【Mark on Match】复选框：打开此复选框则热区响应区域左端中央位置会出现一个匹配标记，如图 4-24(a)所示。当该热区响应被匹配时，匹配标记会被黑色填充，如图 4-24(b)所示。

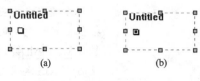

图 4-24　匹配标记

- 【Cursor】选择框：用于选择当此热区响应被匹配时鼠标指针的样式。

（4）【Response】选项卡的内容与 4.4 节中介绍的按钮响应类似，在此不再赘述。值得注意的是，当【Match】属性被设置为 Cursor in Area 时，【Branch】属性不能为 Continue。

4.5.2　现场实践：实现动态提示信息

你是否还记得，在许多 Windows 应用程序中，如果把鼠标指针移动到它们的工具按钮上，会出现一行提示信息（Tools Tips），用于帮助了解该工具的作用，这确实为用户带来很大的方便。在多媒体应用程序中，完全可以应用这种技术来实现一些信息提示功能。在本节中，将制作一个程序：当把鼠标指针移动到一只美丽的小鸟上时，窗口中会出现这种鸟类的名称……

（1）建立一个新的程序文件，将它命名为"鸟类动物园"。从图标选择板中拖动一个【交互作用】设计图标放置到主流程线上并命名为"各种鸟类"。

（2）用鼠标双击打开"各种鸟类"设计图标，向其中导入一幅包含有多种鸟类图案的图像，如图 4-25 所示。

（3）拖动一个【群组】设计图标到"各种鸟类"设计图标右边释放，在【响应类型】对话框中选择"Hot Spot"类型，并将它命名为"火烈鸟"。按照图 4-26 所示对该响应图标的响应属性进行设置：在【演示】窗口中将响应区域尺寸调整到和火烈鸟图案同样大小，位置上和火烈鸟图案完全重合；在【响应】属性检查器的【Hot Spot】选项卡中将匹配此热区响应的操作设置为"Cursor in Area"，将鼠标指针的匹配样式设置为手形；在【Response】选项卡中将【Erase】属性设置为"Before Next Entry"。

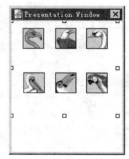

图 4-25　导入鸟类图像

（4）按照上步的方法，向交互作用分支结构中增加"秃鹰"、"天鹅"、"鹈鹕"、"巨嘴鸟"、"鹦鹉" 5 个响应图标，并对它们的响应属性做同样的设置，如图 4-27 所示。这样，在交互作用分支结构中就具有了 6 条分支流程，Authorware 在分支流程数大于 5 个时，会使用一个滚动列表框来容纳响应图标的名称，同时在交互作用分支结构中用省略号来表示还存在有更多的响应分支流程。

在向交互作用分支结构中增加响应图标时，新增响应图标的响应属性会自动按照前一个响应图标的响应属性进行设置。因此在本例中，对后来增加的 5 个响应图标只需做响应区域的调整。

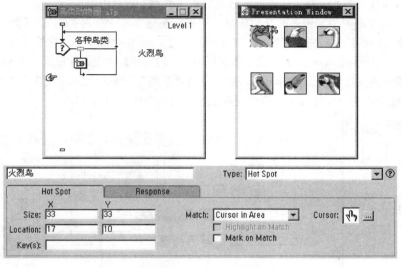

图 4-26　设置热区响应

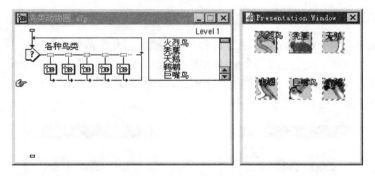

图 4-27　增加多个热区响应

（5）现在来为每种鸟类增加提示信息。打开"火烈鸟"响应图标，向其中增加一个命名为"提示"的【显示】设计图标。按下 Shift 键用鼠标左键双击打开"提示"设计图标：在火烈鸟图案的下方创建一个"火烈鸟"文本对象（鸟类的名称），设置文本对象为黄底黑字，最后再为"提示"设计图标设置一种显示过渡效果，整个过程如图 4-28 所示。

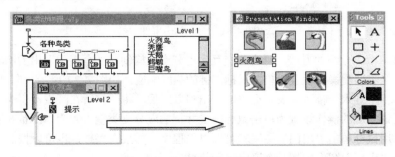

图 4-28　为鸟类增加提示信息

（6）接下来按照上面介绍的方法分别为其余 5 种鸟类创建提示信息，保存程序。然后运行一下，试着将鼠标指针移动到每种鸟类的图案上，鼠标指针会变为手形，并且在鸟类图案的下方出现该鸟类的名称，如图 4-29 所示。由于将响应图标响应属性的【Erase】属性设置为 "Before Next Entry"，所以鼠标指针一旦离开鸟类图案区域，鸟类的名称就会从【演示】窗口中消失。

（7）现在为每种鸟类增加更多的介绍信息：用鼠标左键单击一种鸟类图案，【演示】窗口中会出现关于该鸟类更详细的信息。先为"鹦鹉"增加介绍信息，如图 4-30 所示，向交互作用分支结构中增加一个"介绍"响应图标，将响应类型设置为热区响应，【Erase】响应属性设置为 "After Next Entry"，将匹配此热区响应的操作设置为 "Single-click"，并将"鹦鹉"图案所在区域设置为热区响应区域；向"介绍"响应图标中增加一个【显示】设计图标来容纳对鹦鹉的介绍性文字。

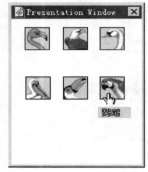

图 4-29　运行结果

图 4-30　增加一种响应方式

（8）接下来按照上面介绍的方法分别为其余 5 种鸟类创建介绍信息，保存程序。再次运行程序，将鼠标指针移动到"鹦鹉"图案上时仍会出现如图 4-29 所示的结果，但此时如果单击鼠标左键，提示信息会消失，取而代之的是一段关于鹦鹉的介绍信息，如图 4-31 所示。一旦鼠标指针移动到其他鸟类图案区域上，介绍信息就会自动消失。

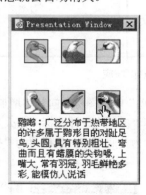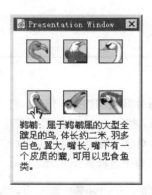

图 4-31　响应单击事件

（9）仿照 4.4 节中介绍的方法，再为此交互作用分支结构创建一个用于退出的响应分支流程，只不过使用的是一个将匹配操作设置为单击鼠标左键的热区响应。如图 4-32 所示，向"各种鸟类"【交互作用】设计图标中导入一幅可以表示退出的"出门"图像，将图案所在区域设定为"退出"热区响应区域，将匹配该响应的操作设置为单击鼠标左键并把响应分支类型设置为 "Exit Interaction"。这样在程序运行时，用鼠标单击"出门"图案就可以退出程序。如果有兴趣，也可以按照为鸟类增加提示信息的方法，为"出门"图像增加一个退出提示信息。

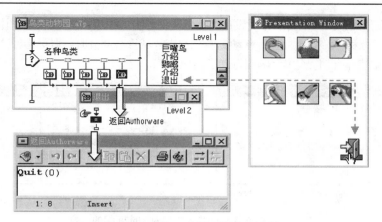

图 4-32 增加一个用于退出的流程

在这里使用了一个形象的图案来表示退出途径，而不是一个 Windows 标准风格的灰色按钮，这样有利于保持整个画面风格的统一。从这个例子中可以看出，想要达到同样的目的，可以采取不同的实现方法，要根据实际情况灵活运用各种交互手段，在以后的学习中尤其要注意这一点，经常动动脑筋，是不是用另一种响应类型也能做到呢？这种响应类型应用到这里是否是最佳选择？另外通过这个例子，也可以了解到对【演示】窗口中的一个矩形区域可以同时设定多种响应：单击此区域可以得到一种反馈结果，双击此区域可以得到另一种反馈结果，只简单地将鼠标指针移动到此区域还可以得到其他的反馈结果。

　　程序已经制作完了，在这里还要补充一点。在这个例子中，不同的热区响应区域在位置上发生了重叠，由于为响应区域重叠在一起的热区响应设定了不同的匹配操作，所以在程序执行时不会发生冲突——鼠标指针移动到此区域时匹配了一个热区响应，在此区域单击鼠标左键则匹配了另一个热区响应。如果这两个热区响应设定了相同的匹配操作，如都设定为 "Cursor in Area"，矛盾就不可避免地产生了：鼠标指针移动到重叠区域时究竟会匹配哪个热区响应呢？这和两个热区响应在交互作用分支结构中的位置直接相关。

　　创建一个如图 4-33 所示的交互作用分支结构，其中 "A" 响应图标的响应类型是一个响应区域为正方形的热区响应，"B" 响应图标的响应类型是一个响应区域为长方形的热区响应，为了在程序运行期间能够清楚地分辨出两个响应区域，特地在【交互作用】设计图标中创建了一个正方形和一个长方形图形对象，它们在位置和大小上与对应的响应区域完全重合。将 "A" 响应图标响应属性中的鼠标指针匹配样式设定为手形，"B" 响应图标响应属性中的鼠标指针匹配样式设定为十字花形。

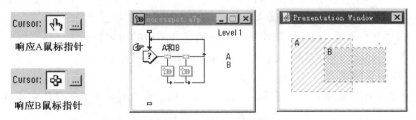

图 4-33 两个响应区域部分发生重叠的热区响应

　　运行此程序，可以看到当鼠标指针移动到两个响应区域重叠部分时，鼠标指针变为手形，如图 4-34(a)所示，这表示此时匹配了 "A" 响应。从流程上分析，这是因为流程线首先到达 "A" 响应，然后沿"A"响应分支直接返回交互作用设计图标。在设计窗口中调换"A"响应图标和"B"响应图标的位置，再次运行程序，当鼠标指针移动到两个响应区域重叠部分时，鼠标指针变为十字花形，如图 4-34(b)所示，这表示此时是"B"响应得到了匹配。

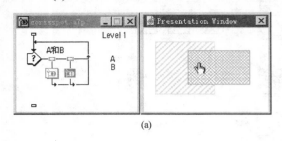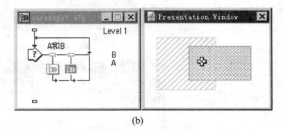

图 4-34　响应图标的排列次序对响应匹配的影响

4.6　热对象响应

4.5 节中介绍的热区响应类型在应用上有两个限制：一是响应区域必须是一个规则的矩形，不能是圆形、三角形或其他复杂的形状；二是响应区域一旦设置完毕就是固定的，在程序运行期间不会根据需要自动进行调整。如果你希望使用任意形状的响应区域来响应用户的操作，就必须使用热对象响应类型。热对象就是屏幕上的特定显示对象，它与普通显示对象的区别就是可以对用户的操作做出反应。由于热对象可以是任意的复杂形状，而且可以在【演示】窗口中移动，所以能够帮助你解决上述两处限制。

4.6.1　热对象响应属性设置

拖动一个【群组】设计图标到【交互作用】设计图标右边释放，在【响应类型】对话框中选择"Hot Object"响应类型，如图 4-35 所示，用鼠标双击响应类型标记，打开【响应】属性检查器。

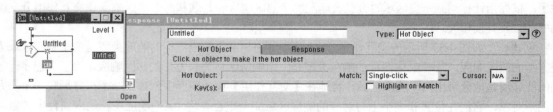

图 4-35　热对象响应类型

（1）【响应标题】文本框：在这里输入的内容将会作为响应图标的名称。

（2）【图标内容预览框】：用于预览作为热对象的设计图标的内容。

（3）【Type】下拉列表框：当前的选择是"Hot Object"响应类型。

（4）【Hot Object】选项卡：

● 提示栏：提示用鼠标单击一个显示对象并将它当做一个热对象（其实是将它所处的设计图标作为一个热对象）。

● 【Hot Object】文本框：显示热对象的名称，如果文本框为空则表示目前尚未指定热对象。

● 【Key(s)】文本框：用于设置热对象响应的等效快捷键。

● 【Match】下拉列表框：用于设置匹配此响应的操作，共有 3 种选择。

　　Single-click：用鼠标左键单击热对象就会匹配该响应；

　　Double-click：用鼠标左键双击热对象就会匹配该响应；

　　Cursor on Object：当鼠标指针移动到热对象上时就能匹配该响应。

● 【Highlight on Match】复选框：打开此复选框则当该热对象响应被匹配时，热对象会高亮显示。

● 【Cursor】选择框：用于选择当此热对象响应被匹配时鼠标指针的样式。

（5）【Response】选项卡的内容与前面介绍过的按钮响应类似，在此不再赘述。值得注意的是，当【Match】属性被设置为 Cursor on Object 时，【Branch】属性不能为 Continue。

4.6.2 现场实践：利用热对象响应鼠标单击

在本节制作一个简单的例子，体验一下热对象的应用。

（1）建立一个新的程序文件，将它命名为"热对象响应"。向程序中添加两个【显示】设计图标，分别用于容纳一幅相片及一个镜框，如图 4-36 所示。将"镜框"图像对象设置为透明覆盖模式，以让后面的相片能显示出来。调整两个图像对象的相对位置，使它们合在一块看起来像一个放了相片的相框。

图 4-36　制作一个相框

（2）向程序中添加如图 4-37 所示的交互作用分支结构。在添加响应图标时选择热对象响应类型。用鼠标双击打开"照片介绍"响应图标【响应】属性检查器后，用鼠标在【演示】窗口中单击照片图像对象，将"老照片"设计图标作为一个热对象，并按照图 4-37 所示对各项响应属性进行设置。然后用同样方法对"镜框介绍"响应图标的各项响应属性进行设置，只不过要将"镜框"设计图标作为热对象。

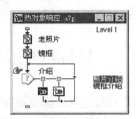

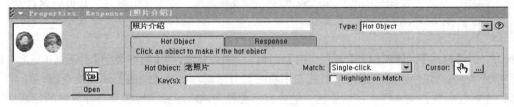

图 4-37　设置热对象响应类型

（3）分别为两个响应图标添加反馈信息，如图 4-38 所示。

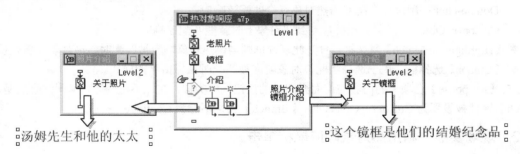

图 4-38　添加反馈信息

（4）运行程序，用鼠标单击镜框上的任一位置处，【演示】窗口中会出现关于镜框的信息，如图 4-39(a)所示；用鼠标单击照片上的任一位置处，【演示】窗口中会出现关于照片的信息，如图 4-39(b)所示；用鼠标单击相框之外的区域则什么也不会发生。这表示这段程序完全掌握了你进行的交互操作，如果在程序中使用的是热区响应类型，则不会达到这样精确的控制效果。

(a)　　　　　　　　　　　　　　　　　　　(b)

图 4-39　程序运行结果

这个例子再简单不过了，但是它很直接地表现出热对象响应类型的优点：一是实现了同不规则区域的交互；二是可以利用显示对象的覆盖模式来改进响应的效果，由于使用了透明覆盖模式，这个例子中的"镜框"热对象实际上相当于一个"中空"的热区响应区域——如果不将"镜框"设置为透明覆盖模式，则"老照片"热对象响应永远也得不到匹配。

4.7　目标区响应

目标区响应类型主要应用于希望用户将特定对象移动到指定区域的交互作用场合。使用目标区响应类型可以制作出许多有趣实用的程序，如拼接一幅图画、将一些零件组装成一套机械设备等。

4.7.1　目标区响应属性设置

拖动一个【群组】设计图标到【交互作用】设计图标右边释放，在【响应类型】对话框中选择"Target Area"响应类型，如图 4-40 所示，用鼠标双击响应类型标记，打开【响应】属性检查器。

（1）【响应标题】文本框：在这里输入的内容将会作为响应图标的标题及目标区域的标题。

（2）【Type】下拉列表框：当前的选择是"Target Area"响应类型。

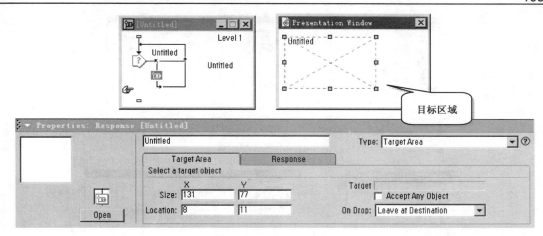

图 4-40　目标区响应类型

（3）【Target Area】选项卡：

● 提示栏：提示你用鼠标单击一个显示对象并将它当做一个用于拖动的目标对象（其实是将显示对象所处的设计图标作为一个目标对象）。

● 【Size】文本框：用于设置目标区域的大小，其中 X 表示目标区域的宽度，Y 表示目标区域的高度。虽然在【演示】窗口中拖动控制点也可以改变目标区域的大小，但在这里进行的调整更为精确一些。

● 【Location】文本框：用于设置目标区域的位置，其中 X、Y 分别表示目标区域左上角在【演示】窗口中的横、纵坐标。虽然在【演示】窗口中拖动目标区域边框线也可以改变目标区域的位置，但在这里进行的调整更为精确一些。

● 【On Drop】下拉列表框：用于设置被拖动到目标区域的对象的最终放置位置，共有 3 种选择。

　Leave at Destination：将对象拖动到目标区域并释放鼠标左键之后，对象停留在被释放处；

　Put Back：将对象拖动到目标区域并释放鼠标左键之后，对象返回原来的位置；

　Snap to Center：将对象拖动到目标区域并释放鼠标左键之后，对象停留在目标区域的中心位置。

● 【Target Object】文本框：显示目标对象的名称，如果文本框为空则表示目前尚未指定目标对象。

● 【Accept Any Object】复选框：打开此复选框则表示此目标区响应的目标区域可以接受任意被拖放进去的对象。

（4）【Response】选项卡的内容与前面介绍过的按钮响应类似，在此不再赘述。

4.7.2　现场实践：看图识字

这是一个"看图识字"的例子：将图像用鼠标拖放到对应的文字上面，如果做错了就重新再来。使用 Authorware 去做这样简单的事情显然是大材小用，但是本节并不打算就事论事地编写一段简单的程序实现上述功能了事，而是把这个例子当做介绍目标区响应类型应用方法的一种最直接的途径，并趁此机会介绍一下如何对用户的操作进行打分，如何使用自定义变量跟踪记录用户的操作。

（1）建立一个新的程序文件，将它命名为"看图识字"。向程序中添加 3 个【显示】设计图标，分别用于容纳一幅海龟图像、一幅白兔图像及一幅鸽子图像，并在【演示】窗口按照图 4-41 所示位置进行摆放。

（2）向主流程线上拖放一个【交互作用】设计图标并将它命名为"识字"。打开"识字"设计图标，在其中创建 3 个表示目标区域的矩形对象，并且添加对应的文字及拼音，如图 4-42 所示。

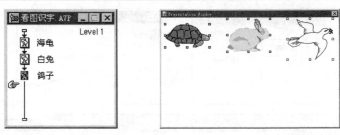

图 4-41　准备 3 幅图像

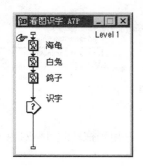

图 4-42　准备与动物对应的文字和拼音

（3）向交互作用分支结构中增加一个响应图标，在【响应类型】对话框中选择"Target Area"类型，并将它命名为"海龟的正确位置"。按照图 4-43 所示对该响应图标的响应属性进行设置：选择"海龟"设计图标作为目标对象，将响应状态设置为"Correct Response"（正确响应），把目标区设置在对应的矩形对象的位置上，再将【On Drop】属性设置为"Snap to Center"，这样，当海龟被拖放到目标区内时，会自动对准目标区中央位置。

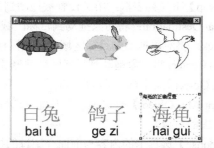

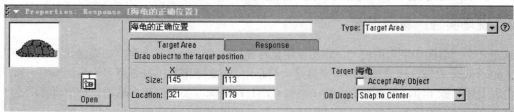

图 4-43　创建一个具有正确响应状态的目标区响应

（4）向交互作用分支结构中增加一个"海龟的错误位置"响应图标，创建一个覆盖整个【演示】窗口的目标区，如图 4-44 所示，同样选择"海龟"设计图标作为目标对象，将响应状态设置为"Wrong Response"（错误响应），再将【On Drop】属性设置为"Put Back"，这样，当海龟被拖放到目标区内时，会自动回到原来的位置。

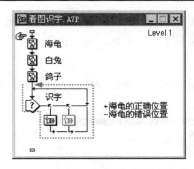
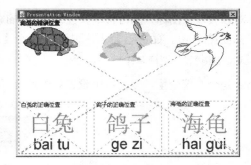

图 4-44 增加一个具有错误响应状态的目标区响应

（5）运行一下程序，试着将海龟拖放到对应的矩形对象上，海龟会停留在那里，将海龟拖放到窗口中其他位置时，海龟会自动回到初始位置上。

 这时你可能会感到奇怪：代表错误目标位置的目标区覆盖了整个【演示】窗口区域，海龟应该是无论被拖放到哪里都会自动回到初始位置。事实上是代表正确目标位置的目标区响应在前，一旦将海龟拖放到正确位置目标区内，则该目标区响应先得到匹配，又因为响应图标的响应分支类型设置为 "Try Again"，所以程序会沿着该分支流程线执行（如图 4-44 中的虚线所示），代表错误目标位置的目标区响应根本就没有机会得到匹配。如果将两个响应图标的位置进行调换，那么无论将海龟拖放到哪里，它都会回到最初的位置上，这是因为代表正确目标位置的目标区被放到了后面，造成了代表错误目标位置的目标区总是先得到匹配（可以再看 4.5 节中最后补充的例子。此时，如果将第一个响应图标的响应分支类型设置为 "Continue"，则第二个响应图标也会被执行，感兴趣的话也可以试一下）。

（6）按照第（3）步和第（4）步中的方法为 "白兔"、"鸽子" 分别建立目标区响应，如图 4-45 所示。完成之后再次运行程序，现在对每种动物都可以进行拖放了。如果你认出了 "鸽子" 两字或是它们的拼音，就可以把鸽子图像拖放到那里；如果你的判断是错的，鸽子图像就会返回原来的地方。

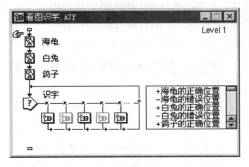
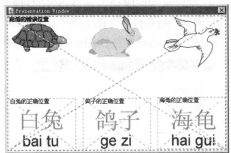

图 4-45 完成交互作用分支结构

（7）在测试程序时，你可能会发现一个问题：当【演示】窗口小于屏幕大小时，用鼠标拖动显示对象时很可能会把它拖到窗口之外，这样它就再也回不来了。最好是能够限制对象被拖动的区域。按下 Ctrl 键双击打开 "海龟" 设计图标属性检查器，在其中将【Positioning】及【Movable】属性都设置为 "In Area"，并为 "海龟" 设定一个移动范围，如图 4-46 所示。这样做了之后，再运行程序时就不会发生对象被拖到窗口之外的事情了。

（8）这个程序现在还有一个问题：当对象停留在正确的位置之后，用鼠标仍然能把它拖离那里，这是不应该发生的。可以采取如下措施避免发生这种情况：当代表正确位置的目标区响应被匹配之后，将对应目标对象（设计图标）的可移动属性设置为 False，即不再允许移动，如图 4-47 所示。向每个代表正确目标位置的响应（【群组】）图标中增加一个【运算】设计图标，其中包含一条语句：

```
Movable@"设计图标名称":=FALSE;
```

Movable 是个系统变量，专门用来设置对象是否可以移动，如果将它赋值为 TRUE，则表示对象可以移动。

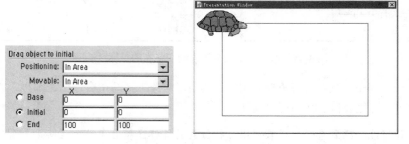

图 4-46   为对象指定移动区域

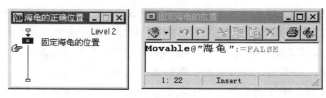

图 4-47   改变设计图标的可移动属性

（9）图 4-45 中所示的交互作用分支结构使用了 6 个响应图标，其实使用 4 个响应图标也能达到同样目的。如图 4-48 所示，保留图 4-45 中代表正确目标区位置的 3 个响应图标，删除代表错误目标区位置的 3 个响应图标，取而代之的是一个设定了【Accept Any Object】属性的响应图标，将其目标区设置为覆盖整个【演示】窗口，【On Drop】属性设置为"Put Back"，响应状态设置为"Wrong Response"。这样一来，任意对象都可以作为该目标区的目标对象，程序的运行结果就同交互作用分支结构被改动之前一样。图 4-48 所示的交互作用分支结构经常用在有为数众多的目标区响应存在的场合，而图 4-45 所示的交互作用分支结构则往往用于希望对用户的交互操作进行详细记录的场合。

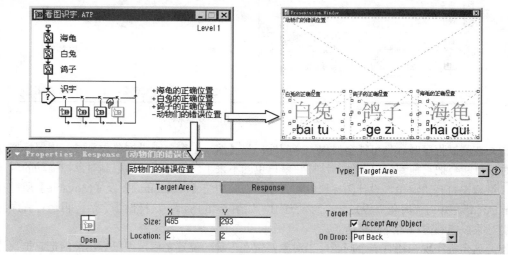

图 4-48   使用可以接受所有对象的目标区响应

（10）在有些时候，用户会希望程序能够对他自己的行为做出评价。这一点在 Authorware 中很容易实现，只需为每一个响应设定一个分数（Score），当用户的操作同该响应匹配时，Authorware 就会为他记上相应的分数，系统变量 TotalScore 中记录的就是用户在整个交互作用过程中得到的总分数。对于图 4-48 所示的交互作用分支结构而言，可以打开"识字"【交互作用】设计图标，向其中添加一个文本对象"您的得分：{TotalScore}"（如图 4-49(a)所示），并在其属性检查器中打开【Display】选项卡中的"Update Displayed Variables"复选框，这样在整个交互作用过程中，Authorware 就会不断地根据用户的操作更新这里的分值。接下来依次为 3 个代表正确目标区位置的目标区响应设定其【Score】为 10, 20, 30，对应于错误目标区位置的目标区响应当然要将其【Score】设定为负数，这里就把它设置为–20。运行程序，可以看到在进行了拖放操作之后，得分情况就自动显示在【演示】窗口中，如图 4-49(b)所示。

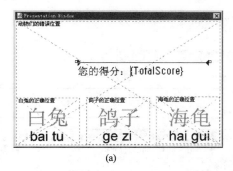
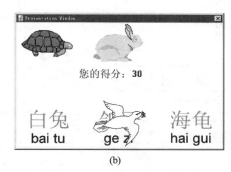

(a)   (b)

图 4-49 记录操作得分情况

（11）Authorware 不仅可以对用户的操作进行打分，而且可以记录用户正确操作或错误操作的次数。系统变量 TotalCorrect 用于记录在交互作用过程中具有正确响应状态的响应被匹配的次数（如果用户的操作匹配了一个具有正确响应状态的响应，则 Authorware 将它视为正确操作），而系统变量 TotalWrong 用于记录在交互过程中具有错误响应状态的响应被匹配的次数（如果用户的操作匹配了一个具有错误响应状态的响应，则 Authorware 将它视为错误操作）。现在就像添加 TotalScore 变量一样把它们添加到"识字"【交互作用】设计图标中，如图 4-50 所示。执行程序，你会发现 Authorware 在对你的操作进行打分的同时，也在记录你做对或做错的次数。

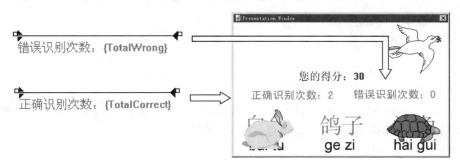

图 4-50 记录用户的操作

（12）AllCorrectMatched 是一个逻辑型的系统变量，当交互作用分支结构中所有具有正确响应状态的响应都被匹配之后，它的值变为 TRUE，否则为 FALSE。在这个例子中可以利用它来判断是否全部动物都被放到了合适的位置上。向交互作用分支结构中增加一个响应图标，将响应类型设置为"Conditional"（条件响应类型），如图 4-51 所示，并将响应条件设置为"AllCorrectMatched"，【Automatic】

属性设置为"When True"，意思是当系统变量 AllCorrectMatched 的值为 TRUE 时，此条件响应立刻得到匹配（关于条件响应类型的详细内容将在 4.9 节进行介绍），再把响应分支设置为"Exit Interaction"，则此条件响应得到匹配后程序就会退出交互作用分支结构。最后再向响应图标中增加一个"再见"【显示】设计图标，其中容纳一个包含了贺词的文本对象，为了使程序在退出交互作用分支结构时留出一定的时间给用户看清楚屏幕上的信息，可以为"识字"设计图标打开【Pause Before Exiting】复选框。运行一下程序，在把所有的动物拖放到正确的位置上之后，【演示】窗口中就会显示一条贺词，单击鼠标左键就会返回 Authorware 主窗口（"返回 Authorware"【运算】设计图标在以前已经介绍过多次，这里就不再重复介绍了）。

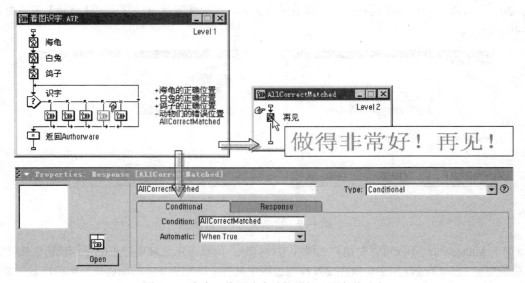

图 4-51　　向交互作用分支结构增加一项条件响应

（13）目前这个程序已经可以记录用户的操作次数和得分情况了，如果想要对用户的操作过程进行更进一步的了解（如用户的具体操作步骤），则需要收集更详尽的用户操作信息，可以利用条件语句和自定义变量来达到这一目的。首先介绍一下 Authorware 中的条件语句，条件语句要求 Authorware 在不同的条件下执行不同的操作，其使用格式为

```
"if 条件 1 then
        操作 1
else
        操作 2
end if "
```

Authorware 在执行条件语句时，首先检查"条件 1"，当"条件 1"成立时，就执行"操作 1"，否则执行"操作 2"；条件语句也可以嵌套使用，其格式为

```
"if 条件 1 then
        操作 1
else if 条件 2 then
        操作 2
  else if 条件 3 then
        …
end if "
```

　　Authorware 在执行上述语句时，首先检查"条件 1"，当"条件 1"成立时，就执行"操作 1"，否则检查"条件 2"；当"条件 2"成立时，就执行"操作 2"，否则……在配合系统变量 ChoiceNumber 使用时，就可以对用户的各种交互操作进行记录，如果用户的操作匹配了第一个响应，则执行"记录操作 1"；如果用户的操作匹配了第三个响应，则执行"记录操作 3"，翻译成程序语句就是

```
"if ChoiceNumber=1 then
         记录操作 1
else if ChoiceNumber=2 then
         记录操作 2
  else if ChoiceNumber=3 then
          …

end if "
```

　　系统变量 ChoiceNumber 包含了当前交互作用中用户最后一次匹配的响应图标序号，使用 ChoiceNumber@"设计图标名称"返回特定交互作用中最后一次被匹配的响应图标序号（响应图标在交互作用分支结构中按由左到右的顺序从 1 开始排号）。有了上述准备知识，就可以开始进行记录用户操作步骤的工作了。首先准备两个自定义变量：string 和 Number，string 用来记录用户进行的操作步骤，Number 用来记录用户操作的次序，按图 4-52 所示设定变量初始值。好了，现在有了程序语句，还有了自定义变量，把它们放到哪里最合适呢？放到【交互作用】设计图标中。本例中每个目标区响应分支类型都是"Try Again"，也就是说，每个目标区响应得到匹配后程序都会返回【交互作用】设计图标，在这里面进行记录是再合适不过了。但是变量和语句都必须放到【运算】设计图标中，所以要有一种方法使本来不能容纳语句和变量的设计图标能够使用它们，Authorware 提供了一条途径，那就是使用附属【运算】设计图标。附属【运算】设计图标是一种特殊的【运算】设计图标，它起到【运算】设计图标的作用但是不能独立存在，必须依附于其他的设计图标。选中一个设计图标，执行 Modify→Icon→Calculation 菜单命令或按下 Ctrl+□ 快捷键，可以为该设计图标创建一个附属【运算】设计图标，然后你就可以在运算窗口中输入语句或变量了。如果为一个设计图标创建了附属【运算】设计图标，则该设计图标的左上角会出现一个"="号，双击"="号（或者按下 Ctrl+□ 快捷键）就可以打开附属【运算】设计图标进行编辑。现在就为"识字"设计图标创建一个附属【运算】设计图标，如图 4-53 所示，并向其中输入如下语句：

```
if ChoiceNumber=1 then
   string:=string^Return^Number^" 正确识别海龟"
 else if ChoiceNumber=2 then
   string:=string^Return^Number^" 正确识别白兔"
   else if ChoiceNumber=3 then
```

图 4-52　定义两个变量

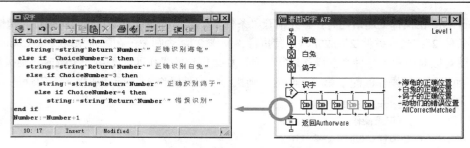

图 4-53　创建附属【运算】设计图标

```
        string:=string^Return^Number^" 正确识别鸽子"
    else if ChoiceNumber=4 then
        string:=string^Return^Number^" 错误识别"
    end if
Number:=Number+1
```

这段程序语句实现的功能就是记录下用户的每一步操作，将它翻译成自然语言就是：如果用户匹配了某一个响应，那么就将步骤序号和操作内容另起一行存入变量 string 中（比如“3 正确识别海龟”），然后将步骤序号加 1 准备记录下一步操作。连接运算符“^”用于将左右两边的字符串连接为一个字符串，语句“string:=string^Return^Number^" 正确识别白兔"”，就是将原先 string 的内容连接上换行符、步骤序号及“正确识别白兔”6 个字，合并成一个新的字符串再赋值给 string。如果在运行程序时，先正确放置了白兔，然后错误放置了海龟随即又进行了纠正，最后正确放置了鸽子，那么 string 的值就是：

> “您刚才进行的操作步骤：
> 1 正确识别白兔
> 2 错误识别
> 3 正确识别海龟
> 4 正确识别鸽子”

现在有了用户操作步骤的记录，可以使它在结束交互作用时显示出来，作为对用户的操作进行进一步评价的依据。打开“AllCorrectMatched”响应图标中的“再见”设计图标，向其中添加一个包含 string 变量的文本对象，如图 4-54 所示。将文本对象设置为滚动显示，因为在交互过程中用户的操作步骤可能会很多。修改完毕之后再次运行程序，按照上面的步骤进行操作，完成之后可以看到你做的所有事情真的被记录下来了（如图 4-54 所示），有得分，有对、错统计，还有操作步骤明细，确实是详细而且全面。要说还有什么缺点，那就是对错误步骤的记录笼统了一些，没有达到对正确步骤的记录那么详细，想要改变这一点，可以利用图 4-45 中的交互作用分支结构。

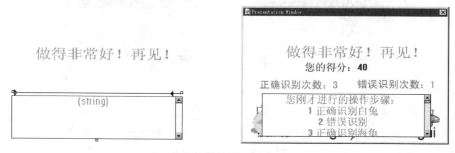

图 4-54　显示记录结果

4.7.3　现场实践：浏览超大图像

所谓超大图像，指的是那些尺寸超过浏览窗口的图像，如果是在一个图像浏览器中想看到超大图像的每一部分，可以利用窗口滚动条，但是 Authorware 并没有提供窗口滚动条，所以要在【演示】窗口中浏览一幅超大图像可不是件简单的事。本节将会告诉你如何利用目标区响应来制作一个超大图像浏览器。如图 4-55 所示，网点区域表示图像大小，实心矩形表示浏览窗口大小，就像一个取景器，用鼠标将取景器在代表图像范围的网点区域内拖动，相应部位的图像就在【演示】窗口中显示出来。

图 4-55　透过取景器浏览图像

（1）在【文件】属性检查器中将【演示】窗口的标题栏和菜单栏取消，使用函数 ResizeWindow(320, 240)将【演示】窗口中大小设置为 320×240，使用函数 SetCursor(6)将鼠标指针设置为手形。

 使用 SetCursor( )函数也是设置鼠标指针样式的常用方法，因为并不是每种响应类型都允许你通过属性检查器设定一种鼠标指针样式的。打开鼠标指针类型设置对话框，可以看到每种鼠标指针样式对应的 SetCursor( )函数。

（2）向程序中导入一幅超大图像，使其左上部分显示在【演示】窗口中；然后制作一个用网点图案填充的矩形对象作为定位框，用来表示图像范围；制作一个实心矩形对象作为取景器，用来表示图像的哪一部分目前显示在【演示】窗口中。如图 4-56 所示，为了减小定位框对浏览图像造成的影响，将它设置为透明覆盖模式，使图像的内容可以从其网点间隙中显露出来。

图 4-56　程序初始化

（3）按照图 4-57(a)所示设置"图像"设计图标和"取景器"设计图标的显示区域。在设计图标属性检查器中将"图像"和"取景器"的【Positioning】属性设置为"In Area"，将"取景器"设置为可以在定位框范围内用鼠标进行拖动（将"取景器"的【Movable】属性设置为"In Area"，而"图像"设计图标并未作此设置，因为不希望在程序打包运行之后用户直接用鼠标拖动图像）。由于图像很大，所以在设置它的显示定位区域时要费些周折。单击属性检查器中的【Base】单选按钮，然后拖动图像，使其左上部分显示在【演示】窗口中，以设定其定位区域的左上角位置，如图 4-57(b)所示；单击属性检查器中的【End】单选按钮，然后拖动图像，使其右下部分显示在【演示】窗口中，以设定其定位区域的右下角位置，如图 4-57(c)所示。

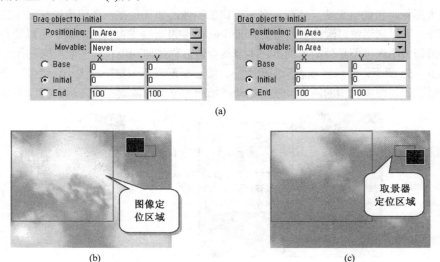

(a)

(b)　　　　　　　　　　　　　　　　　　(c)

图 4-57　设置图像及取景器的显示位置

（4）向程序中增加包含一个目标区响应的交互作用分支结构，如图 4-58 所示。将目标区响应的目标对象设置为"取景器"设计图标，并按照定位框来设置目标区域的大小和位置，将【On Drop】属性设置为"Leave at Destination"。这样做了之后，程序就可以对用户拖动取景器的操作进行响应了。

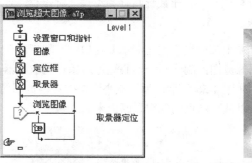

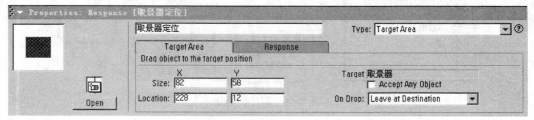

图 4-58　向程序中添加一个交互作用分支结构

（5）程序是按照响应图标中的响应内容对用户的操作进行响应的。双击打开"取景器定位"响应图标，向其中添加如图 4-59 所示的响应内容。向【运算】设计图标中添加两个赋值语句：

```
GraphicX:=PositionX@"取景器"
GraphicY:=PositionY@"取景器"
```

图 4-59　对图像进行移动控制

　　其中，GraphicX、GraphicY 是两个自定义变量，用于记录图像将要前往的目标位置的横、纵坐标；PositionX、PositionY 是两个系统变量，和设计图标名称联用可以取得该设计图标在显示定位区域中的横、纵坐标。这两条语句的作用是把"取景器"当前在其显示区域中的位置记录在 GraphicX 和 GraphicY 变量中。"移动图像"设计图标用于移动"图像"，从图 4-59 中显示的【移动】设计图标属性检查器中可以看出，移动方式为"Direct to Grid"，可以仿照设置"图像"显示定位区域的方法来为它设置移动定位区域，再把目的位置坐标设定为 GraphicX, GraphicY。

　　这样做的目的是当"取景器"的位置发生变化后，图像会做出相应的移动。

　　在图 4-59 显示的运算窗口中有两行注释，那是为了帮助你理解和记忆程序语句的含义。加了注释之后，不论何时打开这个运算窗口，你都会很快地了解其中程序语句的具体含义。注释必须书写在一行程序语句的末尾或是另起一行书写，而且在注释正文前必须加上两个连字符（--）。

　　（6）现在这段程序就算完成了。单击【运行】命令按钮，试着拖动取景器，可以看到图像也在随之移动（如图 4-60 所示），这样就实现了对超大图像各部分的浏览。

图 4-60　拖动取景器浏览图像

　　这是一个简短的 Authorware 程序，所用的设计图标总数不到 10 个，但这段小程序并不简单，最重要的是实现它所用的思路，开辟一种途径来建立取景器和图像在位置上的联系，而这种途径可以是多种多样的，不一定非要采用目标区响应。

4.8　下拉式菜单响应

　　默认情况下，【演示】窗口菜单栏上只有一个【File】菜单组，该菜单组中只有一个用于退出程序的"Quit"菜单选项。使用下拉式菜单响应，可以为【演示】窗口菜单栏增加菜单组和新的菜单选项。

4.8.1　下拉式菜单响应属性设置

拖动一个【群组】设计图标到【交互作用】设计图标右边释放，在【响应类型】对话框中选择
"Pull-Down Menu"响应类型，这时如果运行程序，就可以在【演示】窗口菜单栏中看到多出了一个
"Untitled"菜单组（此时【交互作用】设计图标名称会作为菜单组名称，而响应图标名称会作为菜单
组中选项的名称），如图 4-61 所示。如果【演示】窗口中没有出现菜单栏，可以在【文件】属性检查
器中打开【Menu Bar】复选框。用鼠标在设计窗口中双击下拉式菜单响应类型标记，打开【响应】属
性检查器（如图 4-62 所示）。

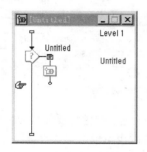 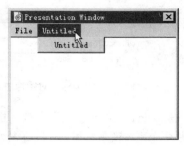

图 4-61　下拉式菜单响应

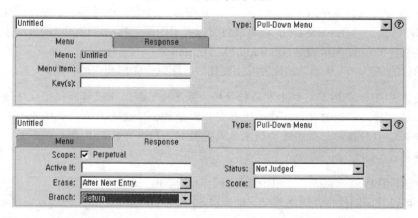

图 4-62　下拉式菜单响应属性检查器中的【Menu】选项卡和【Response】选项卡

（1）响应标题文本框：在这里输入的内容将会作为响应图标的标题。

（2）【Type】下拉列表框：当前的选择是"Pull-Down Menu"响应类型。

（3）【Menu】选项卡：

- 【Menu】文本框，显示当前菜单选项所处的菜单组。

- 【Menu Item】文本框，若此文本框的内容为空，则 Authorware 将响应图标的标题作为菜单项
  的标题。如果在该文本框内输入字符串或字符型表达式，则表达式的计算结果就取代原有菜
  单项的标题。可以使用一些特殊符号来控制菜单项的显示。如果要加入一条分隔线，可以在
  这里输入""（-""；如果想将菜单选项中某个字母设置为快捷键，并为该字母加上下画线，则
  可在该字母前输入一个"&"字符；如果想显示出"&"字符本身，则需要输入"&&"。

- 【Key(s)】文本框，用来设置菜单选项的等效快捷键。如果要使用 Ctrl 键和其他键的组合，比
  如 Ctrl+A，可以输入"CtrlA"或者仅输入"A"字母；如果要使用 Alt 键和其他键的组合，
  比如 Alt+A，可以输入"AltA"。

（4）【Response】选项卡的选项与其他响应类型的选项是相同的。在这里重点介绍一下【Scope】属性的作用。大多数情况下，在程序运行过程中菜单应自始至终起作用，所以要为下拉式菜单响应打开【Perpetual】复选框，这样菜单将永久保留在【演示】窗口中（除非你有意用【擦除】设计图标将它擦除），用户可以随时执行菜单命令；打开【Perpetual】复选框之后，在【Branch】下拉列表框中会出现一个新的"Return"选项，如果为响应设置了"Return"分支类型，则用户在程序运行期间无论何时匹配了该响应，程序都会从流程线上的当前位置跳转去执行响应图标，执行完毕后，程序会返回到流程线上跳转之前的位置继续向下执行（如果你以前使用过汇编语言，就会明白这个过程类似于中断响应过程）。图 4-61 中设计窗口内响应分支流程线的样式就是设置了"Return"分支类型的结果，它并没有使用箭头来指示流程走向，因为它可以指向程序的任何地方。

4.8.2　现场实践：使用菜单执行命令

这个例子用于示范如何使用菜单执行命令，附带介绍一下在 Authorware 中如何使用函数在【演示】窗口中绘图。

（1）创建如图 4-63 所示的交互作用分支结构，对于"L&INE"菜单项，设置 Ctrl+L 为其等效快捷键，对"&BOX&&CIRCLE"菜单项，设置 Ctrl + B 为其等效快捷键（图中仅显示出"L&INE"菜单项的属性设置作为示意），在"L&INE"和"&BOX& &CIRCLE"菜单项与"清除"菜单项之间设计一个分隔线。这里选用【运算】设计图标作为响应图标来容纳将要执行的程序语句，并将所有响应图标的【Erase】属性设置为【Don't Erase】。

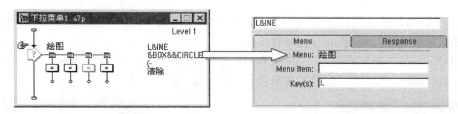

图 4-63　设计自定义菜单

（2）运行程序，可以看到自定义的"绘图"菜单出现在【演示】窗口的菜单栏中，如图 4-64 所示，"&"字符使其后的字母以下画线样式显示。接下来为每个菜单项赋予一个动作，如图 4-65 所示。其中 Line(5, 50, 50, 200, 200)函数用于在【演示】窗口中从坐标(50, 50)到坐标(200, 200)画一条 5 像素宽的直线，Box(1, 50, 50, 200, 200)函数是从坐标(50, 50)到坐标(200, 200)画一个边框为 1 像素宽的矩形，Circle(1, 50, 50, 200, 200)函数是从坐标(50, 50)到坐标(200, 200)画一个边框为 1 像素宽的圆形（【演示】窗口用户区左上角为坐标原点(0, 0)，在此介绍一下 3 个系统函数的语法：Line(pensize, x1, y1, x2, y2)用来从(x1, y1)点向(x2, y2)点以线宽 pensize 画一条直线，Box(pensize, x1, y1, x2, y2)用来画一个矩形，Circle(pensize, x1, y1, x2, y2)用来画一个圆形，

图 4-64　显示自定义菜单

逗号用来分隔参数），EraseAll( )函数用来清除【演示】窗口中的所有对象。

（3）运行程序，试着选择不同的菜单选项，可以看到赋予它们的命令得到了执行。选择"LINE"选项（或按下 Ctrl+L 快捷键），在【演示】窗口中画出一条直线；选择"BOX&CIRCLE"选项（或按下 Ctrl+B 快捷键）则画出一个矩形和一个圆形（如图 4-66 所示）；选择"清除"选项会清除【演示】

窗口中所画的图形；令人遗憾的是，Authorware 默认的 "File" 菜单组始终和自定义的中文菜单显示在一起，造成整体上的不协调，可以使用下面的方法将它从菜单栏中去掉。

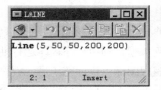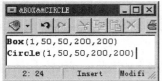

图 4-65　为菜单选项赋予命令

图 4-66　执行菜单命令

（4）如图 4-67(a)所示，为程序增加一个命名为 "File" 的菜单组（其中随意定义一个菜单选项），由于和系统菜单组重名，所以在运行程序时此菜单组会取代系统 "File" 菜单组，然后再创建一个【擦除】设计图标，将擦除对象设置为 "File" 菜单组（在菜单栏上用鼠标单击 "File" 菜单组即可）。完成之后再次运行程序，可以看到菜单栏中只剩下自定义的 "绘图" 菜单组（如图 4-67(b)所示）。

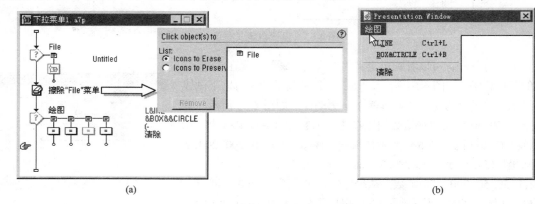

(a)　　　　　　　　　　　　　　　　　　　　　(b)

图 4-67　擦除 "File" 系统菜单组

4.8.3　现场实践：使用变量控制菜单状态

在使用 Authorware 的过程中，你可能已经发现有许多菜单选项的状态可以在 "禁用" 和 "可用" 之间来回变换。这个例子中将向你介绍如何使用变量来控制菜单的状态。

首先看一下如图 4-68 所示的程序结构。在程序中使用了一个自定义逻辑变量 Move，在 "初始化" 设计图标中将它赋值为 FALSE，并将它作为 "圆球" 沿路径循环移动的条件，因此在程序开始运行时圆球是静止不动的。

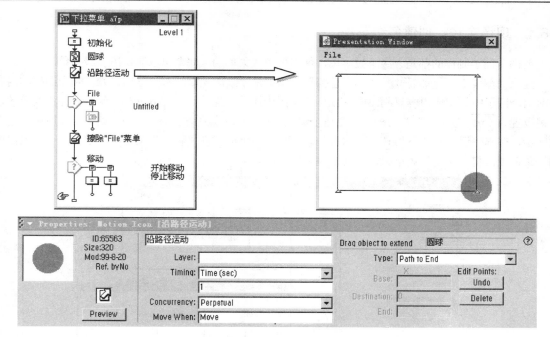

图 4-68　程序结构图

接下来看一下"移动"菜单组的设置。将"开始移动"菜单选项按图 4-69 进行属性设置，关键是【Active If】属性设置为"Move=FALSE"，这不是一个赋值表达式，而是一个条件表达式，这个表达式在 Move 的值等于 FALSE 时返回 TRUE，否则返回 FALSE。这样进行设置的意义是：在 Move 的值为 FALSE 时，此菜单选项可用，而 Move 的值为 TRUE 时，此菜单项禁用。在对应的响应图标中输入一条程序语句"Move:=TRUE"，意思是选择了该菜单项后就将变量 Move 赋值为 TRUE。"停止移动"菜单项的属性设置与"开始移动"菜单项类似，只是将其【Active If】属性设置为"Move=TRUE"，而对应的响应图标中的程序语句为"Move:=FALSE"。

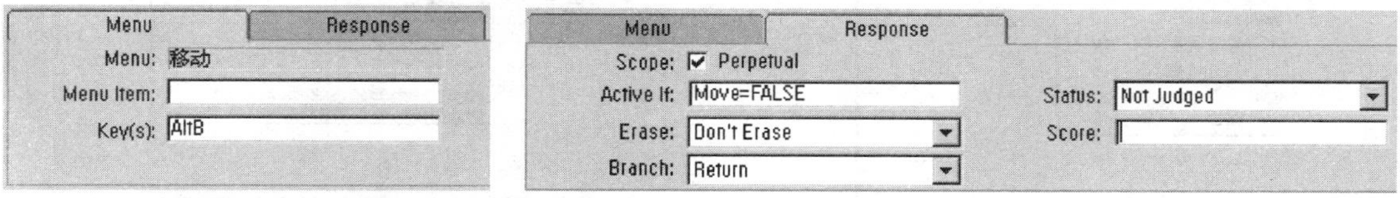

图 4-69　菜单选项属性设置

现在运行程序，由于一开始变量 Move 被赋值为 FALSE，所以"开始移动"菜单选项是可用的，而"停止移动"菜单选项被禁用。一旦选择了"开始移动"菜单选项，Move 被赋值为 TRUE，圆球便开始循环移动，并且"停止移动"菜单选项转变为可用，而"开始移动"菜单选项被禁用，如图 4-70 所示。这个程序其实是利用下拉式菜单响应实现了一个功能转换开关，这种功能转换在多媒体应用程序中使用相当广泛，比如作为一个声音开关控制。

图 4-70　改变菜单项的状态

4.8.4　现场实践：创建多级菜单

前两个例子制作的都是一级下拉菜单，使用下拉式菜单响应完全可以制作出多级菜单。

建立如图 4-71 所示的程序，"程序总控"菜单组中"绘图控制"和"移动控制"响应图标的内容由前两个例子中的相应内容复制而成，"退出"响应图标的内容是一个"quit(0)"函数，并将其等效快捷键设置为 Ctrl+Q（有必要为程序恢复这个退出手段，因为擦除了系统"File"菜单组，所以不这么做的话，在程序运行时按下 Ctrl+Q 快捷键就不能退出程序）。在"移动"菜单组中增加一个"退出控制"菜单项，将"移动"菜单组作为其擦除对象。

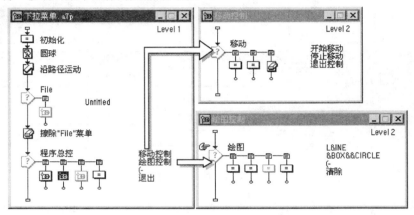

图 4-71　建立多级菜单

现在来看一下程序的运行结果。如图 4-72 所示，选择"程序总控"菜单组中的"移动控制"或"绘图控制"菜单选项时，在【演示】窗口菜单栏中出现下一级菜单组（如图 4-72(b)所示），选择"移动"菜单组中的"退出控制"菜单选项，会将"移动"菜单组从菜单栏中擦除（如图 4-72(c)所示），这就实现了一个菜单组的动态添加与删除。

(a)

(b)

(c)

图 4-72　程序运行结果

4.9　条 件 响 应

条件响应类型与前面介绍的几种响应类型有所不同，这种响应一般情况下不直接通过用户的操作来进行匹配，而根据所设置的条件是否被满足来进行匹配。条件被满足是指作为条件的逻辑变量或表达式的返回值为 TRUE，如果响应条件不能被满足，则该响应就得不到匹配。

本书曾在 4.7.2 节的例子中使用过一次条件响应，作为全部做对之后退出交互作用分支结构的手段，如图 4-73 所示，条件响应类型以 "=" 号作为标记。本节就以此例，介绍一下条件响应类型。在设计窗口中双击条件响应类型标记，打开【响应】属性检查器。

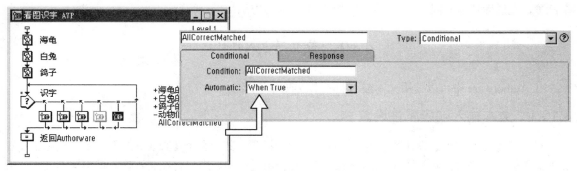

图 4-73　条件响应类型

（1）【响应标题】文本框：在【Condition】文本框中输入的内容会在这里显示出来并作为响应图标的名称显示在设计窗口中。

（2）【Type】下拉列表框：当前的选择是 "Conditional" 响应类型。

（3）【Conditional】选项卡

● 【Condition】文本框：用于输入逻辑型变量或表达式，作为匹配此响应的条件。在这里要注意，你可以输入任意的变量或表达式，Authorware 按照自己的规则来将它们进行处理。

　　* 数值 0 被作为 FALSE 处理，而任意非 0 的数值都被作为 TRUE 处理。

　　* 字符串 "TRUE"、"T"、"YES" 和 "ON" 被作为 TRUE 处理，而其他任意字符串都被作为 FALSE 处理。

　　* 字符 "&" 代表逻辑符号 "AND"，作为 "并且" 解释，也就是说，表达式 "A&B&C" 在 A、B 和 C 均为 TRUE 时，其返回值才是 TRUE，而在 A、B 或 C 中任何一个为 FALSE 时，其返回值就为 FALSE。

　　* 字符 "|" 代表逻辑符号 "OR"，作为 "或者" 解释，也就是说，表达式 "A|B|C" 在 A、B 或 C 中任何一个为 TRUE 时，其返回值就为 TRUE，而当 A、B 和 C 均为 FALSE 时，其返回值才为 FALSE。

● 【Automatic】下拉列表框：用于设置 Authorware 如何自动匹配条件响应，其中有 3 种选择：

　　Off：Authorware 只在执行到此响应图标时才判断响应条件是否被满足，满足则执行此响应图标。在图 4-73 中所示的交互作用分支结构中，如果将条件响应图标的【Automatic】属性设置为 Off，则只有在将其他所有响应图标的分支类型均设置为 Continue 之后，条件响应才有机会得到匹配。

　　When True：在整个交互作用过程中，Authorware 将不断监视响应条件的变化，一旦响应条件被满足，就执行该响应图标的内容，正如 4.7.2 节例子中表现出来的那样。如果在整个交互作用过程中某条件响应图标的响应条件始终是满足的（并且该分支类型没有设置为 "Exit Interaction"），Authorware 会重复不停地匹配该条件响应，如果你希望 Authorware 能够匹配其他响应或退出当前的交互作用分支结构，只有设法使其响应条件值变为 FALSE。

　　On False to True：在交互作用过程中，如果响应条件的值由 "FALSE" 变为 "TRUE"，Authorware 会自动匹配该响应。

（4）【Response】选项卡中的选项已经介绍过多次，这里不再赘述。需要注意的一点是，由于条件响应本身就是对特定的条件做出反应，因此条件响应的【Active if】属性不起作用。

条件响应类型往往是与其他响应类型结合使用的（当然它也可以单独使用），本节就不为它单独举例了，在以后各节的例子中将结合具体情况对其应用方法加以介绍。

4.10 文本输入响应

在 Authorware 中可以使用文本输入响应来接收用户的输入。

4.10.1 文本输入响应属性设置

在介绍【交互作用】设计图标属性检查器时曾经提到，其中有个【Text field】命令按钮用于设置文本输入框（也称文本输入区域）的属性。在交互作用过程中，用户将在文本输入框中输入文本，所以在介绍文本输入响应类型之前，先对文本输入框做一介绍。

拖动一个【群组】设计图标到【交互作用】设计图标右边释放，在【响应类型】对话框中选择"Text Entry"响应类型。按下 Ctrl 键用鼠标双击【交互作用】设计图标，打开属性检查器，在其中单击【Text field】命令按钮，打开【文本输入框】属性对话框，同时【演示】窗口中会出现一个被控制点包围着的文本输入框，如图 4-74 所示。

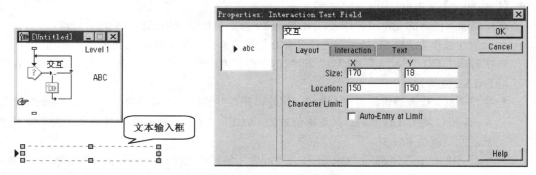

图 4-74　【文本输入框】属性对话框：【Layout】选项卡

（1）【Layout】选项卡

- 【Size】文本框：用于设置文本输入框的大小。用鼠标拖动控制点也可以改变文本输入框的大小，但在这里进行设置会更精确。
- 【Location】文本框：用于精确设置文本输入框的位置。用鼠标拖动控制点也可以调整文本输入框的位置，但在这里进行设置会更精确。
- 【Character Limit】文本框：用于设置用户在文本输入框中最多可输入多少个字符。如果用户输入的字符个数多于这里的设置，多余的字符将被 Authorware 忽略。另外，文本输入框的大小也限制了可输入的字符数目，如果在【Character Limit】文本框中未作设置，用户可以一直输入下去，直到文本输入框被填满。
- 【Auto-Entry at Limit】复选框：在默认情况下，Authorware 要求用户使用 Enter 键来结束文本输入，如果打开了此复选框，则当用户输入的字符个数达到【Character Limit】文本框中设置的数值时，Authorware 会自动结束用户的输入而无须用户按下 Enter 键。

（2）【Interaction】选项卡（如图 4-75(a)所示）

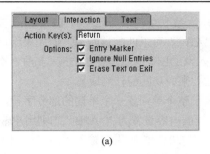 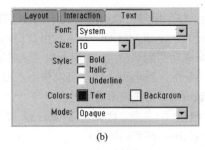

(a)　　　　　　　　　　　　　(b)

图 4-75　【文本输入框】属性对话框：【Interaction】及【Text】选项卡

● 【Action Key(s)】文本框：设置用于结束输入的功能键，默认的功能键为 Enter 。可以在这里设
置一个或多个功能键，如可以输入 "Enter|Tab"，将 Enter 键和 Tab 键都设置为功能键。
● 【Options】复选框组，有 3 个复选框：
【Entry Marker】复选框：打开此复选框，在文本输入框左边显示一个三角形的文本输入起始标记。
【Ignore Null Entries】复选框：打开此复选框，Authorware 不允许输入为空。
【Erase Text on Exit】复选框：打开此复选框，当程序退出交互作用分支结构时会自动擦除用户
输入的文本；如果关闭了此复选框，用户输入的文本会保留在【演示】窗口中，除非创建一个
【擦除】设计图标来用它擦除。

（3）【Text】选项卡（如图 4-75(b)所示）
● 【Font】下拉列表框：用于设置输入文本的字体。
● 【Size】下拉列表框：用于设置输入文本的字号。
● 【Style】复选框组：用于设置输入文本的风格。
● 【Colors】颜色框组：用于设置输入文本的前景色和背景色。
● 【Mode】下拉列表框：用于设置输入文本的覆盖显示模式，其中提供了 "Opaque"、
"Transparent"、"Inverse" 和 "Erase" 4 种选择。

现在来看一下文本输入响应的属性设置。双击文本输入响应类型标记，打开【响应】属性检查器，
如图 4-76 所示。

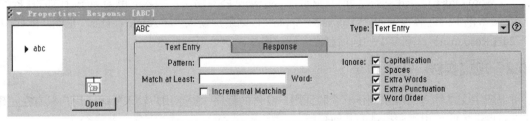

图 4-76　文本输入响应属性检查器

（1）【Text Entry】选项卡
● 【Pattern】文本框：在此可以输入单词、句子或字符型表达式，而这些内容正是用户用来匹配
该响应需要输入的文本，比如图 4-76 中显示出用户只要在交互时输入 "abc" 就可匹配该响应。
如果【Pattern】文本框的内容为空，那么 Authorware 将响应图标的名称作为匹配文本使用。
在这里要注意以下几点：
＊ 要设置多种文本来匹配该响应，可以在各个文本之间用符号 "|" 分隔，用户的输入只要和
其中一个相匹配即可。比如将【Pattern】文本框的内容设置为 ""ABC|CDE""，则用户输入
"ABC" 或者 "CDE" 都可以匹配该响应。

* 使用"#"字符可以将匹配文本和交互作用次数联系起来,比如将【Pattern】文本框的内容设置为""ABC|#6CDE""表示用户输入"ABC"可以匹配该响应,但如果用户在前 5 次都没有成功匹配该响应,在第 6 次尝试时输入"CDE",也能匹配该响应(在前 5 次输入"CDE"是不行的,当然每一次都可以使用"ABC"来成功匹配该响应)。

* Authorware 允许使用通配符,字符"*"表示整个单词或一个单词的部分字符,字符"?"表示任意一个字符。比如将【Pattern】文本框的内容设置为""A*B"",则用户输入"ACB","ADFGB"都能匹配此响应;如果设置为""A?B"",则用户输入"ACB","ADB"都能匹配此响应。单独使用""*"",则匹配文本可以是任意单词。单独使用""?"",则匹配文本可以是任意一个字符。如果希望将字符"*"或"?"作为匹配文本的一部分,必须在它们前面使用字符"\"。比如希望用户输入"A*B?"来匹配此响应,需要将【Pattern】文本框的内容设置为""A*B\?""。

* 用户不一定要将每一个单词都准确输入,这取决于下面的设置。

● 【Match at Least】文本框:设置用户至少准确输入多少单词才能匹配该响应。比如将【Pattern】文本框的内容设置为""This is an Apple."",而在这里将数值设置为"2",则用户输入""is an"",""an is"",""This Apple""等就可以匹配此响应。

● 【Incremental Matching】复选框:如果【Pattern】文本框中包含了一个以上的单词,打开此复选框后,用户输入文本时可以得到多次重试的机会。比如,【Pattern】文本框的内容设置为""This is"",则用户在进行交互作用时可以先输入"This",此时响应并未得到匹配,但用户仍有机会输入"is"来匹配此响应。

● 【Ignore】复选框组:用于设置用户输入文本时哪些因素可以忽略。
【Capitalization】复选框:打开此复选框,Authorware 不区分大小写字母。比如【Pattern】文本框的内容设置为""ABC""时,用户输入"ABC"和"abc"都可以匹配此响应。
【Spaces】复选框:打开此复选框,Authorware 将忽略用户输入的空格。
【Extra Words】复选框:打开此复选框,Authorware 将忽略用户输入的多余单词。
【Extra Punctuation】复选框:打开此复选框,Authorware 将忽略用户输入的多余标点符号。
【Word Order】复选框:打开此复选框,Authorware 将忽略用户输入的单词顺序。比如将【Pattern】文本框中的内容设置为""This is an Apple"",则用户输入"an Apple is This"也能匹配此响应。

(2)【Response】选项卡中的选项已经介绍过多次,这里不再赘述。

4.10.2 现场实践:输入口令

可以应用文本输入响应来制作一个验证用户身份的程序:提示用户输入密码,用户只有在正确输入密码之后,才能使用程序提供的其他功能。

(1)建立如图 4-77 所示的交互作用分支结构。在"身份验证"【交互作用】设计图标中设计一幅输入界面,将文本输入框调整到合适大小;将用于响应正确输入的"ABC1-23"响应图标(因为密码是"ABC123")的分支类型设置为"Exit Interaction",这样用户输入了正确密码之后,程序将返回主流程线上继续向下执行;用于响应错误输入的"*"响应图标的分支类型设置为"Try Again",注意此时两个响应图标在交互作用分支结构中的前后次序不能错,如果将它们的前后次序颠倒,则用户的输入无论是正确还是错误,"*"文本输入响应总会得到匹配,因为"*"可以匹配任意单词。

(2)由于密码往往要求被精确匹配,所以对"ABC123"响应图标进行如图 4-78 所示的设置,根据这种设置,用户必须精确输入"ABC123"才能匹配此响应。

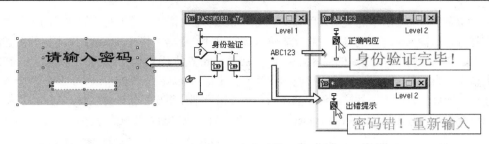

图 4-77　程序结构示意

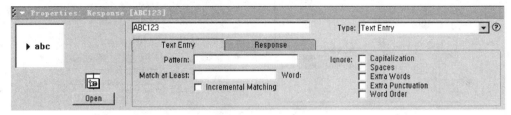

图 4-78　设置文本匹配方式

（3）运行程序，试着输入错误的密码，则程序会提示你重新进行输入；输入正确的密码，则程序会提示身份验证通过，如图 4-79 所示。如果你不想让别人看到密码的输入过程，可以在【文本输入框】属性对话框中将文字颜色和背景色设置为同一种颜色，这样你输入的密码一个字也不会被别人看到。

图 4-79　程序运行结果

4.10.3　现场实践：算算看

文本输入响应除了用于接收用户输入的字符之外，还可以用于接收用户输入的数字。

（1）建立一个新的程序文件，在流程线上放置两个如图 4-80 所示的设计图标，在"设定变量"【运算】设计图标中有 3 个自定义变量：NUM1 和 NUM2 用于存放加数和被加数，SUM 用于存放用户输入的答案。系统函数 Random(min, max, units)用于返回一个其值介于 min（最小值）到 max（最大值）之间的随机数，并且任意两个随机数相差 units 的整数倍，程序语句"NUM1:=Random(10, 99, 1)"和"NUM2:=Random(10, 99, 1)"的作用是将 NUM1 和 NUM2 设置为 10～99 之间的两个随机整数。在"显示题目"设计图标中创建一个文本对象，将 NUM1 和 NUM2 嵌入其中，这样在程序运行时，一个两位数的加法算术题就会出现在【演示】窗口中。

图 4-80　随机出题

（2）建立如图 4-81 所示的交互作用分支结构，将文本输入框的位置调整到加法式的等号之后，以使用户在等号之后输入计算出的答案；在文本输入响应属性检查器中将【Pattern】文本框的内容设置为 "*--输入答案"，连字符 "--" 之后的内容为注释（Authorware 在进行文本匹配时不理会注释），在此将响应分支类型设置为 "Continue"，目的是接收用户输入后要将结果送交条件响应进行判断；两个条件响应用于判断用户计算结果的正误并控制程序的流向；结果错误则让用户重新计算（Try Again），结果正确则立刻退出交互作用分支结构（Exit Interaction）。那么如何将用户输入的数值保存到 SUM 中去？

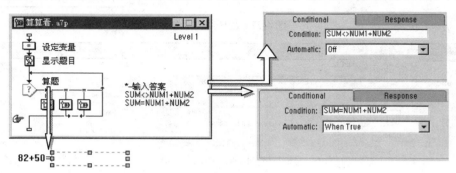

图 4-81　建立交互作用分支结构

（3）如图 4-82 所示，在 "*--输入答案" 响应图标中添加一个【运算】设计图标，向其中输入赋值表达式：SUM:=NumEntry。系统变量 NumEntry 中保存了用户在文本输入框中输入的数值。此表达式的作用是将用户算出的答案保存在自定义变量 SUM 中，留待以后同标准答案进行比较；接下来按照图 4-82 所示为两个条件响应图标添加响应内容，在【等待】设计图标属性检查器中将结束等待状态的方式设置为单击鼠标及敲击键盘上任意键。

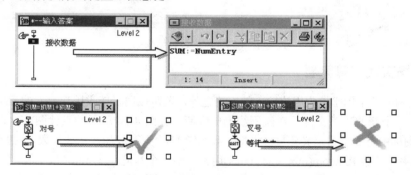

图 4-82　设置对用户的响应

（4）运行程序，在等号之后输入你算出的答案并按下 Enter 键，如果错误，则屏幕上会显示一个红叉，再按任意键之后可以重新再算；正确则屏幕上会显示出一个对号，如图 4-83 所示。由于是随机出题，所以每次运行此程序出现在【演示】窗口中的题目都不相同。

系统变量 NumEntry 用于保存用户在文本输入框中输入的数值，另一个在应用文本输入响应时常用的系统变量是 EntryText，它用于保存用户在文本输入框中输入的字符串。

(a)　　　　　　　　　　　　　　　(b)

图 4-83　程序运行结果

4.11　按　键　响　应

按键响应是 Authorware 提供的又一种交互手段，用户可以使用键盘同多媒体应用程序进行交互，如使用↑、↓、←、→键移动对象，按下字母键进行选择等。文本输入响应也是利用键盘进行交互，但与按键响应相比它更注重的是用户输入的内容。

4.11.1　按键响应属性设置

拖动一个【群组】设计图标到【交互作用】设计图标右边释放，在【响应类型】对话框中选择"Keypress"响应类型，如图 4-84 所示，用鼠标双击按键响应类型标记，打开【响应】属性检查器。

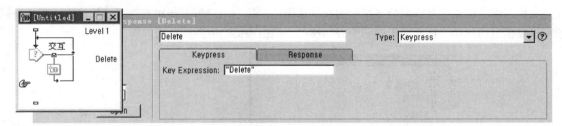

图 4-84　按键响应属性设置

（1）【响应标题】文本框：在这里输入的内容将会作为响应图标的标题。

（2）【Type】下拉列表框：当前的选择是"Keypress"响应类型。

（3）【Keypress】选项卡

● 【Key(s)Expression】文本框：设置用于匹配此响应的键盘按键或组合键名称，可以使用字符串或表达式。如果此文本框的内容为空，那么 Authorware 将响应图标的标题作为匹配键的名称使用。这里有以下几点注意事项：

* 按键响应严格区分字母的大小写，如果想让按键响应对"h"和"H"都能做出响应，你需要在这里输入""h|H""。

* 若要将功能键作为按键响应的匹配键，可以在这里输入功能键的名称如""Return""、""F10""等，要了解更多的功能键名称请见表 4-2。

* 可以将 Alt、Ctrl、Shift 与其他键搭配使用来构成组合键，比如输入""CtrlA""则表示指定了 Ctrl+A 为匹配键。

* 在这里输入""?""，用户按下任意键都可以匹配此响应；如果要将字符"?"作为按键响应的匹配键，可以在这里输入""\?""。

 注意：与文本输入响应不同，字符"*"在按键响应中仅作为普通按键使用，而不会起到通配符的作用。

（4）【Response】选项卡中的选项已经介绍过多次，这里不再赘述。

4.11.2　现场实践：移动棋子

此例是运用按键响应，使用户可以利用上、下、左、右方向键在棋盘中移动一枚棋子，而且每次按键都是只能将棋子移动一格，当棋子移动到棋盘边界之后就不再继续向外移动。

（1）建立一个新的程序文件，使用直线工具和圆形工具制作一个棋盘和一只棋子，如图 4-85 所示。

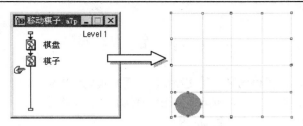

图 4-85   棋盘与棋子

（2）构造如图 4-86 所示的交互作用分支结构，其中设置 4 个分支类型为"Continue"的按键响应，每个响应的【Key(s)】属性设置为空，用于响应用户按下不同的方向键；条件响应的匹配条件设置为"TRUE"，其【Automatic】属性设置为"Off"，所以在前面的按键响应图标执行完毕后，该条件响应总是又被匹配。这个交互作用分支结构的设计意图是：每当用户按下一次方向键，条件响应图标将棋子在棋盘范围内移动一格，至于向哪个方向移动，则由按键响应图标决定。

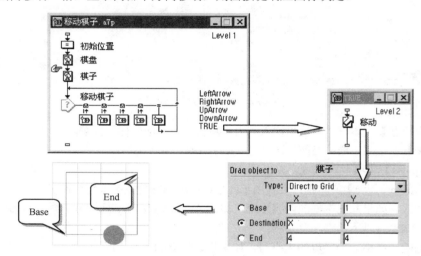

图 4-86   控制棋子的移动

（3）现在看一下"TRUE"条件响应图标的内容：其中是一个【移动】设计图标，将"棋子"作为移动对象，移动方式设置为"Direct to Grid"，按照图 4-86 所示对移动范围进行设置，将【Concurrency】属性设置为"Concurrent"，【Beyond Range】属性设置为"Stop at Ends"。经过这样的设置，棋子就被限定为只能在棋盘范围之内进行移动；目的位置坐标设置为(X, Y)，X 和 Y 是自定义变量，用于保存棋子将要移往的位置，在程序开始处使用了一个"初始位置"设计图标，将 X 和 Y 的初始值都设定为 1。

（4）剩下的工作就是确定 X 和 Y 的值。从"移动"设计图标的设置可以看出：如果要将棋子右（左）移一格，只需将 X 的值加 1（−1）即可；如果要将棋子上（下）移一格，只需将 Y 的值加 1（−1）即可。这很容易通过对应的按键响应图标来实现，以"LeftArrow"按键响应图标为例来说明：在"LeftArrow"响应图标中有一个【运算】设计图标，其中有一条赋值语句"X:=X−1"，意思是将变量 X 减去 1 之后得到的值再保存回变量 X 中去，以此作为"LeftArrow"按键响应图标的内容，就实现了用户按下一次 ← 键，X 的值就减少 1，再将此值传给"移动"设计图标，就可以将棋子左移 1 格。但是这里有个问题：当棋子位于棋盘最左边一列时，用户按下 ← 键后棋子不应该再向左移动，所以在这里将"LeftArrow"响应图标的【Active If】属性设置为"X>=2"，这样，当棋子已经位于棋盘最左边一列时（此时 X=1），程序就不会响应按下 ← 键的操作了。仿照上面的做法，将"RightArrow"响应图标的内容设置为将 X

加 1，【Active If】属性设置为"X<=3"；"UpArrow"响应图标的内容设置为将 Y 加 1，【Active If】属性设置为"Y<=3"；"DownArrow"响应图标的内容设置为将 Y 减 1，【Active If】属性设置为"Y>=2"。

（5）至此程序制作完毕。运行程序，试着按下不同的方向键，看看程序是否做出预计的反应。

 在这个例子的交互作用分支结构中，条件响应图标的分支类型设置为"Try Again"，如果将它改设为"Continue"同样能达到目的。这是一个典型的顺序处理型交互作用分支结构：在一个响应得到匹配之后，程序并不立刻流回交互作用入口，而是在响应图标之间顺序执行下去看是否还有得到匹配的响应。

 在这个例子中，条件响应图标的【Automatic】属性不能设置为"When True"，一旦这么做了，由于条件响应的匹配条件恒为 TRUE，所以该响应不断被重复匹配，而其他按键响应根本得不到匹配。

4.12　重试限制响应

重试限制响应类型通常用于限制用户尝试次数的场合，它必须与其他类型的响应结合使用。

在 4.10.2 节中曾经介绍过一个验证用户口令的程序，在那个例子中，用户可以进行无数次尝试，直到输入正确的口令为止。如果希望改变这种情况，可以利用重试限制响应来限制用户的输入次数。

向该例子中加入一个重试限制响应，如图 4-87 所示，在其【响应】属性检查器中将【Maximum Tries】（最大重试次数）属性设置为 3，也就是说用户最多有 3 次机会输入口令，如果 3 次均不成功，则执行"三次机会"响应图标中的内容。按照图 4-87 所示对"三次机会"响应图标内容进行设置：首先进行警告，3 秒后退出程序。

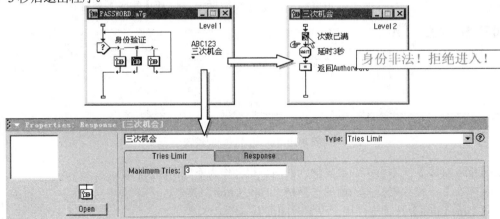

图 4-87　设置最大重试次数

可以对用户提示还剩有多少次机会，按照图 4-88 所示在"出错提示"设计图标中添加一个文本对象，其中嵌入一个表达式：{3-Tries}。系统变量 Tries 中保存了用户已经进行过的尝试次数，用 3 减去 Tries 就得出用户所剩的机会。

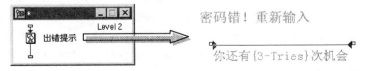

图 4-88　计算所剩重试次数

运行程序,程序运行结果如图 4-89 所示。可以看出当输入错误口令时,程序会提示所剩重试次数,如果 3 次都输入错误,程序会自动终止。

图 4-89 程序运行结果

 在图 4-87 所示交互作用分支结构中,"ABC123"响应图标和"三次机会"响应图标的顺序不能颠倒,否则在第 3 次重试时即使你正确输入了口令,程序仍然向你提示"身份非法!拒绝进入!"并自动终止。

4.13 时间限制响应

如果希望 Authorware 在经过一段时间后自动执行某个响应图标的内容,可以将该响应图标的响应类型设置为时间限制响应类型。

4.13.1 时间限制响应属性设置

拖动一个【群组】设计图标到【交互作用】设计图标右边释放,在【响应类型】对话框中选择"Time Limit"响应类型,如图 4-90 所示,用鼠标双击响应类型标记,打开【响应】属性检查器。

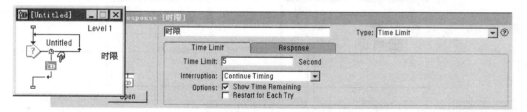

图 4-90 时间限制响应设置

(1)【响应标题】文本框:在这里输入的内容将会作为响应图标的标题。

(2)【Type】下拉列表框:当前的选择是"Time Limit"类型。

(3)【Time Limit】选项卡:用于设置时间限制属性。

● 【Time Limit】文本框:输入限制时间,单位为秒。

● 【Interruption】下拉列表框:用于在交互作用过程中,当用户跳转到其他操作时,Authorware如何关闭时间限制响应。

Continue Timing:在执行另一个永久性交互作用时继续计时,这也是 Authorware 的默认选项。

Pause, Resume on Return:当 Authorware 跳转去执行一个永久性交互作用时,时间限制响应暂停计时;当 Authorware 返回后,时间限制响应恢复计时。

Pause, Restart on Return:当 Authorware 跳转去执行一个永久性交互作用时,时间限制响应暂停计时;当 Authorware 返回后,时间限制响应重新计时,即使在跳转发生前记录的时间已经超过了设置的时间值。

Pause, Restart If　Runing：此选项的作用与"Pause, Restart on Return"类似，不同之处是只有当跳转发生前记录的时间没有超过设置的时间值时，时间限制响应才重新计时。

（4）【Options】复选框组

● 【Show Time Remaining】复选框：打开此复选框，【演示】窗口中会出现一个倒计时钟，用于显示已用和剩余的时间；只有在【Time Limit】文本框中输入时间值后，此复选框才处于可用状态。

● 【Restart for Each Try】复选框：打开此复选框，则用户在该交互作用分支结构中每匹配一个响应后，时间限制响应将重新计时。

4.13.2　现场实践：控制交互作用的持续时间

仍以"输入口令"程序为例，这一次将使用时间限制响应来对用户输入口令的时间进行限制，超过时限用户仍未输入正确的口令，则程序自动终止。

向该例中加入一个时间限制响应，如图 4-91 所示，在【响应】属性检查器中将【Time Limit】设置为 10 秒，并且在【演示】窗口中显示倒计时钟。将"限制十秒"响应图标的内容设置为使用 Quit(0) 函数退出程序。

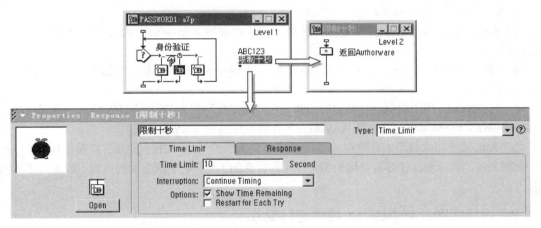

图 4-91　设置时间限制响应

打开【交互作用】设计图标，调整倒计时钟的位置，如图 4-92(a)所示，然后运行程序，可以看到在【演示】窗口中有一个小钟正在倒计时，提示用户剩余的时间，如果在限制时间内用户不能输入正确口令，程序自动终止运行。如果你不想使用倒计时钟，也可以使用系统变量 TimeRemaining 来显示剩余的时间。

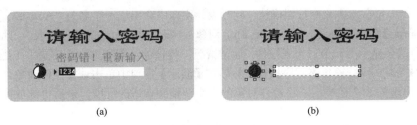

(a)　　　　　　　　　　　(b)

图 4-92　显示倒计时钟

4.14　事 件 响 应

事件响应类型主要用于对 Xtra 对象（如 ActiveX 控制）发送的事件进行响应，所以在使用事件响应之前必须对 Xtra 有所了解。

4.14.1　什么是 Xtra

Authorware 提供了一个弹性的多媒体创作环境，可以为 Authorware 添加它本来不具有的功能，这种能力扩展就是通过使用 Xtra 获得的。

Macromedia 为 Authorware 提供了一些 Xtra，比如在【过渡效果】对话框中见到的各种 Xtra，但更多的 Xtra 是一些独立开发者提供的，Authorware 中共有 5 种类型的 Xtra，现将它们简单介绍如下。

（1）Transition Xtras：用来制作特殊的显示效果或擦除效果，关于它们的使用在本书第 2 章中曾经有过详细说明。

（2）Sprite Xtras：为你的多媒体应用程序界面增加各种功能组件，例如使用 QuickDRAW 3D Xtra 来显示可供缩放、旋转的 3D 对象，依靠 Macromedia Control Xtra for ActiveX，你可以利用大量的 ActiveX 控件——比如 Flash 动画、交互式图表、弹出菜单等。

（3）Scripting Xtras：提供大量定制的函数，可以像使用 Authorware 内置的系统函数一样来使用它们。

（4）MIX, service, viewer Xtras：实现了大多数 Authroware 的核心功能，它们中有许多已经在安装 Authorware 时提供给你，以便你在今后的开发中使用。

（5）Tool Xtras：用于提供一些特定的功能。它们通常显示在 Authroware 的 "Xtra" 菜单组中，比如 Convert WAV to SWA Xtra 用来将.WAV 格式的声音文件转换为.SWA 格式。

这些 Xtra 通常以文件形式存放在 Authorware 文件夹中的 Xtras 文件夹里面。如果你有兴趣也可以自己编制 Xtra。编制 Xtra 需要有熟练的编程技术和特殊的工具，关于这方面的内容已经超出了本书的范围。

4.14.2　现场实践：与 ActiveX 控件进行交互

关于在 Authorware 中使用 ActiveX 控件的内容将在第 15 章中进行详细介绍，这里只是借用一个日历型 ActiveX 控件来介绍如何使用事件响应。

（1）执行 Insert→Control→ActiveX 菜单命令，在弹出的 ActiveX 控件选择对话框中选择 "Calendar 控件 9.0"，如图 4-93 所示，这是一个日历控件。

（2）单击【OK】命令按钮后，出现另一个 ActiveX 控件属性对话框，如图 4-94 所示，保持所有默认设置不变，单击【OK】命令按钮确认，此时设计窗口中会出现一个名为 "AcitveX…" 的【Sprite】设计图标（【Sprite】设计图标是一个 Sprite Xtra 对象），将它重新命名为 "日历表"。此时运行程序，【演示】窗口中就会显示出一个日历表控件，通常情况下控件的位置和大小都需要手工进行调整。调整方法是：按下 Ctrl+P 快捷键暂停程序执行，然后在【演示】窗口中单击选择控件对象，通过鼠标拖动控件对象四周出现的 8 个控制点，将控件对象的大小调整到合适的程度，最后再拖放控件对象到合适的位置。

（3）向程序中添加如图 4-95 所示的交互作用分支结构，双击事件响应类型标记打开事件响应属性检查器，对事件响应属性进行设置。

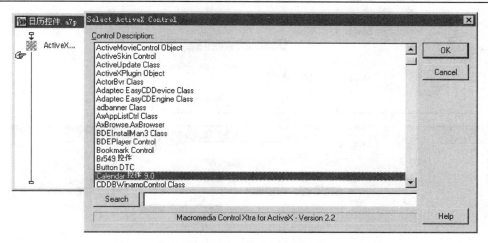

图 4-93　ActiveX 控件选择对话框 1

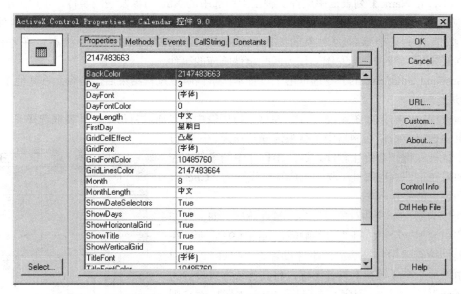

图 4-94　ActiveX 控件属性对话框 2

- 【Type】属性当前选择为"Event"。
- 在【Sender】列表框中选择一个事件源对象。事件源对象是指能够发送事件的 Xtra 对象，有两类 Xtra 对象可以发送事件：Sprite Xtra 对象和使用 Scripting Xtra 创建的 Xtra 对象。如果事件源对象是 Sprite Xtra 对象，在【Sender】列表框中就以"Icon【Sprite】设计图标名称"的形式列出来，在本例中是"Icon 日历表"；如果事件源对象是一个由 Scripting Xtra 创建的 Xtra 对象，在【Sender】列表框中就以"Xtra 设计图标名称"（这里是指用于创建该 Xtra 对象的设计图标）的形式列出来。在【Sender】列表框中可以进行以下操作：单击某个事件源对象，使它加亮显示，同时它能够发送的事件就在下面的事件列表框中显示出来；双击某个事件源对象，使它选中，同时在对象前显示一个"×"标记，再次双击该对象就会撤销其选中状态；按下 Alt 键的同时双击鼠标左键，选中列表中的所有对象，再次进行此操作会撤销所有对象的选中状态。

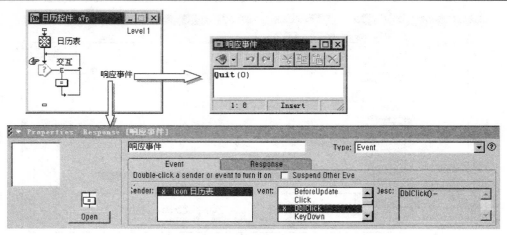

图 4-95　事件响应设置

- 在【Event Name】列表框中选择一种由当前选中的 Xtra 对象发送的事件，可以采取上面介绍的方法在这里选中一种或多种事件，选中一个事件的同时也就自动选中了对应的事件源对象，而撤销选中某个事件源对象的同时也就撤销了其所有事件的选中状态。在本例中选择"DblClick"（双击鼠标左键）作为匹配事件响应的事件。

- 【Suspend Other Events】复选框用于设置本次事件响应过程结束后，是否允许其他事件响应继续进行响应。

（4）运行程序，结果如图 4-96 所示。在这个日历表中可以通过月份下拉列表框选择月份，在年份下拉列表框中选择年份，在网格中单击来选择某一天……在日历表中双击鼠标左键则会终止程序，这是由程序中的事件响应决定的，如果在事件响应属性中将被响应事件设置为"Click"，则单击日历表也能终止程序。

（5）可以为同一个控件对象设置多个事件响应。向交互作用分支结构中增加一个"Click"事件响应，如图 4-97 所示，在事件响应属性检查器中将被响应的事件设置为"Click"，并向响应图标中增加一个【等待】设计图标，将其等待方式设置为"Show Button"。再次运行程序，在日历表中单击鼠标键，则"Click"事件响应得到匹配，在日历表下方会显示出"Continue"按钮。

图 4-96　同日历表控件进行交互

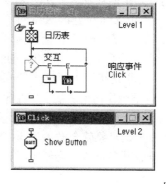

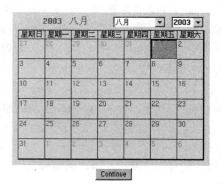

图 4-97　响应单击事件

同一操作可以触发多个事件，例如双击操作（双击实际上是两次连续的单击）会先后触发 Click 和 DblClick 事件，而单击操作有可能会先后触发 NewMonth 和 Click 事件（当你在当前网格中单击灰色的非本月日期时）。现在如果在日历表中双击鼠标左键，则是"Click"事件响应得到匹配，这是因为当第一次单击事件发生时"Click"事件响应就被激活，由它来全权处理此次事件，DblClick 事件则没有机会得到处理（与"响应事件"设计图标在交互作用分支结构中所处的位置无关）。如果在"Click"事件响应属性检查器中打开【Suspend Other Events】复选框，情况就会大为不同：在"Click"事件响应执行完毕后，Authorware 会继续检查待匹配的事件，当发现 DblClick 事件尚未被处理时，"响应事件"响应就被激活，然后终止程序。如果向图 4-97 所示的交互作用分支结构中添加一个响应 NewMonth 事件的事件响应，情况也会一样：打开该事件响应属性检查器中的【Suspend Other Events】复选框，然后运行程序，在日期网格中单击非本月日期，Authorware 在处理完 NewMonth 事件之后，会继续对 Click 事件进行响应。

4.15　永久性响应

当一个响应被设置为永久性响应后，在整个程序运行过程中可以随时被匹配。永久性响应被匹配时，程序会自动跳转到该响应所在的交互作用分支结构中，去执行相应的响应图标。

4.15.1　何时使用永久性响应

使用永久性响应后，程序流程变得复杂，但是得到的好处也是巨大的：交互控制对象在整个程序运行过程中随时可用（最常见的有联机帮助按钮、声音控制开关或是下拉式菜单等），摆脱了只能在某个交互作用分支结构中起作用的局限性。

当 Authorware 在执行程序时遇到一个永久性响应，会先将它激活，使其处于随时待命状态，然后继续向下执行，而不是停在那里等待用户进行某种操作（如按键响应）或是等待某种条件被满足（如普通条件响应），如图 4-98 所示，流程线直接穿过【交互作用】设计图标。

如果交互作用分支结构中存在非永久性响应，流程线并不直接穿过【交互作用】设计图标，如图 4-99 所示，此时只有"退出"按钮被单击后，"其他内容"设计图标及以后的其他设计图标才能得到执行，而"文件"菜单和"帮助"按钮仍然留在【演示】窗口中，可以随时使用。用户在以后的程序运行过程中，无论何时单击"帮助"按钮或执行"文件→保存"菜单命令，程序都会从流程线上的当前位置处跳转去执行对应的响应图标；又因为它们的响应分支类型被设置为"Return"，响应图标执行完毕后，程序会返回到流程线上跳转之前的位置继续向下执行，而不是再次等待用户单击"退出"按钮。

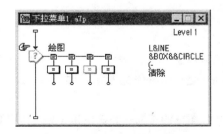

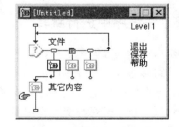

图 4-98　仅包含永久性响应的交互作用分支结构　　　图 4-99　包含非永久性响应的交互作用分支结构

当程序中存在相似的永久性响应和非永久性响应时（如多个对同一条件进行监视的条件响应，或者占据同一屏幕区域的热区响应，其中既有永久性响应，也有非永久性响应），如果它们处于不同交互作用分支结构中，永久性响应的优先级要高于非永久性响应。如图 4-100(a)所示，永久性条件响应

"MouseDown–1"（响应标题中的注释信息对响应没有影响）和非永久性条件响应"MouseDown–2"同时监视鼠标左键是否被按下，当用户按下鼠标左键时，响应"MouseDown–1"会首先得到匹配。图 4-100(b)是两个占据同一屏幕区域且同时监视鼠标单击操作的热区响应，当用户单击鼠标左键时，永久性热区响应"热区–1"将得到匹配。

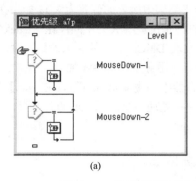
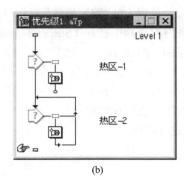

(a)   (b)

图 4-100　位于不同交互作用分支结构中的永久性响应与非永久性响应

　　如果相似的永久性响应和非永久性响应处于同一交互作用分支结构中，则程序的响应过程视不同的响应类型而有所区别。如图 4-101(a)所示，无论永久性条件响应"MouseDown–1"的位置如何，它都会首先对用户按下鼠标左键的操作进行响应，而在图 4-101(b)中，非永久性热区响应"热区–2"会对用户单击热区的操作进行响应，如果将永久性响应"热区–1"调整至左侧，则由它对用户单击热区的操作进行响应。

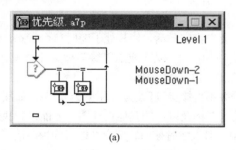
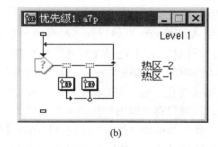

(a)   (b)

图 4-101　位于同一交互作用分支结构中的永久性响应与非永久性响应

　　永久性响应被匹配后，用户能够得到相应的反馈信息，至于何时擦除反馈信息及响应完成之后流程的走向由对应的响应图标的相关属性决定。

4.15.2　在程序中进行跳转

　　在永久性响应被匹配之后，程序执行的路线由两个因素决定。

　　（1）跳转方向：程序是向前跳转、向后跳转还是在同一交互作用分支结构中跳转。

　　（2）永久性响应对应的响应分支类型。

　　是否擦除反馈信息与交互作用显示信息由其对应的响应图标的【擦除】属性和【交互作用】设计图标的【擦除】属性决定。

1.　向后跳转

　　为了便于综合分析和比较，将程序发生向后跳转时的执行路线及反馈信息的擦除情况列于表 4-3（插图中突出显示的响应图标为永久性响应图标）。

2．向前跳转

向前跳转通常发生在循环使用的结构中，如图 4-102 所示，在用户单击"Continue"之前，可以随时单击"永久性响应"按钮向前跳转。Authorware 将永久性响应对应的响应图标执行完毕后，程序的执行路线及反馈信息的擦除情况与对应响应图标的相关属性有关。

表 4-3　向后跳转时的程序执行路线和反馈信息的擦除

响应分支类型		程序执行情况	示　意　图
Return	跳转	Authorware 直接跳转到与永久性响应对应的响应图标中，对当前【演示】窗口中显示的内容不予擦除	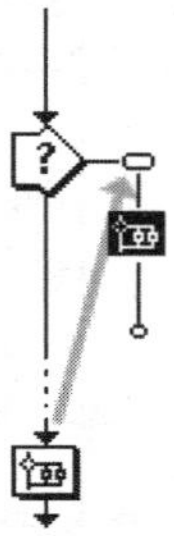
	退出	Authorware 将永久性响应对应的响应图标执行完毕后，直接返回流程线上跳转之前的位置并继续向下执行。在该响应图标的擦除属性设置为"Don't Erase"时，Authorware 保留反馈信息，否则将反馈信息全部擦除。由于没有通过【交互作用】设计图标，所以交互作用显示信息不会出现	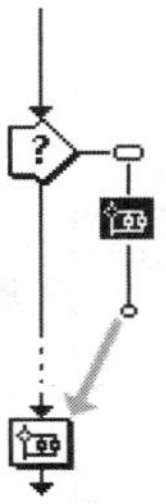
Exit Interaction	跳转	Authorware 直接跳转到与永久性响应对应的响应图标中，从跳转起点到该响应图标之间的所有设计图标的内容都将从【演示】窗口中擦除	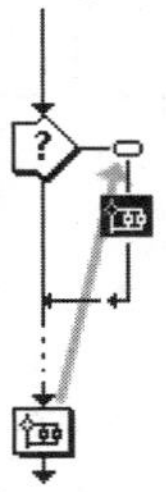
	退出	Authorware 将永久性响应对应的响应图标执行完毕后，将沿响应分支流程线回到主流程线上并向下执行。在该响应图标的擦除属性设置为"Don't Erase"时，Authorware 保留反馈信息，否则将反馈信息全部擦除。由于没有通过【交互作用】设计图标，所以交互作用显示信息不会出现，但是【交互作用】设计图标中关于退出前暂停的设置仍然有效	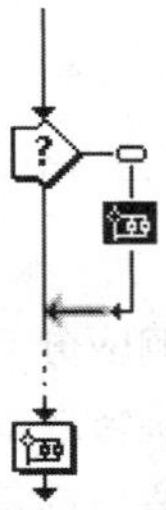
Try Again	跳转	Authorware 直接跳转到与永久性响应对应的响应图标中。从跳转起点到该响应图标之间的所有设计图标的内容都将从【演示】窗口中擦除	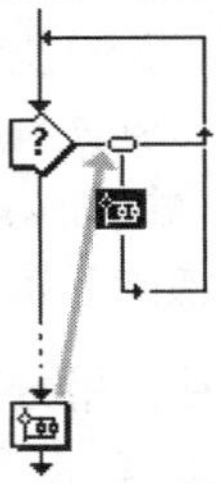

（续表）

响应分支类型		程序执行情况	示　意　图
Try Again	退出	Authorware 将永久性响应对应的响应图标执行完毕后，将沿响应分支流程线回到主流程线上并跳过【交互作用】设计图标向下执行，根据该响应图标的擦除属性设置决定是否擦除反馈信息；如果交互作用分支结构中还存在非永久性响应，则程序等待用户匹配其他响应，并按照正常途径退出交互作用分支结构	
Continue	跳转	Authorware 直接跳转到与永久性响应对应的响应图标中，从跳转起点到该响应图标之间的所有设计图标的内容都将从【演示】窗口中擦除	
	退出	Authorware 将永久性响应对应的响应图标执行完毕后，将沿响应分支流程线回到主流程线上并跳过【交互作用】设计图标向下执行，根据该响应图标的擦除属性设置决定是否擦除反馈信息；如果交互作用分支结构中还存在非永久性响应，则程序等待用户匹配其他响应，并按照正常途径退出交互作用分支结构	

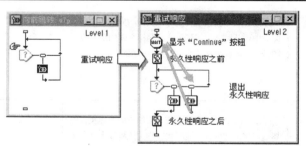

图 4-102　向前跳转

（1）如果响应分支类型为“Return”，Authorware 将永久性响应对应的响应图标执行完毕后，直接返回流程线上跳转之前的位置并继续向下执行。在该响应图标的擦除属性设置为“Don't Erase”时，Authorware 保留反馈信息，否则将反馈信息全部擦除。

（2）如果响应分支类型为其他类型，程序的执行路线及反馈信息的擦除情况与向后跳转时相似，但是从跳转起点到该响应图标之间的所有设计图标都得不到执行。

（3）如果 Authorware 跳转时处在一个交互作用分支结构中，则在那里得到的反馈信息会被擦除，除非该处的【擦除】属性设置为“Don't Erase”。

3. 在交互作用分支结构之内跳转

如图 4-103 所示，可以利用永久性响应从位于同一交互作用分支结构中的“A”响应图标中跳转

去执行 "B" 响应图标。Authorware 在跳转时，首先要查看 "A" 响应图标的【擦除】属性设置，如果设置为 "Don't Erase" 或 "On Exit"，Authorware 才将【演示】窗口中的 "A" 响应图标的反馈信息保留；如果设置为其他选项，Authorware 会将 "A" 响应图标显示在【演示】窗口中的反馈信息擦除。在 "B" 响应图标的内容执行完后，程序的执行路线及反馈信息的擦除情况与 "B" 的响应分支类型及其【擦除】属性设置有关，具体情况可以参考前面的分析。

4．使用 GoTo 函数任意跳转

使用 GoTo 函数也是实现跳转的常用方法，虽然 GoTo 函数和永久性响应并无直接关系，但是由于本节主要介绍在程序中进行跳转的方法，所以在此一并予以介绍。

使用 GoTo(IconID@"Icontitle")函数可以在程序内实现任意方向的跳转，如图 4-104 所示，在 "跳转指令"【运算】设计图标中使用一条 "GoTo(IconID@"A")" 语句跳转到 "A" 设计图标中并向下执行。如果 Authorware 跳转时处在一个交互作用分支结构中，则反馈信息的擦除由相应响应图标的【擦除】属性设置决定。

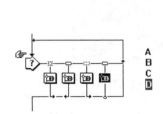

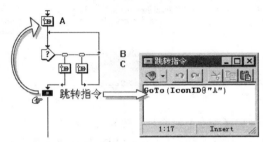

图 4-103　在交互作用分支结构内跳转图　　　图 4-104　使用 GoTo 函数实现跳转

4.15.3　永久性响应的关闭

当不再需要永久性响应时，可以将其关闭。关闭永久性响应主要有两种方法。

（1）利用响应图标的【Active If】属性。这种方法适用于所有的永久性响应，具体方法是：使用逻辑型变量控制【Active If】属性的值，在允许使用此永久性响应时，将变量赋值为 "TRUE"，永久性响应被激活；如果将变量赋值为 "FALSE"，则此永久性响应就不能被匹配。反复改变【Active If】属性的值，就可以使永久性响应的状态在 "可用" 和 "禁用" 之间来回切换。

（2）利用【擦除】设计图标擦除永久性响应对应的交互控制对象。比如用【擦除】设计图标擦除设置为永久性响应的 "帮助" 按钮或 "退出" 菜单等，这样一来，这些永久性响应就不再会被用户操作所匹配。但是你不能使用这种方法来关闭一个永久性热区响应，因为热区不是一个显示对象。可以采取第 1 种方法关闭永久性热区响应。

4.16　美化交互作用界面

在多媒体应用程序中，使用一些系统默认的设置（如灰色的按钮、菜单栏等）往往会使精心设计的画面看起来不是很协调。在基本掌握了各种交互响应的使用方法之后，就可以进一步为自己的程序定制外形更加美观的交互控制对象。通常采取的方法有自定义按钮、自定义鼠标指针和使用热对象响应等，本节主要介绍如何使用自定义按钮来美化交互作用界面。

　　在 4.4 节中曾经介绍过使用【按钮设置】对话框来选择一种合适的按钮样式（参阅图 4-17），使用该对话框，还可以向程序中添加自定义按钮。

　　在【按钮设置】对话框中，有一个【Add】命令按钮，按下该命令按钮，会出现按钮编辑对话框（如图 4-105 所示）。使用按钮编辑对话框，可以添加一种新的按钮类型或对已有的按钮类型进行编辑。现将其使用方法介绍如下。

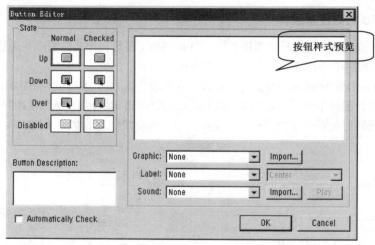

图 4-105　按钮编辑对话框

　　（1）【State】组合框：设置按钮状态。按钮状态分为 4 类共 8 种。4 类是指：Up（弹起）状态、Down（按下）状态、Over（鼠标指针位于其上）状态、Disabled（禁用）状态，8 种是指每一类状态都有其对应的 Normal（正常）状态和 Checked（核选）状态。在【State】组合框中以列表的形式显示了这 8 种状态，单击选中某种状态之后，可以在【按钮样式预览框】中观察该状态下按钮的外观，也可以对该状态下按钮使用的图像或标题进行编辑。

　　（2）【Graphic】下拉列表框：单击其右的【Import】命令按钮，可以为按钮的当前状态导入一幅图像，导入图像的覆盖显示方式在默认情况下被设置为褪光模式。图像被导入之后会显示在【按钮样式预览框】内，并且此时【Graphic】下拉列表框中会出现一个"Use Imported"选项，表示按钮此时使用了导入的图像。可以为同一按钮的不同状态导入不同的图像。

　　（3）【Label】下拉列表框：设置是否显示按钮标题，其右的下拉列表框中提供了标题在按钮区域内的对齐方式。

　　（4）【Sound】下拉列表框：使用方法与【Graphic】下拉列表框相似，目的是为按钮的当前状态导入一段声音（如果你想在单击按钮时听到"哔、哔"声，就可以在这里导入一个包含有"哔、哔"声的声音文件）。单击其右的【Play】命令按钮，可以播放导入的声音文件。可以为同一按钮的不同状态导入不同的声音。

　　（5）【Button Description】文本框中可以为按钮输入一段长度在 80 个字符以内的描述性文字。

　　（6）【Automatically Check】复选框：打开此复选框可以将按钮设置为在被单击时自动在正常状态和核选状态之间切换。利用这个功能可以创建自己的复选框或单选按钮，还可以利用系统变量 Checked来检测按钮是否处于核选状态，或者将按钮在正常状态与核选状态之间进行切换。

　　现在就以实例说明如何创建一个自定义按钮。在这个例子中，将要创建一个"点头式"按钮，用户单击此按钮时，按钮的反应就像是在点头一样。

　　（1）首先准备两幅图像，如图 4-106 所示。

(a)

(b)

图 4-106　准备按钮图像

（2）创建如图 4-107 所示的交互作用分支结构，为按钮响应打开按钮编辑对话框，为按钮的 Up-Normal 状态导入图 4-106(a)所示的图像文件。

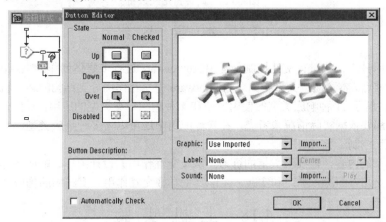

图 4-107　为 Up-Normal 状态导入图像

（3）在【State】组合框内单击选择按钮的 Down-Normal 状态，此时【Graphic】列表框中的选项为"Same as Up"，这是因为 Authorware 在默认情况下将按钮各状态下的图像都设置为同 Up 状态一样。接下来使用【Import】命令按钮为 Down-Normal 状态导入图 4-106(b)所示的图像文件，此时【Graphic】列表框中的选项设置为"Use Imported"。

（4）运行程序，自定义按钮显示在【演示】窗口中，此时在该按钮上按下鼠标左键，可以看到按钮中的文字好像被按下一般，松开鼠标左键，则文字会自动抬起头来，如图 4-108 所示。

（5）如果交互界面带有背景图像，为了使按钮图像与背景更好地结合，可以使用图像处理工具将背景图像的一部分复制到按钮图像中去，如图 4-109 所示，经这样处理，自定义按钮就和背景图像天衣无缝地结合在一起了。

图 4-108　程序运行结果

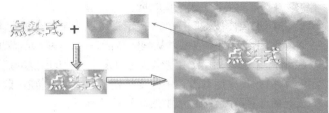

图 4-109　结合背景图像设计自定义按钮

依照上面介绍的方法，结合使用按钮的各种状态和不同的图像，可以设计出更漂亮更富表现力的按钮，如处于核选状态下会发光的按钮、鼠标指针位于其上时会燃烧的按钮、按下可以说话的按钮等，图 4-110 中展示了两种自定义按钮的效果。

在学习使用 Authorware 进行多媒体创作的过程中，应逐步学习一些图像处理工具的使用方法，因为 Authorware 处理图像的能力是有限的，而专门的图形图像处理软件正弥补了 Authorware 在这方面的不足。充分发挥想象力，运用合适的工具并多多实践，慢慢地你就能设计出美观的交互作用界面来。

图 4-110   两种自定义按钮

4.17　本 章 小 结

　　使用交互作用分支结构进行交互控制是运用 Authorware 进行多媒体创作的重点内容，其中永久性响应是重点中的难点。本章通过大量实例对 Authorware 中交互作用分支结构的运行机理做了全面细致的介绍，并详细讲解了 11 种响应类型的使用方法和 4 种响应分支类型的应用，具体使用哪一种类型的响应或响应分支都要依据实际情况来考虑，在实际应用中还可以将多种响应类型综合在一起使用，以实现更复杂的交互控制。

　　透彻理解本章的内容，需要做大量的练习。从【交互作用】设计图标、响应图标、响应类型、响应状态、响应分支几方面深入学习和实践，才能真正掌握交互作用分支结构的构成和运行机理。

4.18　上 机 实 验

（1）学习响应分支的次序对交互过程的影响。

- 制作响应区域发生重叠的两个热区响应，调整响应分支在交互作用分支结构中的次序，观察用户在重叠区域执行匹配操作究竟会匹配哪一个响应；
- 制作响应区域发生重叠的两个热对象响应，调整响应分支在交互作用分支结构中的次序，观察用户在重叠区域执行匹配操作究竟会匹配哪一个响应。

（2）使用永久性响应控制对象的移动速度。（提示：目标区响应与【移动】设计图标结合使用。）

（3）制作下列不同类型的永久性响应，并研究关闭永久性响应的方法。

- 永久性按钮响应；
- 永久性热对象响应；
- 永久性下拉式菜单响应；
- 永久性按键响应？（提示：可以为某些在视觉上不可见的响应指定快捷键。）

　　关闭永久性响应可以从响应激活条件、擦除或移动交互作用控制对象几方面考虑。

（4）利用变量或函数，制作状态可发生变化的动态响应。

- 在程序运行过程中改变按钮或文本输入框在【演示】窗口中的位置；
- 在程序运行过程中改变按钮的标题；
- 在程序运行过程中改变下拉式菜单中的菜单项；
- 实现动态的口令验证过程？（提示：在【Pattern】文本框中使用变量）。

（5）结合重试限制响应，重新制作 4.10.3 小节中的范例"算算看"，实现可以算多道题。

（6）学习 Authorware 安装路径中 Show Me 文件夹内的以下范例。

- Keypress.a7p，学习利用按键响应实现密码输入；
- Calculator.a7p，学习利用按钮响应制作简单计算器；
- Keyboard.a7p，学习利用按钮响应模拟键盘操作（注意系统变量 IconTitle 的使用）；
- Judge.a7p，学习利用热对象响应和条件响应制作选择题。

第 5 章　声音的应用

　　声音是传输信息的重要内容，在如今的多媒体时代，声音更是占据了举足轻重的地位。Authorware 可以使用【声音】设计图标加载并播放声音文件，实现配音解说或播放背景音乐，大大增加了多媒体作品的表现力。

　　要想在 Authorware 中使用【声音】设计图标来播放声音文件，首先要保证你的机器中安装有声卡并且正确安装了驱动程序，如果还想播放出具有 CD 质量的声音，你的声卡必须支持 44.1kHz 的采样频率（Sample Rate）及 16 位的采样深度（Sample Size）。如果你不知道你的声卡是否达到上述要求，请查阅一下声卡使用说明书。

　　人耳听到的声音都是模拟量（连续变化的量），图 5-1 所示的是一个双声道的模拟声音信号，而计算机只能处理数字信号，所以必须对声音信号进行模/数转换之后再由计算机处理，这就要对模拟声音信号进行采样，采样形成的二进制数据称做数字音频，通常以声音文件的形式存储在磁盘等介质上。模/数转换的原理需要用一整本书来讲述，这里只介绍一下采样频率和采样深度起到的作用。采样频率和采样深度直接影响着转换之后的声音质量，采样频率越高（即单位时间内的采样点越多），转换之后的声音就越接近原声，44.1kHz 已经能够满足人耳的要求，过高的采样频率只能起到增加声音文件大小的作用，Windows 支持的声音采样频率从 8kHz 到 48kHz；采样深度记录了声音信号的幅度大小：8 位二进制数据能描述 256 种状态，16 位能描述 65536 种状态。由于声音信号是模拟量，其幅度大小有无限多的可能，所以只能以尽量多的状态去描述它，以得到尽量小的失真，16 位的采样深度已经能够满足一般要求，提高采样深度也会使声音文件增大。

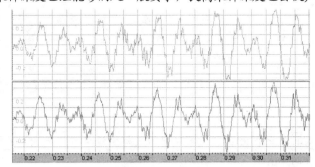

图 5-1　模拟声音信号

　　在 Authorware 中不能录制声音。如果你想录制解说词，只有借助专门的声音处理工具（当然还要在你的声卡上插一只麦克风），Windows 附件程序中的"录音机"就是其中之一，采用 22kHz 的采样频率及 8 位的采样深度就能很好地记录人的声音。

5.1　【声音】设计图标属性设置

　　拖动一个【声音】设计图标到流程线上合适的位置释放，双击该设计图标，打开【声音】设计图标属性检查器，如图 5-2 所示，现将其内容介绍如下。

图 5-2　【声音】设计图标属性检查器

（1）【Import】命令按钮：单击此按钮，Authorware 弹出一个【Import Which File?】对话框，如图 5-3 所示，可以从中选择一个声音文件导入【声音】设计图标中。【声音】设计图标共支持 6 种格式的声音文件：AIFF、MP3 Sound、PCM、SWA、VOX 和 WAVE。与导入图像文件类似，在导入声音文件时也可以选择是否以链接方式使用外部文件。

图 5-3　导入一个外部声音文件

 另外，也可以从外部程序（如 Windows 资源管理器）中将声音文件直接拖放到流程线上，创建一个【声音】设计图标。如果在拖放的同时按住 Shift 键，就能够以链接方式使用外部声音文件。

（2）单击 ▶ 【播放】按钮可以播放已经导入的声音文件，单击 ■ 【停止】按钮可以停止声音的播放。

 按下 Ctrl 键的同时在设计窗口中用鼠标右键单击【声音】设计图标，也可以听到其中包含的声音。

（3）【Sound】选项卡

● 【File】文本框：指示声音的来源文件。

● 【Storage】文本框：指示声音的存储方式。

● 【声音信息】区域显示被加载的声音的各种信息：文件大小、文件格式、包含声道数、采样深度、采样频率及数据传输率；Authorware 支持播放单声道（mono）和双声道（stereo）声音，包含双声道的声音听起来更加丰满一些，而且还能区分出声音的来源位置，但是对应的声音文件的大小是单声道声音文件的两倍；数据传输率指的是 Authorware 在播放声音时从声音文件存储介质上读取声音数据的速率，单位为"字节/秒"，其计算方法为：声道数×采样频率×

采样深度÷8。质量越高的声音，在播放时就需要更高的数据传输率，对存储介质的工作速度要求也就越高，通常硬盘驱动器和 CD-ROM 驱动器都能够满足要求。

（4）【Timing】选项卡（如图 5-4 所示）

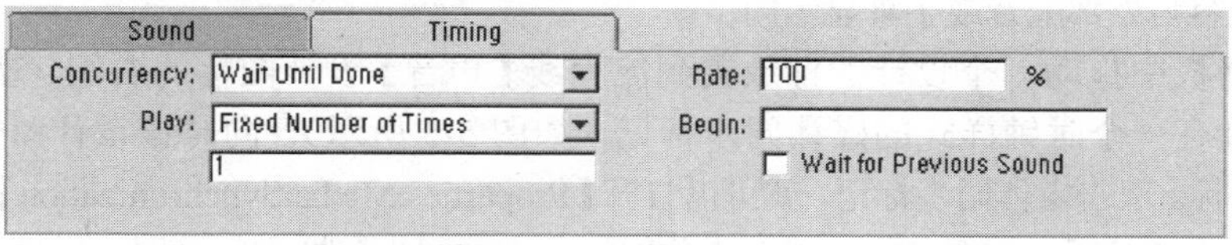

Sound	Timing		
Concurrency:	Wait Until Done ▼	Rate:	100　%
Play:	Fixed Number of Times ▼	Begin:	
	1		☐ Wait for Previous Sound

图 5-4　【Timing】选项卡

- 【Concurrency】下拉列表框：设置【声音】设计图标的执行过程同其他设计图标的执行过程之间的同步方式。

  Wait Until Done：在加载的声音播放完毕后，再沿程序流程线向下执行其他设计图标。

  Concurrent：在播放声音的同时，继续执行其他设计图标，这对于将声音用做背景音乐或为程序执行过程配上解说非常有用。

  Perpetual：声音播放完毕后，【声音】设计图标处于待命状态，此时 Authorware 时刻监视着【Begin】属性的值，一旦它变为 TRUE，【声音】设计图标就立刻播放声音，同时其他设计图标继续执行，这个属性对于循环不停地播放背景音乐非常有用。

- 【Play】下拉列表框：设置声音播放的次数。

  Fixed Number of Times：指定声音播放的次数。可以在下面的文本框中输入代表播放次数的数值、变量或表达式。

  Until True：选择此选项时，在下面的文本框中输入终止播放声音的条件，可以使用逻辑型变量或表达式，一旦它们取值为 TRUE，Authorware 就停止播放声音；此属性和"Perpetual"同步方式结合使用，就可以随时控制背景音乐的播放与停止。

- 【Rate】文本框：在这里可以使用数值或变量控制声音播放的速度。正常的播放速度为 100%，可以增大或减小这个数值来加快或减慢声音的播放速度。

　声音如果没有按照正常的速度播放，听起来可能会有些怪异，另外必须注意的一点是：并不是所有的声卡都支持声音变速播放，想证实你的声卡是否具有这种能力只有实际试验一下。

- 【Begin】文本框：设置何时开始播放声音。在这里可以输入逻辑型变量或表达式，当它们的值变为 TRUE 时，Authorware 才允许播放声音。当 Authorware 执行到一个【声音】设计图标时，如果该设计图标的【Begin】属性值为 FALSE，就会略过它继续向下执行。

- 【Wait for Previous Sound】复选框：在第一个【声音】设计图标中的声音还没有播放完毕时，Authorware 又遇到了第二个【声音】设计图标，这时如果第一个【声音】设计图标的【Concurrency】属性没有设置为"Wait Until Done"，一般情况下，Authorware 会提前终止它直接去播放第二个【声音】设计图标中的声音。想要改变这种状况，可以将第二个【声音】设计图标的【Wait for Previous Sound】复选框打开，这时该设计图标中的声音就会等待前一个声音播放完毕后才开始播放。

5.2　媒 体 同 步

媒体同步是指根据媒体的播放过程同步显示文本、图形、图像和执行其他内容，媒体可以是包含声音或数字化电影等基于时间的数据。

    Authorware 提供的媒体同步技术允许【声音】设计图标和【数字化电影】设计图标激活任意基于媒体播放位置和时间的事件。只要将文本、图形、图像的显示和对其他事件的计时同声音或数字化电影信息并列，就能够轻易地在媒体播放的任意时刻控制各种事件。例如，在数字化电影的播放过程中，可以控制画面内容与外部配音或字幕显示同步。

    从图标选择板中拖动一个设计图标放置到流程线【声音】设计图标的右侧，就会出现一个媒体同步分支（具有一个时钟样式的媒体同步标记，如图 5-5 所示），同时该设计图标就会自动成为一个媒体同步图标。双击媒体同步标记，就可以打开【Properties:Media Synchronization】（【媒体同步】）属性检查器，如图 5-6 所示，在其中可以对媒体同步分支的同步属性进行设置，以决定媒体同步图标的执行情况。现将该属性检查器介绍如下。

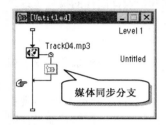

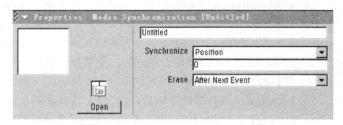

图 5-5   创建媒体同步分支   图 5-6   【媒体同步】属性检查器

（1）【Synchronize】下拉列表框：用于设置媒体同步图标的执行时机，其中提供了 2 个选项。

● Position：选择该选项，则根据媒体的播放位置决定媒体同步图标的执行时机，此时，必须在下方文本框中输入代表媒体播放位置的数值或表达式。对于【声音】设计图标，播放位置以毫秒为单位；对于【数字化电影】设计图标，播放位置以帧为单位。

● Seconds：选择该选项，则根据媒体的播放时间决定媒体同步图标的执行时机，此时，必须在下方文本框中输入代表媒体播放时间的数值或表达式。播放时间以秒为单位，如在此输入数值“2”，表示在【声音】设计图标从开始播放声音时起，经过 2 秒就开始执行对应的媒体同步图标。

（2）【Erase】下拉列表框：用于设置是否擦除媒体同步图标的内容，其中提供了 4 个选项。

● After Next Event：在程序执行到下一媒体同步分支时，擦除当前媒体同步分支中的所有内容。在程序执行到下一媒体同步分支之前，当前媒体同步分支中的所有内容将一直保留在【演示】窗口中。

● Before Next Event：在程序执行完当前媒体同步分支时，立即擦除当前媒体同步分支中的所有内容。

● Upon Exit：在程序执行完所有媒体同步分支后，再擦除当前媒体同步分支中的所有内容。

● Don't Erase：保持当前媒体同步分支中的所有内容不被擦除。在这种情况下，需要使用【擦除】设计图标来擦除被保留的内容。

    如果为【声音】设计图标创建了媒体同步分支，则【声音】设计图标的【Concurrency】属性只能被设置为两种方式：Wait Until Done 和 Concurrent。如果【声音】设计图标已经被设置为 Perpetual 方式，则在创建了媒体同步分支之后，会自动转换为 Concurrent 方式。同时，程序流程何时退出媒体同步分支结构继续向下执行，由【声音】设计图标的【Concurrency】属性和媒体同步分支的【Synchronize on】属性共同决定：若【声音】设计图标的【Concurrency】属性设置为 Concurrent，那么程序会在执行完所有的同步分支之后，再沿流程向下执行，无论声音是否播放完毕，过小的【Synchronize on】属性设置（0 Seconds 或 0.1 Position）会导致流程无法正常向下执行；若【声音】设计图标的【Concurrency】属性设置为 Wait until done，那么当声音播放完毕后就会继续向下执行其他流程，无论同步分支是否全部得到执行。

如果你是 Authorware 较早版本（6.0 以前）的用户，必须注意：由于媒体同步技术使【声音】和【数字化电影】设计图标可以带有媒体同步图标，因此它们不再能够单独作为响应图标、页图标或分支图标使用。如果需要在上述设计图标中使用声音或数字化电影信息，则必须将【声音】或【数字化电影】设计图标首先放置在【群组】设计图标之中，而这一步骤可以由 Authorware 7.0 自动执行。

5.3　现场实践：控制背景音乐循环播放

还记得以前介绍过的"鸟类动物园"程序吗？在那个例子中，介绍了各种鸟类的情况，有一点缺陷就是整个程序运行过程中静悄悄的，缺少了一个多媒体作品应该具有的优美音乐。本节就为这个程序加入一段背景音乐，并且用户可以对背景音乐的启/停进行随意控制。

（1）打开"鸟类动物园"程序，向其中拖放一个【声音】设计图标并将它命名为"背景音乐"，然后向该设计图标中导入一个包含了优美音乐的声音文件，如图 5-7 所示。

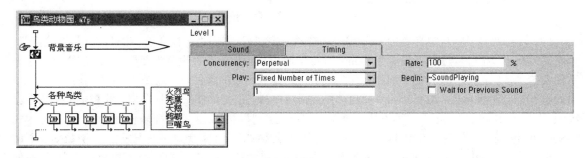

图 5-7　加入背景音乐

（2）在"背景音乐"设计图标属性检查器中将其【Concurrency】属性设置为"Perpetual"，在【Begin】文本框中输入"~SoundPlaying"。系统变量 SoundPlaying 是一个逻辑型变量，在系统中当前有声音正在播放时它的值为 TRUE，否则为 FALSE；逻辑非运算符"~"用于对其后逻辑型变量的值进行取反操作，即当 SoundPlaying 取值为 TRUE 时，~SoundPlaying 返回 FALSE，而当 SoundPlaying 取值为 FALSE 时，~SoundPlaying 返回 TRUE。

（3）运行程序，在你观看各种鸟类的同时可以听到优美的背景音乐，并且音乐在本次播放完毕之后立刻又重新开始播放，周而复始，一刻不停。这是在第 2 步中对【声音】设计图标的属性进行设置所取得的结果。由于【Concurrency】属性设置为"Perpetual"，所以 Authorware 在程序运行过程中时刻监视着【Begin】属性的值：在程序开始运行时，由于系统中没有声音在播放，所以变量 SoundPlaying 的值为 FALSE，即【Begin】属性此时取值为 TRUE，Authorware 开始播放音乐；在音乐播放过程中，变量 SoundPlaying 的值为 TRUE，【Begin】属性取值为 FALSE；一旦本次音乐播放完毕，变量 SoundPlaying 的值变为 FALSE，【Begin】属性又一次取值为 TRUE，所以 Authorware 立刻重新开始播放音乐；如果想对音乐的播放与停止进行人为控制，还必须采取下列措施。

（4）向交互作用分支结构中加入一个"音乐控制"按钮，如图 5-8 所示，分别为按钮的 Normal 状态和 Checked 状态各准备一幅图像，并为此按钮打开【Automatically Check】复选框，这样用户在单击此按钮时，按钮的状态就能在 Normal 和 Checked 之间自动转换，并且这种转换能够通过按钮图像表现出来。在"音乐控制"响应图标中增加一条语句：Stop:=Checked@"音乐控制"，其中系统变量 Checked 中记录了其后被引用的按钮的核选状态。当"音乐控制"按钮处于 Normal 状态时，Checked@"音乐控制"

返回 FALSE；当"音乐控制"按钮处于 Checked 状态时，Checked@"音乐控制"返回 TRUE。自定义变量 Stop 用于保存表达式 Checked@"音乐控制"的返回值，即保存了"音乐控制"按钮当前所处的状态。

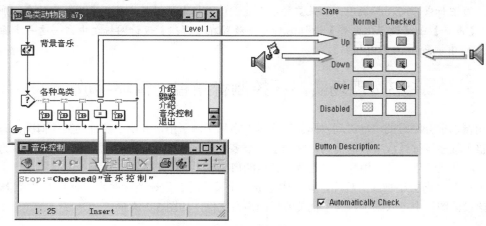

图 5-8　加入"声音控制"按钮

（5）现在就可以将自定义变量 Stop 用于声音播放控制了。打开"背景音乐"设计图标属性检查器，如图 5-9 所示，将【Play】属性设置为"Until True"，将停止播放的条件设置为变量 Stop，这样就将 Stop 所代表的"音乐控制"按钮的当前状态作为是否停止播放声音的条件，也就是说，当"音乐控制"按钮处于 Checked 状态时，Authorware 会自动停止播放声音。但是这样做还不够，因为【Begin】属性已经设置为"~SoundPlaying"，所以用户单击"音乐控制"按钮使背景音乐停止播放时，表达式"~SoundPlaying"立刻返回 TRUE，音乐又会重新开始播放。为了避免这种情况发生，将【Begin】属性改设为"~SoundPlaying&~Stop"，这意味着只有在当前没有声音被播放且（&）"音乐控制"按钮处于 Normal 状态时，才允许播放背景音乐。

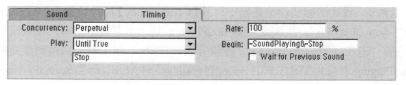

图 5-9　使用自定义变量控制声音播放

（6）运行程序，用鼠标单击"音乐控制"按钮，可以看到按钮在两种状态之间来回转换，同时背景音乐也受其控制停止或播放，如图 5-10 所示。

单击按钮停止播放

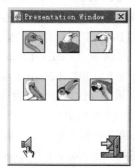

单击按钮开始播放

图 5-10　程序运行结果

5.4　压缩声音文件

在多媒体程序设计中通常使用 WAVE 格式的声音文件，这种文件格式的优点在于通用性好，在各种平台上都能正常播放。但是它有一个不容忽视的缺点：文件尺寸太大，如果用 Authorware 设计多媒体程序时将所用的声音全部采用这种格式存储，仅声音数据就能占据几十兆字节甚至上百兆字节的存储空间。Macromedia 公司看到了这一点，在 Authorware 7.0 中特地提供了一个声音文件压缩工具：Voxware Encoder。Voxware Encoder 是一个编码器程序，用于将 WAVE 格式（.wav）的声音文件转换为 VOX 格式（.vox）的声音文件。VOX 格式的声音文件也可以跨平台使用，并且声音文件转换为 VOX 格式之后，文件尺寸会大大减小。

执行 Authorware 7.0\Voxware Encoder 文件夹中的 VCTEncod.exe 程序，Voxware Encoder 的主窗口就出现在屏幕上，如图 5-11 所示，整个窗口分为 3 部分。

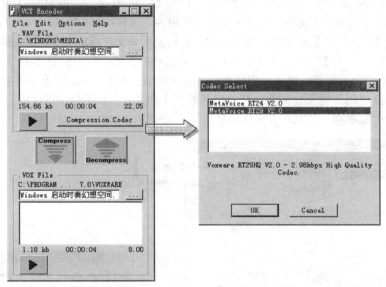

图 5-11　使用 Voxware Encoder 压缩声音文件

上半部分用于显示将要进行转换的 WAVE 格式声音文件列表。单击【…】按钮会出现一个文件选择对话框窗口，用于选择一个 WAVE 格式的声音文件，也可以将多个声音文件从其他程序（如 Windows 资源管理器）中直接拖放到文件列表框中；在对声音文件进行压缩之前，可以单击【Compression Codec】命令按钮，在两种压缩编码方式中选择一种。

下半部分用于显示将要进行转换的 VOX 格式声音文件列表。单击【…】按钮可以选择一个 VOX 格式的声音文件，也可以将多个声音文件从其他程序（如 Windows 资源管理器）中直接拖放到文件列表框中。

中间的【Compress】命令按钮用于将 WAVE 格式的声音文件压缩为 VOX 格式的声音文件。Voxware Encoder 一次可以压缩一个或显示在上方列表框中的多个声音文件，【Decompress】命令按钮用于将 VOX 格式的声音文件解压缩为 WAVE 格式的声音文件，Voxware Encoder 一次可以解压缩一个或显示在下方列表框中的多个声音文件。文件转换完成之后，可以单击播放按钮听一下转换之后的声音效果。从图 5-11 中可以看出 Voxware Encoder 的压缩率相当高，它将一个 154.66KB 的 WAVE 文件压缩后，得到的 VOX 文件只有 1.18KB。

图中所示的两种编码器只能用于单声道的 WAV 文件。使用 Voxware Encoder 压缩包含有人声（说话、唱歌等）的 WAVE 格式的声音文件能得到较好的效果，声音基本能保持原样；但是不要使用 Voxware Encoder 压缩包含有复杂声音成分的声音文件，如多种乐器合奏出的音乐、多人同时说话或唱歌的声音、复杂的环境声音等，压缩后得到的声音效果可能会令你失望。

另外，可以使用 Convert WAV to SWA Xtra 将.wav 格式的声音文件转换为.swa 格式。Convert WAV to SWA Xtra 是一种 Tool Xtra，在安装 Authorware 时被自动安装到系统中，使 Authorware 具有使用.swa 格式声音文件的能力。执行 Xtras→Other→Convert WAV to SWA 菜单命令，会出现格式转换对话框，如图 5-12 所示。

单击【Add Files】命令按钮，会出现文件选择对话框，从中可以选择一个或多个需要进行转换的.WAV 格式的声音文件；在【Bit Rate】下拉列表框中可以为转换设置一个采样频率；【Accuracy】单选按钮组用于设置声音转换的质量，选择【High】单选按钮，在进行转换时尽量保证声音不失真，但是也会造成转换后形成的.swa 声音文件尺寸较大；打开【Convert Stereo To Mono】复选框，会在进行格式转换时将包含了两个声道的声音文件转换为单声道声音文件；单击【Select New Folder】命令按钮，可以在弹出的【文件夹选择】对话框中为输出的.swa 格式声音文件指定一个存储文件夹。

在设置完毕后，单击【Convert】命令按钮，转换过程就开始进行，如图 5-13 所示，可以随时单击【Stop】命令按钮停止转换。转换过程结束后，.swa 格式的声音文件就会出现在指定的存储文件夹中，然后就可以像使用其他声音文件一样，将其导入【声音】设计图标中进行播放。.swa 格式的声音文件优点在于压缩率高，并且可以流式播放。

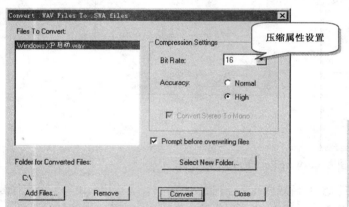

图 5-12　将.WAV 格式的声音文件转换为.SWA 格式　　　　图 5-13　声音文件转换过程显示

5.5　MP3 流式音频的使用

MP3（即 MPEG Layer3）是一种数字音频格式，使用这种格式对声音文件进行压缩，可以在保证声音质量的情况下，提供极高的压缩比。一段具有 CD 音质的音乐，压缩为 MP3 格式后，仍旧会保持原来的 CD 音质，但是声音文件的大小还不到原先的十分之一。正是由于上述原因，MP3 在互联网上大受欢迎，人们普遍使用 MP3 格式压缩存储和传输 CD 音乐，导致后来出现了商业化的 MP3 播放器，甚至有些 VCD 厂商还专门推出了支持 MP3 光盘的 VCD 播放机。

MP3 流式音频具有高压缩率和低带宽的特点。Authorware 通过对 MP3 流式音频的支持，可以使基于 Web 或 Intranet 的在线多媒体程序在低带宽条件下也能够利用 MP3 格式的声音，从而提高网络多媒体程序的运行速度并显著增强声音的表现效果。通过在属性检查器中【File】属性内输入 MP3 文件的存储路径，【声音】设计图标就能够以外部链接方式使用 MP3 流式音频，如图 5-14 所示。如果在【File】属性内输入一个合法的 URL 地址，【声音】设计图标就可以直接播放位于网络中的 MP3 流式音频数据，经过极短的缓冲时间，用户就可以听到美妙的音乐。

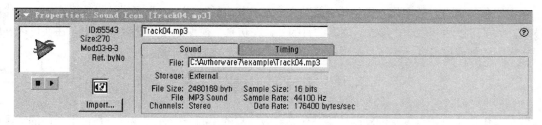

图 5-14　导入 MP3 格式的声音文件

 　注意利用【声音】设计图标播放非流式音频数据（如 WAV），则不能享受流媒体技术带来的优越性。只有当位于网络中的 WAV 文件被完全下载到本地之后，【声音】设计图标才能将其播放出来。在下载过程结束之前，【声音】设计图处于等待状态。

目前存在大量的 MP3 压缩工具，可以将普通 WAVE 格式的声音文件压缩为 MP3 格式，比较常用的工具有 "XingMP3 Encoder"、"豪杰超级解霸" 等，由于 MP3 格式具有极高的压缩比，因此在利用这些工具对 WAVE 格式的声音进行压缩时，完全可以选取最高的声音转换质量（如将采样频率设置为 44.1kHz，将采样深度设置为 16bit，同时保持原有的声道数目），将 WAV 文件转换为 MP3 文件之后，就可以将其导入【声音】设计图标之中。

5.6　本章小结

本章介绍了如何在 Authorware 中播放声音，重点介绍了使用变量控制声音播放的方法。Authorware 只能对声音进行播放，并不能制作混响、倒放、回声等效果，但是设计人员可以利用声音处理工具对声音进行处理（编辑或加上特殊效果）之后，再交由 Authorware 播放。

通常情况下声音是导入并保存到程序文件中的，这时程序文件的体积会有显明增大。以链接方式使用外部声音文件能够有效避免这一问题，还可以使用网络中的声音数据。

5.7　上机实验

（1）使用媒体同步分支，制作播放歌曲的同时显示对应歌词的程序。
（2）仿照第 3 章中使用滑钮控制对象移动速度的例子，设计一个使用滑钮控制声音播放速度的程序，达到一种快放或慢放的效果。
（3）使用网络中的 MP3 声音文件，制作流式音频播放程序。

第6章 数字化电影的应用

在多媒体技术中，数字化电影是其中最动人、最具代表性的部分。在多媒体设计中应用数字化电影技术，除了可以达到生动、形象、逼真的目的外，在仿真、模拟系统及 CAI 系统中，往往可以利用数字化电影达到通过语言、文字、图形图像等其他手段不能达到的目的。

6.1 数字化电影简介

数字化电影可以提供丰富的动画效果及伴随音效，它的来源一般有两种：一是使用专门的动画制作软件创建，如 3D MAX、Animator 等；二是使用影像捕捉编辑软件（如 Premiere），通过合适的硬件（如视频捕捉卡），将录像片转化为计算机能够处理的数字化电影文件。

数字化电影是以帧（Frame）为单位的图像序列，某些格式的数字化电影还可以包含伴随音效。图 6-1 是一个通过影像编辑工具打开的数字化电影片段，其中，每一格图像就是该段剪辑中的一帧。可以看到一段数字化电影是由几十帧甚至成百上千帧组成，在这些帧以 25fps（帧/秒）的速度（PAL、SECAM 制）或 30fps 的速度（NTSC 制）快速播放时，由于人眼的视觉暂留效应，连续显示的图像就产生了平滑运动的效果，这其实就是电影、电视节目的视觉原理。由于数字化电影的数据量很大，在播放时效果会因受到计算机处理能力和存储介质工作速度的限制而变差，严重时甚至会出现停顿现象，所以在保证视觉效果的前提下，应尽量减小数字化电影的画面尺寸和其中所包含的颜色数量，并且以压缩格式存储（常见的压缩格式有 MPEG 等），还可以在保证听觉效果的前提下降低伴音的采样频率及采样深度，减少伴音的声道数目。这些工作依靠 Authorware 是无法完成的，必须使用专用的影像编辑工具，比较有代表性的有 Adobe Premiere。

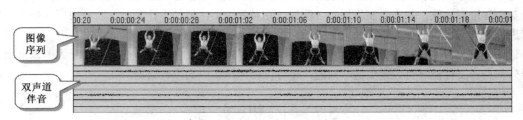

图 6-1　数字化电影包含了帧序列及伴音

利用【数字化电影】设计图标可以在 Authorware 中播放数字化电影，其使用方法和【声音】设计图标类似：导入由其他应用程序创建的数字化电影文件并进行播放，并且可以将某些类型的数字化电影存储在程序文件内。Authorware 支持的数字化电影文件格式如下。

（1）Windows Media 文件（.asf、.asx、.wmv、.ivf 等）：如果用户系统中安装了 Windows Media Player，Authorware 就可以通过【数字化电影】设计图标播放 Windows Media Player 支持的所有格式的数字化电影，只需在导入数字化电影文件之前选择 Windows Media Player 格式。利用 Windows Media Player 也可以播放传统格式的数字化电影，如 AVI 文件，只需为文件加上 WMP 扩展名（即将文件扩展名.avi 改为.avi.wmp），【数字化电影】设计图标就可以识别和播放。

（2）6.5 版之前的 Director 文件（.dir、.dxr）：存储在程序文件外部。如果是包含了交互性的数字化电影，还可以将这种交互性带入 Authorware 程序中。6.5 版之后的 Director 文件必须通过 Shockwave ActiveX 控件播放。

（3）Video for Windows 文件（.avi）：存储在程序文件外部。如果要使用这种格式的数字化电影文件，必须保证系统中正确安装了 Video for Windows 播放支持软件。

（4）2.0 版之前的 QuickTime for Windows 文件（.mov）：存储在程序文件外部。如果要使用这种格式的数字化电影文件，必须保证系统中正确安装了 QuickTime for Windows 播放支持软件。在 Authorware 中播放 3.0 版以后的 QuickTime 文件，必须通过 Xtras 实现。

（5）Autodesk Animator、Animator Pro 及 3D MAX 文件（.flc、.fli、.cel）：存储在程序文件内部。

（6）MPEG 文件（.mpg）：存储在程序文件外部。MPEG 格式提供了很高的压缩率，如果要使用这种格式的数字化电影文件，必须保证系统中正确安装了下列组件之一。

● MPEG 软件解码器，如 Windows Media Player、XingMPEG。

● MPEG 解压卡及其驱动程序。

（7）位图序列（.bmp、.dib）：存储在程序文件内部。Authorware 可以使用一连串的位图来组成一个数字化电影，这些位图文件必须存储在同一文件夹下，并且具有连续编号的文件名（从 Name0001 至 Name*nnnn*，文件名前半部分相同，后半部分必须是 4 位数字），选择了第一个位图文件作为起始帧之后，Authorware 会自动将剩余的位图文件加载进来构成一个数字化电影。使用位图序列需要注意的一点是：必须使用未经压缩的 8bit（256 色）位图文件。

6.2　【数字化电影】设计图标属性设置

可以使用【数字化电影】设计图标属性检查器对数字化电影的播放进行控制，如播放速度、播放次数、在【演示】窗口中定位等。

拖动一个【数字化电影】设计图标到流程线上合适的位置释放，双击该设计图标，打开【数字化电影】设计图标属性检查器，如图 6-2 所示，现将其内容介绍如下。

（1）【Import】命令按钮：单击此按钮，Authorware 弹出一个【Import Which File?】对话框，如图 6-3 所示，可以从中选择一个数字化电影文件导入到【数字化电影】设计图标中，打开其中的【Show Preview】复选框，可以在数字化电影文件导入 Authorware 之前预览一下其内容。在这个对话框中还有一个【Options】命令按钮，此按钮仅对内部存储类型的数字化电影文件起作用，单击此按钮，会弹出一个【Movie Import Options】对话框，里面有两个选项：

【Use full frames】复选框：打开此复选框，将数字化电影的每一帧都完全加载到 Authorware 中，而不是仅加载其与前一帧不同的部分。这样做会占用更多的内存，但是有利于数字化电影的单步播放或倒播。

　对于记录静态场景或物体慢速运动的数字化电影，由于每帧图像内容的变化不大，关闭此复选框可以在保证数字化电影播放效果的同时节省内存，而且可以提高播放速度，但对于每帧之间内容变化较大的数字化电影（如记录物体快速运动或大规模动态场景），最好将此复选框打开。

【Use black as the transparent color】复选框：打开此复选框就将黑色设置为透明色，当数字化电影的覆盖模式被设置为透明模式或褪光模式时，其中黑色部分会变成透明。关闭此复选框则将白色设置为透明色。在默认情况下，此复选框处于打开状态。

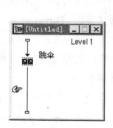

图 6-2　【数字化电影】设计图标属性检查器

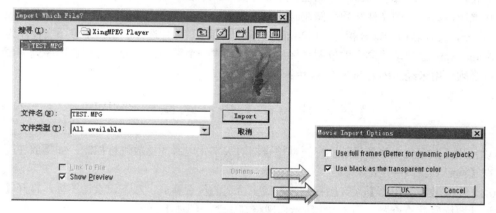

图 6-3　导入数字化电影文件

选择完毕后，在【Import Which File?】对话框中单击【Import】命令按钮，就将选中的数字化电影文件导入到【数字化电影】设计图标中了。

　另外，也可以从外部程序（如 Windows 资源管理器）中将数字化电影文件直接拖放到流程线上，创建一个【数字化电影】设计图标。

（2）单击 ▶ 【播放】按钮，可以在【演示】窗口中播放已经导入的数字化电影文件，单击 ■ 【停止】按钮，可以停止数字化电影的播放；Authorware 还能以帧为单位控制数字化电影文件的播放，单击 ▮▶ 【单步向前】按钮进行逐帧顺序播放，单击 ◀▮ 【单步向后】按钮进行逐帧倒播。这些按钮下方的文字显示出数字化电影文件中总共包含了多少帧图像，以及当前正在显示第几帧。

　按下 Ctrl 键的同时在设计窗口中用鼠标右键单击【数字化电影】设计图标，也可以预览数字化电影的内容。

（3）【Movie】选项卡

● 【File】文本框：指示数字化电影文件的存储位置。在这里可以直接输入数字电影文件的名称和存储路径，也可以通过表达式来指定外部存储类型数字化电影文件的名称和存储路径。

- 【Storage】文本框：指示数字化电影的存储方式，External 表示数字化电影以文件形式存储在程序文件外部，Internal 表示数字化电影存储在程序文件内部。
- 【Layer】文本框：使用数值或变量设置数字化电影的层数。数字化电影也是一个显示对象，其层数决定了它与【演示】窗口中其他显示对象的前后关系。如果想让数字化电影在其他显示对象的前面（或后面）进行播放，可以增大（或减小）【Layer】属性的值。此属性通常对内部存储类型的数字化电影起作用，外部存储类型的数字化电影在一般情况下总是显示在其他显示对象的前面（因为它们总是被设置为"Direct to Screen"，关于这一点可以参见 2.4.2 节中关于层的叙述）。
- 【Mode】下拉列表框：用于设置数字化电影的覆盖显示模式，其中有以下几个选项。

  Opaque：不透明模式。在这种模式下，数字化电影可以得到较快的播放速度，外部存储类型的数字化电影只能设置为此模式。

  Transparent：透明模式。这种模式使其他显示对象能透过数字化电影的透明部分显露出来。

  Matted：褪光模式。这种模式使数字化电影边沿部分的透明色起作用，而内部的黑色（或白色）内容仍然保留；当为数字化电影选择此模式时，Authorware 会花费一段时间为每一帧图像创建一个遮罩（遮罩是根据图像的内容创建的，决定图像中哪一部分是透明的）。

  Inverse：反显模式。数字化电影在播放时以反色显示，其他显示对象能透过数字化电影显露出来（但是它们的颜色也会发生变化）。

- 【Options】复选框组

  【Erase Previous Contents】复选框：打开则程序运行到此【数字化电影】设计图标时，在播放数字化电影前会将【演示】窗口中层数较低的显示内容自动擦除；而当打开【Prevent Automatic Erase】复选框时，数字化电影就避免了被具有自动擦除属性的设计图标擦除，受此属性保护的数字化电影仍然可以使用【擦除】设计图标从【演示】窗口中擦除。

  【Direct to Screen】复选框：打开则数字化电影会在【演示】窗口的最前面进行播放。外部存储类型的数字化电影总是被设置为"Direct to Screen"，内部存储类型的数字化电影只有将其设置为"Opaque"覆盖模式才能使用此项属性。

 可以使用增大或减小【Layer】属性值的方法来调整多个设置为"Direct to Screen"的显示对象的前后次序。

  【Audio On】复选框：打开此复选框就能够播放数字化电影中包含的伴音，如果导入的数字化电影不支持使用伴音，此项属性不可用。

  【Use Movie Palette】复选框：打开则 Authorware 会使用数字化电影的调色板，而不是 Authorware 默认的调色板，这个选项并不是对所有格式的数字化电影都适用。

  【Interactivity】复选框：打开此复选框，就允许用户与 Director 数字化电影通过鼠标或键盘进行交互操作。

（4）【Timing】选项卡（如图 6-4 所示）

- 【Concurrency】下拉列表框：设置【数字化电影】设计图标的执行过程同其他设计图标的执行过程之间的同步方式。

  Wait Until Done：在加载的数字化电影播放完毕后，再沿程序流程线向下执行其他设计图标。

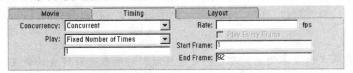

图 6-4　【Timing】选项卡

Concurrent：在播放数字化电影的同时，继续执行其他设计图标。

Perpetual：数字化电影播放完毕后，【数字化电影】设计图标处于待命状态，此时 Authorware 时刻监视属性检查器中设置的变量，一旦这些变量发生变化，【数字化电影】设计图标就立刻播放加载的数字化电影，同时其他设计图标继续执行。利用这个选项，可以实现控制数字化电影播放速度、播放次数和播放长度（帧数）等功能。

● 【Play】下拉列表框：用于控制数字化电影的播放过程，其中包含以下几个选项。

Repeatedly：反复播放数字化电影，直到使用【擦除】设计图标将数字化电影擦除或利用函数使其暂停。

Fixed Number of Times：播放指定的次数。选择此选项后，可以在下方的文本框中输入一个数值或变量来指定数字化电影播放的次数。

Until True：反复播放数字化电影直到指定条件成立才停止。选择此选项时，在下面的文本框中输入终止播放数字化电影的条件，可以使用逻辑型变量或表达式，一旦它们取值为 TRUE，Authorware 就停止播放该数字化电影。

Only While In Motion：选择此选项，则 Authorware 只在两种情况下对数字化电影进行播放：一是该数字化电影被用户使用鼠标拖动，二是该数字化电影在【移动】设计图标控制下进行移动。这个选项只对内部存储类型的数字化电影有效。

 这个选项对制作特殊效果的动画特别有用，例如，你有一段"鸟拍动翅膀"的数字化电影，再结合一个【移动】设计图标使用此选项，就可以制作出如此动画效果：鸟在飞行（移动过程中）时，拍动翅膀，落到枝头（移动结束），就停下来不再拍动翅膀。

Times/Cycle：指定数字化电影在每次移动过程中播放的次数（如果移动方式设置为循环移动，这个次数指的是单个循环中数字化电影播放的次数）。Authorware 会根据移动过程持续的时间和数字化电影的长度（帧数）自动调整播放速度，以完成指定次数的播放。选择此选项后，可以在下方的文本框中输入一个数值或变量来指定数字化电影播放的次数。这个选项只对内部存储类型的数字化电影有效。

 可以使用【移动】设计图标移动任何类型的数字化电影，但是如果数字化电影设置为"Direct to Screen"，移动过程看起来可能会不太平滑。

Controller Pause：如果使用了一个 QuickTime 数字化电影文件（MOV），选择此选项后，数字化电影画面下方就会出现一个播放控制条，如图 6-5 所示。通过控制条，用户可以控制数字化电影的播放与暂停、向前或向后单步播放及对伴音的音量进行调节等。选择 Controller Play 选项与此类似，不同点是 Authorware 在执行到此【数字化电影】设计图标时，会自动对数字化电影进行播放。

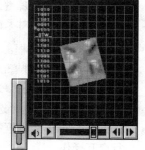

图 6-5　带有播放控制条的数字化电影

● 【Rate】文本框：在这里可以使用数值、变量或表达式控制数字化电影播放的速度，单位是 fps。如果在这里将播放速度设置得过快，以至于来不及完全显示出数字化电影的每一帧，Authorware 会自动略过一些帧，以尽量达到所设速度（在没有打开【Play Every Frame】复选框的情况下）。

 并不是所有格式的数字化电影都支持变速播放。对于包含有伴音的数字化电影，改变其播放速度会破坏伴音的正常效果。如果保持【Rate】文本框的内容为空，数字化电影将以默认的速度播放，但是在某些系统中播放 MPEG 格式的数字化电影时，必须在【Rate】文本框中输入一个数值，否则程序运行时，MPEG 数字化电影仅显示第一帧画面。

- 【Play Every Frame】复选框：打开此复选框，Authorware 将以尽可能快的速度播放数字化电影的每一帧，不过播放速度不会超过在【Rate】文本框中设置的速度。这个选项可能会导致同一个数字化电影在不同系统中以不同的速度被播放（系统综合性能越高，其播放数字化电影的速度也就越快）。此选项只对内部存储类型的数字化电影有效。
- 【Start Frame】和【End Frame】文本框：使用数值、变量或表达式设置数字化电影播放的范围。当你首次导入一个数字化电影时，【Start Frame】总是被设置为 1，即默认情况是从第一帧开始播放，如果只想播放数字化电影的部分内容，可以向这两个文本框中分别输入起始帧数和终止帧数，Authorware 在播放数字化电影时，将从起始帧开始，播放至终止帧结束。

如果不很清楚所需的画面处于第几帧，可以单击单步播放按钮进行查找，当看到所需的画面时，其帧数就显示在单步播放按钮下方。另外，将终止帧数设置为小于起始帧数，就能将数字化电影倒放。

Director 和 MPEG 格式的数字化电影是不能倒放的。要注意在倒放包含有伴音的数字化电影时，伴音也会被倒放（会得到一种面目全非的伴音效果）；在倒放 QuickTime 格式的数字化电影时，其中的 MIDI 伴音将得不到播放。

（5）【Layout】选项卡：其中的属性以前介绍过多次，在此不再赘述。

Authorware 通过用户系统中已安装的 Windows Media Player 控件，来支持范围更加广泛的数字化电影格式，但在使用这一特性时要注意：Windows Media Player 必须为每种格式的数字化电影处理各种编码解码方式、播放速率及度量方式等，这就限制了 Authorware 可以从媒体中得到的信息。例如，某些格式的数字化电影的播放速率由播放环境而定（如网络带宽），因此在这些文件开始播放之前无法得到播放速率。另外，还有一些格式的数字化电影不支持搜索操作，这将影响影片的播放、暂停控制。某些格式的数字化电影甚至不支持打开或关闭其中的伴音。

6.3　现场实践：使用位图序列制作数字化电影

在本节中，将使用位图序列制作一个数字化电影片头。使用位图序列是出于两方面的考虑：一是位图制作比较容易，使用 Windows 附件程序中"画图"程序就可以；二是由位图序列构成的数字化电影可以设置为透明模式，容易和背景画面结合到一起。

（1）首先准备一幅背景图像，如图 6-6 所示。

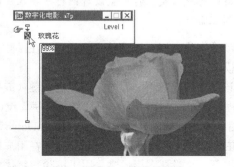

图 6-6　准备一幅背景图像

（2）准备一个位图序列，注意相邻两幅位图的差别不要太大，如图 6-7 所示，这样在播放时才能得到比较平滑的效果。

图 6-7　位图序列（缩略图）

将位图的背景色设置为黑色是有道理的，因为在创建数字化电影时，黑色（或白色）可以作为透明色，但是对于较复杂的图像，Authorware 不能将这种透明效果处理得很理想，图像的轮廓上会出现黑边（或白边），这是颜色处理上的误差。因为背景图像的色调较暗，将位图的背景色设置为黑色同时设置黑色为透明色，可以使误差造成的影响减至最低程度。相反，如果背景图像为浅色，则将位图的背景色设置为白色同时设置白色为透明色，可以使误差造成的影响减至最低程度。

（3）将位图序列导入一个【数字化电影】设计图标，创建一个数字化电影，在默认情况下黑色将作为透明色，如图 6-8 所示。

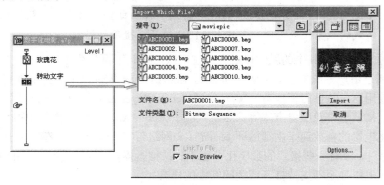

图 6-8　使用位图序列创建数字化电影

即使按照要求使用了 8bit 非压缩格式的位图文件，而且在导入文件对话框中打开【Show Preview】复选框也能预览到动画效果，但是在单击【Import】命令按钮导入位图文件时，很可能会遇到 Authorware 的出错提示，大意是使用了非正确格式的位图文件，原因是 Windows 位图文件通常有两种分辨率——72 像素/英寸和 96 像素/英寸，后者能被正常导入作为数字化电影，而前者不行，所以必须将 72 像素/英寸分辨率的位图文件转换为 96 像素/英寸分辨率。在向【显示】设计图标或【交互作用】设计图标中导入位图文件时不存在这种问题，两种格式的位图文件都能正常使用。

（4）在【演示】窗口中拖动数字化电影可以调整它的位置。在【数字化电影】设计图标属性检查器中将其覆盖模式设置为透明模式，如图 6-9 所示。

（5）再好的片头动画也应该能使用户在不想看时单击鼠标左键（或按下键盘上的任意键或其他的方便措施）将其略过直接进入程序。如图 6-10 所示，在"转动文字"设计图标属性检查器中将【Play】属性设置为"Until True"，然后将停止播放的条件设置为"MouseDown"。系统变量 MouseDown 在用户单击鼠标左键时值变为 TRUE，用在这里就可以使 Authorware 在用户单击鼠标左键后停止播放数字化电影，执行下一个设计图标。下一个设计图标通常是用于擦除数字化电影的【擦除】设计图标，或者是程序的主界面等。

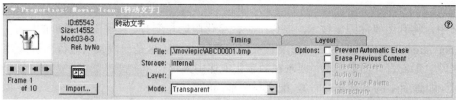

图 6-9　设置数字化电影的覆盖模式

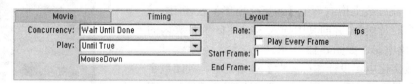

图 6-10　设置停止播放条件

（6）运行程序，就可以看见"创意无限" 4 个艺术字在【演示】窗口中循环转动，如图 6-11 所示。由于将数字化电影设置为透明模式，画面的整体效果相当好。单击鼠标左键，Authorware 就停止数字化电影的播放并向下执行其他内容。

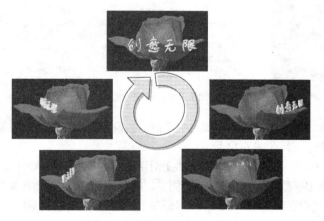

图 6-11　数字化电影播放效果

本例就介绍到这里。还可以仿效第 5 章中控制音乐循环播放的例子，设计出在程序运行过程中循环播放数字化电影的程序，设计思路是相同的，感兴趣的话你可以自己试一下。以下几个系统变量可以用来对数字化电影的播放进行控制。

MediaPlaying@"IconTitle"：用于确定其后引用的数字化电影是否正在播放，是则返回 TRUE。

MediaPosition@"IconTitle"：返回数字化电影当前播放到第几帧。

MediaLength@"IconTitle"：返回数字化电影包含的帧的总数。

值得一提的是，使用【声音】设计图标播放声音，不能控制只播放声音的某个片段。这里提供一个变通的办法，就是将声音存储到一个只包含伴音而没有图像序列的数字化电影中（使用影像编辑工具），利用【数字化电影】设计图标控制数字化电影播放范围的能力，实现播放声音的任意片段。

6.4　现场实践：实现数字化电影与配音、字幕之间的同步

图 6-12　导入数字化电影

在本节中，将利用媒体同步技术，制作一个数字化电影与配音、字幕同步播放的例子。数字化电影采用 Authorware 7.0 文件夹中 ShowMe 文件夹内的 Edison.avi，这是一段某人进行演讲的数字化电影。本例将为这段电影配音并加上字幕，要求在数字化电影中人物开始讲话时（即画面中的人物开口时），配音与字幕同时出现；在开始讲下一句话时，前一字幕自动消失，同时出现新的字幕，播放第二段配音。

（1）首先向流程线上拖放一个【数字化电影】设计图标，将其命名为"电影片段"，并向其中导入 ShowMe 文件夹内的 Edison.avi 数字化电影，如图 6-12 所示。

（2）在【数字化电影设计图标属性】对话框中，关闭数字化电影片段本身具有的声音，这样就不会干扰配音的播放。同时使用播放控制按钮，找到人物开口讲第一句话的画面（大约是在第 70 帧的位置），如图 6-13 所示。

 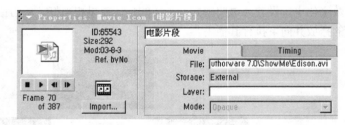

图 6-13　查找所需的画面

（3）向"电影片段"设计图标右侧拖放一个【群组】设计图标并将其命名为"配音字幕 1"，这样就创建了一个媒体同步分支，如图 6-14 所示。

（4）双击媒体同步标记，打开【媒体同步属性】对话框，如图 6-15 所示，在其中将【Synchronize on】属性设置为 Position，即根据数字化电影的帧进行同步，然后将同步帧设置为在第 2 步中定位的第 70 帧。将【Erase Contents】属性设置为 After Next Event，即在下一段配音和字幕播放时，擦除本段配音和字幕。

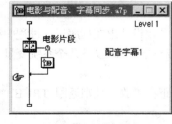 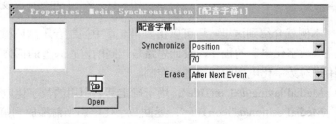

图 6-14　创建第 1 个媒体同步分支　　　　图 6-15　设置第 1 个配音和字幕的出现时机

（5）现在向"配音字幕 1"设计图标中增加配音和字幕内容，如图 6-16 所示。在"字幕 1"设计图标中创建一个内容为"同学们好！"的文本对象，然后录制一段同样内容的配音，并将录音形成的声音文件导入到"配音 1"设计图标中。

图 6-16　添加第 1 段字幕和配音

（6）按照第 2 步至第 5 步中的做法，在数字化电影片段中找到电影人物开口讲第二句话的画面（大约是在第 108 帧的位置），然后为【数字化电影】设计图标创建第 2 条媒体同步分支并将其命名为"配音字幕 2"，如图 6-17 所示。双击"配音字幕 2"媒体同步标记，在【媒体同步属性】对话框中将同步帧设置为第 108 帧，然后在"字幕 2"设计图标中创建内容为"我先做一下自我介绍："的文本对象，向"配音 2"设计图标中导入录有同样内容的配音。

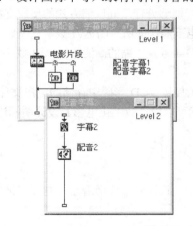

图 6-17　添加第 2 段字幕和配音

（7）试着运行一下程序，可以看到在画面中的人物开口讲第一句话时，对应的字幕自动出现，并且对应的配音也开始自动播放。在画面中的人物开口讲第二句话时，前面的字幕自动消失，出现新的字幕并且对应的配音也开始自动播放。这就实现了数字化电影与配音、字幕同步播放的功能。

如果为【数字化电影】设计图标创建了媒体同步分支，则【数字化电影】设计图标的【Concurrency】属性只能被设置为两种方式：Wait Until Done 和 Concurrent。如果【数字化电影】设计图标已经被设置为 Perpetual 方式，则在创建了媒体同步分支之后，会自动转换为 Concurrent 方式。同时，程序流程何时退出媒体同步分支结构继续向下执行，由【数字化电影】设计图标的【Concurrency】属性和媒体同步分支的【Synchronize on】属性共同决定：若【数字化电影】设计图标的【Concurrency】属性设置为 Concurrent，那么程序会在执行完所有的同步分支之后，再沿流程向下执行，无论数字化电影是否播放完毕，过小的【Synchronize on】属性设置（0 Seconds 或 1 Position）会导致流程无法正常向下执行；如果存在某个媒体同步分支的【Synchronize on】属性被设置为不存在的帧（如电影共有 100 帧，而将 Position 设置为 130 或 0 都是不存在的帧），则会导致该同步分支无法执行，并且程序流程无法退出媒体同步分支结构。若【数字化电影】设计图标的【Concurrency】属性设置为 Wait until done，那么当数字化电影播放完毕后就会继续向下执行其他流程，无论同步分支是否全部得到执行。

这个例子就介绍到这里，可以依照本例的做法，为数字化电影中其余的内容增加字幕和配音。另外还可以仿效本例的方法，为【声音】设计图标增加字幕，实现卡拉 OK 字幕的效果，感兴趣的话可以自己动手实践一下。

6.5　本　章　小　结

本章主要介绍了在 Authorware 中使用【数字化电影】设计图标播放数字化电影的方法。【数字化电影】设计图标本身并不复杂，但是因为数字化电影综合了图像、声音数据，而且存在很多种格式，使用数字化电影需要有一定的多媒体综合设计能力，在平时应该注意培养自己在这方面的能力。

在使用某种格式的数字化电影之前，要注意必须在系统中安装播放该格式数字化电影所需的支持软件。同一种格式的数字化电影文件还可以采用不同的压缩方式，例如，AVI 格式的数字化电影文件可以从 10 种以上的压缩方式中选择一种，必须谨慎地选择能够处理不同压缩方式的播放支持软件——即使向系统中安装了 Video for Windows 播放支持软件，也不能保证所有的 AVI 数字化电影文件都能正常播放，比较典型的例子是如果想在程序中使用以 MPEG-4 方式压缩的高清晰度 AVI 数字化电影，必须保证系统中安装了 DivX 等驱动程序。

另外，目前有许多数字化电影文件采用.dat 格式（尤其是 VCD 影碟中存储的电影文件），在通常情况下，只需将这类文件的扩展名由.dat 改变为.mpg，就可以由【数字化电影】设计图标进行播放。

6.6　上　机　实　验

（1）仿照第 3 章中使用滑钮控制对象移动速度的例子，设计一个使用滑钮控制数字化电影播放速度的程序，达到一种快放、慢放或倒播的效果。

（2）调整数字化电影播放画面的大小。

　　（提示：在播放数字化电影时，单击设计窗口暂停程序的执行，然后单击【演示】窗口中的数字化电影画面，被选中的数字化电影四周将出现控制点。）

第 7 章　DVD 视频的应用

通过 Authorware 7.0 新增的【DVD】设计图标，设计人员可以将具有交互性的高清晰度的 DVD 电影应用于多媒体程序之中。DVD 带来的高质量画面和音响效果，可以为多媒体程序增加无穷的魅力。

 为了在 Authorware 程序中正确使用 DVD，必须懂得什么是 DVD 及它是如何工作的。DVD，即 Digital Video Disc（数字视频光盘），是新型的光盘存储技术。DVD 可以分为两大类：第一类是 DVD 视频（DVD-Video）和 DVD 唱片（DVD-Audio），它们可以由普通的家用 DVD 播放机播放，也可以在计算机的 DVD-ROM 驱动器中通过 DVD 播放软件来播放；第二类是 DVD-ROM、DVD-R 或 DVD-RAM 数据光盘，这些数据光盘可以在计算机的 DVD-ROM 驱动器中使用，就像 CD-ROM 和 CD-R 一样，它们主要用于保存各类数据文件。目前最为常见的就是 DVD 视频盘（也称为 DVD 影碟），它具有以下优秀的特点。

- 可存储近 2 个小时的高质量 MPEG-2 数字视频节目（双面、双层盘上可达 8 个小时）。
- 可存储 8 个音轨的数字音频（支持多语言），每个音轨可达 8 个声道；提供高于 CD 质量的音频效果，支持 Dolby Digital（AC-3）或 DTS 多声道环绕声。
- 可存储 32 种字幕/卡拉 OK 音轨。
- 视频自动无缝切换（实现多故事情节或节目等级分类）。
- 可达 9 个视角（在播放时可以选择不同的视角，从不同角度欣赏影片）。
- 提供菜单或其他的交互特性（如游戏等）。
- 支持多种语言版本的字幕。
- 可根据标题、章节和时间快速搜索，支持快速倒退和前进。
- 在标准或宽屏电视上支持宽银幕视频（4:3 和 16:9 两种宽高比）。
- 提供对视频内容分级管理功能。

……

7.1　准　备　工　作

为了能够在 Authorware 中播放 DVD 视频，系统必须能够提供以下支持条件。

（1）安装 Microsoft DirectX 8.1 或以上版本。

（2）安装与 DirectShow 兼容的 MPEG-2 解码驱动程序（DirectShow 是 DirectX 技术的一部分，用于提供高质量的画面，但其中并不包含 MPEG-2 解码功能）。MPEG-2 解码驱动程序通常存在于各种 DVD 视频播放软件之中，只要系统中安装了某种 DVD 视频播放软件（如 WinDVD 或 PowerDVD），就可以认为系统已经具备了 MPEG-2 解码能力。Windows XP 系统本身就具备 MPEG-2 解码能力。

（3）一台 DVD-ROM 驱动器并且安装相应的驱动程序。

（4）DVD 视频的区域码必须与 DVD-ROM 驱动器的区域码相同。

 为了进行权益保护，电影制片商为 DVD 视频提供了区域码限制，受到区域码保护的 DVD 视频只能在由区域码指定的地区中播放。区域码与地区的对应关系如下：

- 1 区：美国，加拿大；
- 2 区：日本，欧洲，南非，中东（包括埃及）；
- 3 区：东南亚，东亚（包括中国香港）；
- 4 区：澳大利亚，新西兰，太平洋岛屿，美国中部，墨西哥，南美，加勒比海；
- 5 区：东欧（前苏联），印度，非洲，朝鲜，蒙古；
- 6 区：中国；
- 7 区：保留；
- 8 区：特殊的区域。

区域码通常印刷在 DVD 影碟的封套上。有的 DVD 影碟封套上印有 ALL 的字样，表示该影碟没有区域码限制，可在任何地区播放。许多型号的 DVD-ROM 驱动器允许用户更改其区域码（通常有次数限制，大多数 DVD-ROM 驱动器的区域码只能被更改 5 次，第 5 次设置的区域码将被永久保存下来）。

在满足上述条件之后，如果播放 DVD 视频时画面质量出现问题，请试着降低屏幕分辨率和刷新率，为 DVD 视频让出更多的显示内存。

接下来就可以使用【DVD】设计图标控制 DVD 视频的播放了。

7.2   控制 DVD 视频的播放

在 Authorware 中播放 DVD 视频非常简单。启动 Authorware，向 DVD-ROM 驱动器中放入一片 DVD 视频光盘，然后向设计窗口中拖放一个【DVD】设计图标，运行程序后就可以在【演示】窗口中看到高清晰度的 DVD 视频画面了，如图 7-1 所示。Authorware 根据当前【演示】窗口的大小，自动对 DVD 视频画面进行按比例缩放，使画面占据整个【演示】窗口，空余的地方用黑色填充。

图 7-1   通过【DVD】设计图标播放高清晰度 DVD 视频

　　DVD 视频是带有交互性的数字视频信息。通过【DVD】设计图标播放 DVD 视频，可以使用鼠标在【演示】窗口中直接点选 DVD 视频提供的菜单，进行各种控制和设置，例如，选择标题、章节、字幕和语言等，或者直接播放影片，图 7-2 所示，就是直接利用鼠标选择 DVD 视频中的某一标题进行播放。

　　在 DVD 视频的播放过程中，随时可以用鼠标右键单击视频画面，利用 DVD 视频快捷菜单对 DVD 视频的播放过程进行控制。如图 7-3 所示，除了使用 DVD 视频本身提供的链球状菜单，还可以通过快捷菜单中提供的 10 条播放控制命令进行播放控制，现将播放控制命令简介如下：

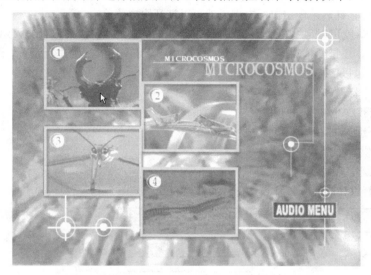

图 7-2　利用 DVD 视频本身提供的交互性进行控制

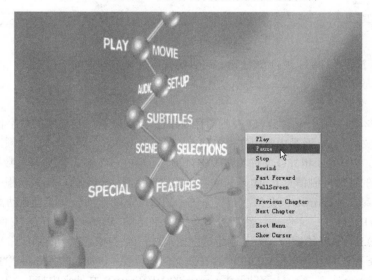

图 7-3　利用 DVD 视频快捷菜单进行播放控制

- Play：播放 DVD 视频。
- Pause：暂停播放。
- Stop：停止播放。

- Rewind：快速倒播。
- Fast Forward：快速播放。
- FullScreen：全屏幕播放，按下 Esc 键就可以返回正常窗口状态。
- Previous Chapter：跳转到上一章节。
- Next Chapter：跳转到下一章节。
- Root Menu：返回 DVD 视频的主菜单。
- Show Cursor：相当于一个复选框，作用是显示或隐藏鼠标指针，避免对视频画面造成影响。当隐藏鼠标指针后，单击鼠标右键仍然可以打开快捷菜单。

利用这些命令，就可以尽情享受 DVD 影片带给我们的震撼了。如果想对 DVD 影片的播放过程进行更为深入的控制，还是要依靠属性检查器对【DVD】设计图标的属性进行设置。通过【DVD】设计图标属性检查器，可以实现以下控制功能：

- 播放哪一个标题和片段。
- 开启或关闭 DVD 视频的画面。
- 开启或关闭 DVD 视频的声音。
- 为用户提供一个播放控制器。
- 开启或关闭字幕显示。

双击【DVD】设计图标，打开设计图标属性检查器，如图 7-4 所示。

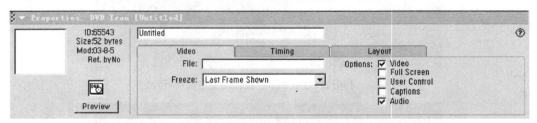

图 7-4　【DVD】设计图标属性检查器

（1）【Preview】命令按钮：按下该按钮，可以根据属性检查器中的当前设置，在【演示】窗口预览 DVD 视频的播放效果。

（2）【Video】选项卡

- 【File】文本框：用于设置 DVD 视频的存储路径。DVD 视频与通常的数字化视频不同，它不是由一个文件构成，而是由一组文件构成，这一组文件通常存储在 DVD 视频光盘的 VIDEO_TS 文件夹内，以 VOB 和 IFO 文件为主 VOB 文件是 MPEG-2 格式的视/音频数据，IFO 文件则提供了视频的播放控制信息）。如果 File 属性的值保持默认的空值，那么当程序执行到【DVD】设计图标时，Authorware 会依次查找系统中的每个驱动器（包括硬盘驱动器）的根目录，直到发现 VIDEO_TS 文件夹，然后打开该文件夹下的 VIDEO_TS.IFO 文件（有些情况下是 VTS_01_0.IFO）开始播放。为了避免这种搜索过程给 DVD 视频的播放带来延迟，可以明确地在【File】文本框中输入 VIDEO_TS.IFO 文件的位置，例如，输入路径 ""H:\\VIDEO_TS""，指示 Authorware 直接到 H 驱动器根目录下的 VIDEO_TS 文件夹内打开 VIDEO_TS.IFO 文件开始播放。

人为指定 DVD 视频路径时，可以使用非默认的文件夹名称，例如 ""C:\\Movie""，只要该文件夹下确实存在 VIDEO_TS.IFO 文件。如果 Authorware 在指定的路径中没有发现 DVD 视频文件，那么仍然会自动在系统中的各驱动器根目录下查找 VIDEO_TS 文件夹。

- 【Freeze】下拉列表框：用于设置当 DVD 视频片段播放结束后，是否在屏幕上保留一帧画面。有以下 2 个选项：

  Never：不保留画面。

  Last Frame Shown：播放结束时，将最后显示的一帧画面保留在屏幕上。
- 【Options】复选框组

  Video：打开该复选框，则显示 DVD 视频画面。

  Full Screen：打开该复选框，则以全屏幕方式播放 DVD 视频。

  User Control：打开该复选框，则提供给用户一个播放控制器。DVD 播放控制器如图 7-5 所示，其中提供的控制按钮从左到右依次为全屏幕播放、返回 DVD 视频的主菜单、跳转到上一章节、快速倒播、正常播放、暂停播放、逐帧播放、快速播放和跳转到下一章节。

  Captions：打开该复选框，则显示 DVD 视频字幕。

  Audio：打开该复选框，则允许播放 DVD 视频中的声音。

（3）【Timing】选项卡（如图 7-6 所示）

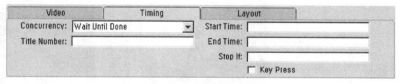

图 7-5　DVD 视频播放控制器　　　　　　　　图 7-6　【Timing】选项卡

- 【Concurrency】下拉列表框：设置当视频信息正在播放时，是否同时执行其他设计图标。

  Wait Until Done：Authorware 等到 DVD 视频播放结束后，再执行流程线上下一个设计图标。

  Concurrent：Authorware 在播放 DVD 视频的同时沿流程线向下继续执行。
- 【Title Number】文本框：用于设置被播放的标题。DVD 视频以 Title（标题）和 Chapter（章节）的方式组织内容，一部 DVD 视频最多可以分为 99 个标题，而一个标题中最多可以包含 999 个章节。
- 【Start Time】与【End Time】文本框：用于设置 DVD 视频的播放范围，【Start Time】属性代表片段的开始位置，【End Time】属性代表片段的结束位置，以分钟为单位。
- 【Stop If】文本框：在此输入逻辑型变量或表达式，当其值为 TRUE 时，系统将终止 DVD 视频的播放。
- 【Key Press】复选框：打开此复选框，则用户按下键盘上任意键就可以终止 DVD 视频的播放。

（4）【Layout】选项卡（如图 7-7 所示）

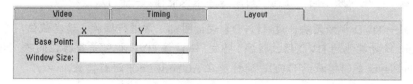

图 7-7　【Layout】选项卡

- 【Base Point】文本框组：用于设置 DVD 视频播放窗口的左上角坐标。如果将文本框的内容保持为空，则使用(0, 0)的默认坐标。
- 【Window Size】文本框组：用于设置 DVD 视频播放窗口的宽度和高度，如果按照 DVD 视频画面的宽、高比例设置播放窗口的宽度和高度，可以有效地消除黑色的画面边框。如果将文本

框的内容保持为空，则播放窗口将由【Base Point】文本框组指定位置处延伸至【演示】窗口
的右下角。

在默认情况下，DVD 视频的画面将占据整个【演示】窗口。如果在播放 DVD 视频的同时，还需
要再安排其他显示内容，就可以在【Layout】选项卡进行调整，如图 7-8 所示，DVD 视频封面图像和
文字介绍可以放置在"影片介绍"设计图标之中，然后在"影片播放"设计图标属性检查器中将 DVD
视频播放窗口调整至【演示】窗口左下角的位置。

图 7-8　在小窗口中播放 DVD 视频

【DVD】设计图标可以被【擦除】设计图标擦除，但是不能通过在【演示】窗口中单击 DVD
视频画面的方法设置擦除对象，只有在设计窗口中通过拖放操作，才能将【DVD】设计图标
设置为【擦除】设计图标的擦除对象（即将【DVD】设计图标拖放到【擦除】设计图标之上）。
与播放数字化视频不同，在同一时刻程序中仅能播放一部 DVD 视频。

如果某一 DVD 视频无法通过【DVD】设计图标正常进行播放，请尝试使用 Windows Media
Player（或者其他的 DVD 播放程序）播放，测试该 DVD 视频是否存在问题。只要是 Windows
Media Player 能够播放的 DVD，同样能在 Authorware 下进行播放。

7.3　使用函数播放 DVD 视频

通过 Video 类的系统函数和变量，能够对 DVD 视频实现更多的播放控制功能，现将一个简单的
由函数实现的播放控制过程介绍如下（程序流程如图 7-9(a)所示）。

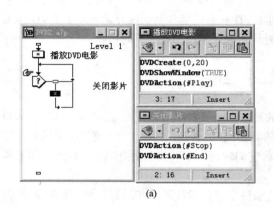
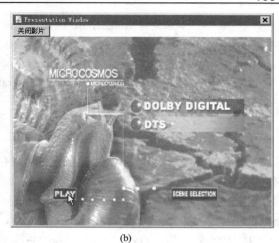

(a)　　　　　　　　　　　　　　　(b)

图 7-9　使用函数播放 DVD 视频

在"播放 DVD 电影"设计图标中使用以下 3 个函数就可以播放 DVD 视频：

DVDCreate()

DVDShowWindow(TRUE)

DVDAction(#Play)

这 3 个函数的作用如下。

（1）DVDCreate()用于创建一个占据整个演示窗口的 DVD 播放窗口，该窗口处于隐藏状态，允许设计人员仅播放 DVD 视频中的声音。利用参数可以控制窗口的大小、位置和播放的 DVD 视频文件，这里省略了其他参数，仅定义 DVD 播放窗口的左上角坐标为(0, 20)，以使"关闭影片"按钮可以显示出来（如图 7-9(b)所示）。

> Authorware 帮助文档中关于系统函数 DVDCreate([WindowLeft, WindowTop, WindowHeight, WindowWidth, DVDFilename])的说明有误，弄错了参数 WindowHeight, WindowWidth 的顺序，正确的参数顺序应该是 DVDCreate([WindowLeft, WindowTop, WindowWidth, WindowHeight, DVDFilename])。这一点请读者在学习过程中多加注意。

（2）DVDShowWindow(True) 使 DVD 播放窗口处于可见状态，在需要显示 DVD 视频画面时就执行此函数。

（3）DVDAction(#Play)开始播放 DVD 视频。

在"关闭影片"设计图标中使用以下两个函数停止播放 DVD 视频：

DVDAction(#Stop)

DVDAction(#End)

两个函数（实际上是使用了不同参数的同一个函数）的作用分别是停止播放过程并关闭 DVD 播放窗口，释放 DVD 视频占用的内存等系统资源。

> 当使用函数播放 DVD 视频时，请在退出程序之前使用 DVDAction(#End)函数关闭 DVD 关闭播放窗口，否则程序可能会出现问题。

Authorware 还提供有更多的 DVD 播放函数和监控变量，用于对 DVD 视频的播放过程提供更为深入的控制，关于这方面的详细内容请参阅附录。

如果觉得 Authorware 提供的 Video 类系统函数和变量还不够用，Authorware 7.0 文件夹内的 DVD.DLL 提供了数 10 个 DVD 播放控制函数，可以将它们加载到程序中使用。实际上，【DVD】设计图标对 DVD 视频的播放控制能力正来源于 DVD.DLL 函数文件，关于如何向程序中加载外部函数请参阅 10.2.3 节的内容。

7.4 本 章 小 结

通过【DVD】设计图标，可以利用 DVD 所特有的海量存储能力存储大量的视频资料，以及 DVD 方便的交互控制，但是需要额外的软件和硬件支持。随着 DVD 的普及，播放 DVD 视频所需的软、硬件环境也会越来越普遍，不过对于较短的视频信息，将它们转换为小型数字化视频文件会更有利于多媒体程序的分发。

7.1 节中介绍的播放 DVD 视频所必需的系统支持条件应该在设计环境和运行环境下同时得到满足，因此在利用【DVD】设计图标时，要充分考虑到用户系统是否具备这些条件。由于 Authorware 通过 Microsoft DirectX 技术播放 DVD 视频，因此在 Macintosh 系统中无法实现播放 DVD 视频这一功能。

7.5 上 机 实 验

制作 DVD 视频播放器，并练习在全屏播放和窗口播放之间进行切换。

第 8 章　决策判断分支结构

决策判断分支结构用于设置一种决策手段，某些设计图标能否被执行，以什么顺序执行，以及总共执行多少次。利用它可以实现类似程序语言中的 IF/THEN/ELSE、DO CASE/ENDCASE、FOR/ENDFOR、DO WHILE/ENDDO 等逻辑结构。

8.1　决策判断分支结构的组成

决策判断分支结构由【决策判断】设计图标及附属于该设计图标的分支图标共同构成，如图 8-1所示。分支图标所处的分支流程称为分支路径，每条分支路径都有一个与之相连的分支标记。

决策判断分支结构的构造方法与构造一个交互作用分支结构类似：首先向主流程线上拖放一个【决策判断】设计图标，然后，再拖动其他设计图标至【决策判断】设计图标的右边释放，该设计图标就成为一个分支图标。但是决策判断分支结构与交互作用分支结构所起的作用截然不同，当程序执行到一个决策判断分支结构时，Authorware 将会按照【决

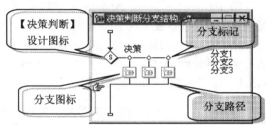

图 8-1　决策判断分支结构

策判断】设计图标的属性设置，自动决定分支路径的执行次序及分支路径被执行的次数，而不是等待用户的交互操作。在默认的情况下，Authorware 会自动将所有的分支图标按照从左到右的顺序各执行一次，然后退出决策判断分支结构，继续沿主流程线向下执行，是否擦除分支图标中的信息由分支路径的属性决定。

8.2　决策判断分支结构的设置

有了一个决策判断分支结构之后，通过【决策判断】设计图标属性检查器和【分支】属性检查器，可以对决策判断分支结构的执行方式进行设置。

8.2.1　【决策判断】设计图标属性设置

双击【决策判断】设计图标，打开【决策判断】设计图标属性检查器，如图 8-2 所示。

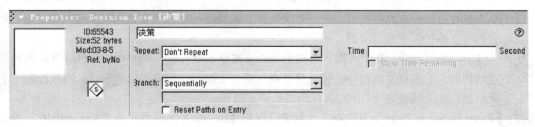

图 8-2　【决策判断】设计图标属性检查器

(1)【Time Limit】文本框：用于限制决策判断分支结构的运行时间，在这里可以输入代表时间长度的数值、变量或表达式，单位为秒。一旦到了规定时间，Authorware 就会立即从决策判断分支结构中返回到主流程线上并沿主流程线继续向下执行。

(2)【Show Time Remaining】复选框：如果设置了限制时间，此复选框就变为可用状态。打开此复选框，则程序执行到决策判断分支结构时，【演示】窗口中会显示一个倒计时钟，用于提示剩余时间。

(3)【Repeat】下拉列表框：用于设置 Authorware 在决策判断分支结构中循环执行的次数，其中有以下 5 个选项。

Fixed Number of Times：执行固定的次数。根据在下方的文本框中输入的数值、变量和表达式的值，Authorware 将在决策判断分支结构中循环执行固定的次数，至于每次沿哪条分支路径执行，由【Branch】属性决定。如果设置的次数小于 1，则 Authorware 退出决策判断分支结构，不执行其中任何分支图标。

Until All Paths Used：直到所有的分支图标都被执行过。在每个分支图标都至少被执行过一次之后，Authorware 退出决策判断分支结构。

Until Click/Keypress：Authorware 将不停地在决策判断分支结构中循环执行，直到用户按下了鼠标键或键盘上的任意键（这个选项可以用于略过耗时较长或重复播放的数字化电影）。

Until True：选择此选项，则 Authorware 在执行每一次循环之前，都会对输入下方文本框中的变量或表达式的返回值进行判断，如果值为 FALSE，就一直在决策判断分支结构内循环执行，如果值为 TRUE，就退出决策判断分支结构。

 这个选项大有用处，例如，使用决策判断分支结构为一段无声视频信息配上音乐：如果想在视频信息停止播放时，立即停止配音的播放，就可以将配音加载到分支图标中，为【决策判断】设计图标选用此选项，在条件文本框中输入一个代表着视频信息播放完毕的系统变量 VideoDone。这样，视频信息被播放时，配音也被播放，一旦视频信息播放完毕，配音会立即消失。

Don't Repeat：选择此选项，则 Authorware 只在决策判断分支结构中执行一次，然后就退出决策判断分支结构返回到主流程线上继续向下执行。至于沿哪条分支路径执行由【Branch】属性决定。

(4)【Branch】下拉列表框：配合【Repeat】属性使用，设置 Authorware，执行到决策判断分支结构时，究竟执行哪些路径，并且这里的设置可以在【决策判断】设计图标的外观上显示出来。

Ⓢ Sequentially：Authorware 在第一次执行到决策判断分支结构时，执行第一条分支路径中的内容；第二次执行到决策判断分支结构时，执行第二条分支路径中的内容，以此类推。

Ⓐ Randomly to Any Path：Authorware 在执行到一个决策判断分支结构时，将随机选择一条分支路径执行。注意有可能出现这种情况：某些分支图标多次被执行，而另一些分支图标从未得到执行。

Ⓤ Randomly to Unused Path：Authorware 在执行到一个决策判断分支结构时，会随机选择一条从未执行过的分支路径执行。这个选项保证了 Authorware 在重复执行某条分支路径前，将所有的分支路径都执行过一遍。

Ⓒ To Calculated Path：在下方的文本框中输入变量或表达式，Authorware 在执行到决策判断分支结构时，会根据文本框中的值选择要执行的分支路径：如果该值等于 1，则执行第一条分支路径；如果该值等于 2，则执行第二条分支路径，以此类推。

(5)【Reset Paths on Entry】复选框：此复选框仅在【Branch】属性设置为"Sequentially"或者是"Randomly to Unused Path"时起作用。Authorware 使用变量来记忆已经执行过的分支路径的有关信息，打开此复选框就会将这些记忆信息清除。Authorware 无论第几次执行到此决策判断分支结构，都好像是初次执行它一样。

8.2.2　分支属性设置

双击分支标记，打开【分支】属性检查器，如图 8-3 所示。

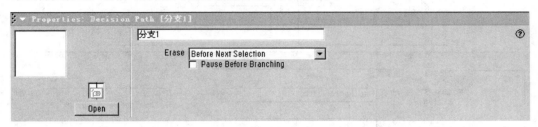

图 8-3　【分支】属性检查器

（1）【Erase Contents】下拉列表框：用于设置何时擦除对应分支图标显示的内容，有以下 3 种选择。

Before Next Selection：只要程序一执行完当前分支图标，立刻擦除对应的显示内容。

Upon Exit：保留所有的显示信息，直到 Authorware 从当前决策判断分支结构中退出才进行擦除。

Don't Erase：保留所有的显示信息，除非使用了【擦除】设计图标将它们擦除。

（2）【Pause Before Branching】复选框：打开此复选框，则程序在离开当前分支路径前，会在【演示】窗口中显示一个 "Continue" 按钮，用户单击该按钮，程序才继续执行。

8.3　现场实践：算术测试

在 4.10 节中曾经制作了 "算算看" 的例子，那是一个随机出题的程序，每次运行该程序，都会随机出一道两位数的加法算术题。在本节中，对该程序进行改进，可以由用户指定出题的数目，并限制用户的做题时间。

（1）创建一个新的程序文件，向其中添加一个如图 8-4 所示的交互作用分支结构，使用自定义变量 T 保存用户输入的数值，这个数值将作为出题的数量。

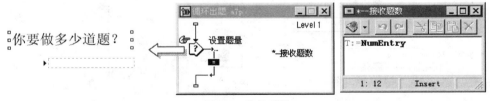

图 8-4　接收题数

（2）向程序中增加一个决策判断分支结构，如图 8-5 所示，将 "算算看" 程序中的所有内容复制到 "算一道题" 分支图标中，然后在【决策判断】设计图标中做如下设置。

- 将【Time Limit】属性设置为 "T*10"，变量 T 保存了用户设置的出题数目，假设用户设定共做 8 道题（T 为 8），这个表达式就将决策判断分支结构的执行时间（也就是用户做题的时间）限制为 80 秒。
- 将【Repeat】属性设置为 "Fixed Number of Times"，并在下方的文本框中输入 "T"，这样，"算一道题" 分支图标将会被执行 T 次。由于每执行一次就相当于出了一道题，如果还采用上述假设，用户在规定时间内正确做完 8 道题之后，程序就会退出决策判断分支结构向下执行。

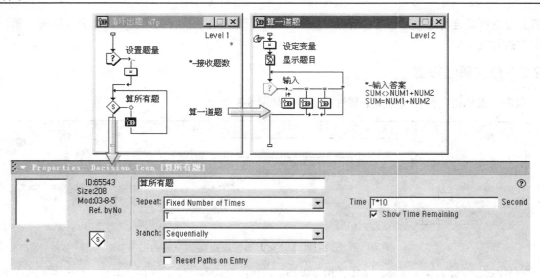

图 8-5　设置循环次数及执行时间

（3）在程序中增加如图 8-6 所示的决策判断分支结构，该结构用于判断用户是在什么情况下退出前一决策判断分支结构的：是因为超过了时间限制，还是因为在规定时间内正确做完了所有题目。在未超时的情况下，逻辑型表达式"TimeExpired@"算所有题""返回 0（FALSE），在超时的情况下，该表达式返回 1（TRUE）；再将【Brach】属性设置为"To Calculated Path"，则对于不同的情况，Authorware 自动选择分支路径加以执行，即对不同的情况给予提示（这个决策判断分支结构实际上是实现了一个"IF/THEN/ELSE"逻辑结构）。

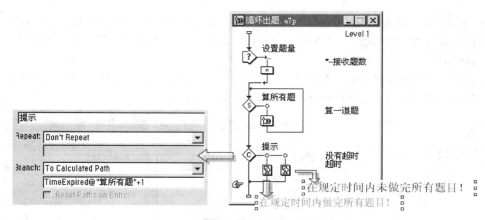

图 8-6　使用决策判断分支结构进行判断

（4）运行程序，如图 8-7 所示，首先要求用户输入出题数目，然后 Authorware 根据数目随机出题，同时 Authorware 进行倒计时，在超时或正确做出所有题目之后，窗口中会出现提示信息。

你要做多少道题？

图 8-7　程序运行结果

8.4　本 章 小 结

本章主要介绍了决策判断分支结构的使用，这种分支结构主要用于流程控制，它的应用相当灵活，在不使用变量和跳转函数的情况下能够实现对程序流程的控制。本章的重点在于【决策判断】设计图标的属性设置，最关键之处在于 Repeat（循环）属性和 Branch（分支）属性相结合使用。要想完全发挥决策判断分支结构的优势，必须熟悉各项属性的用法。

8.5　上 机 实 验

（1）使用决策判断分支结构实现"repeat with/end repeat"逻辑结构。

（2）使用决策判断分支结构实现"Do CASE/END CASE"逻辑结构。

（3）利用决策判断分支结构制作以下随机数产生器程序。

- 从 36 个数之间随机但不重复地选择 7 个数字；
- 由 0～9 十个数字产生 3 个 5 位随机数。

（4）将一组连续图像通过决策判断分支结构循环播放形成图像动画。

（5）利用交互作用分支结构和决策判断分支结构实现图像的缩放。（提示：多个分支图标以外部连接方式使用同一个图像文件，在每个分支图标中设置不同的图像缩放比例。）

（6）根据某种条件（如今天是几号，现在是白天还是夜晚），让程序选择执行特定的流程。

（7）学习 Authorware 安装路径中 ShowMe 文件夹内的以下范例。

- Decision.a7p，使用决策判断分支结构判断键盘状态；
- Piston.a7p，控制对象循环移动。

第9章 导航结构

相信你一定使用过 Windows 的帮助系统或 Internet 浏览器，对其中方便的导航控制肯定留有深刻的印象：在各个页面之间任意前进、后退，单击超文本对象跳转到相应的专题内容，随时查看历史记录等。Authorware 可以利用导航结构方便地实现这些功能。

事实上，导航结构能够实现的功能远不止这些，在 Authorware 中可以利用导航结构实现在程序中任意跳转，这一点与前面介绍过的 GoTo 函数相似，但是导航结构可以记录跳转前所处的位置，并可以随时返回跳转起点，这是 GoTo 函数无法做到的。

9.1 导航结构的组成

导航结构由【框架】设计图标、附属于【框架】设计图标的页图标和【导航】设计图标组成，如图 9-1 所示。从图中可以看出，使用【导航】设计图标，可以跳转到程序中的任意页图标中去：可以向前、向后跳转，也可以向嵌套在一个页图标中的另一个页图标跳转。【导航】设计图标并不限于在交互作用分支结构中使用，实际上它可以放在流程线上任意位置，也可以放在【框架】设计图标中，要注意它指向的目的地只能是一个页图标（不能直接指向处在页图标中的其他类型的设计图标），而且必须是位于当前程序文件中的页图标。

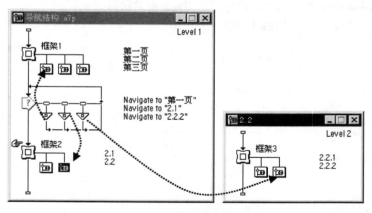

图 9-1 导航结构示意图

同 GoTo 函数相比，使用导航结构来实现跳转要灵活、完善得多，可以使用导航结构来实现以下功能。

（1）跳转到任意页图标中，如单击任意超文本对象可以跳转到包含相关专题内容的页。

（2）根据相对位置进行跳转，如跳转到前一页或跳转到后一页。

（3）从后向前返回到用户使用过的页。

（4）显示历史记录列表（用户使用过的页），从中选择一项作为目的地，然后进行跳转。

（5）使用查找功能定位所需的页，然后进行跳转。

【框架】设计图标、页图标、【导航】设计图标必须结合在一起使用，单独使用其中之一没有任何意义。创建一个基本的导航框架很简单，拖动一个或多个设计图标到【框架】设计图标右方释放即可，就像创建一个交互作用分支结构一样，最好使用【群组】设计图标作为页图标。

9.2 【框架】设计图标

在设计窗口中双击【框架】设计图标，会出现一个框架窗口，如图 9-2 所示。

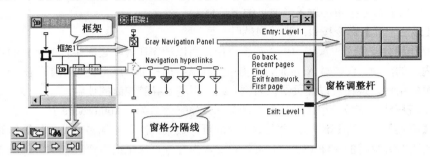

图 9-2 框架窗口

框架窗口是一个特殊的设计窗口，窗格分隔线将其分为两个窗格：上方的入口窗格和下方的出口窗格。当 Authorware 执行到一个【框架】设计图标时，在执行附属于它的第一个页图标之前会先执行入口窗格中的内容，如果在这里准备了一幅背景图像，该图像在用户浏览各页内容时会一直显示在【演示】窗口中；而在退出框架时，Authorware 会执行框架窗口出口窗格中的内容，然后擦除在框架中显示的所有内容（包括各页中的内容及入口窗格中的内容），撤销所有的导航控制。可以把程序每次进入或退出【框架】设计图标时必须执行的内容（如设置一些变量的初始值，恢复变量的原始值等）加入框架窗口中。用鼠标上下拖动调整杆可以调整两个窗格的大小。

按下 Ctrl 键用鼠标双击【框架】设计图标，打开【框架】设计图标属性检查器，如图 9-3 所示。

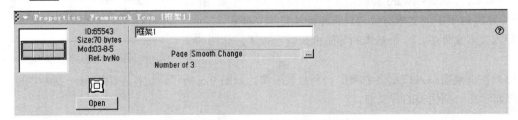

图 9-3 【框架】设计图标属性检查器

（1）在设计图标内容预览框中显示出框架窗口入口窗格中第一个包含了显示对象的设计图标的内容。

（2）【Page】文本框中显示为各页显示内容设置的过渡效果，单击【...】命令按钮会弹出【过渡效果】对话框。

（3）在【Page】文本框下方显示此【框架】设计图标下共依附了多少个页图标。

（4）单击【Open】命令按钮会弹出框架窗口。

9.2.1 默认的导航控制

在默认情况下，Authorware 在框架窗口的入口窗格中准备了一幅作为导航按钮板的图像和一个交互作用分支结构，交互作用分支结构中包括 8 个设置为永久性响应的按钮响应，这 8 个命令按钮是 Authorware 的默认导航按钮，它们的作用分别如下：

　【返回】命令按钮：沿历史记录从后向前翻阅用户使用过的页，一次只能向前翻阅一页。

　【历史记录】命令按钮：显示历史记录列表。

　【查找】命令按钮：打开【Find】对话框。

　【退出】命令按钮：退出框架。

　【第一页】命令按钮：跳转到第一页。

　【向前】命令按钮：进入当前页的上一页。

　【向后】命令按钮：进入当前页的下一页。

　【最后一页】命令按钮：跳转到最后一页。

　　由于交互作用分支位于框架窗口的入口窗格中，所以程序在各页之间跳转时所有的导航控制会显示在每一页内容的前面。仅依靠 Authorware 提供的默认导航控制，就已经可以制作出一个在不同页面之间进行翻页的结构，现在就以翻页结构为例介绍一下基本导航控制的使用。

　　（1）向主流程线上拖放一个【框架】设计图标，将它命名为"Authorware 7"。

　　（2）向【框架】设计图标添加包含文本内容的页。如果一次要添加多个页，最简便的方法是将文本文件存储为带有分页符的 RTF 格式（分页符对文本内容分页显示很重要，它可以使 Authorware 知道哪些文本内容需要放在同一个【显示】设计图标中，哪些则需要分开放置）。然后采用以前介绍过的方法，直接将 RTF 文件从资源浏览器中拖到【框架】设计图标的右边释放，Authorware 就会自动根据 RTF 文件中的分页符建立多个页图标，在默认情况下，每页中的文本对象会处于居中状态。如果想自己设定文本对象的格式，可以按如下步骤操作。

- 先向【框架】设计图标右边拖放一个空的【显示】设计图标。

- 打开该【显示】设计图标，使用【文本】工具设置文本对象的位置和大小，并且选择所需的文本颜色、字号和覆盖模式，以后自动创建的其他页都会采用这里的设置。

- 在【显示】设计图标右侧单击鼠标左键，使手形插入指针出现在那里，然后单击【导入文件】命令按钮，导入所需文本文件，Authorware 会根据分页符自动创建多个页图标，此时每页中的文本对象都具有相同的自定义样式。

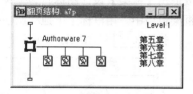

图 9-4　基本导航框架

　　导入文本文件后，一个基本的导航框架就形成了，如图 9-4 所示。

　　（3）在框架窗口入口窗格中增加一个背景图像，如图 9-5 所示。这样在浏览每一页内容时，文本内容都显示在一幅优美的背景前。

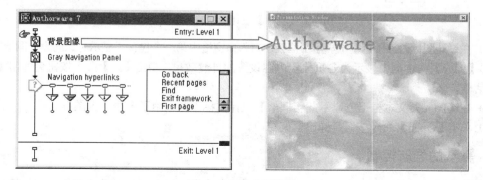

图 9-5　加入背景图像

　　（4）运行程序，【演示】窗口中会显示出第一页的内容，同时出现一个导航按钮板，单击【向前】、

【向后】命令按钮，可以依次对不同页的内容进行浏览，单击【历史记录】命令按钮，就会出现一个【Recent Pages】列表框，双击其中某个页的名称，就会自动跳转到该页中去，如图9-6所示。

图9-6　浏览每一页内容

（5）单击【查找】命令按钮，会出现一个【Find】对话框，如图 9-7 所示，在【Word/Phrase】文本框中输入一个待查找的字符串，然后单击【Find】命令按钮，Authorware 会自动在所有页中进行查找，并将包含该字符串的页显示在【Page】列表框中，双击该页名或者单击【Go to Page】命令按钮，就会跳转到该页中去，并且所有被找到的字符串都加亮显示。

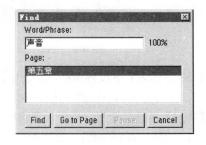

图9-7　查找特定字符串

在这里也可以输入词组或短语，Authorware 会针对其中的每个单词进行查找，例如，在【Word/Phrase】文本框内输入 "Macromedia Authorware"，那么 Authorware 会找到所有同时包含 Macromedia 和 Authorware 两个单词的页面，而不管这两个单词在位置上是否相连。如果需要对该词组进行精确匹配，那么请在【Word/Phrase】文本框内输入 ""Macromedia Authorware"" 再单击【Find】命令按钮进行查找。

（6）单击【退出】命令按钮，就会退出当前框架。

从这个例子可以看出，在 Authorware 中创建一个完整的翻页结构是多么容易，所做的工作简单到只需将所用文本内容导入程序中，这一切是怎样发生的？打开【导航】设计图标，看一看 Authorware 是怎么做的。

9.2.2　【导航】设计图标

跳转方向和方式主要是由【导航】设计图标进行控制，现在就来看上一例中，各个【导航】设计图标是如何工作的。

双击"Go Back"【导航】设计图标，打开【导航】设计图标属性检查器，如图9-8所示。

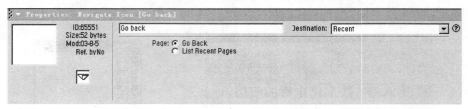

图 9-8　"Go Back"【导航】设计图标属性设置

（1）【Destination】下拉列表框：当前选择是"Recent"，代表着返回用户已经翻阅过的页。跳转方式由下面的单选按钮决定。

（2）【Page】单选按钮组：用于设置跳转方向。

Go Back：沿历史记录从后向前翻阅用户使用过的页，一次只能向前翻阅一页。

List Recent Pages：显示历史记录列表，让用户从中选择一页进行跳转，用户最近翻阅的页显示在列表的最上方。"Recent Pages"【导航】设计图标正是采用了此选项。

双击"Previous page"【导航】设计图标，打开【导航】设计图标属性检查器，如图9-9所示。

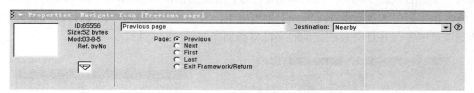

图 9-9　"Previous page"【导航】设计图标属性设置

（1）【Destination】下拉列表框：当前选择是"Nearby"，代表着在同一框架中各页之间跳转，或者退出框架。跳转方向由下面的单选按钮决定。

（2）【Page】单选按钮组：用于设置跳转方向。

Previous：指向当前页的前一页（不是历史记录中的前一页，是指同一框架中位于当前页左边的那一页）。

Next：指向当前页的后一页（不是历史记录中的后一页，是指同一框架中位于当前页右边的那一页），"Next page"【导航】设计图标正是采用了此选项。

First：指向框架中的第一页（最左边的页），"First page"【导航】设计图标正是采用了此选项。

Last：指向框架中的最后一页（最右边的页），"Last page"【导航】设计图标正是采用了此选项。

Exit Framework/Return：退出当前框架，"Exit Framework/Return"【导航】设计图标正是采用了此选项。通常情况下是执行框架窗口出口窗格中的内容，然后返回到主流程线上继续向下执行，如果是通过调用方式跳转到当前框架中的，单击"Exit Framework"按钮就会返回跳转起点。

双击"Find"【导航】设计图标，打开【导航】设计图标属性检查器，如图9-10所示。

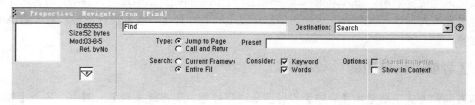

图 9-10　"Find"【导航】设计图标属性设置

（1）【Destination】下拉列表框：当前选择是"Search"，正是因为有此选择，所以在上例中单击【查找】命令按钮，会出现一个【Find】对话框。可以使用下面的选项设置查找范围和跳转方式。

（2）【Type】单选按钮组：用于设置跳转到目标页的方式。

Jump to Page：直接跳转方式。如果用户在【Find】对话框中单击【Go to Page】按钮，Authorware就会直接跳转到选中的页。

Call and Return：调用方式。选择这种跳转方式，Authorware 会记录跳转起点的位置，在需要时可以返回跳转起点。

（3）【Search】单选按钮组：用于设置查找范围。

Current Framework：仅在当前框架中查找。

Entire File：在整个程序文件中的所有框架中查找。如果程序文件很大或包含了很多框架，查找过程可能会用很长时间。在查找进行过程中，用户可以单击【Pause】按钮暂停查找，此时【Pause】按钮会被【Resume】按钮取代，单击【Resume】按钮就可以继续进行查找。Authorware 会在【Word/Phrase】文本框右边显示出查找进行的程度。

> 在查找过程进行的同时，还可以继续其他操作，但是程序运行速度会变慢，同时查找时间也会延长。

（4）【Consider】复选框组：用于设置查找的字符串类型。

Keywords：打开此复选框则允许查找页图标的关键词。

Words：打开此复选框则允许在各页正文之中进行查找。

（5）【Preset Text】：用于输入字符串或存储了字符串的变量，在打开【Find】对话框时，该字符串会自动出现在【Word/Phrase】文本框中。注意字符串必须加上双引号，否则 Authorware 会认为它是一个变量名。如果需要对整句或词组精确匹配，则必须在字符串内通过转义符"\"使用双引号，将整个句子或词组包含在双引号之内（如输入""\"Macromedia Authorware\""，就可以对词组"Macromedia Authorware"进行精确匹配）。

> 在【Preset Text】文本框中可以输入系统变量 LastWordClicked 和 HotTextClicked。如果使用了变量 LastWordClicked，在程序运行时单击【演示】窗口中某个单词，打开【Find】对话框后，该单词就被自动设为待查字符串；如果使用了变量 HotTextClicked，在程序运行时单击【演示】窗口中超文本对象，打开【Find】对话框后，该超文本对象就被自动设为待查字符串。

（6）【Options】复选框组

Search Immediately：打开此复选框，当用户单击【查找】命令按钮时，立刻对【Preset Text】文本框中设置的字符串进行查找。

Show in Context：打开此复选框，则在查找结果中同时显示被找到单词的上、下文相关内容，可以帮助用户更快地定位目标页。此选项对查找页图标关键词无效。

另外，还有两种类型的【导航】设计图标在默认的导航控制中未被使用，在此一并予以介绍。

（1）如图 9-11 所示，将【Destination】选择为"Anywhere"，代表着可以向程序中任何页跳转（请参阅图 9-1)。当创建了一个该类型的【导航】设计图标时，Authorware 会为它起一个默认的名称："Unlinked"，在为它设定了目标页之后，它的名称自动变为"Navigate to '目标页名称'"。

（2）【Type】单选按钮组：用于设置跳转到目标页的方式。

Jump to Page：直接跳转方式。

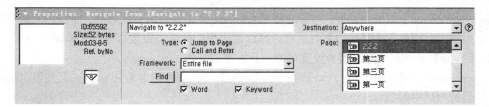

图 9-11　在程序内任意跳转

Call and Return：调用方式。选择这种跳转方式，Authorware 会记录跳转起点的位置，在需要时可以返回跳转起点。

（3）【Page】下拉列表框：选择目标页范围。在下拉列表框中选择某一框架后，其中包含的所有页都显示在下方的列表框中，从中可以选择一个作为跳转目标页；在下拉列表框中选择"Entire File"，则下方列表框中显示出整个程序中所有的页，然后直接从中选择一个作为跳转目标页。

（4）【Find】命令按钮：向其右边的文本框中输入一个待查找的字符串，然后单击此按钮，所有查找到的页会显示于上方列表框中，从中可以选择一个作为跳转目标页。【Word】复选框和【Keyword】复选框用于设置查找的字符串类型。

如图 9-12 所示，将【Destination】选择为"Calculate"，就可以使用表达式控制跳转。在【Icon】文本框中可以输入一个返回设计图标 ID 号的变量或表达式，Authorware 会根据变量或表达式计算出目标页的 ID 号并控制程序跳转到该页中去。最直接的取得 ID 号的方法是使用表达式 IconID@"IconTitle"，例如 IconID@"第一页"返回的是"第一页"设计图标的 ID 号。

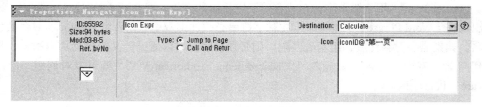

图 9-12　在表达式的控制下跳转

在设计图标属性检查器中可以看到设计图标的 ID 号，但不要在程序中任何地方直接使用该数值，而要利用变量或函数取得所需设计图标的 ID 号。因为在对程序文件进行修改、存盘或打包时，设计图标的 ID 号可能会发生改变，旧的 ID 号就不再有效。

所有类型的【导航】设计图标就介绍完了。根据不同的设置，【导航】设计图标会有不同的外观，为便于对比记忆，将各种设置下的【导航】设计图标的外观显示在图 9-13 中。

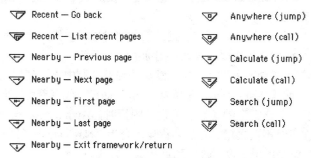

图 9-13　各种类型的【导航】设计图标

可以通过以下几种方法在程序中应用【导航】控制：①将一个【导航】设计图标直接放置在主流程线上。当 Authorware 执行到该【导航】设计图标时，会根据其中的设置自动跳转到目标页中去。②像默认的导航控制那样，将【导航】设计图标加入交互作用分支结构中作为响应图标使用，为其指定按钮、下拉式菜单等响应类型，由用户通过交互操作来使用各种导航功能。由于可以和各种响应属性及响应分支类型结合使用，这种应用方法具有最大的灵活性。③为超文本对象设置超链接（hyperlink）。当用户单击屏幕上的超文本对象时，Authorware 就会按照超链接跳转到目标页中去。9.3 节将要介绍使用超文本的方法。

9.2.3　直接跳转方式与调用方式

在对【导航】设计图标进行属性设置时，某些【导航】设计图标允许从两种跳转方式中选择一种：直接跳转方式（Jump to Page）和调用方式（Call and Return）。直接跳转方式是一种单程跳转，而调用方式则是双程跳转（即 Authorware 会记录跳转起点的位置，跳转到目标页之后，在需要时还可以返回跳转起点）。

在使用调用方式进行跳转时，跳转的起始位置可以在一个导航框架之内，也可以位于主流程线上，但是只能调用位于另一框架中的页，而不能使用调用方式在同一框架内的不同页之间进行跳转。

使用调用方式需要两个【导航】设计图标：一个【导航】设计图标用于使 Authorware 进入指定的页，该【导航】设计图标的跳转方式设置为调用方式；另一个【导航】设计图标用于使 Authorware 返回到原来的位置，该【导航】设计图标的属性必须设置为 Nearby-Exit Framework/Return。这两个【导航】设计图标也可以用具有相同导航属性的超文本对象来代替。

如果目标页嵌套于另一页图标中，则两种跳转方式表现出重大差异：使用直接跳转方式，Authorware 会从外向内依次执行所有外围框架窗口入口窗格中的内容，如果跳转是从一个框架中开始的，则还会首先执行该框架窗口出口窗格中的内容；使用调用方式时，Authorware 会直接去执行目标页所属框架的框架窗口入口窗格中的内容；在返回时，先执行该框架窗口出口窗格中的内容，然后直接返回跳转起始位置。

有一种快速建立【导航】设计图标与页图标关系的办法：将导航结构中的页图标直接拖放到导航设计图标上。页图标的位置并不会发生改变，但【导航】设计图标的导航目标已经自动设置为被拖放的页图标。如果在拖放过程中始终按住 Ctrl 键，则导航方式被自动设置为 Call and Return。

9.3　使用超文本

所谓超文本是一种非连续的文本信息呈现方式，当用户单击（或采取双击等其他方式）超文本对象时，就会看到与超文本对象相关的信息。本节将在"翻页结构"程序的基础上，介绍利用 Authorware 提供的导航控制建立超文本的方法。

9.3.1　设置文本风格

在使用超文本之前，必须建立文本对象与相关信息的联系，即定义超链接，这是通过自定义文本风格实现的。

执行 Text→Define Styles 菜单命令或按下 Ctrl+Shift+Y 快捷键，调出【定义风格】对话框，按照第 2 章中介绍的方法，向其中增加 4 种自定义文本风格："超文本 1"至"超文本 4"，将文本色设置为红色，文本样式设置为带有下画线，如图 9-14 所示，在这里主要介绍的是其中交互属性的设置。

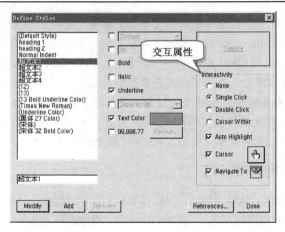

图 9-14　自定义文本风格

（1）在交互属性中，可以从 4 种交互方式之中选择一种。

None：不进行交互。此时下方的 3 个复选框被禁用。

Single Click：使用鼠标单击方式激活超链接。

Double Click：使用鼠标双击方式激活超链接。

Cursor Witch：当鼠标指针位于文本之上时激活超链接。

在这里选择 Single Click。

（2）打开【Auto Highlight】复选框，则超链接在以上述方式激活时，超文本对象会加亮显示。

（3）打开【Cursor】复选框，设置鼠标指针位于超文本对象之上时的样式，单击右边的预览框，可以弹出【Cursor】选择框，从中选择一种鼠标指针样式，选中的样式会显示在预览框中。

（4）打开【Navigate To】复选框，单击右边的导航标记，打开导航属性对话框，如图 9-15 所示。在这里，将【Destination】选择为"Anywhere"，跳转方式设置为"Call and Return"，然后在跳转范围列表框中选择目标页：依次将 4 种自定义文本风格对应于"第五章"至"第八章"。这样，就定义了文本风格与页图标之间的超链接，具有这些风格的文本对象就变成超文本对象，在程序中无论何时单击具有"超文本 1"风格的超文本对象，都会跳转到"第五章"中去，而单击具有"超文本 2"风格的超文本对象时，就会跳转到"第七章"中去……

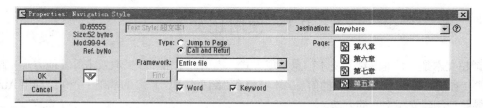

图 9-15　建立文本风格与特定页之间的联系

有两种方法可以定义超链接，上述方法只是其中之一，适用于将程序中具有某种风格的所有超文本对象链接到同一目标页的情况；另一种方法是定义一种具有交互属性但是未指定目标页的文本风格，在将此文本风格应用于文本对象时，Authorware 会自动弹出导航属性对话框，然后可以从中选择跳转方式或目标页，这种方法适用于将具有同一种样式的超文本对象链接到不同目标页的情况。

定义好的文本风格可以随着应用了该风格的文本对象，被复制到不同的程序文件中。

9.3.2 使用超文本对象

既然已经定义了超文本风格，现在就将它们应用到程序中。

（1）向"翻页结构"程序中增加一段文本信息，以及如图 9-16 所示的交互作用分支结构。

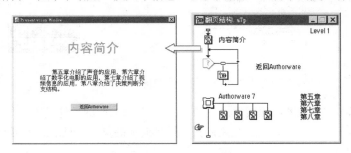

图 9-16 增加一段文本信息

（2）将定义的 4 种超文本风格应用于不同的文本上面，如图 9-17 所示。

（3）运行程序，如图 9-18 所示。单击"内容简介"文本中的超文本对象，程序会自动跳转到对应的框架中去显示相应页的内容，此时默认的导航控制开始起作用，可以使用它们浏览各页的内容。在任何时候单击【退出】命令按钮，程序都会返回到"内容简介"中去。

图 9-17 应用文本风格

图 9-18 跳转与返回

9.4 改变默认的导航控制

在前面的例子中可以看出，默认的导航控制与程序界面显得不是十分协调。利用前几章学到的内容，完全可以改变这一点：改变按钮的样式，根据需要增删按钮的数量，改变响应属性甚至是根本不使用按钮，而改用其他响应类型。

当使用默认的导航控制时，单击【向前】、【向后】命令按钮使程序在各页之间循环。在已经位于框架中最后一页时，单击【向后】命令按钮会返回第一页；在已经位于框架中第一页时，单击【向前】命令按钮会跳转到最后一页。在有些时候这种情况是不允许发生的，可以使用变量来控制这一点。

Authorware 将框架中的所有页按照从左到右的顺序从 1 开始编号，并使用系统变量 CurrentPageNum 来监视当前显示的是哪一页。当此变量单独使用时，其存储的是当前框架中最后一次显示过的（或当前正在显示的）页的编号，如果当前框架中没有显示过任何一页，其值为 0；表达式 CurrentPageNum@"IconTitle"返回指定框架中最后一次被显示的页的编号。Authorware 使用系统变量 PageCount 存储当前框架中包含的总页数。

双击【向后】按钮响应类型标记打开响应属性检查器，如图 9-19(a)所示。在【Active If】文本框中输入 "PageCount→CurrentPageNum" 作为激活此响应的条件，如此设置的意义是：当前没有显示到最后一页时，才允许使用此按钮继续向后翻页，否则此按钮被禁用，如图 9-19(b)所示。

图 9-19　使用条件控制导航方式

同理，在【向前】按钮响应的响应属性检查器中，将激活该响应的条件设置为 "CurrentPageNum>1"，则在当前没有显示到第一页时，才允许使用此按钮继续向前翻页，一旦翻到了第一页，则此按钮被禁用，禁止继续向前翻页。

另外，在默认的【Find】对话框和历史记录窗口中，所有的标题都是英文，不符合我国用户的使用习惯。在 Authorware 中可以轻而易举地改变这一点。

执行 Modify→File→Navigation Setup 菜单命令，调出【Navigation Setup】对话框，如图 9-20 所示，对话框窗口标题、按钮名称等都显示在文本框中。现在对默认的设置进行修改，将所有的按钮名称或对话框标题替换为中文，则在运行程序时单击【查找】命令按钮或【历史记录】命令按钮，可以看到【Find】对话框和【Recent Pages】列表框都具有了中文界面。【Highlight Found Words】复选框用于设置被找到的字符串以何种颜色加亮显示，可以单击右边的颜色选择框，在弹出的【Colors】颜色选择框中选择一种颜色来取代默认的绿色。【Maximum Pages to】文本框用于设置历史记录列表中最多保存的历史记录条数，默认情况下为 999 条。打开【Close When Page Is Select】复选框，则在查找结果列表或历史记录列表中选择某页并进行跳转时，【Find】对话框或【Recent Pages】列表框会自动关闭。

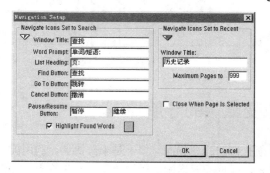

图 9-20　定制窗口外观

9.5　现场实践：创建可移动的导航按钮板

Authorware 提供的导航按钮板其位置是固定不变的，在拖动导航按钮板时，导航按钮并不随之移动。用户通常会希望根据不同页面的内容对导航按钮板的位置进行调整，因此有必要对默认导航按钮响应的属性进行设置，实现可以移动的导航按钮板。

（1）向设计窗口中拖放一个【框架】设计图标，双击该设计图标打开框架窗口，如图 9-21 所示。在框架窗口中双击 "Go back" 按钮响应标记，打开响应属性检查器，在其中将按钮响应的位置属性【Location】设置为：

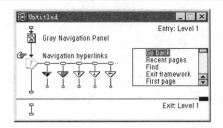 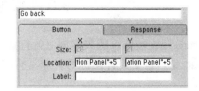

图 9-21　修改默认的按钮响应属性

　　X：DisplayLeft@"Gray Navigation Panel"+5

　　Y：DisplayTop@"Gray Navigation Panel"+5

框架窗口中的"Gray Navigation Panel"设计图标就是导航按钮板，表达式 DisplayLeft@"Gray Navigation Panel"返回其左上角的横坐标，DisplayTop@"Gray Navigation Panel"返回其左上角的纵坐标。在响应属性检查器中对【Location】属性的修改，造成"Go back"按钮始终显示在距离导航按钮板左上角(5, 5)位置处，因此如果在【演示】窗口中拖动导航按钮板，"Go back"按钮也将随之移动。

　　（2）分别打开其余 7 个按钮响应的响应属性检查器，将它们的【Location】属性设置为：

● "Recent pages"按钮响应

　　X：DisplayLeft@"Gray Navigation Panel"+34

　　Y：DisplayTop@"Gray Navigation Panel"+5

● "Find"按钮响应

　　X：DisplayLeft@"Gray Navigation Panel"+63

　　Y：DisplayTop@"Gray Navigation Panel"+5

● "Exit framework"按钮响应

　　X：DisplayLeft@"Gray Navigation Panel"+92

　　Y：DisplayTop@"Gray Navigation Panel"+5

● "First page"按钮响应

　　X：DisplayLeft@"Gray Navigation Panel"+5

　　Y：DisplayTop@"Gray Navigation Panel"+27

● "Previous page"按钮响应

　　X：DisplayLeft@"Gray Navigation Panel"+34

　　Y：DisplayTop@"Gray Navigation Panel"+27

● "Next page"按钮响应

　　X：DisplayLeft@"Gray Navigation Panel"+63

　　Y：DisplayTop@"Gray Navigation Panel"+27

● "Last page"按钮响应

　　X：DisplayLeft@"Gray Navigation Panel"+92

　　Y：DisplayTop@"Gray Navigation Panel"+27

　　（3）运行程序，在【演示】窗口中拖动导航按钮板，可以看到所有的导航按钮现在都可以跟随导航按钮板同步移动。

　　这种创建可以移动的导航按钮的思路同样可以应用于创建可以移动的热区或者文本输入框，只需在对应的属性检查器中对【Location】属性进行恰当的设置。

9.6　设置页的关键词

Authorware 允许按照页的关键词进行查找，这一功能对查找不包含文本对象的页（如【数字化电影】设计图标、【声音】设计图标等）非常有用。事实上，在 Authorware 中可以对任何一个设计图标设置关键词。

可以使用【Keywords】对话框为设计图标设置关键词。执行 Modify→Icon→Keywords 菜单命令，会出现【Keywords】对话框窗口，如图 9-22 所示。

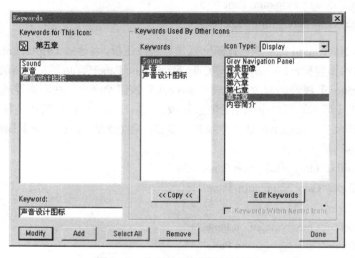

图 9-22　为设计图标设置关键词

增加一个关键词可以采取如下步骤：

（1）在设计窗口中选择要设置关键词的设计图标。

（2）打开【Keywords】对话框，在【Keyword】文本框中输入关键词。

（3）单击【Add】命令按钮，刚才输入的关键词就会出现在【Keywords for This Icon】列表框中。

（4）重复步骤（1）至步骤（3），可以为同一设计图标设置多个关键词。单击【Done】命令按钮，关闭此对话框。

也可以对现存关键词进行复制、删除和编辑，具体方法如下：

（1）在【Keywords】对话框右侧的设计图标列表中选择一个设计图标（可以使用上方的【Icon Type】下拉列表框，根据设计图标类型来选择设计图标），单击【Edit Keywords】命令按钮，此时该设计图标所有的关键词都显示在【Keywords for This Icon】列表框中，可以从中选择一个在【Keyword】文本框中进行修改，完成之后单击【Modify】命令按钮就完成了对关键词的修改。

（2）单击【Remove】命令按钮，可以删除【Keywords for This Icon】列表框中当前处于选中状态的关键词，单击【Select All】命令按钮，可以选中【Keywords for This Icon】列表框中的所有关键词。

（3）如果要从其他设计图标中复制关键词，先在设计图标列表中选择一个需要增加关键词的设计图标，单击【Edit Keywords】命令按钮，使其进入编辑状态，然后选择其他的设计图标，在【Keywords】列表框中选中部分或全部关键词，单击【Copy】命令按钮，就将选中的关键词复制到【Keywords for This Icon】列表框中。单击【Done】命令按钮就使这些关键词成为当前设计图标的关键词。

9.7　本 章 小 结

本章重点介绍了【框架】设计图标和【导航】设计图标的使用，由于涉及多种导航控制类型和跳转方式，使分析导航结构的执行方式比较困难。只有通过练习掌握每一种导航控制类型，掌握超文本的设置、使用方法，才有可能实现灵活、有效的导航功能。

除了导航按钮，各种类型的交互响应都可用作导航手段。Authorware 提供了向【框架】设计图标中添加设计图标的快捷手段：在设计窗口内直接将各种设计图标拖放到【框架】设计图标上。如果在向【框架】设计图标中进行拖放操作时按下 Shift 键，被拖放的设计图标将被放置到【框架】设计图标的出口窗格中；拖放时没有按下 Shift 键，则被拖放的设计图标将被放置到【框架】设计图标的入口窗格中。

9.8　上 机 实 验

（1）使用一组自定义的导航控制（例如一组热对象），取代默认的导航控制按钮组。

（2）使用超文本实现一个简单的帮助系统。

（3）使用声音、图像或数字化电影作为页图标，并为页定义关键词，根据关键词进行查找和导航。

（4）学习 Authorware 安装路径中 ShowMe 文件夹内的以下范例。

- Nav_page.a7p，一个简单的导航结构；
- Paging.a7p，一个简单的翻页控制，仅包含前一页、后一页两种导航方式；
- Content.a7p，一个综合性范例，包含精心设计的导航控制。

第 10 章　变量、函数和表达式

Authorware 是一个可视化创作工具，主要是利用各种设计图标完成程序设计。但是，有时单纯依靠设计图标并不能很好地实现设计者的意图。这时，变量和函数可以作为一种辅助设计手段。在 Authorware 中进行多媒体程序设计时配合使用变量和函数，可以设计出更加灵活的流程控制和功能更加完善的程序。

变量是其值可以改变的量，可以利用变量存储不同的数值，如计算结果、用户输入的字符串及对象的状态等。函数则是用于执行某些特殊操作的程序语句的集合。而将常数、变量和函数通过运算符和特定的规则结合在一起就构成了一个表达式。

在 Authorware 中，变量、函数和表达式一般用于以下场合。

（1）用于【运算】设计图标和附属【运算】设计图标中。例如在前几章的例子中，经常使用一个包含 Quit(0)函数的【运算】设计图标退出程序，返回 Authorware 主窗口。

（2）嵌入文本对象中。有时候，为了使用变量、函数和表达式来显示动态信息（参阅 2.3.4 节中嵌入变量的例子）或计算结果（参阅 4.7.2 节中"看图识字"的例子），通常的做法是将相应的变量、函数和表达式用花括号括起来后嵌入文本对象中，当该文本对象被显示在屏幕上时，花括号连同其中的内容就会转换为相应的计算结果显示出来。

（3）用于进行各种设置。在各种属性对话框中，可以使用变量、函数和表达式来设置激活条件或定位坐标（参阅 4.11.2 节中"移动棋子"的例子）。

在前面的几章中，已经介绍过一些变量、函数和表达式的知识。本章将进一步对它们做系统的介绍。

10.1　变　　　量

10.1.1　变量的类型

根据变量存储的数据类型，可以将变量分为 7 类。

1．数值型变量

数值型变量用于存储具体的数值。数值可以是整数（如 27），也可是实数（如 3.14159），还可以是负数（如−28），在 Authorware 中，数值型变量能够存储的数值范围是 $-1.7 \times 10^{308} \sim +1.7 \times 10^{308}$。当使用两个变量做数学运算时（如相加或相减），Authorware 自动将两个变量当做数值型变量，因为只有数值型变量才能进行数学运算。

当你将字符串与数值型变量进行数学运算时，Authorware 的表现可能会出乎你的意料：Authorware 并不指出你的错误，而是自动将单纯由数字和小数点组成的字符串当做数值型变量，将其他类型的字符串当做数值 0 来处理。比如"asdf"+1 得到 1，而"asdf"+1+"5.5" 得到 6.5。这一特点有时很有用，在文本输入响应中，用户输入的数字既可以作为用来显示的字符串，也可以直接作为数值与其他数值进行数学运算，省去了类型转换的麻烦，而这种类型转换在其他编程语言中是必需的。

2．字符型变量

字符型变量用于存储字符串。一串（一个或多个）由双引号括起来的字符称为字符串，字符可以是数字、字母、符号，如"Tom an Marry"、"12345"、"**/"、"10 pounds"都是字符串，如果字符 " 本身要在一个字符串中作为普通字符出现，则需要在它前面加一个字符 \ ，如要在屏幕上显示"" 是双引号"，则必须使用字符串——"\"是双引号"（字符 \ 此时称为转义符，因为它把其后字符的特殊含义去除了）。

在 Authorware 7.0 中，一个字符型变量最多可以容纳 524288（512K）个字符，但是如果将字符型变量嵌入文本对象中，由于受到文本对象的容量限制，最多只能显示出 32767 个字符。

 在一个【显示】设计图标或【交互作用】设计图标中可以容纳多个文本对象。

3．逻辑型变量

逻辑型变量用于存储 TRUE 或 FALSE 两种值。逻辑型变量的作用相当于电灯开关，只能在两种状态之间转换：TRUE（相当于开灯状态）和 FALSE（相当于关灯状态）。逻辑型变量的典型应用是激活某选项或使其无效。

在 Authorware 中，如果在需要使用逻辑型变量的地方（如【Active If】文本框）使用了非逻辑型变量，Authorware 会将它当做逻辑型变量来处理：如果是数值型变量，则数值 0 相当于 FALSE，其他任意非 0 数值相当于 TRUE；如果是字符，Authorware 将 T、YES、ON（大小写都可）视为 TRUE，其他任意字符都被视为 FALSE。

4．符号型变量

符号型变量是由符号"#"带上一连串字符构成，例如#John 就是一个符号型变量。在 Authorware 中，符号型变量主要作为对象的属性使用。

5．列表型变量

列表型变量用于存储一组常量或变量，这些常量或变量称为元素。Authorware 共有两种类型的列表。

（1）线性列表。在线性列表中，每个元素是一个单独的值，例如[1, 2, 3, "A", "B", "C"]就是一个线性列表。

（2）属性列表。在属性列表中，每个元素由一个属性及其对应的值构成，属性和值之间用冒号分隔，例如[#firstname: "Tomas", #lastname: "Smith", #phone: 0860163243221]就是一个反映私人信息（姓、名和电话号码）的属性列表。

6．坐标变量

坐标变量是一种特殊的列表型变量，用于描述一个点在【演示】窗口中的坐标，其形式为(X, Y)，其中 X 和 Y 分别代表一个点距离【演示】窗口左边界和上边界的像素数目。

【演示】窗口坐标系统如图 10-1 所示，【演示】窗口设计区域的左上角为坐标原点(0, 0)，虚线包围的区域表示一个限制矩形，它是能够容纳当前设计图标中所有显示对象的最小矩形，限制矩形的大小可以认为是当前设计图标的大小（尺寸），黑色的圆点代表限制矩形的中心点，也是设计图标

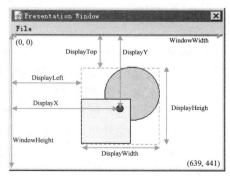

图 10-1　【演示】窗口坐标系统

的中心点。如图 10-1 所示，系统变量 WindowWidth 和 WindowHeight 分别描述了【演示】窗口客户区的宽度和高度，以 Display 作为前缀的 6 个变量分别用于描述当前设计图标的物理参数（包括宽度、高度、位置等，每个变量的具体含义请读者参阅本书的附录 A）。

 一个默认的 640×480 大小的【演示】窗口，其右下角的坐标是(639, 441)，而不是通常所想象的(639, 479)，这是因为窗口标题栏和菜单栏占据了部分窗口空间：菜单栏占据 20 个像素的高度，标题栏则占据 18 个像素的高度。如果在【文件】属性检查器中打开【Overlay Menu】复选框（或者关闭【Menu Bar】复选框），则【演示】窗口右下角的坐标就变成(639, 461)，如果再进一步关闭标题栏，则【演示】窗口右下角的坐标就变成(639, 479)。

7．矩形变量

矩形变量是一种特殊的列表型变量，用于定义一个矩形区域，其形式为[X1, Y1, X2, Y2]，其中(X1, Y1)指定矩形的左上角坐标，(X2, Y2)指定矩形右下角的坐标。

从编程的角度来看，Authorware 提供的是一种"弱类型"语言，对变量类型的要求不是十分严格，往往会根据运算符来自动转换变量的类型，如"+"是算术运算符，因此 True+9 得到 10，而"^"是字符串连接运算符，因此 TRUE^9 得到字符串"19"。在这两个表达式中，True 分别扮演了数值 1 和字符"1"的角色，在编程时要对此多加注意。另外，在 Authorware 中所有的变量都是全局变量，即在整个程序中都起作用。

10.1.2　系统变量和自定义变量

从用户的角度来看，Authorware 中的变量又分为两种：系统变量和自定义变量。

Authorware 7.0 共提供了 11 类系统变量：CMI（计算机管理教学）、Decision（决策判断）、File（文件管理）、Framework（框架管理）、General（通用）、Graphics（绘图）、Icons（图标管理）、Interaction（交互管理）、Network（网络管理）、Time（时间管理）和 Video（视频管理）。

系统变量是 Authorware 预先定义好的一些变量，它们用于跟踪系统中的信息，如当前显示的页的编号、CapsLock 键是否被按下、用户当前的得分情况等。许多系统变量还可以通过引用符号"@"（读做"at"）取得特定设计图标的信息（该设计图标的名称必须是唯一的），如 IconID 单独用于附属【运算】设计图标或嵌套在文本对象中时，返回对应设计图标的 ID 号，而与引用符号共同使用时(IconID@"IconTitle")，返回其后设计图标的 ID 号。

一部分系统变量可以被赋值，如可以通过设置 Movable@"IconTitle"为 TRUE 或 FALSE，来改变一个设计图标的移动属性，通过设置 Checked@"ButtonIconTitle"为 TRUE 或 FALSE，来改变一个按钮的核选状态；另一部分系统变量只允许从它们中取得信息，而不能对它们进行赋值，如可以通过系统变量 CursorX、CursorY 取得当前鼠标指针的位置坐标，但是不能通过赋值语句为鼠标指针指定一个坐标。

自定义变量是由用户自己定义的变量，通常用于保存计算结果或者用于保存系统变量无法存储的信息。自定义变量的名称必须是唯一的，不能与其他变量或函数（包括系统预定义的和用户自定义的）重名，而且只能以字母或下画线"_"开头，长度限制在 40 个字符以内。

当变量通过引用符号"@"和设计图标结合起来使用时，该变量也称做图标变量。有些系统变量只能作为非图标变量使用，例如变量 CursorX、CursorY，它们不能引用设计图标；有些系统变量如 IconTitle 就可以同时应用于上述两种情况。图标变量也可以自定义，但是自定义的图标变量只能作为图标变量使用，并且只能引用变量自身被创建时引用的设计图标。

在使用变量之前，必须了解 Authorware 对变量的一些限制：在一个程序中，自定义变量的数量最多可达 2978 个，但 Macromedia 建议不要创建多于 1000 个自定义变量，过多的自定义变量会影响程序的运行效率；程序中所有变量名的总和不能超过 64K 个字符，所有变量描述信息的总和也不能超过 64K 个字符。

10.1.3　使用【变量】面板

单击【变量】命令按钮，会出现【Variables】面板，面板中列出了所有的系统变量、当前程序中使用的自定义变量及变量的相关信息，如图 10-2 所示。

（1）【Category】下拉列表框：显示 Authorware 中提供的 11 类系统变量和用户自定义的变量，选择其中一类后，该类中的所有变量都会显示在下方的变量列表框中。如果不能确定某个变量属于哪一类，可以在下拉列表中选择"ALL"，则所有的系统变量全部显示在下方的变量列表框中。在列表中的最后一类是自定义变量，以程序文件名表示。

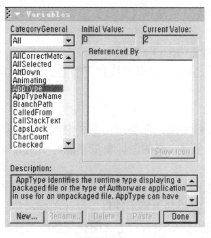

　　　　系统变量　　　　　　　　　　　　　　　　　　自定义变量

图 10-2　【Variables】面板

（2）【Initial Value】文本框：显示当前选中的变量的初始值。在此可以更改自定义变量的初始值，而系统变量的初始值是由 Authorware 自动给定的，用户不能更改。

（3）【Current Value】文本框：显示处于选中状态的变量的当前值。

（4）【Referenced By】列表框：显示程序文件中使用了当前选中的变量的设计图标。在其中选中一个设计图标后，单击【Show Icon】命令按钮，Authorware 就会自动跳转到包含该设计图标的设计窗口并将该设计图标加亮显示。

（5）【Description】文本框：显示当前选中的变量的描述信息，在此可以编辑自定义变量的描述信息，但是系统变量的描述信息不能被更改。

（6）【New】命令按钮：用于创建一个自定义变量。单击该命令按钮，会出现一个【New Variable】对话框窗口，在其中可以为新创建的变量命名、赋予变量初始值和输入一段关于此变量的描述信息，如图 10-3 所示。自定义变量的初始值在默认情况下为 0。

（7）【Rename】命令按钮：用于将自定义变量改名。单击【Rename】命令按钮会出现一个【Rename Variable】对话框，如图 10-4 所示，在其中用户可以为自定义变量输入一个新的名称。

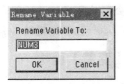

图 10-3　创建一个自定义变量　　　　　　　　　图 10-4　变量重命名

 当使用改名功能将一自定义变量重新命名时，在程序中所有用到此变量的地方都会采用新的变量名称，这样就不必逐个打开设计图标进行修改了。

（8）【Delete】命令按钮：用于删除当前处于选中状态的自定义变量，只有程序中未被使用的自定义变量才允许删除。

（9）【Paste】命令按钮：用于将当前处于选中状态的变量粘贴到【运算】窗口、文本对象或文本框中插入点光标当前所处的位置。

（10）【Done】命令按钮：用于保存所做的修改并关闭【Variables】面板。

【Variables】面板对于在 Authorware 中编程很有帮助，它能帮助迅速找到所需的变量。

10.1.4　创建图标变量

创建图标变量与创建普通自定义变量不同。在创建图标变量之前必须指定变量引用的设计图标，这种图标变量与设计图标之间的引用关系是永久的，即一个自定义的图标变量不能再引用其他任何设计图标。

当选中流程线上的某个设计图标时，【Variables】面板中就多出一个新的变量种类，以字符"@"和被选中的设计图标名称命名，如图 10-5 所示。当前被选中的是"显示题目"设计图标，并且目前还没有为该设计图标定义任何图标变量。单击【New】命令按钮，然后输入自定义图标变量的名称"Num1"，如图 10-6 所示。注意"@"显示题目""是由 Authorware 自动添加的，提醒你目前创建的是一个图标变量。输入初始值和变量描述信息之后单击【OK】命令按钮，图标变量 Num1 就被创建，以后在程序中就能够并且仅能通过"Num1@"显示题目""来使用这个图标变量。

图 10-5　新的变量种类　　　　　　　　　　图 10-6　创建图标变量

向脚本函数传递参数或从脚本函数返回结果时，必须通过图标变量。如果需要观察为某个设计图标定义的所有图标变量，只需在【Variables】面板中根据设计图标名称选择对应的变量种类就可以了。

必须牢记：图标变量 Num1 和在程序文件范围内定义的变量 Num1 是完全不同的两个变量。图标变量仅出现在【Variables】面板"@"显示题目""类的变量列表中，并且仅能与设计图标联合使用。在为一个设计图标创建图标变量时，必须保证该设计图标的名称是唯一的。

10.2　函　　数

Authorware 本身提供了大量的系统函数，用于对变量进行处理或对程序流程进行控制，而且 Authorware 还支持从外部加载函数来扩充自己的功能，这一点又一次证明 Authorware 是一个富有弹性的多媒体开发工具。

Authorware 7.0 共提供了 18 类系统函数：Character（字符串管理）、File（文件管理）、CMI（计算机管理教学）、Framework（框架管理）、General（通用）、Graphics（绘图）、Icons（图标管理）、Jump（跳转）、Language（程序语言）、Math（数学计算）、Network（网络）、OLE（对象链接与嵌入）、Platform（操作系统）、Time（时间管理）、Target（目标管理）、Video（视频管理）、List（列表管理），Xtras（外部扩展）。

10.2.1　参数和返回值

要想正确使用函数必须遵循特定的语法，其中最重要的是使用正确的参数。参数是交给函数进行处理的数据，几乎任何一个函数都要使用参数。在使用参数时应注意以下两点。

（1）根据需要为参数加上双引号。一定要分清字符串和字符型变量的用法，如果一个函数（如字符计数函数 CharCount（"string"））需要一个字符串作为参数，而把字符串"ABC"赋予了一个字符型变量 string，则此时 CharCount(string)对变量 string 进行处理，CharCount("ABC")和 CharCount(string) 返回同样的数值 3，而 CharCount("string")将对字符串"string"进行处理，并返回数值 6。

（2）参数个数可变。在 Authorware 中有些函数带有多个参数，但这些参数不一定每一个都会用到，而是根据实际情况使用其中的一部分，可省略的参数在函数语法说明中被包含在"[ ]"之内。多个参数之间使用逗号进行分隔。

绝大部分系统函数都具有返回值，但是也有个别函数不返回任何值，如 Beep()函数只是实现响铃，Quit()函数用于退出程序，两者都不返回任何值。

10.2.2　使用【函数】面板

单击【函数】命令按钮，会出现【Functions】面板，面板中列出了所有的系统函数、外部函数及对函数的描述，如图 10-7 所示。

（1）【Category】下拉列表框：显示 Authorware 中提供的各类系统函数和从外部加载的函数，选择其中一类后，该类中的所有函数都会显示在下方的函数列表框中。如果不能确定某个函数属于哪一类，可以在下拉列表中选择"ALL"，则所有的系统函数全部显示在下方的函数列表框中。在列表中的最后一类是外部函数，以程序文件名表示，在函数列表中选择一个外部函数，可以看到该函数来自哪一个外部函数文件。

（2）【Referenced By】列表框中显示程序文件中使用了当前选中的函数的设计图标，选中一个设计图标后，单击【Show Icon】命令按钮，Authorware 就会自动跳转到包含该设计图标的设计窗口并将该设计图标加亮显示。

（3）【Description】文本框中显示当前选中的函数的语法和描述信息。函数的语法表明了如何在程序中使用函数，描述信息往往表明了函数的作用。在此可以编辑外部函数的描述信息，但是系统函数的描述信息不能被更改。

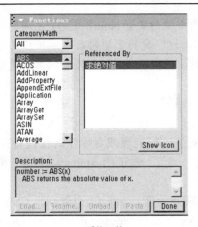 

系统函数　　　　　　　　　　　　　外部函数

图 10-7　【Functions】面板

（4）【Paste】命令按钮用于将当前处于选中状态的函数粘贴到【运算】窗口、文本对象或文本框中插入点光标当前所处的位置。

（5）【Done】命令按钮用于保存所做的修改并关闭【Functions】面板。

10.2.3　加载外部函数

当在【Functions】面板的【Category】下拉列表框中选择了程序文件名时，【Load】命令按钮变为可用的，此时就可以利用该命令按钮向程序中加载外部函数。

单击【Load】命令按钮，会出现【Load function】对话框，如图 10-8 所示。此时就可以从中选取一个外部函数文件。外部函数存在于特定格式的外部函数文件中，这些外部函数文件通常具有.dll或.u32 扩展名，其中.dll 文件是标准的 Windows 动态链接库文件，.u32 是 Authorware 专用的函数库文件。

图 10-8　加载外部函数

选择一个外部函数文件，单击【打开】命令按钮，就会将函数文件打开并从中选择一个函数加载到程序中。和.dll 文件相比，.u32 文件更易用一些，因为在打开.u32 文件时，Authorware 会自动给出函数的语法和描述信息，如图 10-9 所示，简单地选择所需函数之后单击【Load】命令按钮，就可以将外部函数加载到程序中。而在使用.dll 文件时，Authorware 会要求你给出函数名、参数及返回值，如图 10-10 所示，在你不知道这些信息的情况下，是不可能使用.dll 文件中的函数的。输入信息之后按下【Load】命令按钮，如果能够在【Non-Authorware DLL】对话框中看到 "Successfully loaded" 提示信息，表示外部函数已经被加载到程序中。

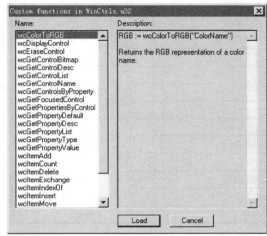

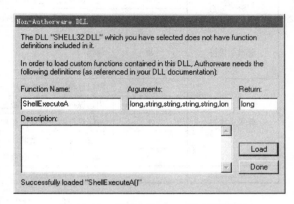

图 10-9　使用.U32 格式的外部函数库　　　　图 10-10　使用 Windows 动态链接库

　　在有些情况下，即使你输入的信息不是百分之百的正确，也有可能将外部函数从.dll 文件加载到程序中，但是这样做会使你的程序面临着崩溃的危险。

当外部函数加载到程序中后，就可以像使用系统函数那样使用它们。在【Functions】面板中单击【Rename】命令按钮可以对其重新命名，单击【Unload】命令按钮可以将外部函数从程序中卸载，卸载之后的外部函数在程序中不再可用。

不能重复加载已经加载到程序中的外部函数，而且只能卸载程序中没有使用过的外部函数。

另外，在【Category】下拉列表框中还存在着一些 Xtra 类型的外部函数，它们是 Scripting Xtras，都存储在 Xtras 文件夹内的.x32 文件内，由 Authorware 在启动时自动将其加载到程序中。

　　Authorware 7.0 已经不再支持旧的.ucd 和.x16 外部函数文件（它们分别是.u32 和.x32 外部函数文件的 16 位版本）。

10.3　运　算　符

运算符是执行某项操作的功能符号。例如，加法运算符（＋）是将两个数值相加；连接运算符（＾）是将两个字符串连接成一个字符串。

10.3.1　运算符的类型

Authorware 中共有 5 种类型的运算符，它们是赋值运算符、关系运算符、逻辑运算符、算术运算符和连接运算符，这些运算符的作用见表 10-1。

大部分运算符的使用方法在前几章的例子中已经介绍过，在这里仅介绍一下逻辑运算符的运算规则，见表 10-2。

表 10-1　Authorware 中的运算符

运算符类型	运 算 符	含 义	运 算 结 果
赋值运算符	:=	将运算符右边的值赋予左边的变量	运算符右边的值
关系运算符	=	判断运算符两边的值是否相等	TRUE 或 FALSE
	<>	判断运算符两边的值是否不相等	
	<	判断运算符左边的值是否小于右边的值	
	>	判断运算符左边的值是否大于右边的值	
	<=	判断运算符左边的值是否不大于右边的值	
	>=	判断运算符左边的值是否不小于右边的值	
逻辑运算符	~	逻辑非	TRUE 或 FALSE
	&	逻辑与	
	|	逻辑或	
算术运算符	+	将运算符两边的数值相加	数值
	—	用运算符左边的数值减去右边的数值	
	*	将运算符两边的数值相乘	
	/	用运算符左边的数值除以右边的数值	
	**	幂运算符，右边的数值作为指数	
连接运算符	^	将两个字符串连接为一个字符串	字符串

表 10-2　逻辑运算符的运算规则

A	B	~A	A&B	A|B
TRUE	TRUE	FALSE	TRUE	TRUE
FALSE	FALSE	TRUE	FALSE	FALSE
TRUE	FALSE	FALSE	FALSE	TRUE
FALSE	TRUE	TRUE	FALSE	TRUE

注：A、B 为逻辑型变量。

10.3.2　运算符的优先级和结合性

当一个表达式中有多个运算符时，Authorware 不一定会按照从左到右的顺序进行运算，而是根据系统内定的一套规则决定运算进行的顺序，这套规则就是运算符的优先级。例如，执行表达式 NUM1=NUM2+NUM3/NUM4 时，会首先执行 NUM3/NUM4，然后将所得的值与 NUM2 相加，最后通过赋值运算符将计算结果赋给 NUM1，这是因为"/"运算符的优先级比"+"运算符高。Authorware 在执行一个含有多个运算符的表达式时，根据运算符的优先级决定运算进行的顺序：先执行优先级高的运算，再执行优先级低的运算，对于优先级相同的运算符，则按照运算符的结合性决定运算进行的顺序："+"运算符的结合性是从左到右，Authorware 在遇到一连串的"+"运算符时，会按照从左到右的顺序进行运算。另外，括号也能改变运算进行的顺序：处于括号中的运算优先进行，嵌套在最内层括号中的运算最先进行。

表 10-3　运算符的优先级

优 先 级	运 算 符
1	（ ）
2	～，＋（正号），－（负号）
3	**
4	*, /
5	+, —
6	^
7	<, =, >, <>, >=, <=
8	&, |
9	:=

注：优先级中 1 代表最高优先级，9 代表最低优先级。

表 10-3 列出了 Authorware 中所有运算符的优先级，位于同一行的运算符具有同一优先级。

10.4 表达式和程序语句

通过运算符将常数、变量、函数连接起来，就构成了表达式。例如 a+b 就是一个算术求和表达式，a:=10 是一个赋值表达式。最简单的表达式往往由一个变量或一个函数直接构成。一个复杂的表达式可以由多级括号、多个函数、多个变量和多种运算符构成。在各种属性检查器或文本对象中均可使用表达式（如本书曾在第 9 章中利用表达式控制导航按钮跟随导航按钮板一起移动）。

根据运算结果的数据类型，表达式也可以分为 5 种类型：算术表达式、赋值表达式、字符表达式、关系表达式、逻辑表达式。

 在文本对象中使用表达式时，一定要用花括号将表达式括起来。

程序语句是由一个或多个表达式构成的 Authorware 代码，能够实现一项完整的功能，如完成一项操作或进行某些计算等。例如，赋值表达式 Movable:=False 就是一个最简单的赋值语句，Quit() 则是一个函数调用语句。程序语句通常用于【运算】设计图标之中。

除了赋值语句和函数调用语句之外，Authorware 中还有两个非常有用的控制语句：条件语句和循环语句。条件语句使 Authorware 在不同的条件下执行不同的操作，而循环语句用于重复执行同样的操作。

条件语句的使用格式为

```
if  条件 1  then
      操作 1
  else
      操作 2
end if
```

Authorware 在执行条件语句时，首先检查"条件 1"，当"条件 1"成立时，就执行"操作 1"，否则执行"操作 2"。条件语句也可以嵌套使用，用以对更为复杂的情况进行判断，其格式为

```
if  条件 1  then
      操作 1
  else if  条件 2  then
      操作 2
  else if  条件 3  then
          ...
end if
```

Authorware 在执行上述语句时，首先检查"条件 1"，当"条件 1"成立时，就执行"操作 1"，否则检查"条件 2"；当"条件 2"成立时，就执行"操作 2"，否则……以此类推，直至执行到最内层的条件语句，如果始终没有成立的条件，则执行最内层条件语句的"else"后的操作或结束条件语句。

循环语句共有 3 种类型：Repeat With，Repeat With In，Repeat While，下面分别对这 3 种类型进行介绍。

（1）Repeat With 类型用于将同样的操作执行指定次数，其使用格式为

```
repeat with 计数变量:= 起始值 [down] to 结束值
      操作
end repeat
```

执行次数由起始值和结束值限定，计数变量用于跟踪当前循环执行了多少次。如以下语句：

```
repeat with I:=1 to 10
   Beep()
end repeat
```

其执行结果为响铃 10 次，每执行一次循环，变量 I 的值就自动加 1，直到 I >10 时循环自动结束。如果将循环计数设置为由后向前，如 "repeat with I:=10 down to 1"，则变量 I 的值就从 10 开始，每执行一次循环，其值就自动减 1，直到 I<1 时循环自动结束。在这种类型的循环语句中，可以人为地修改计数变量的值，达到控制循环次数的目的。

（2）Repeat With In 类型与 Repeat With 类型相似，也是用于执行指定次数的操作，但是次数由一个列表控制：为列表中的每个元素执行一次循环。其使用格式为

```
repeat with 变量 in 列表
     操作
end repeat
```

例如以下语句：

```
Total := 0
repeat with X in [10,20,30]
Total := Total + X
end repeat
```

其执行结果是将列表中的数值相加，并将所得的结果（60）保存到变量 Total 中。

（3）Repeat While 类型用于在某个条件成立的情况下重复执行指定操作，直到该条件不再成立为止，其使用格式为

```
repeat while 条件
     操作
end repeat
```

例如以下语句：

```
I:=0
repeat while I<10
    I:=I+1
end repeat
```

其执行过程是当变量 I 的值小于 10 时，就对其加 1，直至 I=10 为止。

 使用这种类型的循环语句时，要注意防止出现条件永远不会成立的情况。此时该循环语句就形成一个死循环，程序一直在循环内部执行下去，永远不会结束。另外，不要使用依赖于用户操作的条件，如 CapsLock、MouseDown 等，因为 Authorware 在执行循环语句时，不会执行【运算】设计图标之外的内容或响应用户的操作，此时无论你按下多少次 CapsLock 键，CapsLock 的值永远不会变为 TRUE，所以 Authorware 永远不会退出循环语句。

 如果很想设置一个依赖于用户操作的条件，可以使用决策判断分支结构取代循环语句来创建一个循环。

在循环语句内的任何地方都可以使用 next repeat 语句和 exit repeat 语句，next repeat 语句用于提前

结束本次循环（略过从它到 end repeat 之间的语句），直接进入下一个循环，exit repeat 语句用于直接退出当前循环语句。循环语句同样可以嵌套使用，以进行更为复杂的计算或实现更为复杂的控制。

在设计过程中，如果程序执行时进入了一个死循环，可以采取按下 Control + Break 组合键的方法中断该循环的运行并对程序进行修改，但是程序一旦打包之后，就无法中断该循环的运行了。

在使用程序语句编写程序时，可以在一行语句的末尾加上注释。必须在注释的正文前加上两个连字符"--"，例如

```
Total:=NUM1+NUM2   --两数相加
```

10.5 【运算】窗口的使用

通过双击【运算】设计图标就可以打开【运算】窗口，如图 10-11 所示。【运算】窗口是用于编写程序代码的窗口，Authorware 7.0 增强的【运算】窗口提供了与专业代码编辑器相媲美的功能，在其中可以根据上下文自动选择所需的系统变量和函数，自动进行逐级缩进与括号匹配，文本着色功能也可以使开发人员清楚地分辨系统变量、自定义变量与各种符号。

【运算】窗口最多可以容纳 32KB 的代码。每行代码最长可达 1024 个字符。为了保持程序良好的可读性，可能需要将一个较长的代码行分隔为若干个较短的代码行。使用接续字符（如图 10-11 所示第 4 行代码末尾的字符）可以达到这一目的：在一行代码中按下 Alt + Enter 组合键就可以向当前光标所在位置处插入接续字符，但是注意不能使用接续字符分隔字符串、变量名或函数名与括号。

图 10-11 【运算】窗口

【运算】窗口由代码编辑区域、工具栏、状态栏和提示窗口四部分组成。

 在【运算】窗口中输入代码后，有两种方法可以直接关闭【运算】窗口：按数字小键盘中的回车键，自动保存修改后的内容并关闭窗口；按 Esc 键，自动放弃本次的修改操作并关闭窗口。

10.5.1 工具栏

【运算】窗口工具栏如图 10-12 所示，其中共包括 19 个命令按钮。这些命令按钮主要是帮助用户使用【运算】窗口，以提高工作效率。现在简要介绍一下这些命令按钮的作用。

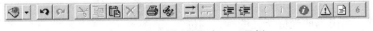

图 10-12 【运算】窗口工具栏

（1）【语言】命令按钮：设置【运算】窗口中使用的程序语言。有两种语言可供选择：Authorware Script（简称 AWS）与 JavaScript（简称 JS）。

（2）【撤销】命令按钮：撤销以前进行的编辑操作。它与 Authorware 主窗口工具栏中的【撤销】命令按钮不同，可以进行多级撤销操作。

（3）【重做】命令按钮：重做被撤销的操作。

（4）【剪切】命令按钮：将当前【运算】窗口中选中的代码移动到系统剪贴板中。

（5）【复制】命令按钮：将当前【运算】窗口中选中的代码复制到系统剪贴板中。

（6）【粘贴】命令按钮：将系统剪贴板中的文本粘贴到当前插入点光标所在的位置。

（7）【清除】命令按钮：将【运算】窗口中当前被选中的内容清除。

（8）【打印】命令按钮：打印当前【运算】窗口中的代码。

（9）【查找】命令按钮：在当前【运算】窗口范围内查找指定的字符串。单击该命令按钮可以打开【Find in Calculation】对话框，如图 10-13 所示，其中提供的查找功能有：

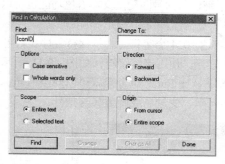

图 10-13　【Find in Calculation】对话框

- Case sensitive：大小写敏感。
- Whole words only：整词匹配。
- Forward：向前查找。
- Backward：向后查找。
- Entire text：在当前运算窗口中所有文本范围内查找。
- Selected text：仅在当前被选中的文本中查找。
- From cursor：从当前光标所在处开始查找。
- Entire scope：在全文范围内查找。

（10）【添加注释】命令按钮：在当前光标所在行的行首增加注释符，即将当前行由可执行代码改变为注释内容。

（11）【取消注释】命令按钮：从当前光标所在行的行首删除注释符，即将当前行由注释内容改变为可执行代码。

（12）【增加缩进】命令按钮：增加当前光标所在行或当前被选中行的缩进量。

（13）【减少缩进】命令按钮：减少当前光标所在行或当前被选中行的缩进量。

（14）【定位左括号】命令按钮：定位与当前光标所处括号相匹配的左括号。

（15）【定位右括号】命令按钮：定位与当前光标所处括号相匹配的右括号。

（16）【属性设置】命令按钮：打开【运算】窗口属性对话框。

（17）【插入消息框函数】命令按钮：向【运算】窗口中插入 Windows 消息框函数。

（18）【插入代码片段】命令按钮：向【运算】窗口中插入一段预定义的代码片段。

（19）【插入符号】命令按钮：向【运算】窗口中插入各种无法通过键盘输入的符号。

10.5.2　状态栏

【运算】窗口工具栏如图 10-14 所示，其中可显示 7 种状态。

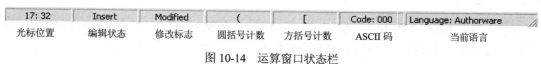

17: 32	Insert	Modified	（	[	Code: 000	Language: Authorware
光标位置	编辑状态	修改标志	圆括号计数	方括号计数	ASCII 码	当前语言

图 10-14　运算窗口状态栏

（1）光标位置：指出当前光标所处的行、列位置。

（2）编辑状态：指出当前处在插入状态（Insert）或改写（Overwrite）状态。

（3）修改标志：指出当前窗口中的代码是否被修改过。

（4）圆括号计数：指出在当前光标所在代码行中，还有多少圆括号等待匹配。

（5）方括号计数：指出在当前光标所在代码行中，还有多少方括号等待匹配。

（6）ASCII 码显示：显示出当前被选中或光标所在位置处字符的 ASCII 码值。

（7）当前语言：显示当前运算窗口中使用的程序语言，Authorware 或 JavaScript。

10.5.3　提示窗口与弹出菜单

提示窗口用于输入系统变量或者系统函数，可以根据当前输入的上下文自动查找相应的变量或函数。

用户在输入代码的过程中，按下提示窗口快捷键 Ctrl+H，就可以打开提示窗口，在其中使用方向键选择所需的变量或函数。提示窗口中出现的内容由用户以前输入的内容决定，在选中某个变量或函数后，按下回车键，就可以将该变量或函数粘贴到编辑区域内当前光标所在位置处。如果被粘贴的是系统函数，则函数需要的所有参数也被同时粘贴到【运算】窗口中。

在【运算】窗口编辑区域内单击鼠标右键，将弹出一个菜单，其中提供了各种编辑命令。下要简要介绍几个重要的菜单命令。

（1）执行 Insert→Symbol 菜单命令（与工具栏中的【插入符号】命令按钮等效），可以从【Insert Symbol】对话框中向当前光标所在位置处插入各种符号，如图 10-15 所示。

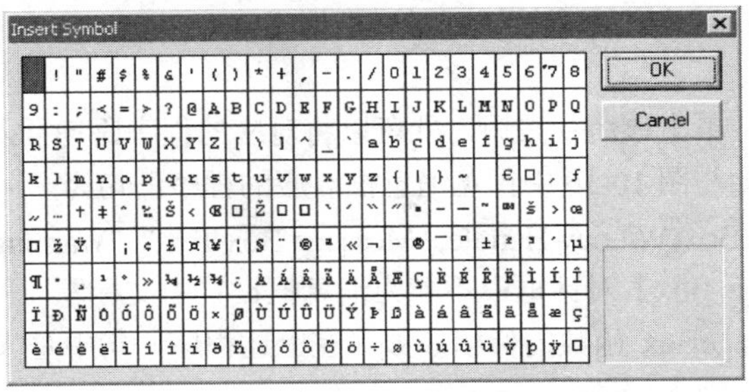

图 10-15　【Insert Symbol】对话框

（2）执行 Insert→Message Box 菜单命令，可以向当前光标所在位置处插入系统函数 SystemMessageBox 并允许设计人员可视化地设置各种参数。执行该菜单命令之后，将出现【Insert Message Box】对话框，要求设计人员在其中对消息框的样式进行设置，如图 10-16 所示。现将该对话框的内容介绍如下。

- 【Message】文本框：在其中可以编辑消息的内容。
- 【Message Box Type】单选按钮组：在其中可以选择消息框的类型及其对应的提示图标。共有 4 种类型的消息框：Warning（警告）、Information（信息）、Error（出现错误）、Confirmation（请求确认），在显示消息框时，其类型将出现在窗口标题栏中。
- 【Message Box Buttons】单选按钮组：其中包括消息框中出现的各种供选择命令按钮，共有 6 种组合方式。

　OK：确定；

　OK, Cancel：确定、取消；

　Yes, No, Cancel：是、否、取消；

　Yes, No：是、否；

　Retry, Cancel：重试、取消；

　Abort, Retry, Ignore：终止、重试、忽略。

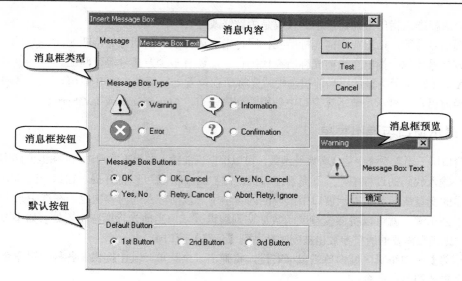

图 10-16 　【Insert Message Box】对话框

- 【Default Button】单选按钮组：可以在其中选择某个按钮作为消息框默认按钮。
- 【Test】命令按钮：单击该命令按钮，可以根据【Insert Message Box】对话框中的设置，预览消息框的样式。
- 【OK】命令按钮：单击该命令按钮，就可以将对应的程序语句插入【运算】窗口中当前光标所在位置处，例如与图 10-16 中预览消息框对应的程序语句为

  SystemMessageBox(WindowHandle, "Message Box Text", "Warning", 48) -- 1= OK

  在【Insert Message Box】对话框中不能为消息框设置中文标题，但是在【运算】窗口中，可以对 SystemMessageBox 函数的标题参数（在上述程序语句中是"Warning"）进行修改，将其修改为便于理解的中文标题。

（3）选择 Collapse block 菜单命令，可以向【运算】窗口中当前光标所在行插入折叠标记，如图 10-17 所示，单击折叠标记，可以将大段的代码折叠起来，留下一个清晰的编码环境，使设计人员免受反复滚动代码窗口之苦。在单击右键弹出的菜单中执行 Clear Collapse block 菜单命令，就可以将当前光标所在行的折叠标记清除。

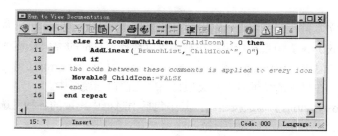

图 10-17 　折叠代码

（4）执行 Export→To RTF 菜单命令，可以将【运算】窗口中的代码输出为 RTF 文件。执行 Export→To HTML 菜单命令，则可以将【运算】窗口中的代码输出为 HTML 文件。

（5）执行 Insert Date and Time 菜单组中的菜单命令，可以向【运算】窗口中当前光标所在位置处插入时间和时期。

10.5.4　插入代码片段

代码片段是一段 Authorware 程序代码，通过单击【插入代码片段】命令按钮，或者在【运算】窗口中的弹出菜单中执行 Insert→snippet 菜单命令，可以打开【Insert Authorware Snippet】对话框（如图 10-18 所示），通过该对话框，可在【运算】窗口中插入一段预定义的代码片段或对现有片段进行编辑。

图 10-18　【Insert Authorware Snippet】对话框

Authorware 以片段夹方式管理各种程序片段。在【Insert Authorware Snippet】对话框的顶部有 3 个命令按钮，从左到右分别是【创建片段夹】命令按钮、【创建片段】命令按钮和【删除】命令按钮。

在【Insert Authorware Snippet】对话框上方片段窗口中选择一个现有片段并按下【Insert】命令按钮，或者双击片段名，就可以将对应代码片段插入【运算】窗口中当前光标所在位置处，代码片段中红色插字符 "|" 所在位置为当前光标的位置，用户可以直接完善目前尚不完整的代码片段（如输入条件表达式等）。选择片段窗口中的片段名，然后单击【删除】命令按钮，就可以删除不再使用的代码片段。需要增加新的代码片段时，可以采取以下步骤。

（1）在【Insert Authorware Snippet】对话框上方片段窗口中选择一个现有的片段夹，然后单击【创建片段夹】命令按钮，创建一个新的片段夹。尽管片段夹不是必需的，但为了合理地管理代码，还是尽量为不同用途的代码片段创建不同的片段夹。

（2）单击【创建片段】命令按钮，在上一步建立的片段夹中创建一个新的片段。

（3）在【Description】文本框中为新的片段输入片段名和描述信息。

（4）在代码窗口中输入或粘贴新的片段内容。可以使用插字符"|"指定插入片段后【运算】窗口当前光标在代码片段中的位置。如果在代码片段中多处使用了插字符，仅最后一处插字符有效。如果代码片段中未使用插字符，那么插入片段后当前光标自动位于代码片段后方。

（5）单击【Done】命令按钮之后，新的片段内容就被保存在当前用户程序数据文件夹中的 ece7.xml 文件中。以后无论何时打开【Insert Snippet】对话框，都可以方便地向【运算】窗口中插入自定义的代码片段。

10.5.5 【运算】窗口的属性设置

在【运算】窗口工具栏中单击【属性设置】命令按钮，可以打开【运算】窗口属性对话框，如图 10-19 所示。在其中开发人员可以根据自己的喜好，对【运算】窗口的各种属性进行设置。

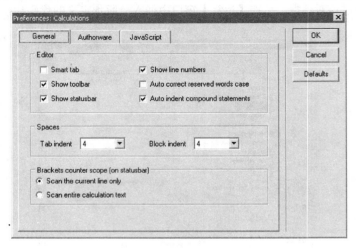

图 10-19 【运算】窗口属性对话框

（1）【General】选项卡
- 【Smart tab】复选框：允许 Authorware 对 Tab 键进行灵活处理。
- 【Show toolbar】复选框：选中该选项，可以使【运算】窗口顶部出现工具栏。
- 【Show statusbar】复选框：选中该选项，可以使【运算】窗口底部出现状态栏。
- 【Show line numbers】复选框：选中该选项，可以在编辑区域的左侧显示出行号。
- 【Auto correct reserved words case】：自动更正保留字（系统变量与系统函数名称）的大小写。
- 【Auto indent compound statements】：自动为控制语句（if…then 或 repeat with）提供缩进。
- 【Tab indent】下拉列表框：选择 Tab 键代表的缩进距离，默认为 4 个空格的长度。
- 【Block indent】下拉列表框：选择【增加缩进】命令按钮和【减少缩进】命令按钮使用的缩进量，默认为 4 个空格的长度。
- 【Brackets counter scope】单选按钮组：用于设置括号计数的范围，这里的设置将影响状态栏中圆括号计数和方括号计数的结果。可以有以下 2 种选择：
  Scan the current line only：仅在当前行中进行计数。
  Scan entire calculation text：在整个【运算】窗口范围内进行计数。

（2）【Authorware】选项卡（如图 10-20 所示）与【JavaScript】选项卡（如图 10-21 所示）分别用于设置【运算】窗口中的 Authorware 程序代码和 JavaScript 程序代码的颜色与文本属性。
- 【Category】列表框：在列表中可以选择准备进行颜色或文本属性设置的对象的种类。
- 【Color】列表框：在列表中可以选择一种应用于当前对象的颜色。
- 【Text attributes】复选框组：用于设置当前对象是否具有加粗（Bold）、倾斜（Italic）或下画线属性（Underline）。
- 【Use Windows system colors for】复选框组：用于设置是否为当前对象应用由 Windows 系统决定的前景色（Foreground）或背景色（Background）。
- 【字体】和【字号】下拉列表框：用于设置【运算】窗口中程序代码的字体和字号。

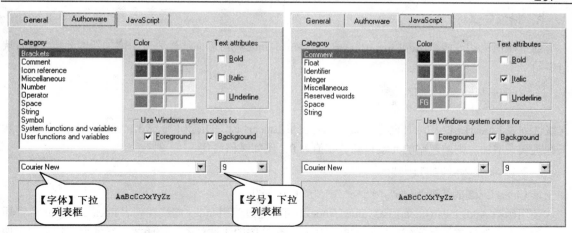

图 10-20 【Authorware】选项卡　　　　　　图 10-21 【JavaScript】选项卡

10.6　列表的使用

列表型变量用于存储一组相关的数据，同时并不要求这些数据都属于同一类型。利用 Authorware 提供的列表处理函数，可以很方便地对列表中的数据进行管理。

10.6.1　线性列表

在线性列表中，每个元素是一个单独的值，所有的元素都要放在一对方括号（[ ]）中，元素之间用逗号进行分隔。下面将分别介绍如何创建和使用线性列表。

1．创建线性列表

可以使用赋值语句创建一个列表型变量，例如程序语句

```
LinearList1:= [ ]
```

产生一个空白的名为 LinearList1 的线性列表，而程序语句

```
LinearList2:=["a","b","c"]
```

产生一个包含有 3 个元素的线性列表。在 Authorware 中，一个线性列表最多可以具有 32767 个元素。

2．访问列表中的元素

线性列表按照从左到右的顺序标识其中每一个元素，因此，可以使用下标（元素的存储位置）对线性列表中的数据进行访问，例如程序语句

```
MyVariable:= LinearList2[1]
```

将变量 MyVariable 赋值为"a"，而程序语句

```
LinearList2[2]:= "d"
```

将线性列表 LinearList2 的第二个元素赋值为"d"，此时变量 LinearList2 的值为["a", "d", "c"]。

除了使用下标，还可以通过函数 ValueAtIndex(anyList, index)对线性列表中的元素进行访问，该函数返回线性列表中指定位置处的元素值，如果参数 anyList 不是一个列表，或者索引号 index 小于 1 或不存在，该函数返回 0。例如，ValueAtIndex(LinearList2, 3)返回"c"。

3．增加元素

通过赋值语句或函数 AddLinear(linearList, value [, index])可以向线性列表中增加新的元素，例如赋值语句

```
LinearList2[4]:= "e"
LinearList2[5]:= "f"
```

向线性列表 LinearList2 中增加两个元素，此时变量 LinearList2 的值为["a", "d", "c" "e", "f"]。如果元素下标跳跃式增加，则被忽略的元素自动被赋值为 0。例如赋值语句

```
LinearList2[8]:= "g"
```

使变量 LinearList2 的值变为["a", "d", "c" "e", "f", 0, 0, "g"]。

使用函数 AddLinear(linearList, value [, index])可以通过索引 index 向线性列表 linearList 指定位置插入值为 value 的元素。如果省略索引参数，则对于未排序的线性列表，该函数向线性列表的末尾添加新的元素，而对于已排序的线性列表，Authorware 将根据 value 的值，自动将新的元素插入线性列表中合适的位置，从而保持元素间的排序方式。如果索引跳跃式增加，则被忽略的元素自动被赋值为 0。例如程序语句

```
AddLinear(LinearList2,"h",10)
```

使变量 LinearList2 的值变为["a", "d", "c" "e", "f", 0, 0, "g", 0, "h"]。

4．排序

使用函数 SortByValue(anyList1 [, anyList2, … , anyList10] [, order])可以按照元素的值对列表进行排序并标注排序标记。设置 order 为 TRUE 时按升序排序，否则按照降序排序。如果需要对单个列表进行排序，例如对线性列表 LinearList2 进行排序，可以按照如下方式使用排序函数：

```
SortByValue(LinearList2,TRUE)
```

其结果是将 LinearList2 的值变为[0, 0, 0, "a", "c", "d", "e", "f", "g", "h"]。

该函数可以按照参数中第一个列表的顺序排列多个列表，如果多个列表的元素数目不一致，该函数不进行排序。

例如，现有两个线性列表，分别记录了 3 个人的姓名和年龄数据：

```
name[1]:="张三"
age[1]:=23
name[2]:="李四"
age[2]:=16
name[3]:="王五"
age[3]:=27
```

使用 SortByValue(name, age, TRUE)，可以按照姓名（拼音）进行升序排序，此时 name= ["李四", "王五", "张三"]，age= [16, 27, 23]。

使用 SortByValue(age, name, FALSE)，可以按照年龄进行降序排序，此时 name= ["王五", "张三", "李四"]，age= [27, 23, 16]。

从上面的排序结果可知，在以一个列表为基准进行排序的同时，维持了数据间的相对关系，即同一个人的姓名和年龄数据始终相对应。

列表排序之后，被 Authorware 标记为已排序，此后如果对列表进行了改变元素顺序的操作，如使用函数 AddLinear()向列表指定位置插入新的元素，列表就被标记为未排序。

10.6.2　属性列表

属性列表用于存储属性和对应的属性值，其中每个元素由一个属性标识符及其对应的属性值构成，属性标识符和属性值之间用冒号分隔。下面分别介绍如何创建和使用属性列表。

1．创建属性列表

可以使用赋值语句创建一个属性列表，例如程序语句

```
PropList1:= [:]
```

产生一个空白的名为 PropList1 的属性列表，而程序语句

```
PropList2:= [#a:12,#b:23,#c:34]
```

产生一个包含有 3 个元素的属性列表。

2．访问列表中的元素

属性列表用属性标识符标识其中每一个元素。因此，可以使用属性标识符对属性列表中的数据进行访问，例如程序语句

```
MyVariable:= PropList2[#a]
```

将变量 MyVariable 赋值为 12，而程序语句

```
PropList2[#b]:= 18
```

将属性列表 PropList2 中第二个元素的属性值设置为 18，此时变量 PropList2 的值为[#a:12, #b:18, #c:34]。

使用函数 PropertyAtIndex(propList, index)，可以返回属性列表中指定索引位置的属性，例如 PropertyAtIndex(PropList2, 2)返回#b。如果参数 propList 不是一个属性列表，或者索引号 index 小于 1 或不存在，该函数返回空值。

使用函数 ValueAtIndex(propList, index)，可以返回属性列表中指定索引位置的属性值，例如 ValueAtIndex(PropList2, 2)返回 18。如果参数 propList 不是一个列表，或者索引号 index 小于 1 或不存在，该函数返回空串。

3．排序

使用函数 SortByProperty(propertyList1 [, propertyList2, ... , propertyList10] [, order])，可以按照属性对属性列表进行排序；使用函数 SortByValue(anyList1 [, anyList2, ..., anyList10] [, order])，可以按照属性值对属性列表进行排序，属性列表在排序之后会标注排序标记。设置 order 为 TRUE 时按升序排序，否则按照降序排序。如果需要对单个属性列表进行排序，例如对属性列表 PropList2 按照属性值进行降序排序，可以按照如下方式使用排序函数：

```
SortByValue(PropList2,FALSE)
```

其结果是将 PropList2 的值变为[#c:34, #b:18, #a:12]。对属性列表 PropList2 按照属性进行升序排序，可以按照如下方式使用排序函数：

```
SortByProperty(Proplist2,TRUE)
```

其结果是将 PropList2 的值变为[#a:12, #b:18, #c:34]。

使用排序函数可以对多个属性列表进行排序。例如，现有两个属性列表，分别记录了 3 个人的姓名和年龄数据：

```
name:=[#a:"张三",#b:"李四",#c:"王五"]
age:=[#a:23,#b:16,#c:27]
```

使用 SortByProperty(name, age, True)，可以按照 name 属性列表的属性进行升序排序，此时 name=[#a:"张三", #b:"李四", #c:"王五"]，age=[#a:23, #b:16, #c:27]。

使用 SortByValue(age, name, False)，可以按照 age 属性列表的属性值进行降序排序，此时 name=[#c:"王五", #a:"张三", #b:"李四"]，age= [#c:27, #a:23, #b:16]。

10.6.3   多维列表

多维列表就是以列表为元素的列表，例如列表[["张三", 23]、["李四", 16]、["王五", 27]]就是个二维列表，其中每个元素都是一个一维的列表。在 Authorware 中，最多可以使用到 10 维列表，并且每一维的元素数量最大可达到 32767。

可以使用赋值语句创建一个多维列表，例如程序语句

```
list := [ [0,0],[0,0],[0,0],[0,0] ]
```

创建了一个二维列表，其中每个元素被初始化为[0, 0]。另外，还可以使用系统函数 Array(value, dim1 [, dim2, dim3, …, dim10])创建一个以数值 value 进行填充的多维列表，参数 dim1～dim10 决定每一维中的元素数目。例如程序语句

```
list:= Array(9,3,4)
```

创建了一个有 3 个元素的二维列表，其中每个元素被初始化为[9, 9, 9, 9]，变量 list 的值为[[9, 9, 9, 9]、[9, 9, 9, 9]、[9, 9, 9, 9]]。

在通过下标访问多维列表中的数据时，需要按照从外向内的顺序输入数据在列表每一维中所处的位置，例如程序语句

```
list[2,3]:=0
```

将列表 list 的第二个元素（第一维中）中的第三个元素（第二维中）赋值为 0，变量 list 的值变为[[9, 9, 9, 9], [9, 9, 0, 9], [9, 9, 9, 9]]；而程序语句

```
list[2]:=[1,2,3,4]
```

将列表 list 的第二个元素（第一维中）赋值为[1, 2, 3, 4]，变量 list 的值变为[[9, 9, 9, 9], [1, 2, 3, 4], [9, 9, 9, 9]]。

10.7   创建与使用脚本函数

Authorware 从 6.5 版开始具备了一项重要的功能，那就是可以创建与使用脚本函数。脚本函数是由设计人员自行编写的函数，可以位于程序文件内部或外部，使用脚本函数就如同使用系统函数一样方便。通过自定义脚本函数，可以大大提高设计人员的开发效率。

10.7.1   内部脚本函数

内部脚本函数存在于【脚本函数】设计图标之中。【脚本函数】设计图标并不是一种新的设计图标，而是【运算】设计图标的一种新形式。可以通过以下步骤创建一个【脚本函数】设计图标。

（1）向流程线上拖放一个【运算】设计图标，并以所需函数名对【运算】设计图标进行命名。该设计图标名必须是唯一的，不能与其他设计图标同名。但是作为脚本函数可以与系统函数同名，现在将其命名为 "Beep"，如图 10-22 所示。

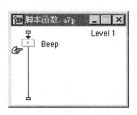

图 10-22　以所需函数名对设计图标进行命名

（2）执行 Modify→Icon→Properties 菜单命令，打开【运算】设计图标属性检查器，在属性对话框中打开【Contains Script Function】复选框，告诉 Authorware 这个设计图标被定义为【脚本函数】设计图标，如图 10-23 所示。

（3）单击属性对话框中的【OK】命令按钮。此时【运算】设计图标就变为【脚本函数】设计图标，如图 10-24 所示。

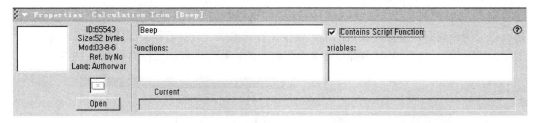

图 10-23　对【运算】设计图标进行属性设置

此时设计图标的外观发生了变化。双击【脚本函数】设计图标打开【运算】窗口，可以像使用普通【运算】设计图标一样向其中输入代码。例如输入以下代码：

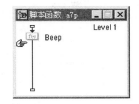

图 10-24　【脚本函数】设计图标创建完毕

```
repeat with i := 1 to 10
    Beep()          --系统函数
end repeat
```

就创建了一个使计算机喇叭鸣响10次这样最简单的脚本函数。

【脚本函数】设计图标实际上就是一种特殊的【运算】设计图标，它与【运算】设计图标不同之处在于：当程序执行到流程线上的脚本设计图标时会略过它，并不自动执行其中的代码。脚本函数只能通过系统函数 CallScriptIcon 进行调用，例如通过 CallScriptIcon（@"Beep"）就可以调用上述脚本函数 Beep。

系统函数 CallScriptIcon 的完整调用语法为

```
result := CallScriptIcon(IconID@"IconTitle" [,args] [,byValue] [,owner])
```

其中唯一的必选参数是【脚本函数】设计图标的标题。与系统函数相比，脚本函数同样可以具有参数和返回值。系统函数 CallScriptIcon 的可选参数 args 就是向被调用的脚本函数传递的参数，该参数可以是各种类型，包括最简单的字符类型到复杂的多维列表。脚本函数通过名为 Args 的图标变量来接受传递过来的参数，通过名为 Result 的图标变量返回执行结果。

例如要创建一个在【演示】窗口中多次随机画圆的脚本函数 DrawCircles，首先为其创建图标变量 Args@"DrawCircles"，然后通过参数 args 指定画圆的次数：

```
repeat with i := 1 to Args@"DrawCircles"
    Circle(Random(1,3,1),Random(1,WindowWidth,1),
           Random(1,WindowHeight,1),Random(1,WindowWidth,1),
           Random(1,WindowHeight,1))
end repeat
```

在上述代码中，系统函数 Random()根据传递给它的参数生成一定范围内的随机数，结合反映【演示】窗口宽度和高度的系统变量 WindowWidth、WindowHeight，随机决定圆形的大小、位置和粗细，然后由系统函数 Circle 在屏幕中进行绘制。图标变量 Args 在这里决定了循环执行的次数，即绘制圆形的数目。在一个【运算】设计图标中输入以下代码，可以实现在一个 320×240 大小的窗口内随机绘制 10 个圆形的目的（系统变量 IconID 可以省略）：

```
ResizeWindow(320,240)
CallScriptIcon(@"DrawCircles",10)
```

如果需要经常修改画圆的次数，就会导致频繁地打开【运算】窗口修改参数。有一个非常实用的技巧，那就是利用系统变量 IconTitle 代替具体的参数，将上述画圆的代码修改为

```
ResizeWindow(320, 240)
CallScriptIcon(@"DrawCircles",IconTitle)
```

那么以后无论何时需要修改参数的值，仅仅在设计窗口中改变设计图标的标题就可以了，例如将设计图标的标题改为"8"，就达到随机画 8 个圆的目的，程序流程和运行结果如图 10-25 所示。

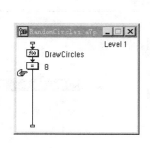
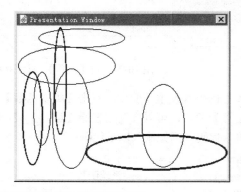

图 10-25 【脚本函数】设计图标创建完毕

可以将平时经常使用的代码都创建为脚本函数，这样在以后的设计过程中，就不必重复输入大量相同的内容，可以有效地提高工作效率。通过定义代码片段，也可以节省输入工作，但代码片段通常只是一段代码的框架，在插入【运算】窗口中后还需要进行完善。而脚本函数具有完备的功能，使用时只需指定参数和接收返回值。使用脚本函数有一个最明显的优点：那就是脚本函数只需定义一次，就可以反复调用，对脚本函数的修改也可以集中在同一个设计图标中进行，因此特别适合于大段的代码。你可以设想一下：将一大段代码反复插入程序流程的各个位置，忽然有一天你发现这段代码需要修改！那时你就会后悔为什么当初不使用脚本函数。

10.7.2 脚本函数的管理

创建多个脚本函数之后，就需要加强对脚本函数的管理，为每个脚本函数进行必要的说明，这样就可以保证无论何时面对这些脚本函数，都能够保持清醒。同时还需要一种手段，可以方便地在【运算】窗口中添加需要使用的脚本函数——通过为【脚本函数】设计图标添加描述信息可以达到这些要求。

使用鼠标右键单击流程线上的【脚本函数】设计图标，在弹出菜单中选择 Description 菜单命令，就可以打开【Description】窗口，在其中输入当前脚本函数的使用说明，如图 10-26(a)所示。注意将第一行内容保持为脚本函数的完整使用语法。

在【Functions】窗口【Category】下拉列表框中选择 Script Icons 类，在其中可以找到当前程序中

被创建的所有脚本函数，如图 10-26(a)所示。由于描述信息的第一行是脚本函数的使用语法，因此在窗口中双击需要使用的脚本函数，就可以将该函数的完整语法粘贴到当前打开的【运算】窗口中，同使用系统函数一样方便。

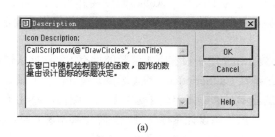

(a)　　　　　　　　　　　　　　　　　　(b)

图 10-26　为【脚本函数】设计图标添加描述信息

由于脚本函数只能通过系统函数 CallScriptIcon 进行调用，所以原则上【脚本函数】设计图标可以放在流程线上的任意位置而不会影响程序的正常运行。但是在这里还是建议将所有的【脚本函数】设计图标集中放置在一起，以便于日后进行维护。

10.7.3　参数的使用

从系统函数 CallScriptIcon 的使用语法可以看出：只能向脚本函数传递一个参数 Args，这似乎是一个严格的限制。但是可以通过一种变通的方法，达到向脚本函数传递多个参数的目的。

一个列表型变量可以包含多个元素，每个元素的值和数据类型也可以不同，因此可以将需要处理的多个数据集中放置在一个列表型变量中，再将该列表型变量作为参数传递给脚本函数，这就达到了向脚本函数传递多个参数的目的。

下面通过一个例子进行具体说明。创建一个具有参数和返回值的脚本函数，该函数的功能是将传递给它的多个单词（参数）连接起来，将组成的短句作为调用结果返回。

（1）首先创建一个名为 Sentence 的【脚本函数】设计图标，然后创建图标变量 Args@"Sentence" 和 Result@"Sentence"。

（2）在【脚本函数】设计图标中输入以下程序代码：

```
Result@"Sentence":=Args@"Sentence"[1]
repeat with i := 2 to ListCount(Args@"Sentence")
    Result@"Sentence":=Result@"Sentence"^ " " ^Args@"Sentence"[i]
end repeat
```

（3）创建自定义变量 MySentence，用来接收脚本函数返回的结果。然后创建一个【运算】设计图标，在其中以列表型变量["This", "is", "a", "simple", "test"]为参数对 Sentence 脚本函数进行调用。

```
MySentence := CallScriptIcon(@"Sentence",["This","is","a","simple","test"])
```

程序运行的结果就是变量 MySentence 中包含一个完整的句子："This is a simple test"。在这个例子中，实际上是向脚本函数传递了 5 个字符串参数。如果一个脚本函数需要多个列表型变量作为参数，可以通过一个多维列表变量向其传递所有的参数。

这个例子也解释了如何向脚本函数传递数量可变的参数。如果在调用上述脚本函数时，传递一个包含了 100 个字符串的列表型变量，那么函数执行的结果就是返回一个巨大的字符串。同理，如果将一个列表型变量作为脚本函数的返回值，那么该脚本函数就具有了返回多个值的能力，返回值的数量同样是可变的。

系统函数 CallScriptIcon 的可选参数 byValue 决定参数 Args 是以引用方式传递，还是以传值方式传递。该参数的默认值是 False，表示参数 Args 以引用方式传递，这意味着脚本函数可以修改作为参数 Args 传递给它的变量的值。当参数 byValue 的值为 True 时，Authorware 将作为参数 Args 的变量复制一份，然后将这个副本传递给脚本函数，脚本函数中所有对参数 Args 的操作仅仅影响变量的副本，而不会影响到变量本身。

系统函数 CallScriptIcon 的另一个可选参数 owner 用于设置脚本函数的拥有者。在默认情况下，调用脚本函数的【运算】设计图标（即执行系统函数 CallScriptIcon 的【运算】设计图标）就是拥有者，这意味着由脚本函数绘制到【演示】窗口中的显示对象都属于该【运算】设计图标，通过【擦除】设计图标（或自动擦除选项及系统函数 EraseIcon）擦除该设计图标就可以擦除由脚本函数绘制到屏幕中的对象。例如在图 10-25 所示的流程中，执行 EraseIcon(IconID@"8")可以将窗口中显示的所有圆形擦除，而执行 EraseIcon(IconID@"DrawCircles")则没有任何效果。将参数 owner 设置为 True，就将脚本函数的拥有者设置为对应的【脚本函数】设计图标，此时再执行 EraseIcon（IconID@"DrawCircles"），就可以擦除窗口中显示的所有圆形，无论该脚本函数被多少【运算】设计图标调用过。

调用者作为拥有者，就意味着由脚本函数输出到【演示】窗口中的内容可以被分别处理，不仅是用【擦除】设计图标进行单独擦除，也可以用【移动】设计图标进行单独移动。

脚本函数之间可以相互调用，也可以进行递归调用（调用其自身）。这种相互调用存在一个最大次数的限制，因为系统函数 CallScriptIcon 的参数栈是有限的，每个参数将会在栈中占据一定的位置，使用 Args 参数将使递归调用的最大次数减半。使用所有 4 个参数将使递归调用的最大次数减少到 1/4。当达到栈的最大容量后，系统变量 EvalStatus 和 EvalMessage 将包含对应的出错信息。

脚本函数的递归调用不是真正的递归调用。真正的递归调用意味着每层函数调用中所有的变量都是局部变量，而 Authorware 中只存在全局变量，因此当函数调用自身时，当前层中变量的值会被下一层调用变量的值所覆盖。所以，当进行递归调用时，必须建立和维护脚本函数的变量堆栈，最简便的方法是创建一个自动增长的列表来保存每层函数调用中的变量值，当每层函数调用返回时缩短列表的长度。如果在脚本函数中需要同时跟踪多个变量的值，那么就要使用多维列表。

最好不要在脚本函数中使用 GoTo 函数。可在正常退出脚本函数之后，再根据需要跳转到其他设计图标。

10.7.4　外部脚本函数

脚本函数可以存储在外部文本文件中。包含脚本函数的文本文件可以位于本地驱动器，也可以位于网络中（通过 URL 指定地址）。将脚本函数存储在外部文本文件中的真正意义在于不同的程序文件可以共享同一份脚本函数，而且还便于进行程序发行后的代码维护。

使用系统函数 CallScriptFile 可以调用位于文本文件中的脚本函数，使用语法为

```
result := CallScriptFile("filename" [,args] [,byValue])
```

这时使用文本文件的路径和名称来代替【脚本函数】设计图标的名称。例如可以将上述组句的脚本函数改写为以下形式后存储于文本文件 sent.txt 中：

```
Result@IconID := Args@(IconID)[1]
repeat with i := 2 to ListCount(Args@IconID)
    Result@IconID:=Result@IconID^ " " ^Args@(IconID)[i]
end repeat
```

然后就可以通过任意【运算】设计图标调用外部的脚本函数：

```
MySentence := CallScriptFile("sent.txt",["This","is","a","simple","test"])
```

在这种情况下必须注意以下两点：

（1）在引用变量 Args 和 Result 时，使用@IconID 代替了@"Sentence"。忽略设计图标的名称后，就可以在任意运算设计图标中调用存储于程序文件外部的脚本函数了。

（2）必须在调用外部脚本函数的【运算】设计图标中创建图标变量 Args 和 Result，同时还要创建全局变量 Args、Result、i、MySentence，即外部脚本函数中用到的所有变量，否则在调用脚本函数时会出现"Variable " is not defined."错误提示信息，表示变量未经定义。

10.7.5　字符串脚本函数

第三种使用脚本函数的方法是将脚本函数存储在字符串中。这种方法适用于需要将外部脚本函数加密存储的情况。事先将加密的外部脚本函数读入字符串变量并进行解密，然后通过系统函数 CallScriptString()对解密后的字符串加以执行。例如可以将上述组句的脚本函数改写为字符串方式（省略了解密过程）：

```
script := "MySentence := Args[1]" ^ Return
script := script ^ "repeat with i := 2 to ListCount(Args)" ^ Return
script := script ^ "MySentence := MySentence ^ \" \" ^ Args[i]" ^ Return
script := script ^ "end repeat" ^ Return
```

然后通过系统函数 CallScriptString()进行解释和执行：

```
Args:=["This","is","a","simple","test"]
CallScriptString(script)
```

执行完毕后，变量 MySentence 的值仍然是"This is a simple test"。使用字符串脚本函数可以不必定义图标变量，但是脚本函数中用到的所有变量（MySentence、i、Args）都要在全局范围内进行定义，否则会导致出现变量未经定义的错误。

10.8　现场实践：编写代码

使用程序语句同使用设计图标相比，最大的好处是程序执行效率高；其次是能够实现利用设计图标不易实现的功能，如改变【演示】窗口大小、生成随机数等。本节就以几个例子，展示一下使用程序语句的威力。

10.8.1　制作（【演示】）窗口显示过渡效果的程序

Authorware 可以为【演示】窗口中的显示对象设置各种各样的显示过渡效果，但是无法采用一般的途径制作【演示】窗口的显示过渡效果：程序运行时，总是先在屏幕上显示一个空白的【演示】窗口，然后你设计的背景图像才会按你指定的过渡效果显示在【演示】窗口中。这对程序的整体效果造成了直接影响，可以使用循环语句和 ResizeWindow(width, height)函数为【演示】窗口制作一个逐渐拉大的显示效果。

向主流程线最上方添加一个【运算】设计图标，在其中输入如下循环语句：

```
repeat with I:= 1 to 120
    resizewindow(160+I*4,120+I*3)  --从160×120开始，增大窗口直至640×480
end repeat
```

这样，在程序刚一运行时，【演示】窗口会以从左上方到右下方逐渐拉大的方式出现在屏幕上，就如同为它设置了显示过渡效果一般。在程序退出时，可以采用一个反向的循环，使【演示】窗口逐渐从屏幕上消失。

10.8.2 制作单选按钮组

在 Windows 程序中经常可以用到单选按钮组：选中一个单选按钮时，其他单选按钮就处于非选中状态。现在就用 Authorware 实现它。

（1）创建如图 10-27 所示的程序，在交互作用分支结构中有 4 个圆形按钮（通过【按钮设置】对话框选择圆形按钮）。

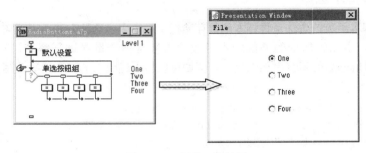

图 10-27　创建一组按钮

（2）在响应图标中增加对单击按钮动作的响应。打开"One"【运算】设计图标，向其中输入以下程序语句：

```
repeat with n:= 1 to IconNumChildren(IconParent(IconID))
    ButtonID:= ChildNumToID(IconParent(IconID),n)
    if ButtonID=IconID then
        Checked@ButtonID:= 1
    else
        Checked@ButtonID:= 0
    end if
end repeat
```

第一行程序语句的作用是将"单选按钮组"【交互作用】设计图标下的响应图标总数设置为循环语句执行的次数，对此程序而言，n 的范围是从 1 到 4。循环体中程序语句的作用是判断第 n 个按钮是否是当前单击的按钮：如果是，则设置其核选状态；如果不是，则撤销其核选状态。

这里对上面用到的系统变量和函数做一介绍：IconID 存储了当前设计图标的 ID 号，IconParent(IconID) 返回当前设计图标所依附的【交互作用】设计图标的 ID 号，IconNumChildren(IconParent(IconID)) 计算出当前交互作用分支结构中的响应图标总数，ChildNumToID(IconParent(IconID), n) 返回当前交互作用分支结构中第 n 个响应图标的 ID 号。

（3）将上面的程序段复制到每个响应图标中。

（4）打开"默认设置"【运算】设计图标，向其中输入以下程序语句：

```
ButtonID:=ChildNumToID(@(IconID@"单选按钮组"),1)
Checked@ButtonID:=1
```

这两行语句的作用是：取得单选按钮组中第一个单选按钮的 ID 号，利用此 ID 号将该单选按钮设置为核选状态。

（5）运行程序，可以看到在默认情况下，第一个单选按钮处于核选状态（如图 10-28(a)所示），用鼠标单击任一单选按钮，可以在撤销其他单选按钮核选状态的同时设置自身的核选状态（如图 10-28(b)所示）。

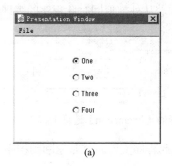 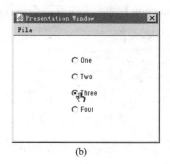

图 10-28 程序运行结果

看完上面的程序，你可能会感到疑惑：为什么使用那些复杂的表达式呢？在第一个响应图标中输入

```
Checked@"One":=1
Checked@"Two":=0
Checked@"Three":=0
Checked@"Four":=0
```

然后再向其余 3 个响应图标中输入类似内容（从上至下每次将 1 换一个位置），不就直接可以达到目的了吗？答案是：如果这样做，那么在单选按钮组中有 10 个单选按钮时，就需要向【运算】设计图标中输入 40 条语句；而采用上面的做法，不论有 10 个单选按钮还是有 100 个单选按钮，都不用再增加任何语句，因为单选按钮的数量及设置哪个单选按钮的核选状态已经由程序自行计算出来了。

10.8.3 在程序文件之间跳转

在前几章中介绍的跳转都是在同一程序文件中进行的。事实上，Authorware 允许在一个程序文件中调用其他程序文件，这一点对于开发大型软件非常重要：由一个人完成所有的程序设计或由多个人在一台计算机上共同进行程序设计都是不现实的，提高效率的方法是把整个程序分为几部分，由多人分工合作完成。每一部分程序保存为一个单独的程序文件，当某一部分的程序需要调用另一部分中的程序内容时，可以直接调用相应的程序文件。

在程序文件之间跳转必须使用文件跳转函数：JumpFile()和 JumpFileReturn()，下面介绍一下这两个函数的用法。

（1）JumpFile()函数

语法：JumpFile("filename"[, "variable1, variable2, ..."], ["folder"]])

作用：使 Authorware 跳转到由 filename 指定的程序文件中，从打包过的程序只能跳转到同样打包过的程序中。文件名不必包含扩展名。Authorware 会自动对所需文件进行识别。变量"variable1, variable2, …"用于向目标程序文件传递参数，如果使用的是一个自定义变量，必须保证它同时存在于两个程序文件中。多个变量之间要用逗号进行分隔。通过使用参数 folder，可以改变用户记录文件所处的默认路径。

（2）JumpFileReturn()函数

语法：JumpFileReturn("filename"[, "variable1, variable2, ...",["folder"]])

作用：同 JumpFile()函数相比，此函数实现的是对指定程序文件的调用。它使 Authorware 跳转到由 filename 指定的程序文件中，但当用户退出该程序文件或 Authorware 遇到一个 Quit()函数或 Quitrestart()函数时，Authorware 会返回到原程序文件中。打包过的程序只能调用同样打包过的程序。

在文件之间跳转时，有必要在【文件】属性检查器中进行相应设置。如图 10-29 所示，在【文件】属性检查器的【Interaction】选项卡中有两个属性影响着从外部返回时此程序的表现。

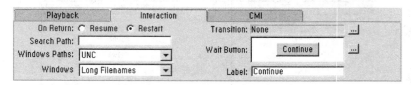

图 10-29　【文件】属性检查器的【Interaction】选项卡

（1）【On Return】单选按钮组：设置当用户返回此程序文件时，是返回到程序起点，还是返回到上次离开程序的位置。

- 【Restart】单选按钮：返回到此程序的起点，此时所有的系统变量和自定义变量都被设置为初始值。这也是 Authorware 的默认设置。
- 【Resume】单选按钮：返回到上次离开程序的位置。选择此选项后，Authorware 始终跟踪着程序的执行状态，在离开此程序文件之前，将此程序的当前状态（如变量的当前值、程序执行到了什么位置等）保存在用户记录文件中，而在返回到此程序中之后，会根据用户记录文件中的信息将程序恢复到离开之前的状态；用户记录文件通常存放在应用程序数据文件夹（即 Application Data 文件夹，通常位于当前系统的"\Documents and Settings\用户名\"文件夹内，在 Windows 98 系统中则位于 Windows 文件夹下）下的\Macromedia \Authorware 7\A7W_DATA 文件夹中，与对应的程序文件同名并以 REC 作为文件扩展名。

（2）【Transition】文本框：用于设置当用户从外部程序文件中返回到此程序文件时的过渡显示效果，这样就能保证在程序文件之间跳转时显示效果的连续。

10.8.4　使用 Windows 常用控制

Windows 系统提供了丰富的控制，例如可滚动的列表框、下拉式列表框、树形列表等，通过这些控制可以实现难以通过交互作用分支结构实现的交互类型，大大丰富了人机交互的手段。Authorware 通过外部函数 WinCtrls.U32 为设计人员提供了使用这些控制的简便途径。本节通过制作一个电子书的范例，介绍如何使用 WinCtrls.U32 中的函数创建 Windows 控制。

电子书建立在导航结构的基础之上，通过 WinCtrls.U32 实现一个可滚动的树形列表作为读者在书中导航的手段，达到如图 10-30 所示的效果。

滚动树形列表是通过 TreeView 控制实现的。通过 WinCtrls.U32 中提供的函数 wcDisplayControl 可以创建所有的控制，创建一个 TreeView 控制的语句为

```
ID:=wcDisplayControl(x1,y1,width,height,"TreeView",[change event variable])
```

其中参数 x1、y1 指定控制窗口在【演示】窗口中的位置（左上角坐标），参数 width、height 指定控制窗口的宽度和高度。最后的可选参数用于向控制传递一个自定义变量，控制通过这个自定义变量通知程序，用户在控制窗口中发生了操作。函数执行完毕后返回被创建的 ID 号码。

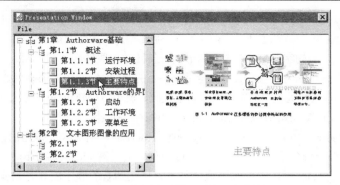

图 10-30　利用滚动树形列表开展导航

任何一种控制都属于创建它的设计图标，这意味着控制可以在【移动】设计图标的控制下移动，被【擦除】设计图标擦除。按下 Ctrl 键的同时将鼠标指针移动到控制上方，可以看到创建该控制的设计图标的名称和 ID 号码，这一特性仅在设计期间有效。

每一种控制都具有大量的属性，在本例中将主要使用 TreeView 控制的 3 种属性：字号（FontSize）、条目（Items）和图像索引（ImageIndex）（用于显示在条目之前的小图标），控制的属性通过 WinCtrls.U32 提供的函数 wcSetPropertyValue 进行设置。在开始工作之前，先将 WinCtrls.U32 中的函数加载到程序中，然后进行以下步骤。

（1）创建如图 10-31 所示的流程结构，为电子书创建嵌套的框架结构，将每一页以对应的内容命名，这样便于将来实现导航。向每个节所处的【显示】设计图标中添加对应的图书内容。

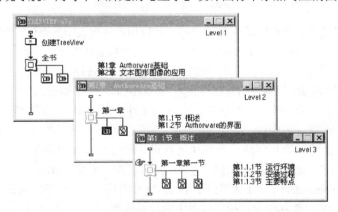

图 10-31　创建电子书的框架

（2）在主流程线上、电子书主框架的前方，增加一个【运算】设计图标，并将其命名为"创建 TreeView"，向其中输入以下代码：

```
ID:=wcDisplayControl(0,0,240,240,"TreeView","MyVar")
wcSetPropertyValue(ID,"FontSize","10")
```

第一行的作用是从【演示】窗口左上角位置(0,0)处开始，创建一个宽度和高度均为 240 像素的树形列表控制，指定自定变量 MyVar 作为该控制的监视变量。当用户单击列表中的某个条目时，该变量的值会有一个短暂的由 0 变为 1 再变回 0 的过程。这个过程虽然短暂，但足以引起条件响应的注意。第二行代码的作用就是将 TreeView 控制使用的字号设置为 10。

（3）继续向【运算】窗口中输入以下创建列表条目的代码：

wcSetPropertyValue(ID,"Items","第 1 章　Authorware 基础\r 第 1.1 节　概述\r　第 1.1.1 节　运行环境\r　第 1.1.2 节　安装过程\r　第 1.1.3 节　主要特点\r 第 1.2 节…")

为节省篇幅省略了后面的字符串。在设置树形列表条目时，要把握两个原则：一是不同条目之间用回车符"\r"分隔；二是每个条目的前置空格数量决定了该条目的级别，空格较多的条目处在空格较少的条目的下一级，没有空格表示该条目处在最高级。通过以上代码，就可以创建出如图 10-32(a)所示的树形列表。

（4）接下来通过设置图像索引属性 ImageIndex 为每个条目指定一个图标。

wcSetPropertyValue(ID, "ImageIndex", "15\r16\r18\r18\r18\r16\r18\r18\r18\r15\r16\r16…")

每个图标索引号码与每个条目相对应，此时树形列表的外观如图 10-32(b)所示。WinCtrls.U32 提供的所有图标如图 10-32(c)所示，图标按照从上到下、从左到右的顺序由 0 开始编号。

 通过 Images 属性，用户可以使用自定义的图标。该属性是一个用回车符分隔的图像文件名字符串，这些图像必须是 16×16 的位图，位图最左下角的像素颜色被认为是透明色，即位图中所有与左下角像素颜色一致的像素都会变得透明。

图 10-32　设置树形列表的属性

（5）树形列表构造完毕，就可以通过变量 MyVar 监视用户在列表中的操作，控制程序在电子书框架中进行导航。首先创建自定义变量 currentselect，用于保存当前被选择条目的文本。双击设计窗口中的"全书"设计图标，打开框架窗口，删除其中所有的默认导航方式，然后在其中增加一个 Calculate 类型的导航设计图标，如图 10-33 所示，将其导航目标设置为"@currentselect"，即根据当前条目的内容进行导航。将响应类型设置为永久性条件响应，以变量 MyVar 作为条件，那么当用户在树形列表中有所操作时，该条件就会被满足，从而开展导航操作。在开始导航之前必须了解用户选择的条目，因此选择 MyVar 设计图标，按下 Ctrl+⬜ 快捷键，为其创建一个附属运算设计图标，在其中输入程序语句 currentselect := wcGetPropertyValue(ID, "Text")。这样无论何时条件响应被匹配，变量 currentselect 都会具有当前条目的文本，通过表达式@currentselect 计算出相应页图标的 ID 号码后，就可以导航到该页中去。

通过条件响应，也可以监视用户在树形列表中的双击操作（此时监视变量 MyVar 的值有一个短暂的从 0 变为 2，再变回 0 的过程，可以在图 10-33 所示的响应图标中对 MyVar 的值进行判断，看是否发生了双击操作）。从本例中可以看出：通过 WinCtrls.U32 将 Windows 控制和 Authorware 本身具有的功能相结合，可以产生巨大的能量。本例用于控制流程的设计图标（都集中在图 10-33 所示的交互作用分支结构中）总数只有 2 个，代码共有 5 行，就实现了如此强大的功能。

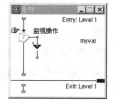
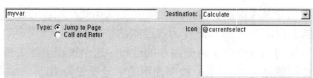

图 10-33　创建导航方式

10.9　使用 JavaScript 编程

在 Authorware 中进行多媒体程序设计并不依赖 JavaScript，不熟悉 JavaScript 的读者完全可以略过本节。这也是将本节放在本章最后的原因。但是如果熟悉 JavaScript，打算将 JavaScript 中的代码和编程经验直接运用到 Authorware 中，那么本节为你提供了这方面的详细信息。本节的目的是介绍如何在 Authorware 中运用 JavaScript 编程，而不是介绍如何使用 JavaScript 开展程序设计，关于 JavaScript 程序设计方面的详细内容请参阅其他相关资料。

10.9.1　JavaScript for Authorware

在 Authorware 7.0 的【运算】设计图标中，设计人员有了一种新的选择：可以继续使用传统的 Authorware 语言（Authorware Script Language，AWS），也可以使用 JavaScript 语言（JavaScript Language，JS）1.5 版。在 Authorware 中实现的 JavaScript 语言可以称为 JavaScript for Authorware，它是基于 ECMA-262 标准的，因此只有符合该标准的 JavaScript 代码才能被 Authorware 的 JavaScript 解释器所接受（ECMA 核心标准文档可以免费从 ECMA 的网站下载，具体的网址是 http://www.ecma-international.org/publications/files/ecma-st/ Ecma-262.pdf）。

JavaScript for Authorware 具备 JavaScript 语言的核心内容，具体包括各种数据类型、表达式、运算符、语句及下列对象：Native ECMAscript objects、The Global object、Object objects、Error objects、Function objects、Array objects、String objects、Boolean objects、Number objects、The Math object、Date objects、RegExp(regular expression) objects。

JavaScript for Authorware 除了提供大量 JavaScript 本身具有的功能之外，还包含以下几类新的对象：

（1）aw 对象：即 Authorware 对象，它使 JavaScript 可以访问 Authorware 所有函数和变量，包括图标变量、自定义函数和自定义变量。

（2）Icon 对象：即图标对象，它使 JavaScript 可以访问当前程序文件中所有设计图标及设计图标的属性和方法。

（3）Datatype 对象：即数据类型对象，具体包括 EventList, Point, PropertyList, Rect, Symbol 对象，这些数据类型对象用于对 Authorware 的专有数据类型进行转换，以便于在 JavaScript 中使用。

 熟练的 JavaScript 设计人员习惯于在 Web 浏览器或服务器环境下编程，由于 Authorware 不是一个 Web 浏览器，在 JavaScript for Authorware 中不存在 window、location 等对象及其他与浏览器相关的元素、属性和方法。

10.9.2　Authorware 文档对象模型

Authorware Document Object Model（文档对象模型，简称为 DOM）使 JavaScript 能够访问和维护程序中的设计图标和变量。

Authorware 文档对象模型定义了由设计图标构成的 Authorware 程序的结构。通过对象和属性的方式描述设计图标和变量，Authorware 文档对象模型为 JavaScript 语言提供了访问和维护 Authorware 程序与设计图标的途径：Authorware 程序是一个树状结构，由根设计图标（整个 Authorware 程序可以看做是一个包含了所有设计图标的大的群组设计图标，即根设计图标）、【群组】设计图标及各种分支流程构成。在文档对象模型中，树状程序结构通过由父图标和子图标构成的层次结构保存和表示，在程序结构的每一层中，设计图标都以 JavaScript 对象的方式表示。通过这种层次结构，程序中的任何设计图标可都可以被 JavaScript 访问。

一定要区分 HTML 文档对象模型和 Authorware 文档对象模型。Authorware 中的 JavaScript 不能访问 HTML 文档对象模型中的对象，这是因为 Authorware 程序并不是一个 HTML 文档（反之亦然，通常的 JavaScript 也不能访问 Authorware 文档对象模型中的对象）。HTML 文档对象模型包含的 Anchor、Applet、Area、Button、Checkbox 等对象仅在 HTML 文档环境中有意义，Authorware 文档对象模型包含的 aw 和 icon 对象也仅在 Authorware 程序环境中才有意义。两种文档对象模型都可以访问 Array、Boolean、Date、Function 和 Math 等对象，因为这些对象属于 JavaScript 语言本身，而不是某种文档对象模型的组成部分。

如果你对浏览器环境下的 JavaScript 编程很熟悉，就能像在 HTML 文档中引用对象一样，在 JavaScript for Authorware 中引用设计图标。在引用设计图标之前，必须调用 aw.IconID ("IconTitle") 或 new Icon(IconID)等函数，将设计图标的 ID 号码或 Icon 对象保存在变量中，然后就可以通过 Icon 对象引用设计图标。

10.9.3 书写 JavaScript（JS）代码

只能在【运算】设计图标中使用 JS 代码。在【运算】窗口中输入 JS 代码的过程与输入 AWS 代码的过程类似，但在输入 JS 代码之前，必须利用【运算】窗口工具栏中的【语言】命令按钮，将当前语言选择为 JavaScript（默认选择是 Authorware）。【语言】命令按钮以 Authorware 7.0 的标志表示 AWS 语言，同时【运算】窗口状态栏的右侧也会显示出当前选用的语言。

当使用 AWS 代码时，在关闭【运算】窗口的同时，Authorware 会自动检查代码中的语法错误并及时做出提示。而当使用 JS 代码时，Authorware 不对代码进行语法检查（哪怕存在非常严重的错误），因此仅能在程序运行时才能发现和定位 JS 代码中的错误。

在同一个程序文件中可以同时使用 AWS 与 JS 编程，但是在同一个【运算】设计图标之中只能使用同一种语言。经常同时使用 AWS 和 JS 编程的设计人员请注意以下几个方面：

（1）与 AWS 相反，JS 是大小写敏感的语言，例如 myVariable、MyVariable 和 MYVARIABLE 是 3 个完全不同的变量。

（2）多个 JS 语句由分号分隔，可以放在同一行内，每一行 JS 代码末尾的分号不是必需的，但是使用分号是一种良好的编程习惯。

（3）书写 JS 代码时，直接按下 Enter 键就可以将一行较长的语句分为多行；而在书写 AWS 代码时，必须通过 Alt+Enter 组合键达到同样的目的。

（4）在使用 AWS 时，如果将【文件】属性检查器中的【On Return】属性设置为 Resume，所有变量的值都会在程序返回时得到恢复，但是这一特性不适用于 JS。

（5）当修改程序文件中的设计图标和变量名称时要格外注意，Authorware 不会自动修改 JS 代码中引用的设计图标和变量名称，从而造成 JS 代码运行时出错，这一点通常在运行程序时才能被发现。

（6）如果 JS 代码运行时出错，错误代码的行号将显示在提示对话框的标题栏中，记下该行号会有助于快速排除 JS 代码中的错误。

10.9.4 JavaScript 变量

与 AWS 类似，JS 也提供了全局变量，这意味着在一个设计图标中定义的变量可以在后续的设计图标中使用。如图 10-34 中的【运算】窗口所示，"initialize"设计图标中的第 2 行和第 3 行代码分别创建了两个变量，用于保存 Icon 对象和设计图标的标题。在后续的"Trace"设计图标中，就可以使用 Icon 对象 MyIcon 引用"initialize"设计图标了，如图 10-35 所示，通过两种不同的方法，利用 Authorware 函数 Trace()输出"initialize"设计图标的标题。

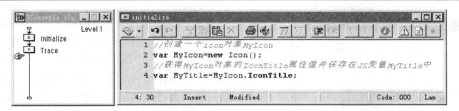

图 10-34　变量的创建

图 10-35　变量的使用

从以上两图可以看出，在 JS 中也可以通过点语法引用 AWS 中的图标变量（如 IconTitle），Icon 对象与图标变量之间是对象与属性的关系。注意：如果在使用图标变量时没有正确地区分大小写字母，程序运行时 Authorware 并不会提示发生错误，但是会返回一个无效的 JavaScript 属性值。

在同一程序文件中可以定义同名的 JS 变量和 AWS 变量（尽管这可能造成混淆），但不允许定义与现有设计图标属性和方法重名的图标变量（如 movable、checked 等）。

对象、函数和变量的作用范围取决于它们在程序中的位置，在一个【运算】设计图标中定义的变量、函数和对象都可以在后续的【运算】设计图标中继续使用，然而在使用它们时必须注意以下两点：

（1）程序流程必须事先经过定义变量、函数或对象的【运算】设计图标。

（2）变量、函数或对象不能超出作用范围。

10.9.5　aw 对象

通过 aw 对象，在 JS 中可以使用 Authorware 中所有的函数和变量，包括自定义函数和变量，只需在函数和变量名前加上"aw."前缀。假设程序中已经存在两个 Authorware 变量：

```
i:=10
MyList:=["Red","Green","Blue"]
```

那么图 10-36 中所示的 AWS 代码和 JS 代码是等效的，其运行结果如图 10-37 所示。

图 10-36　等效的 AWS 代码与 JS 代码

可以看出，在 JavaScript for Authorware 中，Authorware 的函数和变量分别成为 aw 对象的方法和属性。图 10-36 中第 3 行 JS 代码可以用 aw.Trace(aw. MyList[1])代替，这是因为 AWS 中的线性列表可

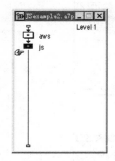

图 10-37　完全相等的输出结果

以视为 JS 中的 Array 对象，但是 AWS 中的线性列表下标从 1 开始，而 JS 中的 Array 对象下标从 0 开始。

第 5 行 JS 代码则不能用 aw.Trace(aw.FullDate)代替，这是因为在 Authorware 中，系统变量 FullDate 与系统函数 FullDate()同名，而 JavaScript 不允许函数和变量具有相同的名称，规定在同名情况发生时，只有函数允许被使用，所以使用 aw.Trace(aw.FullDate)会导致程序出现缺少函数参数的错误。以下名称在 Authorware 中是由函数和变量共同使用的，但在 JS 中只能使用对应的函数：

CharCount,CMIReadComplete,Date,Day,DayName,FullDate,IconID,IconTitle,Month,
MonthName,NumCount,WordCount,Year

如果确实需要使用这些名称对应的变量，只能通过 aw 对象调用 Authorware 系统函数 Eval()或 EvalAssign()达到目的，这两个函数的作用简单而言是将字符串参数作为表达式进行计算并返回计算结果（详细内容请参阅本书的附录 B）。由于 JS 并不理会字符串的内容，因此可以达到使用同名变量的目的。

　从 .u32，.dll 和 .x32 文件中加载到 Authorware 中的外部函数也必须通过 aw.Eval()或 aw.EvalAssign()方式执行。例如从 kosupprt.dll 文件中可以加载颜色选择对话框函数 ShowColorDialog()，然后在 JS 中使用语句 color = aw.Eval（"ShowColorDialog()"）调用该函数。直接使用 aw.ShowColorDialog()则会导致出现" TypeError: aw. ShowColorDialog is not a function"错误提示信息。

从 JS 中访问 AWS 变量会为程序的运行带来额外的开销。如果利用 JS 编程，在仅使用 JS 本身的对象时，程序的执行速度会快于从 JS 中使用 Authorware 对象，因此最好首先将 Authorware 变量的值存储到 JS 变量中，然后利用 JS 变量完成剩余的工作，最后再将结果返回到 Authorware 变量中，如下面的一段 JS 代码所示：

```
var i =aw.i;
for ( ; i<10000; i++ );
aw.i = i;
```

10.9.6　Icon 对象

JS 代码通过 Icon 对象访问设计图标。新的 Icon 对象由 new 操作符调用 Icon 对象的构造函数来创建：

```
new Icon(IconID)
```

如果参数 IconID 是一个现有设计图标的 ID 号码，那么被创建的 Icon 对象就引用该设计图标，通过 Icon 对象可以访问该设计图标的各种属性；如果参数为空或是无效的 ID 号码，那么就使用当前设计图标的 ID 号码。

　注意 JavaScript 保留字 this 不能在这里表示当前设计图标。new Icon(IconID)操作仅仅创建一个 JS 对象且在该对象与现有设计图标之间建立引用关系，并不会创建一个新的 Authorware 设计图标。

与 Icon 对象存在引用关系的 Authorware 设计图标，其所有图标变量（包括系统图标变量和自定义图标变量）都成为 Icon 对象的属性。

例如，现有一个设计图标"MyIcon"和一个图标变量"MyVar@"MyIcon""，在 JS 中就可以创建一个新的 Icon 对象，然后通过该对象访问图标变量的值，如以下代码所示：

```
var iconObj = new Icon(aw.IconID("MyIcon"));
iconObj.MyVar = "This is the new value for MyVar"
```

上述代码执行过后，无论在 JS 还是 AWS 环境中，变量 MyVar 都具有了新的值，这一点可以执行 aw.Trace(iconObj.MyVar)函数（在 JS 环境下）或 Trace(MyVar@"MyIcon")函数（在 AWS 环境下）进行验证。这是因为两种语言使用了同一数据存储区。

下列 AWS 函数可以作为 Icon 对象的方法使用：

BuildDisplay、CallIcon、CallSprite、CallScriptIcon、ChildNumToID、DisplayIcon、DisplayIconNoErase、EraseIcon、EraseResponse、GetCalc、GetExternalMedia、GetIconContents、GetIconProperty、GetMovieInstance、GetPostPoint、GetPostSize、GetSpriteProperty、GoTo、IconFirstChild、IconLastChild、IconNext、IconNumChildren、IconParent、IconPrev、IconTitleShort、IconType、ImportMedia、Keywords、MediaPause、MediaSeek、NetPreload、OpenIcon、Overlapping、PageContaining、Preload、ReplaceSelection、SelectIcon、SetCalc、SetEmpty、SetHotObject、SetIconProperty、SetIconTitle、SetKeyboardFocus、SetMotionObject、SetPasteHand、SetPostPoint、SetPostSize、SetSpriteProperty、SetTargetObject、TimeOutGoTo、Unload

这些方法在 JS 中使用时，都比在 Authorware 中使用时省略了第一个参数 IconID，因为每个方法都使用被 Icon 对象引用的设计图标 ID 号码作为第一个参数。由于 AWS 中的"#"字符不能被 JS 识别，因此当某种方法需要传递属性参数时，可以使用字符串代替。下面简单示范一下这些函数的用法。

在图 10-38 所示的程序流程中，"js"设计图标包含了主要的方法调用，"退出"设计图标中仅包含一个 AWS 函数调用：Quit()。在"js"设计图标中，第 4 行代码通过 GetPostPoint 方法和属性参数 #response 获得"按钮"响应在【演示】窗口中的位置坐标。在第 8 行代码中，正是作为跳转目标的 Icon 对象（即引用"退出"设计图标的 Icon 对象 iconObj2）调用了 GoTo 方法，因此"退出"设计图标中的 Quit()函数被执行，结束当前程序。

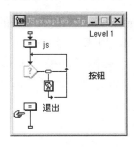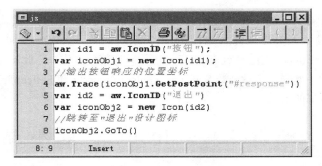

图 10-38　调用 Icon 对象的方法

10.9.7　Datatype 对象

为了描述和处理 Authorware 的专用数据类型，JavaScript for Authorware 包含了下列 Datatype 对象：Symbol objects、Point objects、Rect objects、PropertyList objects 和 EventList objects。

当 aw 对象或 Icon 对象在 JS 中进行 Authorware 专用数据类型的赋值操作时，Authorware 数据类型将自动转换为相应的 Datatype 对象。反之亦然，将上述 Datatype 对象作为参数传递给 Authorware 函数（或者 aw 对象的方法）时，这些对象将自动转换为函数或方法所需的专用数据类型。

1．Point 对象

新的 Point 对象可以由 new Point(x, y)或 aw.Point(x, y)方式创建，用于描述【演示】窗口中某点的坐标。Point 对象具有 2 种属性：x 和 y，分别用于描述一点的横、纵坐标。

2．Rect 对象

新的 Rect 对象可以由 new Rect(left, top, right, bottom)或 aw.Rect(left, top, right, bottom)方式创建，用于描述【演示】窗口中的一个矩形区域。Rect 对象具有 4 种属性：left, top 用于描述矩形左上角的坐标，right, bottom 用于描述矩形右下角的坐标。

3．Symbol 对象

新的 Symbol 对象可以由 new Symbol("symbolName", value)或 aw.Symbol ("symbolName")方式创建，Symbol 对象具有两种属性：name 用于描述对象的符号名（不包含"#"字符），value 用于描述对象的值。

4．PropertyList 对象

新的 PropertyList 对象由 new PropertyList()或 aw.PropertyList 方式创建，PropertyList 对象通过点语法引用属性列表中的所有属性。例如在 Authorware 中创建一个属性列表 p=[#Age:18, #Num:3]，那么在 JS 中就可以通过以下方式访问该属性列表：

```
var PL=aw.p;
Trace(PL.Age);
Trace(PL.Num); //注意属性名称前不使用"#"字符。
```

5．EventList 对象

新的 EventList 对象由 new EventList()方式创建。EventList 对象仅保留作将来使用，目前不能在 Authorware 中使用该类对象。

关于在 Authorware 中使用 JS 编程方面的内容就介绍到这里。Authorware 7.0 提供了新的系统函数来帮助设计人员更加深入地使用 JS：系统函数 EvalJS、EvalJSFile 用来解释和执行 JS 代码，JSGarbageCollect 则用来对 JS 内存池进行碎片整理工作。与此同时，一些原有的 AWS 系统函数在 JS 方面得到了增强，包括函数 SetCalc、GetIconProperty 和 SetIconProperty。关于这些函数的详细内容，请参阅本书的附录 B。

10.10   本 章 小 结

本章主要介绍了如何在 Authorware 中使用变量、函数、表达式及程序语句，这些都是编写程序代码的基础。本章的主要目的是介绍编写代码的方法，如果要对变量和函数作进一步的了解，请参阅本书的附录。

根据变量存储的数据类型，可以将变量分为 7 类，但是 Authorware 能够根据运算类型自动更改变量的类型，这一特点在编程时往往会造成意想不到的结果，需要格外注意。列表是一种高级数据结构，用于存储一组相关的数据，同时并不要求这些数据都属于同一类型。利用 Authorware 提供的列表处理函数，可以很方便地对列表中的数据进行管理。

通过创建和使用脚本函数，可以大大提高设计人员的开发效率。脚本函数与代码片段不同，前者是真正意义上的可调用的函数，可以接受参数并返回值，而后者仅是一段代码框架，是为提高输入效

率而使用的。外部函数是用于扩充程序功能、提高编程效率的非常重要的开发工具，互联网上有大量外部函数（U32、X32）可供下载使用。

编写代码是制作多媒体应用程序的重要手段之一，如果你是一个严肃的开发者，就应该在编写代码上面多下些工夫，这样不仅能够改进程序的结构，提高程序的执行效率，而且有助于你对 Authorware 的工作方式进一步的了解。仅仅使用设计图标，可以制作出漂亮的多媒体程序；而通过编写代码，可以制作出具有专业水准的多媒体程序。

10.11　上 机 实 验

（1）10.8.2 小节中的"单选按钮组"可视为应用代码片段的一个范例。试用脚本函数重新制作该范例。

（2）学习 Authorware 安装路径中 Showme 文件夹内的以下范例。

Script.a7p，学习条件语句（函数）的使用方法；

List.a7p，学习列表的使用方法；

Clock.a7p，学习图形函数和决策判断分支结构的使用方法；

Encrypy.a7p，学习字符函数的使用方法；

Rgb.a7p，学习图形函数、交互作用分支结构和决策判断分支结构的综合使用方法；

Variable.a7p，学习在文本对象中使用变量的方法。

第11章　程序的调试

设计和编写程序不是件一蹴而就的事情。为了验证一种方法能否达到目的往往需要反复地运行和修改某段程序，为了找出程序中的错误，往往需要跟踪观察程序的运行状态。即使你是一位富有经验的程序员，也不能保证每次编写的程序一定是正确而且高效的。

计算机是客观的，它只会按照人的指令去办事，错误往往是由编写程序的人造成的。任何程序都可能存在着错误，尤其是在你完成了一段程序并首次运行它的时候，你会发现程序中的错误往往不只一处。在十几个设计窗口中来回切换，找到可能出错的地方并进行修改，然后再运行程序，发现错误后再修改……整个过程是件很令人头疼的事情，幸而 Authorware 提供了通常只有在专门的编程语言中才提供的跟踪调试手段，可以使设计者快速而高效地查出错误，进而排除错误。

11.1　调　试　方　法

程序中的错误分为两类：运行错误和逻辑错误。运行错误是指按照错误的语法格式使用了函数或企图播放一个根本不存在的外部数字化电影文件等，在这些情况下，Authorware 会在程序设计期间或运行期间自动提示出错，因此这种类型的错误比较容易被发现；逻辑错误是指从语法角度来看，程序不存在问题，但是它没有正确地反映出设计者的意图，如一个设计成循环五次的循环语句在运行时陷入了死循环，或者在平时表现正常的程序在特定情况下运行失常等，这时 Authorware 并不会提示出错，因为它根本无法意识到已经出了差错，这种类型的错误隐蔽性较大，因此这一类错误很可能会一直存在到程序被正式打包发行之后。避免出现这类错误是程序设计者的责任，此外 Authorware 提供的调试工具对于发现这类错误也能提供很大的帮助。

11.1.1　使用【开始标志】和【结束标志】

通常情况下，按下【运行】命令按钮，Authorware 会从程序开始处运行程序，直到流程线上最后一个设计图标或遇到 Quit()函数。但是，有时所要调试的程序段只是整个程序的一部分，此时可以利用【开始标志】和【结束标志】来帮助你调试这段程序。【开始标志】和【结束标志】的用法很简单，只要从图标选择板将【开始标志】拖放到流程线上欲调试程序段的开始位置（此时 ▶ 【运行】命令按钮会变成 ▶ 【从开始标记志运行】命令按钮），而将【结束标志】拖放到流程线上欲调试程序段的结束位置，此时单击【从开始标志处运行】命令按钮，就可以只运行两个标记之间的程序段。以"看图识字"程序为例，将【开始标志】放在"白兔"设计图标之前，【结束标志】放在"鸽子"设计图标之后，如图 11-1 所示，此时单击【从开始标志处运行】命令按钮，程序运行到【结束标志】处自动停止，没有被执行到的设计图标其内容不会显示在【演示】窗口中。

 图标选择板中的【开始标志】和【结束标志】与其他设计图标不同，它们只能使用一次，一旦它们被拖放到设计窗口之后，原来的位置上就形成一个空位。在设计窗口中（或不同设计窗口之间）拖动它们可以重新设置欲调试程序段的起始和结束位置，如果想将它们放回图标选择板，用鼠标单击它们留下的空位即可。将【开始标志】或【结束标志】放回图标选择板之后，就自动撤销了它们对程序的影响。

有时程序可能会很大，包含了上百个设计图标，根据程序运行时出现的出错提示信息不容易判断错误发生的大概位置，使用【开始标志】和【结束标志】，可以最大限度地缩小查错范围。

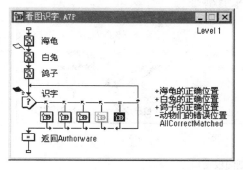

图 11-1　使用【开始标志】和【结束标志】

11.1.2　使用控制面板

控制面板是一个非常有效的调试工具。利用控制面板，可以控制程序的显示并对程序的运行过程进行跟踪调试。

有时只依靠设计窗口中的流程结构图并不能准确地判断出设计图标的真正执行顺序，尤其是在程序中存在许多定向控制、永久性响应、复杂交互作用分支结构的情况下，设计图标可能会以不同的顺序被执行，这时就可以使用控制面板提供的各种手段对设计图标的执行顺序进行跟踪，控制面板窗口中会显示出设计图标真正的执行顺序。单击【控制面板】命令按钮，将会打开或关闭控制面板，如图 11-2 所示。

图 11-2　控制面板

首次打开的控制面板，它包含 6 个控制按钮，用于控制程序的执行过程，6 个按钮的作用分别如下。

　　【运行】按钮：使程序从头开始运行。此时 Authorware 会首先清除跟踪记录和【演示】窗口中已有的内容，并将程序中所有的变量设置为初始值，然后开始运行程序。

　　【复位】按钮：使程序复位。此按钮的作用与【运行】按钮相似，只是程序回到起点后并不开始向下执行，而是等待进一步的命令。

　　【停止】按钮：终止程序的运行。

　　【暂停】按钮：使程序暂停运行。

　　【继续运行】按钮：使程序从刚才停止的地方继续运行。

　　【显示窗口】按钮：单击此按钮则伸出控制面板窗口和扩展的控制按钮，此时该按钮变为 ⚙【关闭窗口】按钮，单击它则会缩回控制面板窗口和扩展控制按钮。

控制面板窗口和扩展控制按钮如图 11-3(a)所示，控制面板窗口中的内容称做跟踪记录，其中主要包括以下几方面的信息（如果控制面板窗口太小，显示不下所有的信息，可以用鼠标拖动窗口的边框拉大控制面板窗口）。

（1）设计图标所处的设计窗口级别，以数字表示。

（2）设计图标类型，以缩写表示。

（3）设计图标名称。

（4）在使用单步或步进执行方式执行群组设计图标或各种分支结构时，显示进入（enter）和退出（exit）信息。

（5）Trace 函数的返回值，可以是提示信息或特定变量的值。

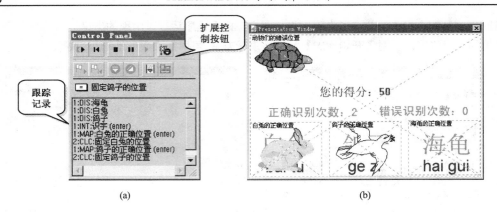

图 11-3　控制面板窗口

6 个扩展控制按钮的作用分别如下：

【从开始标志处运行】按钮：使程序从开始标志处开始运行，此按钮只在使用了【开始标志】时才起作用。

【复位至开始标志处】按钮：此按钮作用与【复位】按钮相似，只是将程序复位至【开始标志】所处位置并等待进一步的命令。

【单步运行】按钮：此按钮每单击一次，Authorware 就向下执行一个设计图标，如果遇到了【群组】设计图标或分支结构，Authorware 在执行其中的设计图标时并不暂停。这个按钮提供了一种速度较快但是较粗略的单步跟踪执行方式。

【步进运行】按钮：此按钮每单击一次，Authorware 就向下执行一个设计图标，与单步运行方式不同的是，如果遇到了【群组】设计图标或分支结构，Authorware 仍是采取"一步一个"的方式执行其中的设计图标，这个按钮提供了一种速度较慢但是更深入的单步跟踪执行方式。

【关闭记录】按钮：单击此按钮，则不显示跟踪记录，此时该按钮变为 【显示记录】按钮，单击它则会在程序运行过程中显示跟踪记录。

【显示隐藏项】按钮：按下此按钮，会显示本来在程序运行过程中不可见的内容，如热区、文本输入区等（如图 11-3(b)所示），松开此按钮，这些内容又恢复为不可见。

Authorware 中的 14 种设计图标对应的名称缩写如表 11-1 所示。

以上可以看出控制面板中提供的调试手段已经相当完善，结合使用【开始标志】和【结束标志】，可以很方便地找到程序中出现错误的地方。但是还有一个问题：使用控制面板只能将错误范围定位在某个设计图标上，如果该设计图标是一个包含了大量复杂程序语句的【运算】设计图标，该如何找到出错的语句呢？使用 Trace 函数可以解决这个问题。

Trace()函数是一个专用的调试函数，它使用字符串或变量作为参数。Trace()函数在控制面板窗口中显示调试信息，调试信息可以是指定的字符串，也可以是变量的值，Authorware 在执行到 Trace()函数时，会自动将字符串或变量的当前值送到控制面板窗口中，这对于跟踪程序的执

表 11-1　设计图标类型缩写

设计图标类型	名 称 缩 写
【显示】设计图标	DIS
【移动】设计图标	MTN
【擦除】设计图标	ERS
【等待】设计图标	WAT
【导航】设计图标	NAV
【框架】设计图标	FRM
【决策判断】设计图标	DES
【交互作用】设计图标	INT
【运算】设计图标	CLC
【群组】设计图标	MAP
【数字化电影】设计图标	MOV
【声音】设计图标	SND
【DVD】设计图标	DVD
【知识对象】设计图标	KNO

行非常有用。比如在"看图识字"程序中，如果想知道每次拖放操作究竟是匹配了第几个响应，可以在【交互作用】设计图标的附属【运算】设计图标中第一行的位置，输入如下语句：

Trace（"这次匹配的是第"^ChoiceNumber^"个响应"）

则在程序运行时，每当发生拖放操作，控制面板窗口中都会随即显示出调试信息，如图 11-4 所示。Trace()函数对于查找循环语句中的错误同样有效。例如，向如图 11-5 所示的循环语句中插入 Trace()函数，则在程序运行时，控制面板窗口中会显示出每一次循环的计算结果，这对于检查循环语句设计是否合理提供了重要依据。

图 11-4 使用 Trace() 函数跟踪分支结构的运行情况

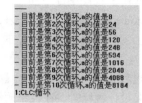

```
repeat with I:=1 to 10
  a:=(a+4)*2
Trace("目前是第"^I^"次循环,a的值是"^a)
end repeat
```

图 11-5 使用 Trace()函数跟踪循环语句执行情况

由于在【Variables】面板中无法观察 JavaScript 变量的值，因此对于使用 JavaScript 编程的设计人员而言，Trace()函数提供的功能尤其重要。系统变量 EvalMessage 也可用于对 JavaScript 代码进行语法检查，出现 JavaScript 语法错误时，该变量的值是包含出错信息的字符串。因此可以利用 aw.Trace(aw.EvalMessage) 或 Trace(EvalMessage)在控制窗口中输出变量 EvalMessage 的值，以观察是否存在 JavaScript 语法错误。不要将 aw.Trace(aw.EvalMessage)与其他 JavaScript 代码放在同一【运算】设计图标之中，因为错误的 JavaScript 语句会导致程序略过同一【运算】设计图标中的其他语句。最好使 aw.Trace(aw.EvalMessage)语句或 Trace(EvalMessage)函数紧跟在被检查的【运算】设计图标后方，因为在出错之后，其他正确执行的语句又会使变量 EvalMessage 恢复到正常值。

在 Authorware 7.0 中，Trace()函数的功能得到了增强，可以接受符号命令参数，分别控制在控制面板窗口中输出哪些内容：被执行的设计图标的名称、缩写或由 Trace()函数输出的被跟踪数据。可用的符号命令有：

#On——允许输出设计图标名称、缩写和被跟踪的数据；

#Off——停止输出设计图标名称、缩写和被跟踪的数据；

#IconOn——允许输出设计图标名称、缩写；

#IconOff——停止输出设计图标名称、缩写；

#TraceOn——允许输出被跟踪数据；

#TraceOff——停止输出被跟踪数据；

#Clear——清除控制面板窗口中的内容；

#Pause——暂停程序执行，相当于向程序流程中插入调试断点。

11.1.3 其他调试技巧

除了使用 Trace()函数之外，还可以使用【Variables】面板观察变量的值。如图 11-6 所示，在程序运行期间，可以随时从【Variables】面板中观察程序中用到的所有变量的初始值和当前值——包括系统变量和自定义变量,这对于跟踪观察位于程序中不同位置的多个变量很有效。如果对某个变量的值产生怀疑,可以随时在【Referenced By】列表框中选择使用了该变量的设计图标,并单击【Show Icon】命令按钮,直接跳转到那里做进一步的检查。

在程序运行过程中观察变量的值还有另一种方法,那就是利用设计图标的【Update Displayed Variables】属性,在文本对象中嵌入调试变量。比如在"看图识字"程序中的【交互作用】设计图标中插入文本对象"这次匹配的是响应{ChoiceNumber}",则在程序运行过程中可以始终从【演示】窗口中观察到该变量的值,得到关于交互作用的信息。

图11-6   使用【Variables】面板观察变量的值

在程序运行过程中还可以对于一个【运算】设计图标中用到的所有变量的值进行观察。在程序运行到某个【运算】设计图标时,在控制面板中单击【暂停】按钮暂停程序的运行,然后在按下 Ctrl 键的同时用鼠标双击【运算】设计图标,此时会出现【运算】设计图标属性检查器,如图11-7所示,该【运算】设计图标中用到的所有函数和变量都会显示出来,在变量列表框中单击选中某个变量,其当前值就会显示在下方【Current Value】文本框中。在观察完毕后,关闭属性检查器并在控制面板中单击【继续运行】按钮,可以使程序继续运行。

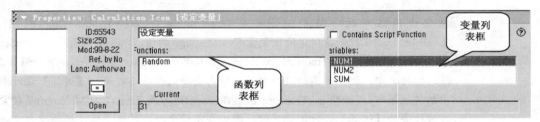

图11-7   【运算】设计图标属性检查器

11.2   如何避免出现错误

尽管使用 Authorware 提供的调试手段能够纠正程序中大多数错误,但还是要立足于在编写程序时尽量避免发生错误,这样就能使出错的概率和调试工作量减至最低程度。你可以设想一下,在某个【运算】设计窗口中有上百行的程序语句,为了跟踪它们的执行情况,你需要向其中插入几十个 Trace() 函数,单是控制面板窗口中的调试信息就能使你头昏脑涨,在改正程序语句中错误的同时很可能又加入了新的错误……在开始编写程序时就应该采取措施,避免这种局面的出现。

避免发生错误的最有效的手段之一就是使程序结构化。

(1)使运算窗口中的程序语句结构化。对于多层嵌套的条件语句或循环语句采取缩排格式,这样每条语句处于哪一层结构中会很明显,整个程序的结构就一目了然。

(2)使用【群组】设计图标将作用相对集中的设计图标组合在一起,通过赋予【群组】设计图标一个与其内容相关的名字,可以大大增加程序的可读性,使单个设计窗口能够容纳的信息量大大增加。这样也会带来一个问题:设计窗口的数量增加了,有时屏幕上多个设计窗口反而会使人感到迷惑。Authorware 提供了一个解决此问题的方法:为设计图标上色。在设计图标数量较少时,为设计图标上色并不显得有多重要，但是在设计窗口和设计图标数量都比较多时，为设计图标上色的作用就显而易见了，如图 11-8 所示，很容易就能看出哪个设计窗口对应着哪个【群组】设计图标。为设计图标上色一般要遵循以下原则：同一群组中的设计图标采用同样的颜色，内容最为重要的设计图标采用最醒目的颜色。为设计图标上色的方法是使用图标选择板中的【图标颜色板】：首先选中要改变颜色的设计图标，然后用鼠标单击【图标颜色板】中需要的色块即可。

（3）在必要的地方为程序加上注释。可以在一个群组的最顶端增加一个【运算】设计图标，其中并不一定要包含程序语句，而是向其中增加一些说明性信息，如当前群组中每个设计图标的作用、整个群组实现的功能等；也可以为【运算】设计图标中的程序语句加上注释：比如为整段语句增加一个说明性的注释、在重要语句末尾加上说明等。为程序语句和流程加注释，与为变量和函数加注释同等重要。上述措施对于程序的调试和维护都能够起到最直接的帮助作用。

图 11-8　为设计图标上色

（4）为了在改正现存错误时不至于增加新的错误，最好是一次只修改程序中的一处错误。

（5）除非必要，不要通过复制代码的方式（如通过插入代码片段）重复利用已有的代码，因为这样很容易造成有问题的代码被复制的到处都是，并且程序的体积也会迅速增大。尽量使用脚本函数来实现代码重用。

11.3　本 章 小 结

本章主要介绍了在 Authorware 中调试程序的方法。在程序运行出错时，一般情况下要先使用【开始标志】和【结束标志】定位错误范围，然后在这个相对较小的范围内采取进一步的调试措施，如使用控制面板、【Variables】面板、系统函数 Trace()、系统变量 EvalMessage 等。当然，在程序设计初期做好规划也是顺利完成程序、减小调试工作量的重要一环。

11.4　上 机 实 验

（1）利用控制面板和 Trace 函数，跟踪 10.8.2 小节"单选按钮组"范例的执行过程。

（2）用同样的方法，跟踪第 10 章实验（1）中程序的执行过程，并将结果与本章实验（1）做比较。

第 12 章 程序的打包与发行

无论使用什么开发工具进行程序设计，最终都要将程序制作成可执行文件进行发行，Authorware 也不例外。利用 Authorware 可以开发出独立运行的多媒体软件，这也是 Authorware 优于其他一些多媒体设计工具的原因之一（有相当一部分多媒体设计工具只能开发出必须在其中运行的多媒体程序）。

根据不同的发行方式，Authorware 能够以 3 种方式对程序进行打包：

（1）打包为包含执行部件的.exe 文件，该文件可以独立运行。

（2）打包为不包含执行部件的.a7r 文件，该文件由 Runa7w32.exe 运行。

（3）打包为.htm 和.aam 文件。在安装了 Authorware Web Player 之后，这些文件可以由 Web 浏览器（如 Microsoft Internet Explore 或 Netscape Navigator）进行浏览。

12.1 打包和发行前的准备

一个完整的应用系统应该包括可执行文件及使可执行文件能够正常运行的所有部件。在将应用系统递交到最终用户手中之前，必须对它进行严格的测试。在设计期间程序文件能够正常运行，并不意味着由其打包生成的可执行文件同样能够正常地运行在用户的系统中，最常见的问题是可执行文件运行时找不到外部媒体文件或各种各样的支持文件。

12.1.1 决定多媒体数据的存放位置

这一问题其实在程序设计期间就应该得到解决，放在这时讨论这一问题是因为现在已经具备了讨论此问题的准备知识，而且结合本章的主题，更容易使你理解这么做的重要性。

Authorware 可以通过两种方式导入图像、声音、数字化电影等多媒体文件：嵌入方式和链接方式。如果选择嵌入方式（这也是 Authorware 默认的选择），则多媒体数据就包含在程序文件之中，程序文件也会因此而增大，正如本书前面大多数例子中所做的那样；如果选择链接方式（导入文件时在【Import which file】对话框中打开【Link To File】复选框），则程序文件中只包含了多媒体文件的名称和存储位置等少量信息，而多媒体数据则以外部媒体文件的方式存在于程序文件外部，在 Authorware 执行到相应设计图标时，会根据导入文件时记下的路径信息自动找到并打开外部媒体文件。

嵌入的多媒体数据成为程序文件的一部分，将随着程序文件的移动而移动，如果后来对这些数据进行了修改，必须将它们重新导入程序文件中。但是在另一方面，使用嵌入方式可以使最终需要发行的文件数量大大减少。

使用链接方式时，最终需要发行的文件数量会较多，为应用系统的管理和维护造成不便：外部媒体文件的名称和存储位置不能发生改变，否则会导致程序运行出错。但是使用链接方式有利于对多媒体数据进行修改：进行过改动的多媒体文件不再需要重新导入程序文件中，只需用修改过的多媒体文件替换原来的文件即可，同时也免去了重新将程序文件打包和发行的麻烦——这么容易的升级工作甚至可以交给用户去进行。

这里需要寻找一个平衡点：将图像、声音、数字化电影存储在程序文件的外部，可以减小可执行文件的大小且便于将来使用替换的方法对系统升级，但是整个应用系统包含的文件数量会大大增加。最好只将两类多媒体数据存储在可执行文件外部：一是将来最有可能发生变化的数据，二是在程序中反复使用多次的数据。

当程序文件中使用的外部媒体文件数量较多时，管理就成了一个大问题。Authorware 专门提供了一个外部媒体文件管理工具来帮助解决这一问题，那就是 External Media Browser。使用 External Media Browser 可以观察和控制程序与外部媒体文件的链接关系，执行 Windows→External Media Browser 菜单命令（此菜单命令只在当前程序文件中使用了外部媒体文件时可用），可以打开【External Media Browser】对话框，如图 12-1 所示。

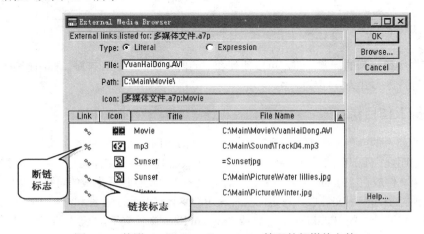

图 12-1　使用 External Media Browser 管理外部媒体文件

（1）最上端的文本框中显示出当前程序文件名。最下方的列表中显示出每个设计图标与外部媒体文件之间的链接关系（一个设计图标之中可能存在多个使用外部媒体文件的显示对象。File Name 列的内容实际上就是每个显示对象或设计图标【File】属性的值）。

（2）【Type】单选按钮组：

● 【Literal】单选按钮：选择此选项，则 Authorware 对列表中当前选中的设计图标使用【File】和【Path】文本框中的内容作为外部媒体文件的名称和存储路径。

● 【Expression】单选按钮：选择此选项，则 Authorware 对列表中当前选中的设计图标，使用【Expression】文本框中的字符型表达式描述外部媒体文件的存储路径和名称（表达式的计算结果显示在【Value】文本框中）。如图 12-2 所示，"Sunset"设计图标中的第一个图像对象就是通过变量 Sunsetjpg 定位图像文件的。如果打开图像对象属性检查器，就会发现【File】属性中存在表达式"=Sunsetjpg"。

（3）【Icon】文本框：显示列表中当前选中的设计图标的名称。

（4）【Browse】命令按钮：单击此按钮，则会出现【Import which file】对话框，用于为列表中当前选中的设计图标选择一个外部媒体文件。此按钮通常用于恢复或修改外部媒体文件与设计图标之间的链接关系。

（5）【外部媒体文件】列表框：列出程序文件中使用的外部媒体文件和设计图标之间的链接关系。如果外部媒体文件不在原来的存储位置（被删除、移动或重命名），则链接标志变为断链标志，此时就需要使用【Browse】命令按钮重新定位外部媒体文件。

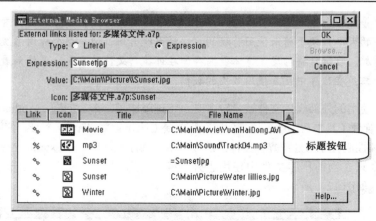

图 12-2   使用表达式计算外部媒体文件的存储路径

    单击列表框中每一列的标题按钮，可以使列表中的内容以该列进行排序。标题按钮最右侧的三角型按钮用于设置排序方式为升序或降序。

12.1.2   准备工作目录

    首先应该为整个的应用系统准备一个工作目录，然后将同一类的文件放在同一个子文件夹中，如图 12-3 所示。很明显，外部存储类型的数字化视频文件放在"Movie"文件夹中，声音文件放在"Sound"文件夹中，图像文件放在"Picture"文件夹中，而将程序文件及打包后生成的可执行文件放在"Main"文件夹中，其他类型的专用文件放在特定的文件夹中。这样做是出于管理和维护方面的考虑，草率地将文件复制到用户系统中的 Windows 文件夹或 Program Files 文件夹下，只会给将来的维护工作带来麻烦：应用系统中的文件可能会被用户后来安装的其他文件所覆盖，甚至会被某些鲁莽的用户当做无用文件删除。

图 12-3   应用系统目录结构

    系统变量 FileLocation 存储着程序文件所在的路径，如果将程序文件放置在如图 12-3 所示的"Main"文件夹中，那么 FileLocation 的值就是"C:\\Main\\"，因此在程序设计期间就可以通过变量 FileLocation，以相对路径的形式使用各子文件夹中的文件，例如位于 Sound 子文件夹中的 Track04.mp3 声音文件在程序中就可以表示为 FileLocation^"Sound\\Track04.mp3"。这样做的好处是无论将来程序发行到哪个位置（如用户很可能将你的程序安装到 D:\Program Files\Main 文件夹中），只要保持了同样的应用系统目录结构，仍然可以使用 FileLocation^"Sound\\Track04.mp3"来表示位于 Sound 子文件夹中的 Track04.mp3 声音文件。

尽管目前流行的 Windows 操作系统普遍支持长达 255 个字符的文件名,但是在安排各种文件和文件夹的位置时请注意:在有些用户系统中,Authorware 可使用的最大路径长度被限制为 126 个字符。也就是说,应该尽量避免使用过长的文件(或文件夹)名称,同时避免定义过长的路径深度。

12.1.3 使用路径

当程序文件中使用了外部媒体文件或外部函数时,Authorware 会记住最初加载它们的位置,在程序运行到需要使用它们的地方时会首先到该位置搜索,如果它们不在原始位置上,Authorware 将按顺序搜索一系列的目录来定位所需的文件。在 Windows 系统中,默认的搜索顺序是:

(1)外部媒体文件的原始位置。

(2)系统变量 SearchPath 包含的搜索路径。

(3)程序文件(.exe 或.a7r)所在文件夹。

(4)Authorware 文件(Authorware 7.exe 或 Runa7w32.exe)所在文件夹。

(5)Windows 系统文件夹(此文件夹名称不一定是 Windows,根据用户安装 Windows 系统时的设置而定,Authorware 能够自动确定该文件夹名称)。

(6)Windows 系统文件夹下的 System 文件夹。

因此,只要将可执行文件所需的文件放到它能搜索到的任何文件夹中,都可以使其顺利运行。可以使用系统变量 SearchPath 扩大搜索的范围,SearchPath 的最初设置是在【文件】属性检查器的【Interaction】选项卡中,如图 12-4 所示,与路径有关的还有两个选项是 Windows Paths 和 Windows Names,以下分别予以介绍。

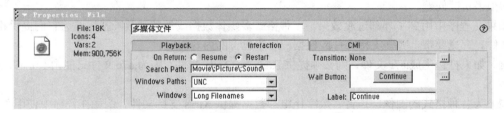

图 12-4 对程序使用的路径进行设置

(1)【Search Path】文本框:用于设置搜索路径,多个路径之间要用";"号进行分隔,例如在此输入"Movie\;Picture\;Sound\"之后(注意不要输入额外的空格),可以在【Variables】面板中看到系统变量 SearchPath 的当前值变为"Movie\\; Picture\\;Sound\\",前一个"\"用做转义符,后一个"\"代表真正的目录项。在程序运行期间,还可以通过改变变量 SearchPath 的值来扩大搜索范围,例如使用表达式

SearchPath:=SearchPath^";Lib\\;C:\\Temp"

就自动地将"Lib\"和"C:\Temp"增加到搜索范围中。在通常情况下,应该将应用系统中用于存放外部媒体文件和外部函数的文件夹增加到搜索范围中。如果在搜索路径中使用省略盘符和前置"\"符的不完整路径名,Authorware 将路径名解释为当前程序文件所在文件夹的子文件夹。假设程序文件位于 C:\Program Files\Main\文件夹下,如果将搜索路径设置为 Sound\Music; Movie\,那么 Authorware 将搜索路径解释为 C:\Program Files\Main\Sound\Music 和 C:\Program Files\Main\Movie。如果仅省略盘符,那么 Authorware 将路径名解释为当前程序文件所在文件夹的同级文件夹,例如将搜索路径设置为 \Sound\Music; \Movie\,那么实际的搜索路径是 C:\Program Files\Sound\Music 和 C:\Program Files\Movie。

系统变量 SearchPath 与【文件】属性检查器中【Search Path】属性所起的作用并不完全相同。程序一经启动，就会搜索【Search Path】属性指定的文件夹。在系统变量 SearchPath 中，除了包含【Search Path】属性指定的路径，还可以指定其他搜索路径，但是程序仅在启动之后，才会搜索变量 SearchPath 指定的路径。因为程序文件需要和库文件一起打开，所以不要利用变量 SearchPath 保存库文件所在的路径。最好将为库文件准备的路径信息放在【Search Path】属性之中。关于库文件的使用将在第 13 章中介绍。

（2）【Windows Paths】下拉列表框：用于选择函数和变量返回的网络路径的类型。选择"DOS (drive-based)"（基于驱动器）还是"UNC"（Universal Naming Conversion，通用命名标准）取决于当前使用的网络类型。

（3）【Windows Names】下拉列表框：用于选择函数和变量返回的文件名称类型。选择"DOS(8.3)"则使用标准 DOS 格式的文件名，由 8 个字符的文件名和 3 个字符的扩展名组成；选择"Long Filenames"则允许使用长达 255 个字符的长文件名。如果应用系统最终将运行在 Windows 98SE、Windows 2000 或 Windows XP 下，则可以选择"Long Filenames"。

 如果你不能确定你的应用系统运行在哪一种系统下，最好在这里选择"DOS(8.3)"，因为这是一种被普遍支持的文件名格式。

12.1.4　带上支持文件

本节介绍的大部分内容可以由 Authorware 的一键发行功能自动完成。但是如果想了解 Authorware 发行程序的细节，请在阅读 12.3 节之前，先阅读一下本节的内容，这将帮助你解决发行过程中可能会遇到的很多实际问题。

如果在程序中用到了外部过渡效果、多种格式多媒体数据或外部函数，就需要为它们提供相应的支持文件。究竟要带上哪些支持文件应根据程序中包含的内容而定。

（1）如果打包生成.a7r 文件，则必须提供 Runa7w32.exe 文件。因为.a7r 文件只能由 Runa7w32.exe 执行。

（2）为各种格式的图像、声音、数字化电影数据提供 Xtras 支持文件。例如在程序中使用了 BMP 图像，就必须提供 Bmpview.x32 文件。所有的 Xtras 文件必须安装到可执行文件（或 Runa7w32.exe）所处文件夹下的 Xtras 文件夹中。以下分别列出各类多媒体数据需要的支持文件。

- 图像数据需要的支持文件。所有的图像数据都至少需要两个 Xtras 支持文件：Viewsvc.x32 和 Mix32.x32。对于不同格式的图像数据，还需要额外带上一些特定的支持文件，如表 12-1 所示。

表 12-1　图像数据需要的支持文件

图 像 类 型	支 持 文 件
BMP, DIB, RLE	Bmpview.x32
GIF	Gifimp.x32，Mixview.x32
JPEG	Jpegimp.x32，Mixview.x32
LRG（xRes 格式）	Lrgimp.x32，Mixview.x32
PSD	Ps3imp.x32，Mixview.x32
PICT	Pictview.x32，QuickTime 2.0 for Windows 程序
PNG	Pngimp.x32，Mixview.x32
TGA	Targaimp.x32，Mixview.x32
TIF	Tiffimp.x32，Mixview.x32
WMF	Wmfview.x32
EMF	Emfview.x32

- 声音数据需要的支持文件。所有的声音数据都至少需要 3 个 Xtras 支持文件：Viewsvc.x32、Mix32.x32 和 Mixview.x32，对于不同格式的声音数据，还需要额外带上一些特定的支持文件，如表 12-2 所示。

表 12-2　声音数据需要的支持文件

声 音 类 型	支 持 文 件
AIF	Aiffread.x32，Ima4dcmp.x32（仅用于 IMA 压缩方式），Macedcmp.x32（仅用于 MACE 压缩方式）
SWA	Swaread.x32，Swadcmpr.x32
PCM	Pcmread.x32
VOX	Voxread.x32，Voxdcmp.x32
WAV	Wavread.x32
MP3	Awmp3.x32，Swadcmpr.x32

注：VOX 格式的声音数据还需要额外的支持文件：Mvoice.vwp、Vct32161.dll。这两个文件必须与可执行文件（或者 Runa7w32.exe）处于同一文件夹下。

- 数字化电影数据需要的支持文件，如表 12-3 所示。

表 12-3　数字化电影数据需要的支持文件

数字化电影类型	支 持 文 件
MOV（2.X 版以下）	A7qt32.xmo，QuickTime for Windows（32bit）
Windows Media	A7wmp32.xmo，Windows Media Player
AVI	A7vfw32.xmo，Video for Windows
MPG	A7mpeg32.xmo，MPEG 软件解码器，MPEG 解压卡及其驱动程序（后二者任选）

在使用某种格式的数字化电影之前，要注意必须向系统中安装播放该格式数字化电影所需的支持软件。例如想在程序中使用以 MPEG-4 方式压缩的高清晰度 AVI 数字化电影，必须保证系统中已经安装了 MPEG-4 解码驱动程序（如 DivX）。表 12-3 中所列的是通过【数字化电影】设计图标播放电影时所必需的支持文件，如果需要播放 3.0 版以上的 QuickTime 电影，必须通过 QuickTime Xtra，关于这方面的详细内容请参阅本书 16.4 节。

（3）为非内置的过渡效果提供 Xtras 支持文件。可以从【过渡效果】对话框中得知各种过渡效果位于哪个 Xtras 文件（同一个 Xtras 文件往往包含多种过渡效果），然后将 Xtras 文件安装到可执行文件（或 Runa7w32.exe）所处文件夹下的 Xtras 文件夹中。

（4）Scripting Xtras 需要的支持文件。如果使用了 Scripting Xtras，则必须将相应的 Xtras 文件安装到可执行文件（或 Runa7w32.exe）所处文件夹下的 Xtras 文件夹中。

（5）Sprite Xtras 需要的支持文件。如果使用了 Sprite Xtras，则必须将相应的 Xtras 文件安装到可执行文件（或 Runa7w32.exe）所处文件夹下的 Xtras 文件夹中。对于 QuickTime Xtra，必需的支持文件是 QTAsset.x32 和 MoaFile2.x32。对于 Flash Xtra，必需的支持文件是 FlashAst.x32。对于 Animated GIF Xtra，必需的支持文件是 AnimGIF.x32 和 Awiml32.dll。

（6）将外部函数文件（.dll、.u32）安装到可执行文件能够找到的地方。

（7）如果程序中使用了非系统字体（Windows 系统本身自带的字体），则要为用户的系统安装相应字体。

（8）如果程序中使用了 DVD 视频，则要检查用户系统中是否已经安装 Microsoft DirectX 8.1（或以上版本）和 MPEG-2 解码驱动程序。

12.1.5　自动查找 Xtras 文件

如果在程序中使用了 Transition、Sprite 和 Scripting 等 Xtras，就必须将相应的 Xtras 文件随同程序文件一起发行。除了手动查找所需的 Xtras 文件外，还可以使用 Find Xtras 菜单命令，自动进行查找（Authorware 一键发行功能也可以帮助你找到所需的 Xtras 文件，但是如果此时你不需要发行程序，这是最好的查找方法）。

执行 Commands→Find Xtras 菜单命令，打开【Find Xtras】对话框，如图 12-5 所示。在其中单击【Find】命令按钮，Authorware 就会自动搜索程序流程，并列出必需的 Xtras 文件。Xtras 文件列表的内容被分为 4 列，分别是 File（文件名称）、Type（文件类型）、Notes（文件说明）和 Use（使用次数）。

在对话框中单击【Copy】命令按钮，将出现【浏览文件夹】对话框，如图 12-6 所示。在其中单击【确定】命令按钮，就可以在被选中的文件夹下创建一个 Xtras 文件夹（通常应该选择程序文件所处的文件夹），并将所需的 Xtras 文件复制到该文件夹内。

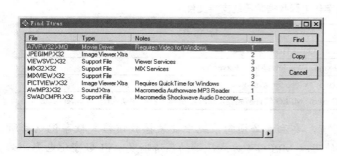

图 12-5　【Find Xtras】对话框

图 12-6　【浏览文件夹】对话框

如果在程序中使用了第三方独立开发的 Xtras 产品，Find Xtras 不一定能够发现所有的支持文件，此时手动进行查找是最好的办法。

12.2　一 键 发 行

利用 Authorware 7.0 提供的一键发行功能，只需一步操作就可以保存程序并将程序发行到 Web，CD-ROM，本地硬盘或局域网。一键发行功能具有大量可以由设计人员定制的发行特性，而且所有的发行步骤都是自动实现的。

一键发行功能允许设计人员：

（1）创建定制的、可重用的发行设置。

（2）自动确定、收集和复制所有的支持文件，例如 Xtras 扩展和外部函数。

（3）通过批量发行选项一次处理多个文件。

（4）配置程序以应用高级流式服务器优化程序的性能。

（5）为特定的传输带宽定义 Web 程序。

（6）在多种 HTML 发行模板中做出选择。

（7）以 FTP 方式向目标 Web 服务器传递文件。

（8）使用默认浏览器预览 Web 程序。

（9）将多个程序同时以几种不同的格式进行打包。例如只需一步操作就可以将程序文件打包为 Without Runtime（a7r 文件）、Web Player（aam 文件）和 Web Page（htm 文件）。

12.2.1　发行设置

使用 File 菜单组中的 Publish 菜单，可以使发布和打包过程流水线化。在首次使用一键发行功能之前，必须为本次发行的目的进行发行设置。经过了初次设置，所有的选择都会被保存下来，供以后的发行过程使用——以后只需简单地执行 File→Publish→Publish 菜单命令即可。Authorware 也允许对已有的设置进行修改，以适应不同的发行需要。

执行 File→Publish→Publish Settings 菜单命令，将打开【One Button Publishing】对话框，如图 12-7 所示，现将其中提供的各种发行设置介绍如下。

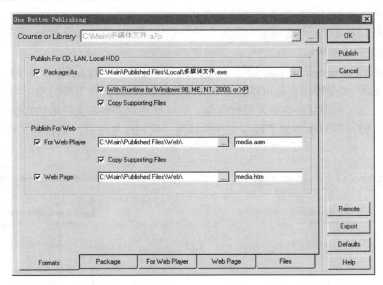

图 12-7　【One Button Publishing】对话框

（1）【Course or Library】文本框：选择当前被发行文件的名称和路径。通过右侧的【...】命令按钮，可以选择其他的程序文件或库文件进行发行。

（2）【Formats】选项卡：用于设置文件的发行格式。在此可以将当前文件发行目标设置为 CD-ROM、LAN（局域网）、Local HDD（本地硬盘）或 Web。

- 【Publish For CD, LAN, Local HDD】选项组：用于为 CD-ROM、局域网、本地硬盘进行发行设置。

  【Package As】复选框：打开此复选框，则允许为 CD-ROM、局域网和本地硬盘发行。在右侧的发行路径文本框中，可以选择打包文件的存储路径。默认的打包文件格式为不包含执行部件的.a7r 文件，必须由 Authorware 提供的 Runa7w32.exe 执行。单击右侧的【...】命令按钮，可以打开【Package File As】对话框，在其中设置打包文件的名称和存储路径。

  【With Runtime for Windows 98 ME, NT, 2000, or XP】复选框：打开此复选框，则打包生成的文件包含执行部件并带有.EXE 扩展名，可以在各种版本的 Windows 系统中独立运行。

  【Copy Supporting Files】复选框：打开此复选框，则 Authorware 在打包时自动搜索各种支持文件并复制到发行文件夹中。

● 【Publish For Web】选项组：用于为 Web（互联网）应用设置发行。

　　【For Web Player】复选框：打开此复选框，则允许为 Authorware Web Player 进行打包。以这种方式打包形成的.aam 文件，必须由 Macromedia 提供的 Authorware Web Player 执行。Web Player 的最新版本为 2004 版，以控件（ActiveX）和插件（plug-in）两种形式提供，分别用于 Microsoft Internet Explorer 和 Netscape Navigator 这两种最流行的 Web 浏览器。如果你目前还没有为浏览器安装 Web Player，可以访问网址 http://www.adobe.com/ shockwave/download/alternates/#ap，为 Internet Explorer 在线安装 Web Player 控件，或者为 Navigator 下载和安装 Web Player 插件，如图 12-8 所示。根据浏览器类型正确安装 Web Player 之后，就可以通过浏览器浏览打包形成的.AAM 文件——程序文件将直接在浏览器窗口中运行。注意不能使用中文为打包生成的.aam 文件（及下面的.htm 文件）命名。

　　【Web Page】复选框：打开此复选框，则允许将程序打包为标准的网页格式（.HTM 文件）。浏览打包生成的网页同样需要安装 Web Player。

（3）【Package】选项卡：此选项卡中仅包含一个【Packaging Options】复选框组，用于对各种打包属性进行设置，如图 12-9 所示。

● 【Package All Libraries Internally】复选框：打开此复选框，则 Authorware 将与当前程序文件有关的库文件（多个程序文件可以共用库文件中的设计图标，关于库的使用将在第 13 章中介绍）的内容，加入程序文件然后再进行打包。这样就避免了将库文件单独打包，减少了发行文件的数量，但在同时也增加了程序文件的长度。关闭此复选框，则将库文件打包为独立的.a7r 文件。

为 Internet Explorer 在线安装 Web Player 控件　　　　　下载用于 Navigator 的 Web Player 插件

图 12-8　安装 Authorware Web Player 2004

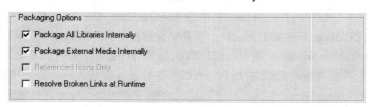

图 12-9　【Packaging Options】复选框组

- 【Package External Media Internally】复选框：打开此复选框，则在打包时将外部媒体文件打包在程序中。在导入图像文件、文本文件、声音文件时，可以在【Import which file】对话框中打开【Link To File】复选框，此时那些包含了多媒体信息的文件，就以外部媒体文件的方式存在于程序文件外部，在 Authorware 执行到相应设计图标时，会根据导入文件时记下的路径信息自动找到并打开外部媒体文件。如果打开了此复选框，则 Authorware 就将这些外部媒体文件（外部存储类型的数字化电影文件除外）打包在程序中，这样就减少了发行文件的数量，但同时也增加了程序文件的长度，而且将来也不容易对程序进行修改。
- 【Referenced Icons Only】复选框：该选项只对库文件有效。打开此复选框，则只将与程序文件存在链接关系的库设计图标打包在.a7e 文件中，否则库文件中所有库设计图标均被打包在内。
- 【Resolve Broken Links at Runtime】复选框：打开此复选框，则 Authorware 在运行此文件时自动恢复那些断开的链接。在某些情况下（如发生剪切和粘贴操作），一些正在被其他设计图标引用的设计图标的 ID 号发生了改变，造成两者之间的链接关系断裂，通过打开此复选框，可以使 Authorware 寻找并恢复这些链接，通常这一过程需要花费额外的时间。

（4）【For Web Player】选项卡：该选项卡可为程序在互联网上运行（通过 Authorware Web Player）进行打包设置，如图 12-10 所示。Authorware Web Player 使用流式传输技术支持程序在网上运行。将程序进行网络发行之前，必须对其进行网络打包（网络打包工作也可以通过 Authorware 专门提供的网络打包工具 Authorware Web Packager 完成）。网络打包主要完成以下两方面的工作。

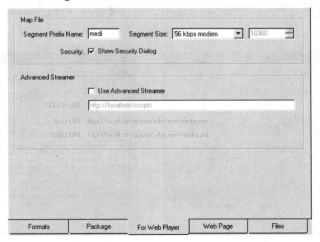

图 12-10　【For Web Player】选项卡

- 将程序打包为能够被 Authorware Web Player 分段下载的片段，以.aas 为扩展名。设计人员可以对程序片段的大小进行设置，以适应不同的网络带宽。
- 创建扩展名为.aam 的映像（Map）文件，该文件告诉 Authorware Web Player 何时下载程序片段，下载哪些内容及将下载的内容存储到什么位置。

由于采用了流式传输技术，Authorware 可以智能地将程序文件分段进行打包，在使用 Web 浏览器对打包后的程序进行浏览时，可以实现边下载边执行的目的。

现将【For Web Player】选项卡介绍如下。

- 【Map File】选项组：

　【Segment Prefix Name】文本框：用于设置分段文件名前缀。默认的分段文件名前缀是对应程序文件名的前 4 个字母，然后 Authorware 自动为每个分段文件名加入 4 位十六进制数字后缀，例如对程序文件"Media.a7p"打包后，将最多生成"Medi0000.aas"、"Medi0001.aas"直至"MediFFFF.aas"共 65536 个分段文件（具体的分段文件数量由程序文件的大小和每个分段文件的大小决定）。

 映像文件与分段文件名中不能包含中文，这是为了保证程序在网络环境中能够正常运行。

【Segment Size】下拉列表框：用于根据网络连接设备设置分段文件的平均大小，以字节为单位。该下拉列表框中提供了从 14.4kb/s Modem 到 T3 共 7 种网络连接设备，根据设计人员的选择，Authorware 自动改变右侧调整框中的分段文件大小（4000～500000 字节）。如果对这些固定的设置不满意，设计人员也可以在该下拉列表框中选择 Custom 选项，然后在右侧的调整框中进行手工设置，但是在这里输入的数值不能超过 500000。

【Security:Show Security Dialog】复选框：打开此复选框，则在程序开始运行时，对用户提出安全警告，如图 12-11(a)所示，用户在【Authorware Web Player Security】对话框中单击【OK】命令按钮，就可以将当前程序添加到 Authorware Web Player 的可信任地址列表中，并允许程序向用户系统中下载文件或执行其他读/写文件的操作。用户可以通过【Security Options】命令按钮，改变 Web Player 当前的安全设置。如图 12-11(b)所示。默认情况下，Authorware Web Player 以信任模式运行位于可信任地址列表中的程序文件，使用地址列表右侧的命令按钮可以对地址列表进行增加、删除等维护操作。选择【Trust All Locations】单选按钮，则可以使 Authorware Web Player 以信任模式运行所有的程序文件。

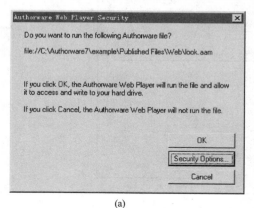 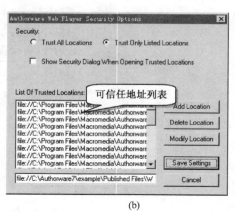

(a)   (b)

图 12-11   Authorware Web Player 安全属性设置

● 【Advanced Streamer】选项组：用于设置是否使用增强的流技术（Advanced Streamer）。Advance Streamer 可以大幅度地提高网络程序的下载效率，它通过跟踪和记录用户最常使用的程序内容，智能化地预测和下载程序片段，因此可以节省大量的下载时间，提高程序运行的效率。

【Use Advanced Streamer】复选框：如果程序中使用了知识流，则必须打开此复选框，以得到增强的流技术支持。

【CGI-BIN URL】文本框：在此输入支持知识流的公共网关接口地址。

（5）【Web Page】选项卡：如图 12-12 所示。利用 Authorware 提供的 Web-Packaged（Web 打包）功能，可以将程序连接到 Web 页面中。当用户浏览 Web 页面时，程序被下载并执行。此选项卡中的选项主要用于对打包生成的 Web 页面进行设置，现将其中的选项介绍如下。

- 【Template】选项组：用于选择供 Web 打包用的 HTML 模板。

  【HTML Template】下拉列表框：提供了以下几种 HTML 模板。

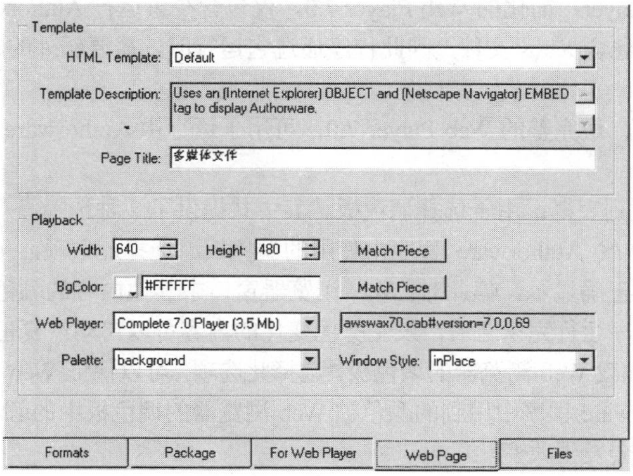

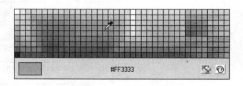

图 12-12 【Web Page】选项卡

Default：同时使用 OBJECT（用于 Microsoft Internet Explorer）和 EMBED（用于 Netscape Navigator）两种标记。

Data Tracking：为数据跟踪（符合 HTTP AICC CMI 协议）使用 EMBED 标记。

Detect Web Player：自动检测 Web 浏览器中是否已经安装 Authorware Web Player 插件程序。

Internet Explorer Only：仅使用 OBJECT 标记。该选项仅适用于 Microsoft Internet Explorer。

Netscape Navigator Only：仅使用 EMBED 标记。该选项仅适用于 Netscape Navigator。

 Authorware 提供的上述模板文件都保存在 Authorware 7.0 文件夹下 HTML 文件夹内，完全可以根据自己的需要对它们做修改。

【Page Title】文本框：用于设置网页的标题，默认情况下为程序文件名。

- 【Playback】选项组：用于设置程序的运行状态。

  【Width】与【Height】调整框：用于设置程序窗口的大小，默认的窗口尺寸是 640 像素（窗口宽度）与 480 像素（窗口高度）。在此可以改变程序窗口的大小或单击右侧的【Match Piece】命令按钮，使程序窗口的大小自动与【演示】窗口的大小相匹配。

  【BgColor】颜色选择框：用于设置程序窗口的背景色，默认的窗口背景色是白色（即#FFFFFF）。单击颜色选择框可以打开调色板窗口，如图 12-13 所示，其中共提供了 351 种颜色，用户可以使用滴管单击各种色块，做出选择，也可以单击右下方的橡皮擦图标，取消背景色，或者单击调色盘图标，打开 Windows 系统的【颜色】对话框，在其中定义自己的颜色。单击【BgColor】右侧的【Match Piece】命令按钮，使程序窗口的背景色自动与【演示】窗口的背景色相匹配。

图 12-13 调色板窗口

【Web Player】下拉列表框：用于选择使用何种版本的 Authorware Web Player 来运行程序（由用户在安装 Authorware Web Player 时所做的选择来决定）。其中共提供了 3 种选择（右侧的文本框中显示出对应的版本号）。

Complete 7.0 Player：完全的 Web Player 7.0，包含所有的 Xtras 文件和运行 Authorware 7.0 程序文件所需的大部分支持文件。

Compact 7.0 Player：简化的 Web Player 7.0，仅包含少量运行 Authorware 7.0 程序文件所需的支持文件，不包含 Xtras 文件，因此程序通过它运行时，需要额外的时间下载必需的 Xtras 和其他支持文件。

Full 7.0 Player：最完整的 Web Player 7.0，可用于运行由 Authorware 各种版本 Web 打包生成的程序文件。

【Palette】下拉列表框：用于选择调色板。其中共提供了 2 种选择。

foreground：加载 Authorware 程序中使用的调色板。选择此选项，可以最大限度地保证程序中的颜色得到正确显示，但此时 Web 浏览器窗口中其他内容的颜色很可能会发生变化（在 Authorware 程序运行完毕之后，发生颜色变化的内容可以自动恢复正常显示）。

background：加载 Web 浏览器的调色板。选择此选项，可以保证 Web 页面中的内容正常显示，但由于 Authorware 程序中用到的颜色被 Web 浏览器的调色板中的颜色所代替，因此程序窗口中的颜色可能会发生改变。

将调色板选择为 Foreground，可能会使整个网页的颜色发生改变；而选择 Background 调色板，则可能使精心设计的程序窗口变得难看。这似乎是一对不可调和的矛盾，比较好的一个解决办法是在设计程序时仅使用 Web-safe（网页适用）的颜色：尽管这限制了可以利用的颜色数量，但它确实可以保证程序画面和网页内容的正确显示。

【Window Style】下拉列表框：用于选择程序窗口如何摆放。其中共提供了 3 种选择。

inPlace：现场运行，即程序窗口嵌入网页之中，显示在预先安排的位置。

onTop：程序窗口浮动于网页之前。

onTop Minimize：程序窗口浮动于网页之前，同时将浏览器窗口最小化，退出程序时将浏览器窗口还原。

（6）【Files】选项卡：用于对将要发行的文件进行管理，如图 12-14 所示。现将其内容介绍如下。

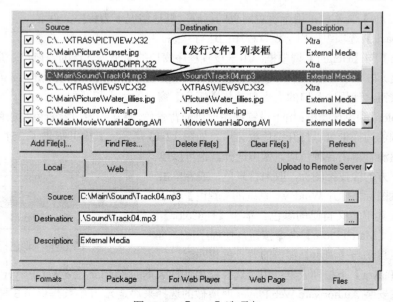

图 12-14　【Files】选项卡

- 【发行文件】列表框：根据前面几个选项卡中的发行设置，列出将要发行的文件。发行文件列表分为 3 列，分别是 Source（源文件）、Destination（目标文件）和 Description（文件描述）。单击每列的标题，可以使列表内容根据该列进行排序，列标题中的三角形标记指示当前是以升序排序（三角形标记指向上方）还是以降序排序（三角形标记指向下方）。将要发行的文件，其前面带有对号形状的选中标记。如果需要取消某个文件的发行，可以单击选中标记，使该文件从此次发行设置中撤销；如果需要将某个文件发行，也可以单击选中标记（出现对号形状的选中标记），将该文件加入本次的发行设置。在选中标记与源文件名称之间，是文件链接标记：蓝色的文件链接标记表示源文件能够正确定位，红色的文件链接标记表示缺少相应的源文件（断链），通常在正式发行文件之前，必须解决文件断链问题。为了避免程序在网络环境下运行出错，所有文件都不能使用中文文件名，或者带有空格的文件名。
- 【Add File(s)】命令按钮：用于向发行文件列表中增加文件。通常在执行 File→Publish→Publish Setting 菜单命令之后，Authorware 会自动查找出所需的各种支持文件，但是对于 Flash 动画、ActiveX 控件和 QuickTime 数字化电影等特殊的内容，需要手动添加必需的支持文件，这时就需要单击【Add File(s)】命令按钮，打开【Add File(s)-Source】对话框，如图 12-15 所示。在其中选择需要添加的源文件，单击【打开】命令按钮之后，将出现【Add File(s)-Destination】对话框，如图 12-16 所示。该对话框用于对文件发行的目标位置进行设置，在其中存在如下选项。

 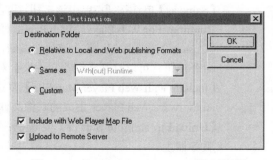

图 12-15 【Add File(s)-Source】对话框　　　　图 12-16 【Add File(s)-Destination】对话框

【Destination Folder】选项组：

【Relative to Local and Web publishing Formats】单选按钮：单击该按钮，则采取与本地和 Web 发行同样的设置，即按照【Formats】选项卡中的设置，决定目标文件的发行位置。

【Same as】单选按钮：单击该按钮，可以从右侧的下拉列表框中选择一种发行设置：With(out) Runtime，For Web Player，Web Page，对应的文件就可以根据所选择的发行设置决定目标位置。

【Custom】单选按钮：单击该单选按钮，可以人为规定文件发行的目标位置。单击右侧的【…】命令按钮，可以打开【浏览文件夹】对话框，在其中选择目标路径。

【Include with Web Player Map File】复选框：打开该复选框，将被添加的文件同时添加到为 Authorware Web Player 生成的映像文件中。

【Upload to Remote Server】复选框：打开该复选框，将被添加的文件同时上传到远程服务器上。新添加的文件在发行文件列表中以绿色显示。

 如果需要向发行文件列表中增加特定的文件，例如对于程序的版本、运行环境的说明文件等，也必须通过【Add File(s)】命令按钮来添加。

● 【Find File】命令按钮：单击该命令按钮，可以打开【Find Supporting Files】对话框，如图 12-17
所示。

【Find】复选框组：用于选择被查找的文件类型。

【U32s and DLLs】复选框：打开该复选框，可
查找程序所需的外部函数文件。

【Standard Macromedia Xtras】复选框：打开该复
选框，可查找程序所需的 Authorware 标准 Xtras
文件（不包含由第三方独立开发的 Xtras）。

【External Media(graphics, sound, etc)】复选框：
打开该复选框，可查找程序所需的外部多媒体
数据，例如图像、声音等。

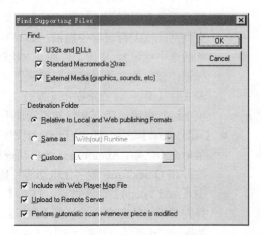

【Destination Folder】选项组：用于指定被查找
文件发行的目标位置。

【Relative to Local and Web publishing Formats】
单选按钮：单击该按钮，可采取与本地和 Web
发行同样的设置。即按照【Formats】选项卡中
的设置，决定目标文件的发行位置。

图 12-17 【Find Supporting Files】对话框

【Same as】单选按钮：单击该按钮，可以从右侧的下拉列表框中选择一种发行设置：With (out)
Runtime，For Web Player，Web Page，对应的文件就可以根据所选择的发行设置决定目标位置。

【Custom】单选按钮：单击该单选按钮，可以人为规定文件发行的目标位置。单击右侧的【…】
命令按钮，可以打开【浏览文件夹】对话框，在其中选择目标路径。

【Include with Web Player Map File】复选框：打开该复选框，可将被找到的文件同时添加到为
Authorware Web Player 生成的映像文件中。

【Upload to Remote Server】复选框：打开该复选框，可将被找到的文件同时上传到远程
服务器上。

【Perform automatic scan whenever piece is modified】复选框：打开该复选框，当程序被修改之
后，打包时自动搜索所需的文件。

在【Find Supporting Files】对话框中做出必要的设置之后，单击【OK】命令按钮，Authorware
自动开展查找文件的工作。

● 【Delete File(s)】命令按钮：单击该命令按钮，可以删除在发行文件列表中选中的文件。程序
打包生成的文件则不允许被删除，例如.a7r、.exe、.aam 和.htm 文件。

 对于 Authorware 自动添加到发行文件列表中的文件最好不要删除，因为它们往往是程序运行
所必需的。

● 【Clear File(s)】命令按钮：单击该命令按钮，可以清除在发行文件列表中所有的文件，除了程
序打包生成的.a7r、.exe、.aam 和.htm 文件。

● 【Refresh】命令按钮：单击该命令按钮，可以刷新发行文件列表。

● 【Upload to Remote Sever】复选框：在发行文件列表中选中某文件之后，打开该复选框，则在
程序发行时，会将该文件上传到远程服务器。

● 【Local】选项卡：在其中可以对发行文件列表中的特定文件的发行设置进行修改，在修改过
后，对应的文件在发行文件列表中以绿色显示。在进行修改操作之前，必须在发行文件列表

中选中一个待发行的文件，如图 12-18 所示（程序打包生成的.a7r、.exe、.aam 和.htm 文件的设置不允许在此进行修改）。

【Source】文本框：在其中可以修改源文件的路径信息。单击右侧的【…】命令按钮，可以打开【Select Source File】对话框，在其中选择合适的源文件和路径。

【Destination】文本框：在其中可以修改发行文件的目标路径信息。单击右侧的【…】命令按钮，可以打开【Select Destination File】对话框，在其中选择合适的目标文件和路径。

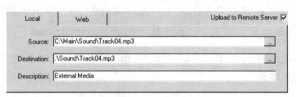

图 12-18　【Local】选项卡

【Description】文本框：在其中可以输入对文件的描述信息。对于新添加的文件，其描述信息默认为 Manual，设计人员可以根据需要对其进行修改。

- 【Web】选项卡：在其中可以对发行文件列表中的特定文件（仅对 Xtra、外部函数和数字化电影文件有效）的发行设置进行修改。在进行修改操作之前，必须在发行文件列表中选中一个待发行的文件，如图 12-19 所示。

【Include with media.aam】复选框：打开该复选框，可将特定的文件添加到为 Authorware Web Player 生成的映像文件中（media.aam 为示例文件名）。

【PUT】文本框：设置文件发行的目标位置（相对于 Authorware Web Player 所处的路径）。单击右侧的【…】命令按钮，可以打开【Select PUT Folder】对话框，在其中可以选择文件发行的目标位置，如图 12-20 所示。

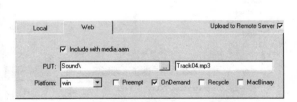

图 12-19　【Web】选项卡

图 12-20　【Select PUT Folder】对话框

【Platform】下拉列表框：在其中选择发行文件的目标平台，共提供了 5 种选择。

　　all：面向所有平台。

　　mac：面向 Mac 系统。

　　win：面向所有 Windows 系统。

　　win16：面向 16 位 Windows 系统，如 Windows 3.1。

　　win32：面向 32 位 Windows 系统，如 Windows 98、Windows Me、Windows XP 等。

【Preempt】复选框：打开该复选框，在 Authorware 程序运行时，总是从网络中下载特定的外部文件，而不管用户系统（本地硬盘、光驱等）中是否已经存在该文件。

【OnDemand】复选框：打开该复选框，在 Authorware 程序运行时，仅在需要的特定文件，才对其进行下载。

【Recycle】复选框：打开该复选框，在 Authorware 程序运行结束后，保留特定的文件，当程序再次运行时，直接使用已有的文件，而不是重新从网络中下载。

【MacBinary】复选框：打开该复选框，可为 Mac 系统生成二进制 AAB 文件。

（7）【Remote】命令按钮：单击该命令按钮，可以打开【Remote Settings】对话框，如图 12-21 所示，在其中可以为将程序发行到远程 FTP 服务器中进行设置。

● 【Publish to Remote Server】复选框：打开该复选框，允许将程序发行到远程 FTP 服务器中。

● 【FTP Host】文本框：在其中输入用于上传发行文件的 FTP 主机的名称。FTP 主机名称必须是一个完整的 Internet 地址，通常以 ftp 开始，例如 ftp.cuteftp.com。

注意：并不是所有的 FTP 主机名称都以 ftp 开始。如果不知道任何 FTP 主机的名称，可以向当地 ISP 咨询。

● 【Host Directory】文本框：在其中输入上传文件在 FTP 主机中的存储路径。

● 【Login】文本框：在其中输入合法的用户名，以登录到 FTP 服务器。

● 【Password】文本框：在其中输入登录密码。

● 【Test】和【Disconnect】命令按钮：在输入所有的信息之后，单击【Test】命令按钮，可以测试指定的 FTP 连接是否正确。连接成功之后，在对话框底部的状态栏中将显示连接成功（Connected）标记，同时【Test】命令按钮变成【Disconnect】命令按钮，单击该命令按钮可以中断连接。

（8）【Export】命令按钮：单击该命令按钮，会出现【Export Settings As】对话框，如图 12-22 所示，在其中可以将当前的发行设置存储为一个注册表文件（.reg 文件）。通过这种方式，可以为一个程序文件保存多种发行设置。

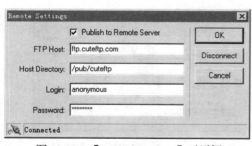

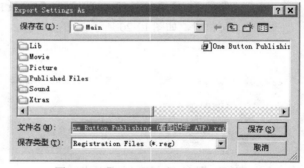

图 12-21　【Remote Settings】对话框　　　　　图 12-22　【Export Settings As】对话框

每一个 Authorware 程序文件的发行设置都被存储到 Windows 系统的注册表中，并以一个唯一的发行 ID 所标识。无论该程序文件被复制、重命名或换名存储，都仍然拥有该发行 ID，这就形成了多个程序文件共享同一发行 ID 的局面，在这种情况下修改其中任何一个程序的发行设置，都会对所有程序的发行设置造成影响。为了避免出现这种局面，可以利用 File→Publish→Unlink Publish Settings 菜单命令，为程序文件创建一个新的发行 ID，并将原有的发行设置复制到新的发行 ID 中，这样就中断程序文件与原发行 ID 的连接。

（9）【Defaults】命令按钮：单击该命令按钮，可以将所有的发行设置恢复为初始状态。

（10）【Publish】命令按钮：单击该命令按钮，可以根据当前的设置对程序进行打包和发行。如果发行成功，就会出现【Information】对话框，在其中显示出最终的发行结果，如图 12-23 所示（必须首先单击【Details】命令按钮，才能看到显示发行结果的文本框）。

- 【Publishing Log】命令按钮：单击该命令按钮，可以观察到发行日志，其中记录了打包每个文件的时间和过程，如图 12-23(a)所示。

(a)　　　　　　　　　　　　　　　　　　　　(b)

图 12-23　【Information】对话框

- 【Files List】命令按钮：单击该命令按钮，可以观察到最终产生的发行文件的列表，如图 12-23(b)所示。
- 【Save Log】或【Save List】命令按钮：用于将发行日志或最终发行文件列表保存在文本文件中，如图 12-24 所示。根据当前显示的内容，Authorware 自动决定显示【Save Log As】对话框或【Save Files List As】对话框。
- 【Preview】命令按钮：单击该命令按钮，可以自动根据发行设置，运行系统中安装的 Web 浏览器，预览程序的发行结果。图 12-25 显示的是将"看图识字.a7p"程序文件按照两种不同窗口风格（Window Style）的发行结果。

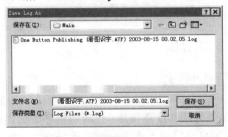

保存发行日志　　　　　　　　　　　　　保存最终发行文件列表

图 12-24　保存发行记录

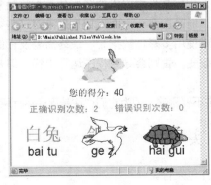 

In Place　　　　　　　　　　　　　　　On Top

图 12-25　预览发行结果

12.2.2　批量发行与单独打包

执行 File→Publish→Batch Publish 菜单命令，打开【Batch Publish】对话框，在其中可以添加多个程序文件，对多个程序文件进行批量发行。

在程序尚未最终完成之前，可能需要经常将程序打包运行，反复进行测试。利用 Authorware 提供的单独打包功能，设计人员不必每次都将整个项目重新发行一遍，只需带上所有的支持文件将项目发行一次，以后就可以仅将修改后的程序单独打包，替换原有的可执行文件。执行 File→Publish→Package 菜单命令，打开【Package File】(【打包文件】)对话框，如图 12-26 所示，利用它可以将当前打开的程序文件按照两种不同的方式进行打包。

将程序文件打包为.a7r 文件之后，还可以通过 File→Publish→Web Packager 菜单命令运行 Authorware Web Packager 程序，将.a7r 文件打包为.aam 文件和.aas 文件。利用 Web 浏览器，就可以对.aam 文件进行浏览，观察程序在网络环境下的表现。或者用最近打包生成的文件直接替换原有的.aam 文件和.aas 文件，不必对原有的.htm 文件做出任何改动，就可以直接浏览到新的运行结果。

打包为.A7R 文件

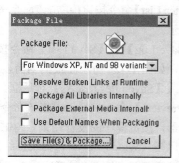
打包为.EXE 文件

图 12-26　将程序文件打包

12.3　本 章 小 结

本章主要介绍了打包和发行 Authorware 应用程序的方法和注意事项。使应用程序脱离设计环境运行本身就是一件较复杂的工作，所以将应用系统递交到最终用户手中之前必须进行严格的测试，确定最终需要发行的文件并将它们合理地组织在一起。

在程序设计之初就应该决定多媒体数据的存放位置。程序文件中嵌入的多媒体数据将随着程序文件的移动而移动，使最终需要发行的文件数量大大减少。但是在另一方面，如果后来对这些数据进行了修改，必须将它们重新导入程序文件中。使用链接方式使用多媒体数据时，最终需要发行的文件数量会较多，且外部媒体文件的名称和存储位置不能发生改变，否则会导致程序运行出错。但是使用链接方式有利于对多媒体数据进行修改。

由一键发行功能自动添加到发行文件列表中的文件一定不要删除，因为它们往往是程序运行所必需的。

12.4　上 机 实 验

（1）将之前制作的各章实验，选择不同的方式进行打包发行。
- 以 Local HDD 方式打包发行；
- 以 Web 方式打包发行。

提 高 篇

- 优化程序结构

- 使用 Authorware 高级特性

- 使用 ODBC

- 使用 OLE 和 ActiveX

- 学习高级设计技巧

- 编写自己的函数

第13章　库和知识对象

在开发一个多媒体应用程序的过程中，往往会重复使用一些相同的内容，如相同的画面、相同的分支结构及类似的功能模块。如果每次使用这些内容时都重复创建一遍，不仅消耗大量人力资源，也浪费大量的存储空间，这在如今追求高效率的时代是不能被接受的。利用 Authorware 提供的库和知识对象可以改变这一状况。

13.1　库　的　应　用

库是设计图标的集合，它将程序中多次使用的设计图标集合在一起，要使用其中某个设计图标时，只需在程序中建立与库文件中设计图标的链接关系即可。多个程序可以共用一个库文件中的设计图标，一个程序也可以同时使用多个库文件中的设计图标，而在每个程序中只需保存与库文件中设计图标的链接关系，这样就大大节省了存储空间，而且避免了重复劳动，还做到了程序与数据分离，便于将来对应用系统进行更新。

13.1.1　库文件的建立

进入 Authorware，执行 File→New→Library 菜单命令，就建立了一个新的库文件，库文件窗口如图 13-1 所示。

保存库文件的方法与保存程序文件的方法完全相同，只是库文件具有.A7L 扩展名。一个新建立的库文件中没有任何内容，需要从外部向其中增加各种设计图标。

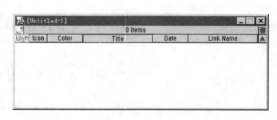

图 13-1　库文件窗口

13.1.2　库文件的编辑

有了一个库文件之后，就可以向其中添加设计图标，还可以对其中的设计图标进行编辑。当一个设计图标被添加到库文件中后，它就成为一个库设计图标。

1．向库文件中添加设计图标

库文件中只能存放 5 种设计图标：【显示】设计图标、【交互作用】设计图标、【数字化电影】设计图标、【声音】设计图标和【运算】设计图标，可以使用以下 4 种方法向库文件中添加设计图标。

（1）就像为程序文件添加设计图标一样，从图标选择板中拖动一个设计图标到库文件窗口中释放，然后可以为新的库设计图标命名、进行属性设置或者向其中添加各种对象。

（2）从设计窗口将程序文件正在使用的设计图标拖放到库文件窗口中。如图 13-2 所示，此时设计图标就由程序文件转移到库文件中，而在程序文件中只剩下对库设计图标的链接关系，这一点可以从程序文件中设计图标的斜体标题及库文件中相应库设计图标前的链接标志看出来。

（3）利用复制和粘贴操作向库文件中添加设计图标。首先选中程序文件或其他库文件中的一个或多个设计图标，单击工具栏中的【复制】命令按钮，然后激活目标库文件窗口，按下工具栏中的【粘贴】命令按钮，此时设计图标就出现在当前库文件窗口中。使用这种方法并不会在程序文件中的设计图标和库设计图标之间建立链接关系。

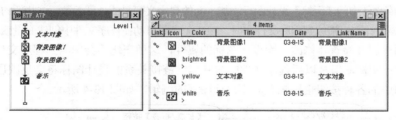

图 13-2　向库文件中添加现有的设计图标

按下 $\boxed{\text{Ctrl}}$ 键的同时，在设计窗口与库文件窗口或在库文件窗口之间中拖放设计图标，也能完成设计图标的复制工作。

（4）从其他库文件中选择所需的库设计图标拖放到指定库文件窗口中。如果被移动的库设计图标已经与某些程序文件建立了链接关系，则 Authorware 会弹出一个对话框，提示是否将链接关系转移到指定库文件中去，单击【Fix Links】命令按钮，则这些链接关系也一起被移动；单击【Break Links】命令按钮，则链接关系被破坏，在程序文件中相应设计图标前将出现断链标志（在程序运行时该设计图标将不被执行），如图 13-3 所示。

2．删除不需要的库设计图标

要删除不需要的库设计图标，只需在库文件窗口中选中它们，然后按下 $\boxed{\text{Del}}$ 键。如果被删除的库设计图标已经与某些程序文件建立了链接关系，则 Authorware 会弹出一个对话框，提示这样做将破坏现存的链接关系，是否要将删除操作进行下去，单击对话框中的【Continue】命令按钮，就会将库设计图标删除，但是程序文件中所有与其存在链接关系的设计图标前都会出现断链标志。

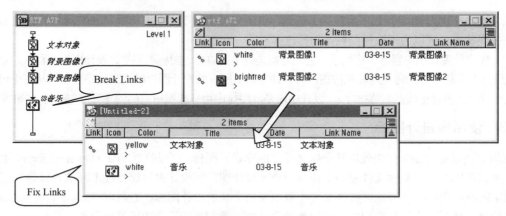

图 13-3　移动设计图标链接关系

3．修改库设计图标

当打开一个程序文件时，与其存在链接关系的库文件也随之被打开，此时就可以对库设计图标进行编辑（如果相应的库文件窗口没有显示出来，可以在 Window→Library 菜单组中选择一个库文件窗口进行显示）。

编辑库设计图标与编辑普通设计图标没什么两样，可以编辑其内容、修改设计图标的属性，但是这些变化可能对多个程序文件中与其存在链接关系的设计图标造成影响。

（1）如果对库设计图标的内容进行了编辑（除了【运算】设计图标），Authorware 自动将这种变化反映到所有与之存在链接关系的设计图标中（可能影响到多个程序文件）。

（2）如果向库文件中的【运算】设计图标添加了新的自定义变量或外部函数，这些新的变量和函数位于库文件中。在将该设计图标拖动到程序文件中时，Authorware 自动在程序文件中创建变量或导入外部函数。

（3）如果通过属性检查器修改了库设计图标的属性，这种变化不会影响到程序文件中已经与其存在链接关系的设计图标，但是以后程序文件中与其建立链接关系的设计图标将会反映出这种变化。

库文件窗口中的各种按钮也影响着对库设计图标的编辑，如图 13-4 所示。

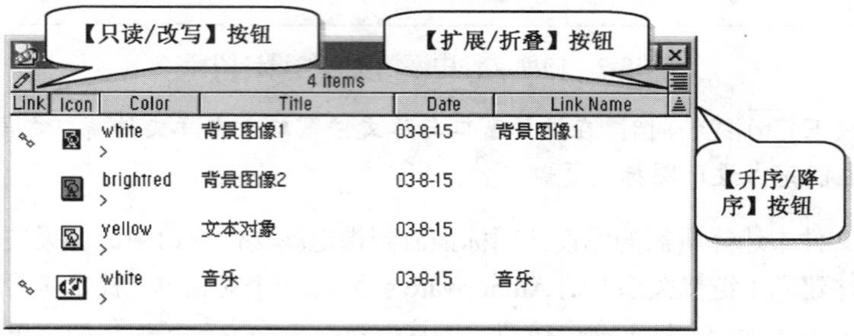

图 13-4   库文件窗口

（1）窗口左上方有一个【只读/改写】按钮，单击它可以使库文件反复在只读和改写两种状态之间切换（【只读/改写】按钮的外观显示着库文件的当前状态）：当库文件处于改写状态时，可以将修改过的内容保存下来；当库文件处于只读状态时，依然可以对库设计图标进行修改，但是这些改变不能被保存。

> 如果在网络环境下使用库文件，当库文件处于改写状态时，一次只能有一个用户打开或者修改库文件；而当库文件处于只读状态时，多个用户可以同时打开一个库文件，但是不能对它做修改。

（2）窗口右上方有一个【扩展/折叠】按钮，单击它可以使库文件窗口反复在扩展和折叠状态间切换。在扩展状态下可以为库设计图标添加标注。

（3）库文件窗口的内容分 5 栏显示，它们分别是链接标志栏、图标类型栏、设计图标名称栏、创建日期栏及链接名称栏。单击每栏的标题按钮，可以使窗口中所有的设计图标以相应顺序显示（从图中可以看出，此时库设计图标正按照名称排序），以升序还是降序排序由标题按钮右侧的【升序/降序】按钮控制。

13.1.3   使用库设计图标

如果要在当前程序文件中使用某个库文件中的库设计图标，可以执行 File→Open→Library 菜单命令打开所需的库文件，从库文件窗口中拖动一个库设计图标到设计窗口流程线上释放（就像使用图标选择板上的设计图标一样），此时程序文件中就出现一个新的设计图标，该设计图标与库设计图标同名，但是名称以斜体显示在设计窗口中。可以将该设计图标或相应库设计图标重新命名，Authorware 仍会保持它们之间的链接关系，因为链接关系是以链接名称表示的，与设计图标名称无关。一个库设计图标可以与程序中多个设计图标建立链接。

> 如果从库文件中复制一个库设计图标到程序文件中，则该设计图标就作为普通设计图标使用，而不会与库设计图标建立链接关系。

1. 设计图标的编辑

对程序文件中设计图标做出的任何修改，都不会对库设计图标造成影响。

如果打开程序文件中与库设计图标存在链接关系的【显示】设计图标或【交互作用】设计图标，只能对其中显示对象的位置进行调整。而在库文件中打开任何一个【显示】设计图标或【交互作用】设计图标，可以使用所有工具对其进行编辑，Authorware 自动将所做的修改反映到所有与其存在链接关系的设计图标中（可能影响到多个程序文件）。

不能为程序文件中与库设计图标存在链接关系的【声音】设计图标或【数字化电影】设计图标导入新的媒体文件。打开程序文件或库文件中存在链接关系的【运算】设计图标，可以对其中的代码进行任意修改，这种修改不会影响到链接关系的另一方。

可以对程序文件中的设计图标和库设计图标分别进行属性设置。对程序文件中设计图标属性的改动不会影响到库设计图标；如果修改了库设计图标的属性，这种变化也不会影响程序文件中已经与之存在链接关系的设计图标，但是程序文件中后来与之建立链接关系的设计图标将会反映出这种变化。

2．更新程序中设计图标的属性

前面已经介绍过，对库设计图标属性的修改不会影响程序文件中已经与之存在链接关系的设计图标，但是 Authorware 也提供了更新这些设计图标属性的工具。

执行 Xtras→Library Links 菜单命令，会出现【Library Links】对话框，如图 13-5 所示。单击【Unbroken Link】单选按钮，则程序文件中所有与库设计图标存在链接关系的设计图标都会显示在单选按钮下方的列表框中。在列表框中单击选中某个设计图标或按下 Ctrl 键单击选中多个设计图标（单击【Select All】命令按钮可以选中列表框中的所有设计图标），然后单击【Update】命令按钮，此时，Authorware 会提示是否使用库设计图标的当前属性更新被选中的设计图标的属性。确认之后，所有被选中的设计图标都将被更新，而未选中的设计图标会保持原来的属性。

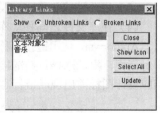

图 13-5　【Library Links】对话框

有时单从列表框中的设计图标名称不能确定是否是所需设计图标，这时可以选中该设计图标，然后单击【Show Icon】命令按钮，Authorware 会自动在程序文件中定位该设计图标。

3．链接关系的识别

当程序中使用了大量与库设计图标有链接关系的设计图标时，搞清楚它们之间的链接关系变得很困难。Authorware 提供了一些方法，可以确定与库设计图标存在链接关系的设计图标在设计窗口中的位置，也可以确定程序中某个设计图标究竟链接到哪一个库设计图标，还可以列出当前程序中哪些设计图标与库设计图标存在链接关系，哪些设计图标与库设计图标的链接关系已经被破坏。

要想确定程序中某个设计图标究竟链接到哪一个库设计图标，可以首先在设计窗口中选择该设计图标，然后执行 Modify→Icon→Library Links 菜单命令。此时会出现一个链接信息窗口，窗口中列出了链接名称、对应的库设计图标及库设计图标所处的库文件等信息，如图 13-6 所示。

在链接信息窗口中单击【Preview】命令按钮，可以预览到库设计图标的内容，要想定位到具体的库设计图标，单击【Find Original】命令按钮即可，Authorware 会自动打开相应的库文件窗口并将对应的库设计图标加亮显示。

要想确定库文件中某个库设计图标与程序中哪些设计图标存在链接关系，可以首先在库文件窗口中选择该库设计图标，然后执行 Modify→Icon→Library Links 菜单命令。此时会出现一个链接信息窗口，如图 13-7 所示（可以与图 13-6 做对比）。窗口中列出了链接次数、链接名称及与当前库设计图标存在链接关系的所有设计图标。在设计图标列表中选择一个设计图标后，单击【Show Icon】命令按钮，Authorware 会自动在程序文件中定位该设计图标；选中其中一个或多个设计图标后，单击【Update】命令按钮，可以对设计图标进行更新。

图 13-6　定位库设计图标　　　　　　　　图 13-7　定位链接的设计图标

4. 链接关系的修复

在以下几种情况下，程序文件中的设计图标与库设计图标之间的链接关系会被破坏：

（1）Authorware 无法找到相应的库文件，可能是因为库文件被删除或移动到了其他位置。

（2）库设计图标被删除。

（3）修改链接名称时，没有重新进行链接。

（4）在库文件之间移动库设计图标时，没有重新进行链接。

Authorware 使用链接名称来标识链接，当在库文件窗口中修改了一个链接名称后，会出现一个警告对话框，提示选择重新链接（【Relink】）还是破坏链接（【Break】），选择【Break】，则链接被破坏，相应设计图标前出现断链标志；选择【Relink】，则链接关系被保持。

如果一个库文件与多个程序文件存在链接关系，情况会变得复杂：删除或移动与当前程序文件没有链接关系的库设计图标不会遇到 Authorware 的警告，但是其他程序文件中与该库设计图标存在链接关系的设计图标前面会出现断链标志；修改库设计图标的链接名称也是如此，即使选择【Relink】保持了与当前程序文件中设计图标的链接关系，该库设计图标与其他程序文件中设计图标的链接关系也会被破坏。

执行 Xtras→Library Links 菜单命令，在【Library Links】对话框中可以选择观察当前程序文件中被正常链接的设计图标和非正常链接的设计图标。

要修复断开的链接关系，可以采取拖动库设计图标到相应设计图标上释放的方法，如图 13-8 所示，Authorware 会自动建立两者之间的链接关系。如果遇到程序文件中曾经有多个设计图标链接到同一个库设计图标的情况，在将库设计图标拖放到其中之一上时，Authorware 会自动提示是为该设计图标修复链接关系，还是为多个设计图标修复链接关系，如图 13-9 所示。单击【Link】命令按钮，则仅为当前设计图标修复链接关系；单击【Link All】命令按钮，则依次为多个设计图标修复链接关系。

使用上述方法也可以改变库设计图标与程序文件中设计图标现存的链接关系，只要拖放不同的库设计图标到设计窗口中相应设计图标上即可，接下来的操作与上面相同。

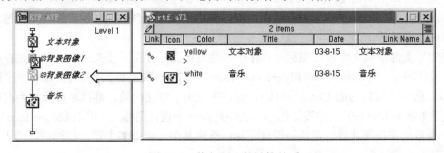

图 13-8　修复断开的链接关系

13.1.4　将库文件打包

在第 12 章中曾经介绍过将程序文件打包的方法，如果程
序文件与库设计图标有链接关系，情况会稍有不同。

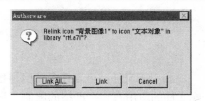

图 13-9　为多个设计图标修复链接关系

要想使所有与程序文件有链接关系的库设计图标成为打
包文件的一部分，可以在【One Button Publishing】对话框中打
开【Package All Libraries Internally】复选框，这样就避免了将库文件单独打包，减少了发行文件的数
量，但在同时也增加了程序文件的长度。在打包之前，如果程序文件中存在着被破坏的链接关系，
Authorware 会进行提示，可以选择直接进行打包或修复链接关系之后再进行打包。

通过【One Button Publishing】对话框中的【Course or Library】文本框，可以选择当前使用的库文
件，对其各种发行属性进行设置。也可以将库文件单独打包，形成独立的.A7E 文件，这样就减小了可
执行文件的长度，也便于将来对应用系统进行升级，但是在发行时一定要将打包后的库文件放在可执
行文件能够找到的地方（关于设置搜索路径的方法请参阅第 12 章中的有关内容）。

对程序文件单独打包时，在【Package File】对话框中关闭【Package All Libraries Internally】复选
框，Authorware 一旦发现程序中链接了库设计图标，就会弹出【Package Library】对话框，如图 13-10(a)
所示。

（1）【Package Library】单选按钮组

● 【Internal to Piece】单选按钮：选择此选项，Authorware 仍将库设计图标打包在程序文件中。

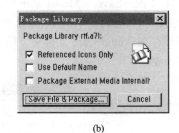

(a)　　　　　　　　　　　　　　　(b)

图 13-10　将库文件打包

● 【In Separate Package】单选按钮：选择此选项，Authorware 将库文件打包为独立的.A7E 文件。

（2）【Package External Media Internally】复选框：打开此复选框，在打包时将外部媒体文件（如以
链接方式使用的声音和图像）打包在.A7E 文件中。

（3）【Referenced Icons Only】复选框：打开此复选框，只将与程序文件存在链接关系的库设计图
标打包在.A7E 文件中，否则整个库文件中所有库设计图标均被打包在内。

（4）【Use Default Name】复选框：打开此复选框，使用库文件名作为打包后的文件名，只是使用.A7E
作为文件扩展名。

在进行完必要的设置之后，就可以单击【Package】命令按钮，继续进行程序文件的打包过程。如
果在【Package Library】对话框中选择了【In Separate Package】，Authorware 会打开一个对话框，让你
选择一个现有的.A7E 文件用于当前程序，或者对当前库文件进行打包，产生必需的.A7E 文件。

库文件的打包过程也可以单独进行。打开一个库文件，然后执行 File→Package 菜单命令，也会出
现【Package Library】对话框，如图 13-10(b)所示。此时对话框中的选项与图 13-10(a)所示的稍有不同，
但是选项的含义是相同的，单击【Save File & Package】命令按钮就可进行打包。

13.2　知 识 对 象

利用库文件，可以使多个应用程序共用同一个设计图标，避免了大量重复劳动和冗余数据，但是库文件的应用有一个严格的限制，那就是只能存储独立的设计图标。如果要对程序逻辑结构或功能模块进行重复利用，则需要用到 Authorware 提供的知识对象。

13.2.1　模块的概念

在 Authorware 中，模块指的是流程线上的一段逻辑结构，它可以包含各种设计图标和分支结构。与使用库不同，在使用模块时，Authorware 是将该模块的复制品插入流程线上，而不是建立一种链接关系。

模块与库的本质区别在于它是功能的集合，而不是设计图标的集合（当然也可以利用模块存储一个或若干个设计图标，但这样做就违反了使用模块的初衷）。你可以将一整套交互作用分支结构存储到模块中（如本书 9.5 节定制的导航控制，包含了可移动的导航按钮板和一系列精心设计的交互控制），然后就可以在程序中多处使用它，而不用每次都创建一套类似的交互作用分支结构。还可以对插入程序中的模块随意进行修改，因为它是原始模块的复制品，不再与原始模块发生任何联系。实际上，Authorware 7.0 的提供【框架】设计图标，就保存在 Authorware 7.0 文件夹内的 FRAMEWRK.A7D 模块文件中，其中包含了默认的导航控制。

创建一个模块非常容易：在设计窗口中选择所需的内容（可以是一个设计图标，或是一整套复杂的流程），然后执行 File→Save in Model 菜单命令，如图 13-11 所示，此时会出现一个【Save in Model】对话框，在其中为模块命名后，单击【保存】命令按钮，就会生成一个扩展名为.A7D 的模块文件。注意要将模块文件保存在 Authorware 文件夹下的 Knowledge Objects 文件夹（或是 Knowledge Objects 文件夹的子文件夹）中。

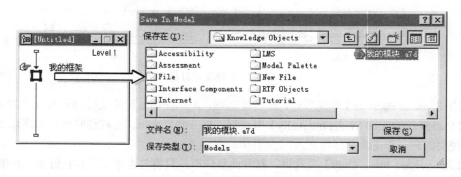

图 13-11　创建模块

如果要在程序中使用模块，从【Knowledge Objects】面板中拖动模块图标到流程线上即可（如果【Knowledge Objects】面板此时没有打开，请执行单击工具栏中的【知识对象】命令按钮；如果【Knowledge Objects】面板中没有出现刚才保存的模块，请单击面板中的【Refresh】命令按钮）。如图 13-12 所示，此时模块的内容就被复制到程序文件中了。

要想使用 Authorware 6.5 创建的模块文件，必须使用 File→Convert Model 菜单命令将它转换为 Authorware 7.0 支持的格式。

模块的应用提供了一种使程序标准化的方法：在复制模块内容的同时也将模块中使用的自定义内

容（如定制的文本风格、定制的按钮甚至是自定义变量等）复制到程序文件中，在程序文件中其他地方可以直接使用这些自定义内容而不用再重新定义它们。这对于开发多个具有相同界面风格的应用程序非常有利。

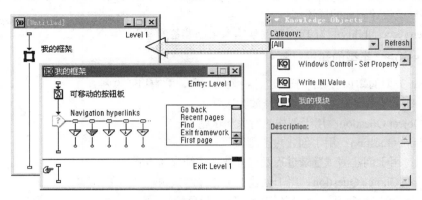

图 13-12　使用模块

需要说明的一点是：使用模块事实上是复制模块的内容，它不会像使用库那样节省存储空间，对原始模块文件的修改也不会反映到使用了该模块的程序文件中去。

13.2.2　了解知识对象

知识对象是对模块的扩展，在理解了模块的概念之后，知识对象也就容易理解了：知识对象就是带有使用向导的模块。通过使用向导，用户可以更加方便、快速地生成自己需要的功能模块。

执行 File→New→Project 菜单命令，会出现一个【New Project】对话框窗口，里面提供的 3 个选项其实就是 3 个知识对象，选择其中之一后单击【OK】命令按钮，就会出现知识对象使用向导，一步一步地引导你创建具有相应框架的程序文件。

从【Knowledge Objects】面板中可以看出，Authorware 共提供了 10 种类型的知识对象，如图 13-13 所示，知识对象类型显示在【Category】下拉列表中，选择其中之一后，该类中所有的知识对象就会显示在下方的列表框中。

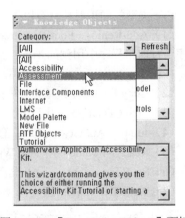

图 13-13　【Knowledge Objects】面板

　实际上，这 10 种类型其实是 Knowledge Objects 文件夹下的 10 个子文件夹，在每个子文件夹中存放了具有同一类功能的知识对象。了解这一点之后，也可以在 Knowledge Objects 文件夹下创建自己的知识对象类型和自己的知识对象。

在具体使用知识对象之前，先对 Authorware 提供的知识对象做一简单介绍。

1．Accessibility 类型的知识对象

使程序更易于被最终用户接受是 Authorware 7.0 的一大目标，因此它提供了一系列程序易用性开发工具（Authorware Application Accessibility Kit，AAAK），包括易用性知识对象、模块、命令。Accessibility 类型的知识对象用于提高程序的易用性，共有以下 4 种：

（1）Accessibility Application Framework Model：用于创建支持易用性的程序框架。

（2）Accessible Windows Controls Model：与 Accessibility Application Framework Model 联合使用的模块，用于创建易用性的 Windows 控制。

（3）Feedback Accessibility：与 Accessibility Application Framework Model 联合使用，用于阅读交互作用的反馈信息或设计图标的描述信息。

（4）Screen Accessibility：为 TTS 和键盘输入焦点准备屏幕内容。

2．Assessment 类型的知识对象

Assessment 类型的知识对象用于创建各种测试程序，共有以下 9 种：

（1）Drag-Drop Question：用于创建拖放测试题。

（2）Hot Object Question：用于创建热对象测试题。

（3）Hot Spot Question：用于创建热区测试题。

（4）Login：用于创建测试登录过程及选择测试成绩存储方式。

（5）Multiple Choice Question：用于创建多项选择测试题。

（6）Scoring：用于实现测试成绩的记录、统计和显示。

（7）Short Answer Question：用于创建简答测试题。

（8）Single Choice Question：用于创建单项选择测试题。

（9）True-False Question：用于创建正误判断测试题。

3．File 类型的知识对象

File 类型的知识对象共有以下 7 种：

（1）Add-Remove Font Resource：用于向系统中添加 TrueType 字体资源。使用此知识对象可以在程序运行前将程序中用到的 TrueType 字体加载到用户系统中，以使程序中的文本对象能够得到正常显示，在程序运行完毕之后再将字体从用户系统中卸载。

（2）Copy File：用于实现文件复制功能，将指定文件复制到指定的文件夹中。

（3）Find CD Drive：用于查找系统中第一个光盘驱动器的盘符。

（4）Jump to Authorware File：使用此知识对象，可以从当前程序文件跳转到其他程序文件中。

（5）Read INI Value：用于从 Windows 配置设置文件（.INI）中读取配置设置信息。

（6）Set File Attribute：用于设置文件属性，如将文件设置为只读、隐藏等。

（7）Write INI Value：用于向 Windows 配置设置文件（.INI）写入配置设置信息。

4．Interface Components 类型的知识对象

此类型的知识对象共有以下 13 种，用于创建各种界面对象：

（1）Browse Folder Dialog：用于创建一个 Windows 风格的文件夹浏览对话框，并可以将用户选择的路径保存在变量中。

（2）Checkboxes：用于创建复选框。

（3）Message Box：用于创建一个 Windows 风格的消息框窗口。

（4）Move Cursor：用于控制鼠标指针在屏幕上进行移动。

（5）Movie Controller：用于创建一个数字化电影播放控制器。

（6）Open File Dialog：用于创建一个打开文件对话框，并可以使用变量保存用户选择的文件名。

（7）Radio Buttons：用于创建单选按钮。

（8）Save File Dialog：用于创建一个保存文件对话框，并可以使用变量保存用户保存的文件名和路径名。

（9）Set Window Caption：用于设置【演示】窗口标题。

（10）Slider：用于创建滚动条。

（11）Windows Control：使用该知识对象可以非常方便地创建 Windows 常用控制对象。它可以创建的控制对象有以下 20 种：

Button：标准 Windows 命令按钮。

CheckBox：复选框。

Check List Box：可滚动的复选框列表。

Color Combo Box：颜色选择下拉列表框。

Combo Box：组合框。

Drive Combo Box：驱动器（盘符）列表框。

Edit Box：水平滚动编辑框（单行）。

File List Box：文件列表框，显示指定文件夹中的所有文件。

Folder List Box：文件夹列表框，显示驱动器、文件夹、文件的树状列表。

Font Combo Box：字体列表框。

List Box：列表框。

Memo Box：多行编辑框。

Menu：下拉式菜单和弹出菜单

Password Edit Box：密码输入框。

RadioButton：单选按钮。

Spin Button：微调按钮。

Spin Edit：带有微调按钮的编辑框。

TabSet：选项卡。

Track Bar：Windows 进度条。

TreeView：树形列表。

（12）Windows Control - Get Perporty：用于获取由 Windows Control 产生的控制对象的属性。

（13）Windows Control - Set Perporty：用于对由 Windows Control 产生的控制对象的属性进行设置。

5．Internet 类型的知识对象

此类型的知识对象共有以下 3 种：

（1）Authorware Web Player Security：用于进行 Author Web Player 安全属性设置。

（2）Launch Default Browser：使用系统默认的网络浏览器来浏览用户指定的 URL，或者执行指定的.exe 程序。

（3）Send E-mail：通过 SMTP（简单邮件传送协议）发送电子邮件。在此需要设置发送者、接收者的电子邮件地址，以及发送邮件的服务器地址和邮件的主题与内容。发送完毕后会返回一个变量，用户根据该变量的值可以知道邮件是否发送成功。

6．LMS 类的知识对象

此类型的知识对象包括以下 2 种，用于同符合 AICC/SCROM 标准的学习管理系统（LMS）进行沟通：

（1）LMS（Initializes）：使用该知识对象完成与 LMS 系统沟通前的初始化工作。

（2）LMS（Send Data）：向 LMS 系统发送数据，或者结束与 LMS 系统的通信。

7. Model Palette 类型的知识对象

该类型下的知识对象等同于模块选择板中创建的模块（知识对象）。

8. New File 类型的知识对象

此类型的知识对象共有以下 3 种，用于创建程序框架：

（1）Accessibility Kit：创建符合无障碍使用标准的易用型程序。

（2）Application：创建适用于训练、演示用途的程序框架，尤其适合于创建训练学习类的多媒体程序。

（3）Quiz：创建用于测验用途的程序框架，其中包含多种题型，如拖放、热区、热物、多项选择、单项选择、简答、正误判断等。

9. RTF Objects 类型的知识对象

此类型的知识对象共有以下 6 种，用于对 RTF 对象进行管理：

（1）Create RTF Object：用于创建一个 RTF 对象。

（2）Get RTF Text Range：用于从现有 RTF 对象中获取指定范围内的文本内容。

（3）Insert RTF Object Hot Text：它的作用是自动为指定的 RTF 对象创建具有热区响应的交互作用分支结构，并且自动读取 RTF 对象中与超文本对应的超链接代码。

（4）Save RTF Object：用于将 RTF 对象的内容以 RTF 文件或图像文件的方式输出到磁盘。

（5）Search RTF Object：它的作用是在现有 RTF 对象中查找指定的文本内容。

（6）Show or Hide RTF Object：用于控制 RTF 对象的显示与隐藏。

10. Tutorial 类型的知识对象

提供了两个 Authorware 教学程序使用的知识对象。

（1）CameraParts：介绍一台照相机的各个组成部分。

（2）TakePictures：介绍如何使用照相机。

13.2.3　模块选择板

模块选择板用于在程序设计期间提供定制的模块，使设计人员可以很方便地反复利用那些已经设置好各种属性的设计图标和知识对象，它的使用方式就像图标选择板一样——可以反复从其中拖放已经定义好的各种设计图标和知识对象到流程线上，这些设计图标会自动具有预定义的标题和各种属性。模块选择板同时也提供了一个创建模块的快捷方式，只需将设置好各种属性的设计图标从设计窗口中拖放到模块选择板上，就可为其创建一个模块，新的模块以设计图标的标题命名。如果想要将一个逻辑结构放入模块选择板，可以先将构成整个逻辑的设计图标组合到一个【群组】设计图标中，为该设计图标命名之后再将其拖放到模块选择板中。

执行 Window→Panels→Model Palette 菜单命令，或者按下 Ctrl+3 快捷键，就可以打开模块选择板，如图 13-14 所示，模块选择板中的各种模块自动按照标题顺序排列。当鼠标指针移动到某个设计图标上时，稍后会出现该模块的标题。

注意在将设计图标从设计图标窗口中拖放到模块选择板之前，首先为它起一个清晰明了的名称。这样，当模块选择板中的设计图标数目逐渐多起来后，仍能够清楚每一个设计图标所具有的属性设置。

模块选择板和知识对象密切相关，事实上，在 Authorware 7.0 中，模块选择板是以 Model Palette

类型知识对象的形式出现的。在模块选择板中的模块，都存放在 Knowledge Objects 文件夹下的 Model Palette 文件夹中；Model Palette 类的知识对象，同时也对应着模块选择板中存放的各种知识对象和模块。在模块选择板中用鼠标右键单击任一模块，就会弹出一个菜单，其中列出了 10 类知识对象，选择其中任一项，模块选择板中就会出现相应类型的知识对象图标，如图 13-15 所示。

图 13-14　模块选择板　　　　　　　　　图 13-15　模块选择板与知识对象

通过以下两种方法都可以创建一个新的模块选择板。

（1）在模块选择板单击右键弹出的菜单中，选择"New Category"命令，在随之出现的【New Category】对话框中输入新的模块选择板名称，例如"My Model"，确认之后，在模块选择板右键弹出菜单中就会出现一个新的"My Model"选项，选择该选项，一个空白的"My Model"模块选择板就出现了。

（2）使用 Windows 资源管理器在 Knowledge Objects 文件夹下创建一个"My Model"文件夹，然后返回 Authorware，在【知识对象】窗口中单击【Refresh】命令按钮，同样在模块选择板单击右键弹出的菜单中会出现一个新的"My Model"选项。

在模块选择板单击右键弹出的菜单中，选择"Delete Icon"命令，可以将当前选中的模块删除。

重复按下 Ctrl+3 快捷键，可以同时打开多个模块选择板，这样就可以在程序设计过程中同时应用多种预定义的模块。例如，可以创建一个专门包括各种【移动】设计图标的模块选择板，为其中每个【移动】设计图标都设置一种常用的移动方式，这样在今后的开发过程中，就可以直接使用这些模块，而无须反复地对【移动】设计图标进行属性设置。

13.2.4　现场实践：取得光盘驱动器的盘符

使用 Authorware 开发多媒体应用程序时，往往会使用光盘来存储大量的多媒体数据，如数字化电影文件、声音文件等，同时为了保证应用程序的执行速度，要将最常用的内容（如主要的执行文件、外部函数文件或是库文件）安装到硬盘中，这时就需要在程序的搜索路径中包含光盘驱动器的盘符，这样 Authorware 在执行程序时才能够找到这些外部数据。

由于用户的系统各不相同，系统给光盘驱动器分配的盘符也不尽相同，所以确定光盘驱动器的盘符就变得很重要。在以前版本的 Authorware 中，通常是编写一段程序，通过调用 Windows API 函数 GetDriveType()来取得用户系统中光盘驱动器的盘符，这对于有经验的程序员来说当然不成问题，但对于普通的 Authorware 用户而言就有些勉为其难了。Authorware 7.0 提供了一个知识对象：Find CD Drive，使用它可以很方便地找到用户系统中光盘驱动器的盘符。下面以实例介绍 Find CD Drive 的使用。

（1）从【Knowledge Objects】窗口中选择 File 类型的知识对象：Finc CD Drive，用鼠标将该知识

对象图标拖放到设计窗口中流程线上所需位置（在【Knowledge Objects】窗口中双击该知识对象，可以将其插入流程线上当前插入指针所指位置），此时 Authorware 会提示你首先保存当前程序文件。

（2）保存当前程序文件之后，会出现 Find CD Drive 知识对象使用向导，第一步是对该知识对象的简要介绍：Introduction，如图 13-16 所示。单击【Next】命令按钮，进入下一步。

（3）此时显示第二步设置：Return Value，如图 13-17 所示。Find CD Drive 提供了一个默认的变量 wzCDDrive 来保存找到的光盘驱动器盘符，如果想使用自定义变量，如 CDDriveLetter，可以在【Return Variable Name】文本框中用 CDDriveLetter 替换 wzCDDrive，注意一定要将"＝"号保留。【Return the CD-ROM Drive letter as:】单选按钮组用于设置返回值格式：盘符格式（如"D"）或路径格式（如"D:\"）。设置完毕后，单击【Next】命令按钮，进入下一步。

图 13-16　Find CD Drive 知识对象使用向导（第一步）

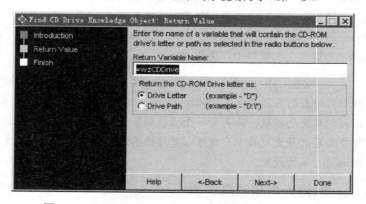

图 13-17　Find CD Drive 知识对象使用向导（第二步）

（4）此时显示第三步设置：Finish，如图 13-18 所示。Authorware 提示将按照刚才的设置建立知识对象，如果有什么设置需要调整，可以使用【Back】命令按钮返回以前的步骤进行修改，如果不做修改，单击【Done】命令按钮，Authorware 就会建立知识对象并自动将需要的支持文件复制到程序文件所处文件夹中（这些支持文件应该随同应用程序一起被发行，这也是在使用知识对象之前 Authorware 要求保存程序文件的原因）。对于 Find CD Drive 知识对象，需要的支持文件是 winapi.u32。

（5）现在设计窗口中就有了一个知识对象。在程序设计期间，可以随时双击打开该知识对象，在使用向导中对其设置进行修改。

（6）接下来就可以在程序中使用 Find CD Drive 知识对象取得的光盘驱动器盘符了，通常情况下，是将光盘驱动器的盘符添加到程序的搜索路径中。向程序中增加两个设计图标（如图 13-19 所示）："设

置搜索路径"设计图标用于将光盘驱动器的盘符添加到 SearchPath 中，"显示搜索路径"设计图标用于
显示光盘驱动器的盘符和当前的搜索路径。

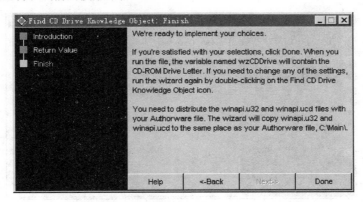

图 13-18　Find CD Drive 知识对象使用向导（第三步）

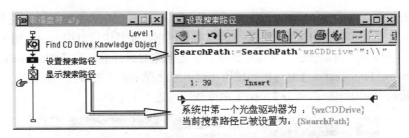

图 13-19　使用 Find CD Drive 知识对象的返回值

（7）运行程序，可以看到 Find CD Drive 知识对象正确地查找
到系统中光盘驱动器的盘符，如图 13-20 所示。

在这之后，你的程序中就可以使用存储在光盘上的数据了。

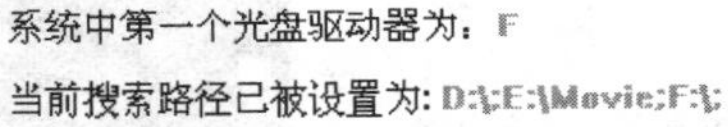

系统中第一个光盘驱动器为：F
当前搜索路径已被设置为: D:\;E:\Movie;F:\;

图 13-20　程序运行结果

13.2.5　现场实践：控制数字化电影的播放

一个多媒体应用程序，在很多场合下都要使用数字化电影，而且往往还要对数字化电影的播放进
行控制：有时是在程序中对数字化电影的播放直接进行控制；有时是将这种控制权交给用户，如为用
户提供一个播放控制条，让用户根据自己的需要控制数字化电影的播放。在第 6 章中曾经介绍过，
QuickTime 类型的数字化电影（MOV）自动具备一个播放控制条，通过控制条，用户可以控制数字化
电影的播放过程。但是对于其他类型的数字化电影文件（如很常用的.avi 文件），只有通过使用变量和
函数编写程序来实现类似的控制。

Movie Controller 知识对象为不愿意编写代码的设计者提供了极大的方便。使用 Movie Controller
知识对象可以对 AVI、DIR、MOV 及 MPEG-4 种格式的数字化电影进行播放控制，你所要做的只是为
它选择一个数字化电影文件，以及指定一个播放位置。以下就用一个简单的例子来介绍 Movie Controller
的使用。

（1）创建一个新的程序文件，向其中添加一个【运算】
设计图标，如图 13-21 所示，使用一个函数 ResizeWindow(320,
240)将【演示】窗口大小设置为 320×240。

（2）在流程线上"设置窗口大小"设计图标下方拖放一

图 13-21　创建一个程序文件

个 Movie Controller 知识对象，此时自动出现 Movie Controller 知识对象使用向导，如图 13-22 所示。
单击【Next】命令按钮，进入下一步。

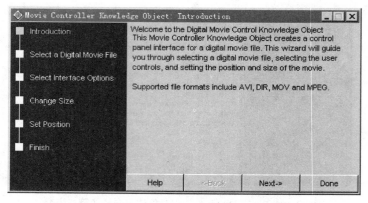

图 13-22　Movie Controller 知识对象使用向导（第一步）

（3）此时显示第二步设置：Select a Digital Movie，用于选择一个数字化电影文件，如图 13-23
所示。单击【…】命令按钮，可以弹出一个文件选择对话框，在其中可以指定一个用于播放的数字化
电影文件。在默认情况下被加载的数字化电影文件所处的绝对路径显示在【Filename】文本框中，打
开【Path is relative to FileLocation】复选框则使用相对于当前程序文件的路径。单击右下方的预览窗口，
可以预览被加载的数字化电影。单击【Next】命令按钮，进入下一步。

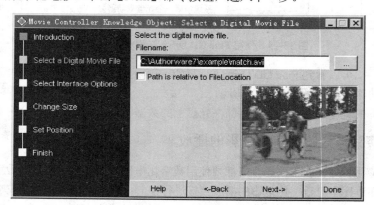

图 13-23　Movie Controller 知识对象使用向导（第二步）

（4）此时显示第三步设置：Select Interface Options，如图 13-24 所示，用于选择在播放控制条中出
现的控制按钮。从上到下依次是：播放按钮、暂停按钮、快进（100 帧）按钮、快倒（100 帧）按钮、
停止按钮，需要使用哪一个按钮，打开其右边的复选框即可。单击【Next】命令按钮，进入下一步。

（5）此时显示第四步设置：Change Size，如图 13-25 所示，用于设置数字化电影在播放时的画面
大小。在 Set size to 下方的 X 和 Y 文本框中可以直接输入画面尺寸，以像素为单位；在 Resize by 下方
的 X 和 Y 文本框中可以输入缩放的比例，打开【Proportional】复选框则保持画面原横纵比；在 Adjust
旁边有 4 个按钮，可以使用它们对画面尺寸进行微调。单击【Next】命令按钮，进入下一步。

（6）此时显示第五步设置：Set Position，如图 13-26 所示，用于设置数字化电影在【演示】窗口
中的播放位置。可以通过 4 种方式调整播放位置：在 Drag from here to screen 下方有一个预览窗口，在
其中拖动 Movie 图标可以直接移动数字化电影的播放位置；在 Click to position 下方有一个定位窗口，

其中将【演示】窗口分为 9 个区域，单击其中任一方格就可将数字化电影定位到【演示】窗口中相应的区域；单击 Nudge 下方的 4 个方向按钮可以对数字化电影的播放位置进行微调；在 Position by value 下方的 X 和 Y 文本框中可以直接输入位置坐标。单击【Next】命令按钮，进入最后一步。

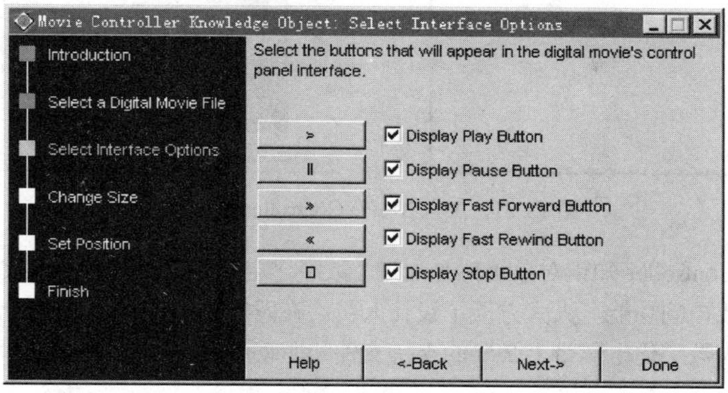

图 13-24　Movie Controller 知识对象使用向导（第三步）

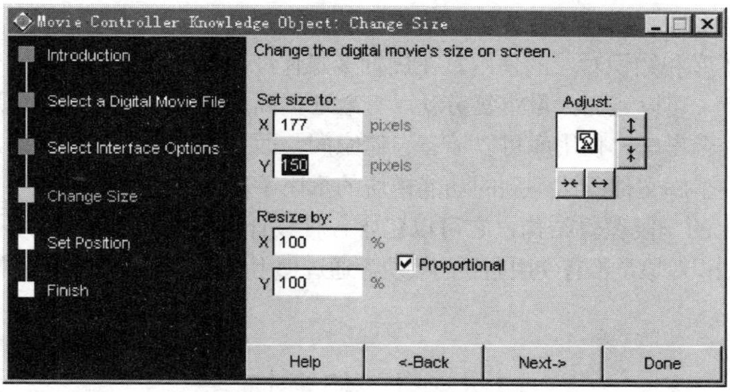

图 13-25　Movie Controller 知识对象使用向导（第四步）

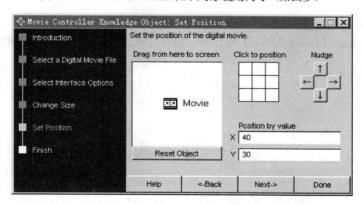

图 13-26　Movie Controller 知识对象使用向导（第五步）

（7）单击【Done】命令按钮，一个 Movie Controller 知识对象就被添加到程序文件中，如图 13-27 所示。运行程序，数字化电影画面就出现在【演示】窗口中，可以看到数字化电影画面下方出现了一个播放控制条，使用它可以对数字化电影的播放进行各种控制。甚至在拖动数字化电影画面时，播放控制条也会随之移动。在播放控制条中单击停止按钮，就会停止播放并擦除电影画面。

图 13-27   加入 Movie Controller 知识对象

实际上 Movie Controller 知识对象仍然是通过【数字化电影】设计图标播放数字化电影，但是由于它提供了常用的播放控制功能，大大方便了设计人员。在发行本节制作的程序时，同样要遵循 12.2.5 节中提到的要求：为数字化电影带上必要的支持文件和驱动程序。

13.3   本 章 小 结

本章主要介绍了库和知识对象的使用。在进行多媒体程序设计时，利用库文件和知识对象，做到了程序设计资源共享，可以避免大量重复劳动，有效地提高工作效率。在选择使用库或知识对象时，应用根据实际情况综合考虑：使用库可以节省存储空间，而且使数据与程序分离，便于将来维护；模块和知识对象则提供了库文件所达不到的功能模块的重用手段，但对于减小程序长度并无益处。

模块是流程线上的一段逻辑结构，它可以包含各种设计图标和分支结构，【框架】设计图标就是一种常用的模块。知识对象是带有使用向导的模块。通过使用向导，用户可以更加方便、快速地生成自己需要的功能模块。

13.4   上 机 实 验

自定义【框架】设计图标，使其包含自定义的导航控制。

（提示：Authorware 默认的【框架】设计图标是通过模块 Framewrk.a7d 实现的。）

第 14 章 与外部交换数据

变量中保存的数据属于易失性信息，只在当前程序运行期间有效。要想将变量中保存的数据作为非易失性信息保存下来，供以后分析或打印，就要将它们以外部文件的形式保存起来。另外，还可以在 Authorware 中使用现存的外部数据，如文本文件、数据库等，而不必将它们加入到程序中去。

14.1 读/写外部文本文件

保存数据最直接的方法就是将它们保存在文本文件中，Authorware 提供了一系列的变量和函数，用于读、写外部文本文件。

14.1.1 现场实践：保存数据

在 4.6.2 节中曾经介绍过一个"看图识字"的例子，在那段程序中，使用了一个自定义变量 string 保存用户的操作记录，用户仅能在退出程序之前看到自己的操作记录。在此将该例做一些修改，将用户的操作记录保存在外部文本文件中，此后就可以从程序外部观察分析用户的操作，或者打印一份操作记录。具体过程如下。

（1）打开"看图识字.a7p"程序文件，在交互作用分支结构和"返回 Authorware"设计图标之间添加一个【运算】设计图标，如图 14-1 所示。在【运算】设计图标中输入语句：WriteExtFile(RecordsLocation^"看图识字.txt", string)，在此对该语句做一说明：系统函数 WriteExtFile ("filename", "string")按照 filename 中设定的路径和文件名创建一个文本文件，并将字符串 string 写入其中，如果该文本文件已经存在，就将其覆盖。文件的存放位置是一个需要仔细斟酌的问题：要将文件存放在易于找到的地方。

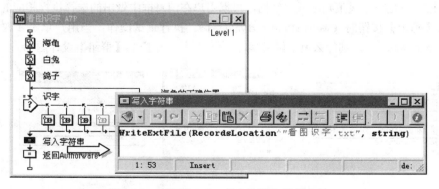

图 14-1　将变量 String 的内容写入外部文件

Authorware 有一个默认的存放用户记录的地方，通常是 C:\Documents and Settings\用户名\Application Data\Macromedia\Authorware 7\A7W_DATA（在 Windows 98SE 中是 C:\WINDOWS\Application Data\ Macromedia\Authorware 7\A7W_DATA），Authorware 在其中保存程序运行过程中的一些信息。系统变量 RecordsLocation 中存储的就是这条默认路径，在这个例子中，将变量 string 中存储的数据保存在该默认路径下的"看图识字.txt"文件中。

（2）运行一遍程序，一个"看图识字.txt"文本文件就出现在 A7w_data 文件夹中，使用 Windows 的记事本附件程序打开它，可以看到刚才进行的操作全被记录在里面，如图 14-2 所示。一切就这么简单，仅仅使用一个函数就解决了问题，但是事情远未结束：一个健全的程序，应该对存盘过程进行监视，在发生异常情况（如磁盘空间已满、文件存取被拒绝等）时应该对用户进行提示。下面就来完善这段程序。

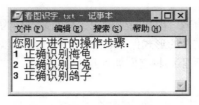

图 14-2　观察记录信息

（3）事实上，在程序对外部文件进行读/写操作时，Authorware 始终在监视着整个操作过程，并将反映此过程进行状况的信息保存在系统变量 IOStatus 和 IOMessage 中：IOStatus 中保存着反映最近一次输入/输出操作的状态信息，当操作过程完全正常时它的值为 0，而出现异常情况时，它的值就不再是 0，具体数值由用户的操作系统决定；IOMessage 则保存着相应的字符串信息，当输入/输出操作过程完全正常时，它的值为"no error"（无异常），而出现异常情况时，它的值反映出异常情况的类型，具体由用户的操作系统决定。在本例中，利用系统变量 IOStatus 就完全可以对存盘操作正常与否进行判断，如图 14-3 所示，在"写入字符串"设计图标之后增加一个决策判断分支结构，对 IOStatus 的值进行判断：如果 IOStatus=0，则什么也不做，程序继续沿流程线向下执行；如果 IOStatus<>0，则执行相应的"出错处理"设计图标。

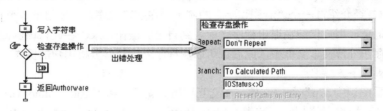

图 14-3　对存盘操作进行检查

（4）现在来想一下需要采取什么措施对异常情况进行处理：应该出现一个消息框，向用户提示存盘过程出了问题，并让用户选择重试还是放弃。打开"出错处理"设计图标，向其中增加如图 14-4 所示的内容：首先是一个 Message Box 知识对象——"提示信息"，按照 10.5.3 节的方法将其设定为图中所示样式；接下来是一个决策判断分支结构，根据用户在消息框中做出的选择执行相应的分支流程：当用户单击【确定】按钮时（wzMBReturnedValue=1），执行重试操作；当用户单击【取消】按钮时（wzMBReturnedValue=2），则什么也不做（"取消存盘"是一个空的【群组】设计图标）。

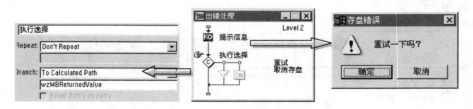

图 14-4　出错处理

（5）"重试"当然是跳转回去重新执行存盘操作。为了实现这一"重试"过程，将"写入字符串"放入一个【框架】设计图标中，并将该【框架】设计图标中默认的内容全部删除，如图 14-5 所示。

（6）将"返回"设计图标的导航方式设置为 Exit Framework/Return，将"重试"设计图标按照图 14-6 进行设置：当用户选择重试时，程序跳转去执行"保存记录"【框架】设计图标入口窗格中的"写入字符串"设计图标，然后执行"返回"设计图标退出框架结构，并再次对存盘操作进行判断，如果仍然存在错误，继续向用户做出提示。

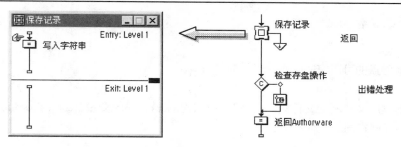

图 14-5 设置重复写入操作

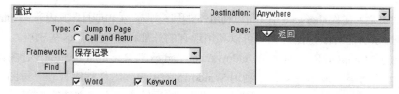

图 14-6 设置跳转操作

（7）运行程序，当存盘操做出现异常时（可以将 A7w_data 文件夹中的"看图识字.txt"文件属性设置为"只读"，此时 IOStatus 的值在 Windows 系统中为 5），出现一个消息框，让用户选择重试或取消存盘操作。如果用户单击【确定】按钮，则程序会重新执行存盘操作；如果用户单击【取消】按钮，则会退出程序。

  此例只是一个示意性的程序。实际应用此例中提供的出错处理方法时，可以为不同的 IOStatus 返回值设置不同的分支路径并提供相应的处理方法。

14.1.2 相关系统函数和系统变量

除了上例中用到的系统函数 WriteExtFile("filename", "string")和系统变量 RecordsLocation、IOStatus、IOMessage 外，还有其他一些用于处理文件的函数和变量，使用它们可以更为灵活地对文件进行操作，现将它们介绍如下。

1．相关系统函数

（1）AppendExtFile("filename", "string")

将字符串 string 添加到 filename 指定的文件末尾。当指定的文件不存在时，此函数将自动创建一个文件并写入字符串；如果存在指定文件，使用此函数不会覆盖该文件，而是将字符串添加到指定文件的末尾。

（2）CreateFolder("folder")

创建一个由 folder 所指定名称的文件夹。在默认情况下，新文件夹建立在当前用户记录文件夹下。

（3）DeleteFile("filename")

删除由 filename 指定的文件或文件夹。如果 filename 中没有指定路径，在默认情况下将用户记录文件夹下的同名文件删除，所以在 filename 中最好加上路径及文件扩展名。

（4）ReadExtFile("filename")

读取指定文件内容，并将文件内容以字符串形式返回。其使用方法为 string:=ReadEx-tFile("filename")。

（5）RenameFile("filename", "newfilename")

将 filename 指定的文件重新按照 newfilename 进行命名。注意在 newfilename 中不要使用路径。

2．相关系统变量

（1）DiskBytes

存储了当前磁盘的可用空间大小，单位为字节。

（2）FileLocation

存储了当前程序文件所处文件夹。在上例中使用它来替代系统变量 RecordsLocation，可以将文本文件与程序文件存储在同一文件夹下。

14.1.3 利用外部应用程序处理数据

有了文本文件之后，在 Authorware 中还可以利用外部程序浏览、编辑或打印其内容。Authorware 本身提供的文本编辑和打印功能有限，但是完全可以利用现有的外部程序来弥补这些缺点。

例如，使用函数 JumpOutReturn("C:\\windows\\notepad.exe", RecordsLocation^"看图识字.txt")，可以

图 14-7　直接使用外部程序打印文件

利用 Windows 的记事本附件程序打开 "看图识字.txt" 文件，这对于浏览、编辑较大的文本文件非常有利，可以使用记事本程序本身带有的查找、打印功能而不用在 Authorware 中重新编程序来实现这些功能；使用函数 JumpPrintReturn ("C:\\windows\\notepad.exe", RecordsLocation^"看图识字.txt")，可以直接启动记事本程序，打开 "看图识字.txt" 文件进行打印，如图 14-7 所示。打印结束后，记事本程序会自动关闭。执行这两个系统函数并没有导致当前程序文件终止运行，它只是暂时被放在了后台。

在 Authorware 中使用路径的地方一定要用双斜线！这是利用 Authorware 进行程序设计时极易出错的地方。

同 JumpOutReturn() 函数相比，另一个更为实用的函数是 WinExec(LPCSTR lpCmdLine, UINT uCmdShow)，该函数是一个 Windows API 函数，位于 WINAPI.U32（WAPI.UCD）中。利用它不仅可以处理外部数据，而且还可以控制被执行程序的窗口状态（最大化、最小化、隐藏、激活、非激活等，由参数 uCmdShow 进行控制，它可以取 0～11 之间的数值），如函数 WinExec("c:\\windows\\notepad.exe c:\\ windows\\a5w_data\\看图识字.txt", 3) 的执行结果就是启动记事本程序打开 "看图识字.txt" 文本文件，同时将记事本程序的窗口以最大化显示。注意使用 WinExec() 函数时，被执行程序文件名同参数之间要用空格分隔。至于 uCmdShow 参数的每种取值具体对应着哪一种窗口状态，请查阅 Windows SDK 中的相关资料。

14.2　开放式数据库连接

大量的数据往往是由数据库管理系统进行管理的，通过 Authorware 提供的开放式数据库连接（ODBC）函数，可以直接使用 FoxPro、Access、dBASE 等数据库中保存的数据。

14.2.1 ODBC 和 SQL

ODBC 全称是开放式数据库连接（Open Database Connectivity），它是一种编程接口，能使应用程序访问以结构化查询语言（SQL）作为数据访问标准的数据库管理系统。ODBC 为不同的数据资源提

供了一个通用接口，这些数据资源的范围从简单的文本到复杂的大型数据库，这就使程序员可以利用同一些函数来访问不同类型的数据。

在出现 SQL 语言之前，如果想访问某种类型的数据库，就必须学习该类型数据库系统的编程语言，而要同时访问多种数据库就必须掌握多种数据库系统的编程语言。SQL 语言允许程序设计人员用统一的语句定义查询和修改数据，目前有许多种不同的数据库系统都支持 SQL 语言。

不同的数据库系统支持的 SQL 语言稍有不同，由于本书不是一本关于数据库编程方面的书籍，在此对 SQL 语言就不给予过多的介绍，可以根据需要查阅相关的资料。

在使用 ODBC 访问数据库之前，必须保证正确安装了相应数据库的驱动程序，而且建立了数据源（DSN）。数据源就是数据的源，它可能是一个简单的二维表数据库（如 FoxPro 2.5 的 DBF 文件），也可能是一个复杂的数据库（如 Visual FoxPro 的 DBC 数据库）。ODBC 数据源可以由 Windows 系统管理工具中的 ODBC 数据源管理器进行配置，如图 14-8 所示（用户使用的数据源管理器的版本可能与此不同，Windows 98SE 的 ODBC 数据源管理器在控制面板中）。共有 3 种 ODBC 数据源：用户 DSN（用户数据源）只对当前用户可见，并且只能用于当前机器上；系统 DSN（系统数据源）对当前机器上的所有用户可见；文件 DSN（文件数据源）可以由安装了相同驱动程序的用户共享。

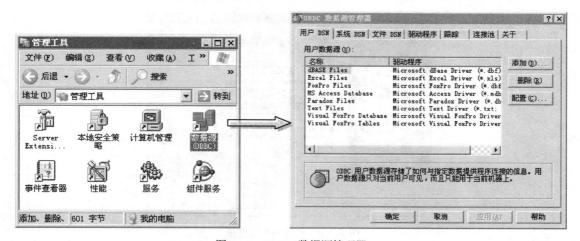

图 14-8　ODBC 数据源管理器

有了数据源之后，就可以在程序中通过数据源名访问数据。Authorware 通过 ODBC.U32 提供了 5 个用于 ODBC 应用的函数，它们的作用分别如下：

（1）ODBCOpen(WindowHandle, ErrorVar, Database, User, Password)：打开 ODBC 数据源，并返回数据源句柄。WindowHandle 包含【演示】窗口的句柄，ErrorVar 是由双引号包围的变量名，该变量用于保存错误信息；Database 为数据源名；User 为用户名；Password 为密码。用户名和密码通常可以省略。

（2）ODBCExecute(ODBCHandle, SQLString)：执行字符串变量 SQLString 中包含的 SQL 命令，并返回从数据源中提取的数据。ODBCHandle 是由 ODBCOpen()函数返回的数据源句柄。

（3）ODBCClose(ODBCHandle)：关闭 ODBCHandle 代表的数据源。ODBCHandle 是由 ODBCOpen()函数返回的数据源句柄。

（4）ODBCHandleCount()：统计当前使用的数据源句柄总数。

（5）ODBCOpenDynamic(WindowHandle, ErrorVar, DBConnString)：与第 1 个函数类似，但功能更加强大，允许在程序运行过程中动态创建数据源。

下面通过两个例子分别介绍如何利用前 3 个 ODBC 函数取得数据库中的数据。

14.2.2　现场实践：从 FoxPro 数据库中取得数据

　　FoxPro 数据库是最常用的数据库类型之一，这种类型的数据库事实上是一个二维表，图 14-9 中显示了一个典型的数据库（xjgl.dbf）的内容。下面就以实例说明如何从中取得数据。

　　（1）创建一个用户数据源。ODBC 函数只能处理 ODBC 数据源，而不能针对任何特定的数据库，所以必须首先创建一个数据源，并将 xjgl.dbf 同数据源联系起来。从控制面板中打开数据源管理器，选择用户 DSN 选项卡，在其中单击【添加】命令按钮，出现一个【创建新数据源】对话框，如图 14-10 所示。由于准备使用 FoxPro 数据库，所以要在驱动程序列表中选择 Microsoft FoxPro VFP Driver 或 Microsoft Visual FoxPro Driver（在有些系统中仍然可以使用老式的 Microsoft FoxPro Driver），然后单击【完成】命令按钮。

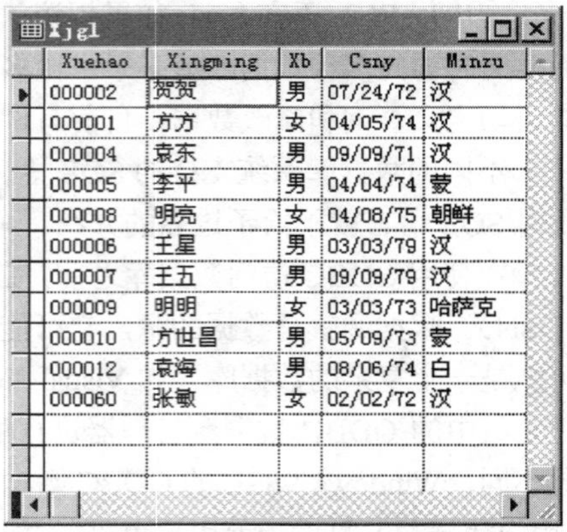

图 14-9　FoxPro 数据库

图 14-10　创建一个数据源

　　（2）在自动出现的【ODBC Visual FoxPro Setup】对话框中对数据源进行配置，如图 14-11 所示。

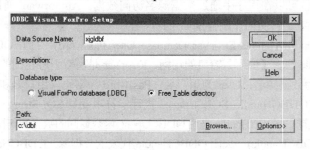

图 14-11　配置数据源

- 将数据源命名为"xjgldbf"（可以使用中文名称）。
- 在【Database type】单选按钮组中选择 Free Table directory（自由表目录）。
- 在【Path】文本框中输入 xjgl.dbf 所在的目录，也可以单击【Browse】命令按钮，选择数据库文件所处的目录。

- 配置完成之后，单击【OK】命令按钮关闭对话框，此时一个名为 xjgldbf 的新的用户数据源就出现在数据源列表框中。

（3）启动 Authorware，建立一个新的程序文件，在【Functions】面板中单击【Load】命令按钮，打开 ODBC.U32 外部函数文件，将其中的 ODBC 函数加载到当前程序中，如图 14-12 所示。接下来就可以使用这些函数对数据源进行操作了。

（4）数据处理流程如图 14-13 所示，使用 ODBC 函数提取数据源中的数据通常分为以下 6 个步骤。

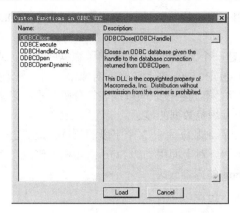

图 14-12　加载 ODBC 函数

图 14-13　数据处理流程

- 打开数据源。在"打开数据源"【运算】设计图标中输入以下语句：

```
DB_DatabaseName:="xjgldbf"
DB_ODBCError:=""
DB_ODBCHandle:=ODBCOpen(WindowHandle,"DB_ODBCError",¬
DB_DatabaseName,"","")
```

其中系统变量 WindowHandle 中保存的是【演示】窗口的句柄，标识着当前应用程序；自定义变量 DB_DatabaseName 用于保存数据源名称（必须与第 2 步中创建的数据源名称相同）；自定义变量 DB_ODBCError 用于保存出错信息；自定义变量 DB_ODBCHandle 用于保存 ODBCOpen()函数返回的数据库句柄。

- 准备 SQL 语句。在"准备 SQL 语句"【运算】设计图标中输入以下语句：

```
DB_SQLString:="SELECT xuehao,xingming,csny From xjgl"
```

自定义变量 DB_SQLString 用于保存其后的 SQL 语句。这是一条典型的 SELECT 语句，用于从数据库中提取指定字段的数据：将 xjgl 数据库中的 xuehao、xingming 和 csny 3 个字段中的数据全部提取出来。

- 发送 SQL 命令。在"发送 SQL 命令"【运算】设计图标中输入以下语句：

```
DB_ODBCData := ODBCExecute(DB_ODBCHandle,DB_SQLString)
```
ODBCExecute()函数执行 DB_SQLString 代表的 SQL 命令，并将提取的数据存入自定义变量 DB_ODBCData 中。

- 检查错误。必须检查 ODBCExecute()函数的执行结果，在"检查错误"【运算】设计图标中输入以下语句：

```
if DB_ODBCError <>"" then
DB_ODBCData := "ODBC 驱动程序报告出错："^DB_ODBCError
end if
```

如果在执行 ODBCOpen()函数和 ODBCExecute()函数时发生了错误，错误信息就在自定义变量 DB_ODBCError 中。

● 关闭数据源。在提取数据之后，必须关闭数据源。在"关闭数据源"【运算】设计图标中输入以下语句：

```
ODBCClose(DB_ODBCHandle)
Initialize(DB_ODBCHandle)
```

这两行语句的作用是关闭数据源，并使用系统函数 Initialize()将自定义变量 DB_ODBCHandle 恢复初始值。

● 显示数据。在"显示数据"设计图标中创建一个文本对象，将存储了数据库数据（或在出错情况下存储了错误信息）的自定义变量 DB_ODBCData 嵌入该文本对象中，用于显示操作结果。如图 14-14(a)所示，从数据库中获取的数据，不同字段之间以制表符分隔，不同记录之间以回车符分隔，因此在文本标尺上设置制表位以规范数据的显示。

（5）运行程序，结果如图 14-14(b)所示，可以看到数据库中 3 个字段的数据被提取出来，其排列顺序正是数据库中记录的排列顺序（可参照图 14-9）。对上面用到的 SQL 语句稍加修改，就能以指定的顺序从数据库中提取数据，例如将 DB_SQLString 的内容改为

```
SELECT xuehao,xingming,csny From xjgl ORDER BY xuehao
```

就能使数据自动按照 xuehao 字段的内容进行排序。

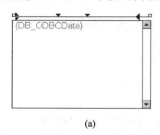

(a)

(b)

图 14-14　从数据源中取出数据

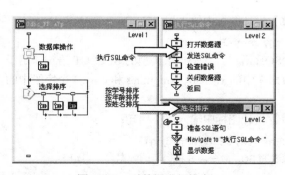

图 14-15　对数据进行排序

（6）将程序做些改动，使它可以分别按照 3 个字段对数据进行排序，如图 14-15 所示（图中仅显示出"按姓名排序"响应图标的内容，其他两个响应图标中的内容是相似的）。

将"按学号排序"响应图标中准备的 SQL 语句设定为

```
DB_SQLString:="SELECT xuehao,xingming,csny From xjgl ORDER BY xuehao";
```

将"按年龄排序"响应图标中准备的 SQL 语句设定为

```
DB_SQLString:="SELECT xuehao,xingming,csny From xjgl ORDER BY csny";
```

将"按姓名排序"响应图标中准备的 SQL 语句设定为

```
DB_SQLString:="SELECT xuehao,xingming,csny From xjgl ORDER BY xingming";
```

当然也可以将数据按照其他未出现的字段进行排序，在排序字段名后加上"DESC"就可以设定按照逆序排序。

（7）再次运行程序，在【演示】窗口中单击【按学号排序】按钮，可以看到被提取的数据自动以 xuehao 字段的内容进行排序，程序执行结果如图 14-16 所示。

这个例子就介绍到这里。利用不同的 SQL 语句还可以对数据库进行插入、删除和修改数据等操作，具体的命令格式请查阅相关的数据库系统资料。

按学号排序	按姓名排序	按年龄排序
000001	方方	1974-04-05
000002	贺贺	1972-07-24
000004	袁东	1971-09-09
000005	李平	1974-04-04
000006	王星	1979-03-03
000007	王五	1979-09-09
000008	明亮	1975-04-08
000009	明明	1973-03-03

图 14-16　数据按学号排序

14.2.3　现场实践：从 Visual FoxPro 数据库中取得数据

Visual FoxPro 扩展了数据库的概念，将数据库定义为数据表（.dbf 文件）的集合，而使用数据库表（.dbc 文件）存储整个数据库的信息（如表与表的关系、各种索引、各个表的存储路径等信息）。如图 14-17 所示，这是一个简单的 Visual FoxPro 关系数据库：123.dbc，其中有两个数据表：xjgl 和 grjl，两个数据表之间通过索引 xh（学号）建立关系。从 Visual FoxPro 数据库中提取信息与从 FoxPro 数据库中提取信息的方法有所不同，下面就以实例介绍如何从 123.dbc 中的两个数据表中同时提取数据。

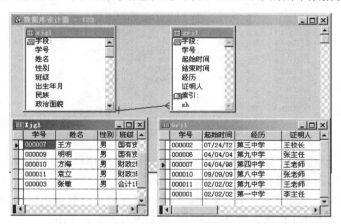

图 14-17　一个 Visual FoxPro 数据库

（1）创建一个用户数据源。这次要创建一个与 Visual FoxPro DBC 数据库相联系的数据源，在【创建新数据源】对话框中的驱动程序列表中选择 Microsoft Visual FoxPro Driver。

（2）在【ODBC Visual FoxPro Setup】对话框中对数据源进行配置。如图 14-18 所示，将数据源命名为"学籍管理库"；在数据库类型中选择 Visual FoxPro database(.dbc)，而不要选择 Free Table directory；单击【Browse】命令按钮，选择数据库 123.dbc。

（3）接下来同样是使用 ODBC 函数对数据源进行操作。这次使用 ODBCOpen() 函数打开"学籍管理库"数据源，程序流程与图 14-13 所示的一样，只是 SQL 语句略有差别。这里准备将两个数据表中同一学生的数据提取出来：从 xjgl 数据表中提取学号、姓名、性别字段，从 grjl 数据表中提取证明人字段，具体的 SQL 语句是

```
DB_SQLString:= "SELECT Xjgl.学号,Xjgl.姓名,Xjgl.性别,Grjl.证明人 From 123!Xjgl
        INNER JOIN 123!grjl ON Xjgl.学号=Grjl.学号 ORDER BY Xjgl.学号"
```

（4）运行程序，结果如图 14-19 所示。可以看到数据库中两数据表的数据同时被提取出来，而且根据学号字段建立起对应关系。

图 14-18　配置 DBC 数据源 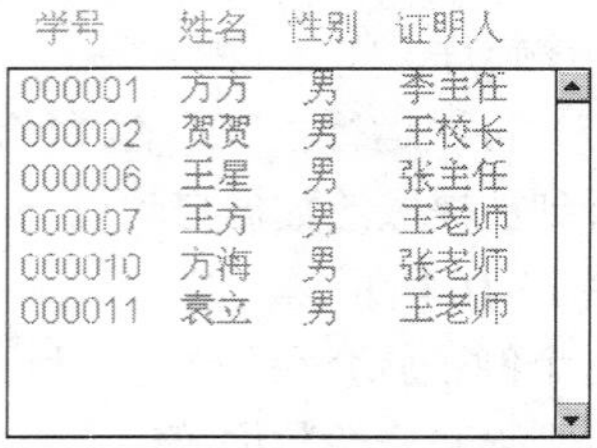　　　　　　　图 14-19　程序运行结果

14.2.4　现场实践：从 Excel 工作簿中取得数据

Microsoft Office Excel 是使用最为广泛的电子报表系统，具备强大的数据管理、统计分析功能。通过 ODBC，Authorware 能够方便地处理用户手中现存的大量 Excel 电子数据报表。图 14-20 中显示了一个 Excel 工作簿（xjgl.xls）中第一个工作表 Sheet1 的内容，下面以实例说明如何从 Excel 工作簿中取得这些数据。

	A	B	C	D	E	F	G
1	xuehao	xingming	xb	bj	csny	mz	zzmm
2	000002	贺贺	男	财政2班	1972-7-24	汉	团员
3	000001	方方	男	涉外会计3班	1974-4-5	汉	团员
4	000004	袁东	男	会计2班	1971-9-9	汉	团员
5	000005	李平	男	涉外会计2班	1974-4-4	蒙	非党团员
6	000008	明亮	女	国有资产管理1班	1975-4-8	朝鲜	党员
7	000006	王星	男	财政2班	1979-3-3	汉	团员
8	000007	王五	男	国有资产管理2班	1979-9-9	汉	团员
9	000009	明明	男	国有资产管理1班	1973-3-3	哈萨克	非党团员
10	000010	方海	男	财政2班	1973-5-3	蒙	非党团员
11	000011	袁立	男	财政3班	1974-4-4	俄罗斯	非党团员
12	000003	张敏	男	会计1班	1972-2-2	汉	团员

图 14-20　一个 Excel 电子表

（1）创建一个用户数据源。这次要创建一个与 Excel 工作簿相联系的数据源，在【创建新数据源】对话框中的驱动程序列表中选择 Microsoft Excel Driver。

（2）在【ODBC Microsoft Excel 安装】对话框中对数据源进行配置。如图 14-21 所示，将数据源命名为"xjgl"；单击【选择工作簿】命令按钮，选择工作簿文件 xjgl.xls。

（3）接下来仍然使用与图 14-13 所示的程序流程，在"打开数据源"【运算】设计图标中以 ODBCOpen() 函数打开 "xjgl" 数据源。然后从电子表中提取 xuehao、xingming 和 bj 共 3 列数据，并将结果按 xuehao 列进行排序。具体的 SQL 语句是

```
DB_SQLString:= "SELECT xuehao,xingming,bj FROM [Sheet1$] ORDER BY xuehao"
```

语句中 Sheet1$指明了获取数据的范围（工作表 Sheet1 中的所有单元格）。

图 14-21　配置 Excel 数据源

（4）运行程序，结果如图 14-22 所示。根据工作表第 1 行规定的列名称，相关列的数据被提取出来。

在第 3 个步骤中，可以根据实际需要灵活设定从工作表中获取数据的范围，例如将范围设定为 A1:D6，

　　　DB_SQLString:="SELECT xuehao,xingming,bj FROM[Sheet1$A1:D6]ORDER BY xuehao"

查询结果如图 14-23 所示，仅返回电子表中前 6 行、前 4 列中的相关数据（其中第 1 行为标题行，不属于查询结果）并以 xuehao 列进行排序。更进一步，在 Excel 中为数据选区定义名称，具体操作是选择 Sheet1 中 A1:D6 范围内的单元格，然后在【名称框】中输入选区的名称，例如 xj，如图 14-24 所示，同样可以利用以下 SQL 语句获取 A1:D6 范围内的相关数据：

　　　DB_SQLString:="SELECT xuehao,xingming,bj FROM[xj]ORDER BY xuehao"

以上述方法，就能够对工作簿中特定范围内的数据进行查询或修改。以名称代替工作表和单元格编号，其优势在于用户对工作簿的编辑修改（如删除、移动、增加单元格）不会影响 Authorware 对工作簿的访问。

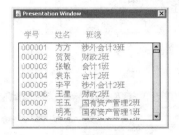

图 14-22　程序运行结果

图 14-23　修改获取数据的范围

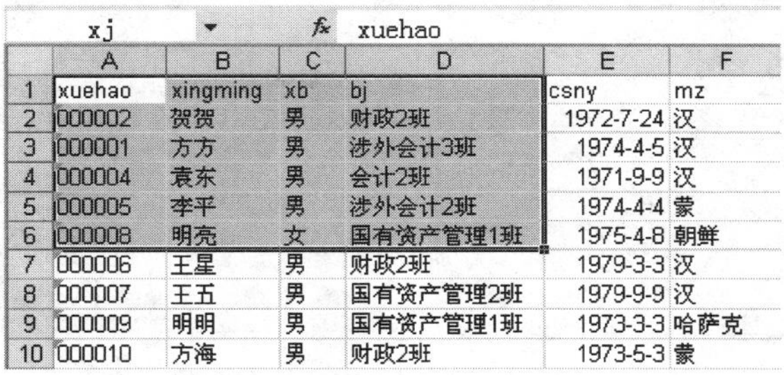

图 14-24　在 Excel 中为数据选区命名

14.2.5　现场实践：从文本文件中取得数据

以文本文件存储数据，是最简便同时应用最广泛的数据存储方式。本书 14.1 节曾经介绍过直接读、写外部文本文件的方法。通过 ODBC，Authorware 能够方便地处理经格式化（遵循一定的格式要求）的文本文件（.asc、.csv、.tab、.txt），尤其是能够以列为单位对文本文件的内容进行查询或排序。图 14-25 中显示了一个文本文件（xjgl.txt）的内容，与图 14-20 中所示工作表的内容相对应，每列数据之间以逗号分隔。下面以实例说明如何从文本文件中取得数据。

（1）创建一个用户数据源。这次要创建一个与文本文件相联系的数据源，在【创建新数据源】对话框中的驱动程序列表中选择 Microsoft Text Driver。

（2）在【ODBC Text 安装】对话框中对数据源进行配置。如图 14-26 所示，将数据源命名为 "xjgltxt"；单击【选择目录】命令按钮，选择文本文件 xjgl.txt 所在目录。单击【选项】命令按钮，在【扩展名列表】中选择 "*.txt" 扩展名，然后单击【定义格式】命令按钮打开【定义 Text 格式】对话框，在【表】

中选择 xjgl.txt 文件，选择【列名标题】复选框，最后单击【猜测】命令按钮，Microsoft Text Driver 会根据文本文件的内容，自动设定每列的名称。根据实际需要，用户可以单击每列的名称，为该列数据设置数据类型和宽度，设置完毕之后单击【确定】命令按钮，在文本文件所在目录之下将产生一个 ODBC Text 配置文件 schema.ini。

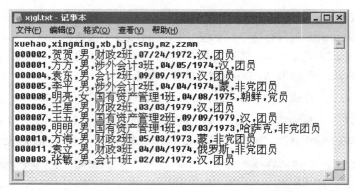

图 14-25　一个文本文件

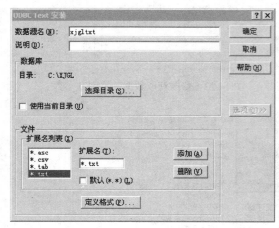

图 14-26　配置文本文件数据源

（3）接下来仍然使用与图 14-13 所示的程序流程，在"打开数据源"【运算】设计图标中以 ODBCOpen()函数打开"xjgltxt"数据源。然后从电子表中提取 xuehao、xingming 和 bj 共 3 列数据，并将结果按 xuehao 列进行排序。具体的 SQL 语句是

```
DB_SQLString:= "SELECT xuehao,xingming,bj FROM xjgl.txt ORDER BY xuehao"
```

注意在 SQL 语句中需要指定文本文件名。

（4）运行程序，就可以得到与图 14-22 所示相同的查询结果。

在同一个 ODBC Text 数据源中，可以包含多个文本文件，也就是说，打开一个数据源之后，就可以同时处理位于同一目录下的多个文本文件。

14.2.6　现场实践：从 Microsoft dBase 数据库中取得数据

为 Microsoft dBase 数据库创建数据源的方法比较简单，在【创建新数据源】对话框中的驱动程序列表中选择 Microsoft dBase Driver，然后只需选择数据库所在目录并为数据源命名，如图 14-27 所示。

通过 ODBC 访问 dBase 数据库时，注意在 SQL 语句中需要指定数据库文件名。例如：

```
DB_SQLString:= "SELECT xuehao,xingming,csny
From xjgl_db4.dbf ORDER BY xuehao"
```

打开一个数据源之后，就可以同时处理位于同一目录下的多个数据库文件。

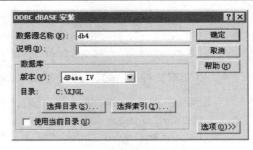

图 14-27　配置 dBase 数据源

14.2.7　动态连接数据库

前述示例程序在运行之前，必须手动配置数据源。这对你可能不成问题，但对于你的用户呢？他们会对手工配置的过程感到迷惑，甚至是不满。另外，手工配置的数据源也容易被用户误修改或删除，造成程序无法正常运行。上述问题在 Authorware 7.0 中已经得到了妥善解决，ODBC.u32 中提供的 ODBCOpenDynamic()函数能够在程序运行过程中通过 ODBC 动态连接数据库，并且不需事先创建数据源。

现在介绍一下外部函数 ODBCOpenDynamic()的使用方法。该函数的调用语法为

```
DB_ODBCHandle:= ODBCOpenDynamic(WindowHandle,ErrorVar,DBConnString)
```

参数及返回值的含义分别如下：

（1）WindowHandle：包含【演示】窗口的句柄。

（2）ErrorVar：由双引号包围着的变量名，该变量在发生函数调用之前必须存在，用于保存 ODBC 操作过程可能出现的错误信息。

（3）DBConnString：包含连接数据库时需要使用的数据库驱动程序名、数据库存储位置等参数，参数之间使用分号进行分隔。可以通过打开 ODBC 数据源管理器查看现有的数据源配置信息，或者查阅相应 ODBC 驱动程序来得到所需的参数列表。

（4）DB_ODBCHandle：返回大于 0 的数值表示成功地连接了数据库，否则表示没有成功，可以查看由参数 ErrorVar 指定的变量中存储的错误提示信息，分析出现错误的原因，通常最大的可能是系统中缺少相应数据库的 ODBC 驱动程序。

下面是几种典型的数据库连接过程（不同的数据源需要不同的参数，请留意注释内容）。

1. 以 Visual FoxPro 数据库（.dbc）为例

```
DBConnString:="DRIVER={Microsoft Visual FoxPro Driver};"  --驱动程序名
DBConnString:=DBConnString^"SourceType=DBC;"               --数据库类型
DBConnString:=DBConnString^"SourceDB=C:\\Data\\123.dbc;"   --数据库位置
DB_ODBCHandle:=ODBCOpenDynamic(WindowHandle,"DB_ODBCError",DBConnString)
```

2. 以 FoxPro 自由表（.dbf）为例

```
DBConnString:="DRIVER={Microsoft Visual FoxPro Driver};"  --驱动程序名
DBConnString:=DBConnString^"SourceType=DBF;"               --数据库类型
DBConnString:=DBConnString^"SourceDB=C:\\xjgl;"            --自由表目录
DB_ODBCHandle:=ODBCOpenDynamic(WindowHandle,"DB_ODBCError",DBConnString)
```

3. 以 Excel 工作簿（.xls）为例

```
DBConnString:= "Driver={Microsoft Excel Driver(*.xls)};"  --驱动程序名
DBConnString:= DBConnString^"DriverId=790;"                --驱动程序类型
```

```
DBConnString:= DBConnString^"DBQ=c:\\xjgl\\xjgl.xls;"                --工作簿位置
DBConnString:=DBConnString^"DefaultDir=c:\\xjgl;"                    --默认工作目录
DB_ODBCHandle:=ODBCOpenDynamic(WindowHandle,"DB_ODBCError",DBConnString)
```

4. 以文本文件（.asc、.csv、.tab、.txt）为例

```
DBConnString:= "Driver={Microsoft Text Driver (*.txt; *.csv)};"--驱动程序名
DBConnString:= DBConnString^"DBQ=c:\\xjgl\\;"                    --文本文件位置
DBConnString:= DBConnString^"Extensions=asc,csv,tab,txt;"       --文件扩展名
DB_ODBCHandle:=ODBCOpenDynamic(WindowHandle,"DB_ODBCError",DBConnString)
```

5. 以 dBase 数据库（.dbf）为例

```
DBConnString:= "Driver={Microsoft dBASE Driver(*.dbf)};"  --驱动程序名
DBConnString:= DBConnString^"DriverId=277;"                --驱动程序类型
DBConnString:= DBConnString^"DBQ=c:\\xjgl\\;"              --数据库位置
DB_ODBCHandle:=ODBCOpenDynamic(WindowHandle,"DB_ODBCError",DBConnString)
```

6. 以 MS Access 数据库（.mdb）为例

```
DBConnString:="Driver={Microsoft Access Driver (*.mdb)};"--驱动程序名
DBConnString:=DBConnString^"DBQ=C:\\Data\\mydb.mdb;"  --数据库位置
DBConnString:=DBConnString^"UID=Admin;"               --用户名（通常可省略）
DBConnString:=DBConnString^"PWD=Password;"            --密码（通常可省略）
DB_ODBCHandle:=ODBCOpenDynamic(WindowHandle,"DB_ODBCError",DBConnString)
```

数据库连接成功之后，就可以利用句柄 DB_ODBCHandle 和外部函数 ODBCExecute()执行 SQL 语句，对数据库中的数据进行存取操作。最后，仍需通过外部函数 ODBCClose(DB_ODBCHandle)终止连接。

14.3 本 章 小 结

本章主要介绍了在 Authorware 中使用外部数据的方法。外部数据通常是以文本文件或数据库的方式存储，Authorware 提供了一系列的变量和函数，用于访问文本文件和数据库。通过开放式数据库连接，Authorware 能够方便地访问经格式化（遵循一定的格式要求）的文本文件（.asc、.csv、.tab、.txt），例如以列为单位对文本文件的内容进行查询或排序。

目前计算机在各方面的应用几乎都离不开数据库，将 Authorware 强大的多媒体组织能力同数据库系统的数据管理能力、外部应用程序的数据处理能力结合起来，能使开发出的多媒体应用程序具有更宽广的适用面。

14.4 上 机 实 验

（1）系统函数 Eval("expression"[, "decimal", "separator"])可以将字符串"expression"的内容当做表达式来计算，并返回计算结果（关于此函数的详细说明请参阅附录 B）。因此可以将某些需要根据实际情况更改的程序代码存储在外部文本文件中，利用本章介绍的函数在程序运行时读取它们并加以执行。请实践一下。（提示：配合使用系统函数 GetLine。）

（2）以动态连接数据库方法，重新制作 14.2.2 小节至 14.2.6 小节中的范例。

第15章　OLE 与 ActiveX

OLE 技术称为"对象链接和嵌入技术",用于提供一种增强的数据集成能力。在当前应用程序中可以直接使用和修改由其他应用程序创建的不同类型的数据对象。ActiveX 则是 OLE 技术的延续和扩展。在使用 Authorware 进行多媒体程序设计时可以同时利用 OLE 对象和大量现有的 ActiveX 控件,一方面增强了多媒体应用程序的功能,另一方面扩充了多媒体应用程序可以处理的数据种类。

15.1　使用 OLE 对象

OLE 技术支持两种基本类型的对象:嵌入对象和链接对象。被移动或复制到一个新位置的同时保持了它们原有编辑、功能特性的数据对象称为 OLE 嵌入对象;与嵌入对象相对的是链接对象,OLE 链接对象存储在当前程序以外的位置,但是仍然可以在当前程序中使用它们提供的所有编辑、功能特性。嵌入对象和链接对象的区别主要在于数据的存放位置:使用链接对象,数据存放在原处;使用嵌入对象,数据存放在当前程序文件中,是原数据的一份拷贝。

　　　要搞清楚 OLE 对象和静态数据的区别。在本书前面介绍的通过嵌入方式和链接方式导入的外部数据是静态数据,在 Authorware 中不可能对它们进行修改;而 OLE 对象是动态数据,可以调用创建该对象的应用程序对它进行修改,而这种调用过程是不需要用户参与的,用户只需要关注如何修改数据。

15.1.1　加入 OLE 对象

加入 OLE 对象的方法有两种:一是执行 Insert→OLE Object 菜单命令,二是执行 Edit→Paste Special 菜单命令。这两个命令只对打开的【显示】设计图标和【交互作用】设计图标可用,并且 Paste Special 菜单命令要求 Windows 剪贴板中存在可供粘贴的数据。

1. 执行 Insert→OLE Object 菜单命令

打开一个【显示】设计图标,然后执行 Insert→OLE Object 菜单命令,此时出现【Insert Object】对话框,如图 15-1 所示,默认的加入 OLE 对象的方式是创建一个新的 OLE 嵌入对象:在【对象类型】列表框中选择一种对象(列表框中的内容与系统中安装了何种服务器程序有关),然后单击【确定】命令按钮,就可以自动调用该类型对象的服务器程序创建一个新的 OLE 对象。

　　　服务器程序是创建特定对象的程序,如 DOC 文档由 Word 创建,Excel 工作表由 Excel 创建,这时如果将 DOC 文档或 Excel 工作表作为 OLE 对象使用,创建它们的 Word 和 Excel 就称为服务器程序。

图 15-2 显示出创建一个 Microsoft Excel 工作表对象时的 Authorware 主窗口,此时在【演示】窗口中就可以直接向工作表中输入数据,输入完毕后单击【演示】窗口右上角的关闭按钮就保存了工作表数据。此后随时可以在【演示】窗口中双击该 OLE 对象来调用 Excel 对工作表进行修改。

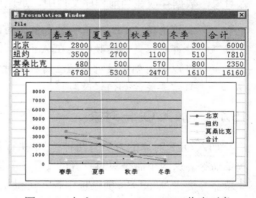

图 15-1　选择【新建】方式创建 OLE 对象　　　　图 15-2　创建 Microsoft Excel 工作表对象

如果选择第二种加入 OLE 对象的方式（如图 15-3 所示），就可以单击【浏览】命令按钮，从文件选择对话框中选择一个外部文件。如果此时打开【链接】复选框，则外部文件被作为 OLE 链接对象使用；如果关闭【链接】复选框，则外部文件就被作为 OLE 嵌入对象使用。

单击【确定】命令按钮后，一个 OLE 对象就被加入到程序中，如图 15-4 所示，此后随时可以在【演示】窗口中双击该 OLE 对象来调用 Excel 对工作表进行修改。如果该对象是一个 OLE 链接对象，则对它进行的修改会被保存到原文件中，任何通过链接方式使用该文件的程序都会反映出数据的变化。

图 15-3　选择【从文件创建】方式加入 OLE 对象　　　　图 15-4　加入 Microsoft Excel 工作表对象

在加入 OLE 对象时，如果在【Insert Object】对话框中打开了【显示为图标】复选框，则 OLE 对象以图标方式显示在【演示】窗口中。

2．执行 Edit→Paste Special 菜单命令

在 Windows 剪贴板中存在可供粘贴的数据时，可以执行 Edit→Paste Special 菜单命令向程序中加入 OLE 对象，此时会出现【Paste Special】对话框，让你在两种粘贴方式中选择一种（如图 15-5 所示）。

选择粘贴方式时，在右边的列表框中会显示出数据转换的方式，在其中选择一项，则剪贴板中的数据就能以该种格式加入到程序中：如果选用数据原来具有的格式，则数据将作为 OLE 嵌入对象加入到程序中，反之，则数据以静态数据的方式加入程序中；选择粘贴链接方式时，剪贴板的内容将作为 OLE 链接对象加入到程序中。

如图 15-6 所示，使用 Paste Special 菜单命令的好处是可以选择所需的数据，而不必将整个的文件

作为 OLE 对象加入到程序中，这样在双击 OLE 对象打开服务器程序时，OLE 对象中对应的数据会自动处于选中状态供修改。

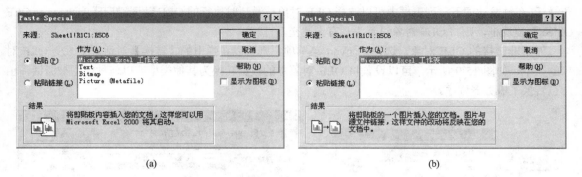

图 15-5　选择粘贴方式

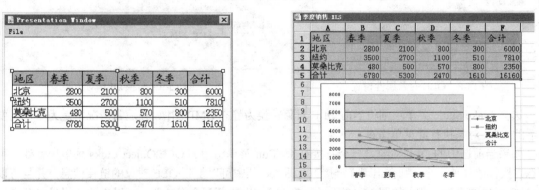

图 15-6　使用 Paste Special 命令创建 OLE 对象

3．操作 OLE 对象

当选中一个 OLE 对象时，Edit 菜单组中的 OLE Object 菜单项就处于可用状态（在平时它处于禁用状态），并且菜单项的名称发生变化，反映出对应的 OLE 对象的类型，如图 15-7 所示。

图 15-7　OLE Object 级联菜单

OLE Object 弹出菜单中的菜单项分为两组，上面一组包含了可用于当前 OLE 对象的 OLE 动词，下面一组包含了用于处理 OLE 对象的命令。

OLE 动词代表了对一个 OLE 对象可进行的操作，OLE 对象的类型决定了 OLE 动词的种类。对于一个工作表 OLE 对象，可进行的操作有编辑和打开；对于一个 MIDI 序列 OLE 对象，对应的 OLE 动词有播放、编辑、打开；而对于一个 Quick Time Movie OLE 对象，对应的 OLE 动词则是播放、播放控制等。OLE 动词的执行是通过 OLE 对象服务器程序进行的。

选择 Attributes 菜单项，在弹出的【Object Attributes】对话框中可以设置当前 OLE 对象的交互属性。如图 15-8 所示，在触发动作下拉列表框中可以选择激活当前 OLE 对象的操作：单击、双击或不予激活；在触发动词下拉列表框中可以选择 OLE 对象被激活时执行的 OLE 动词。打开【Package as OLE Object】复选框，则将 OLE 对象设置为具有上述交互性。

对于非链接的 OLE 对象，选择 Convert 菜单项，则可以在弹出的【转换】对话框中改变 OLE 对象的类型，如图 15-9 所示。可以设置将 OLE 对象中的数据转换为其他类型或以何种类型被激活，由此也转换了服务器程序。

图 15-8　OLE 对象属性设置　　　　　　　　　　图 15-9　转换 OLE 对象类型

选择 Make Static 菜单项则将当前 OLE 对象转换为静态 BMP 图像，在通常情况下是为不再需要被激活的 OLE 对象执行此菜单命令。

如果当前选中的 OLE 对象是一个链接对象，Edit 菜单组中的 OLE Object Links 菜单项就处于可用状态。执行该菜单命令，则会出现【链接】对话框，从中可以得到 OLE 对象的链接信息，并且可以设置 OLE 对象的更新方式，如图 15-10 所示。单击【立即更新】命令按钮，可以立即使用目前源文件中的数据将当前 OLE 对象进行更新。使用【更改源对象】命令按钮，可以将 OLE 对象重新链接到另一个源文件。

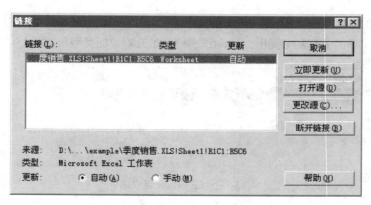

图 15-10　【链接】对话框

下面就以实例介绍如何在程序中应用 OLE 对象。

15.1.2　现场实践：OLE 对象的应用

本例将应用不同的 OLE 对象，并且介绍如何通过 OLE 函数来操作 OLE 对象。

（1）首先创建一个 Word 图片文档，如图 15-11 所示，然后使用 Insert→OLE Object 菜单命令将其作为 OLE 链接对象加入到"Word 图片"设计图标中。执行 OLE Object→Attributes 菜单命令，在【Object Attributes】对话框中将该对象的触发动作设置为双击激活，将触发动词设置为编辑。

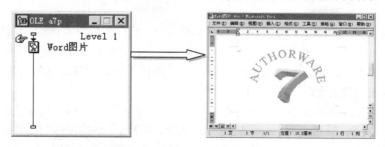

图 15-11　创建一个 Word 文档型 OLE 链接对象

（2）一个包含了 OLE 对象的【显示】设计图标仍然可以为其指定各种过渡显示效果。在设计窗口中选中"Word 图片"设计图标，按下 Ctrl+T 快捷键，为其选择一种过渡显示效果。

（3）同样通过文件链接方式加入一个 MIDI 序列（如一个.rmi 文件）OLE 对象，如图 15-12 所示，在【Object Attributes】对话框中将该对象的触发动作设置为单击激活，将触发动词设置为播放。

（4）将程序一键发行后运行，在程序窗口中单击 MIDI 序列 OLE 对象，则 MIDI 文件自动被播放，如图 15-13 所示。如果在程序窗口中双击 Word 文档 OLE 对象，则相应图片文档自动被 Word 程序打开。

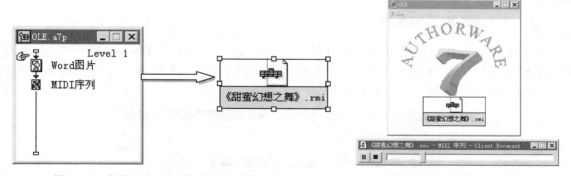

图 15-12　创建一个 MIDI 序列 OLE 链接对象　　　　图 15-13　程序运行结果

 注意在程序运行之前一定要将 Authorware 7.0 文件夹下的 a7wole32.dll 文件复制到可执行文件所处的文件夹中。所有包含 OLE 内容的程序都需要这一文件，但复制工作没有被一键发行功能自动完成。

（5）还可以利用 OLE 函数对 OLE 对象进行控制。向程序文件中加入一个【运算】设计图标，在其中输入语句

```
OLEDoVerb(IconID@"MIDI 序列","Play")
```

则在程序运行到该设计图标时，不用单击 MIDI 序列 OLE 对象，也可以对其进行播放。OLEDoVerb() 函数用来对设计图标中的 OLE 对象执行指定的 OLE 动词，在这里将 OLE 动词指定为"Play"就可以对 MIDI 序列 OLE 对象进行播放了。

这个例子就介绍到这里。Authorware 专门提供了一类 OLE 系统函数用于对 OLE 对象进行操作，利用它们可以为 OLE 对象设置触发动作、更新方式或执行指定的 OLE 动词等，通过菜单命令对 OLE 对象的操作几乎都可以由这些 OLE 函数实现。

15.2   使用 ActiveX 控件

关于 ActiveX 技术及其核心内容 COM（组件对象模型）是一个复杂的课题，需要一本专门的书籍进行介绍，在本节中仅介绍一些利用 Authorware 进行创作的程序设计人员使用 ActiveX 控件时需要知道的内容：在这里可以简单地将 ActiveX 控件理解为由他人创建并测试过的功能模块，直接使用 ActiveX 控件可以避免自己重新开发功能相似的程序的麻烦。

ActiveX 控件可以用不同的编程语言创建，可能是 C，也可能是 C++。目前已经有了大量含有预置功能的 ActiveX 控件，从第 4 章中使用过的日历控件到用于显示静态图像的图像控件样样俱全。这些 ActiveX 控件在使用 Authorware 进行多媒体应用程序设计时可以直接利用，能够极大地扩展应用程序的功能。

只要 AcitveX 控件在系统中已经注册，就可以在 Authorware 中使用它。Authorware 是通过 Macromedia Control Xtra for ActiveX（一种 Sprite Xtra）加入 ActiveX 控件的，在设计窗口中将插入指针定位到要放置 ActiveX 控件的位置，执行 Insert→Control→ActiveX 菜单命令，就可以向程序中选择并插入 ActiveX 控件。具体的操作步骤本书 4.14 节已经介绍过。

 根据【Sprite】设计图标中包含的对象，存在多种外观上不同的【Sprite】设计图标，而最常见的带有十字形交叉箭头的【Sprite】设计图标表示其中包含的是一个 ActiveX 控件。

15.2.1   ActiveX 控件的属性

打开包含 ActiveX 控件的【Sprite】设计图标属性检查器，在其中单击【Options】命令按钮，就可以在【ActiveX 控件属性】对话框中对 ActiveX 控件的属性进行设置。图 15-14 中的属性对话框显示了一个 9.0 版日历控件的属性、方法、事件和常量等内容。

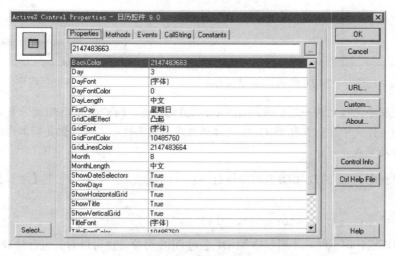

图 15-14   【ActiveX 控件属性】对话框

1. 属性

ActiveX 控件的属性指控件的特征，集中在【ActiveX 控件属性】对话框的【Properties】选项卡中。大多数属性用于描述控件的外观，如日历控件 9.0 的 TitleFontColor 属性（标题字体颜色）默认值为

10485760（蓝色），DayLength 属性（星期样式）的默认值为中文，GridCellEffect 属性（网格单元效果）的默认值为凸起，如图 15-15(a)所示。这些属性的值既可以在【Properties】选项卡中直接进行修改，也可以单击【Custom】命令按钮，打开【Authorware 属性】对话框，如图 15-15(b)所示，在那里可以定制 ActiveX 控件对象的全部外观特征。

　　另外一些属性则用于描述控件的状态。例如有的控件具有 Enable 属性，将该属性设置为 False，则该控件对象就被禁用。

　　也可以通过函数调用来改变 ActiveX 控件的属性，这种方法在编程时使用较多。Authorware 专门提供了存取 Sprite 对象属性的系统函数，可以利用它们来读取或设置【Sprite】设计图标中包含的 ActiveX 控件对象的属性。它们分别是

（a）　　　　　　　　　　　　　　　（b）

图 15-15　改变 ActiveX 控件对象的外观

```
GetSpriteProperty(@"SpriteIconTitle",#property)
SetSpriteProperty(@"SpriteIconTitle",#property,value)
```

　　关于这两个函数的详细用法请参阅本书的附录 B。假设一个"日历控件"设计图标中有一个日历控件 9.0 对象，使用语句"Thisday:=GetSpriteProperty(@"日历控件", #day)"就将日历控件对象 Day 属性的当前值取出并存入自定义变量 Thisday 之中（对图 15-15(a)中的控件对象而言 Thisday 的值为 3）；使用语句"SetSpriteProperty(@"日历控件", #day, 25)"就将日历控件对象 Day 属性的当前值改变为 25，该控件对象当前月的 25 日就处于选中状态。

2. 方法

　　ActiveX 控件的方法其实就是在它内部实现的函数，从控件对象的外部可以调用该对象的方法来完成某些特定的功能，如命令控件对象进行某种操作等。在【ActiveX 控件属性】对话框中选择【Methods】选项卡就可以看到 ActiveX 控件提供的方法。图 15-16 显示了日历控件 9.0 包含的方法，在方法列表框中选择某个方法，上方的文本框中会显示出该方法的调用参数及返回值。

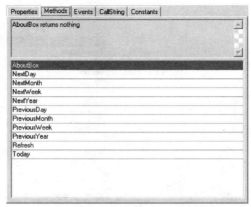

图 15-16　ActiveX 控件的方法

　　系统函数 CallSprite(@"SpriteIconTitle", #method [, argument...])用于执行 ActiveX 控件对象的方法。在这里举一个简单的例子：创建如图 15-17 所示的程序，"日历控件"【Sprite】设计图标包含了一个日历控件对象，向 3 个响应图标中分别输入下列语句：

下个月：CallSprite(@"日历控件", #NextMonth)
前一天：CallSprite(@"日历控件", #PreviousDay)
关于…：CallSprite(@"日历控件", #AboutBox)

其中#NextMonth，#PreviousDay，#AboutBox 都是日历控件 9.0 的方法。运行程序，在【演示】窗口中单击"下个月"命令按钮，则日历控件对象会自动显示下个月的日历；单击"前一天"命令按钮，则日历控件对象会将当前日期的前一天设为选中状态；单击"关于…"命令按钮，则会出现一个包含了日历控件版权信息的对话框。

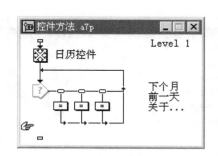 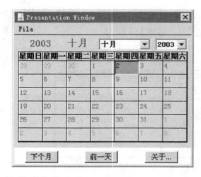

图 15-17　调用 ActiveX 控件对象的方法

3．事件

ActiveX 控件具有发送事件的能力。一个 ActiveX 控件可以发送的全部事件显示在【ActiveX 控件属性】对话框中的【Events】选项卡中，通常在用户进行了某种操作或控件对象完成了某项工作时，控件对象就会向外发送相应的事件。如图 15-18 所示，日历控件对象能够发送的事件有单击、双击、按键等，该类控件对象在被鼠标单击或双击时，它除了本身对这些操作做出反应外（如重置当前选中的日期），同时还向外发送相应的事件。在通常情况下，是利用事件响应对控件对象发送的事件进行处理。4.14 节已经详细介绍了如何利用事件响应处理控件对象发送的事件。

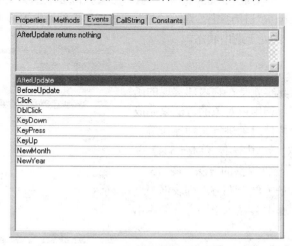

图 15-18　ActiveX 对象能够发送的事件列表

控件对象发送的事件被事件响应捕获后，系统变量 EventLastMatched 就可以保存当前事件的详细信息。EventLastMatched 是一个属性列表，具有如下属性：

#_Sender：事件发送者产生的内部数字标识；

#_SenderXtraName：事件发送者的类型，以 Xtra 开头，例如"Xtra ActiveX"；

#_SenderIconID：事件发送者所在设计图标的 ID 号码；

#_EventName：事件名称；

#_NumArgs：事件带有的参数数目；

#property:number, …, #property:number：事件携带的所有参数。

例如为日历控件创建一个 DblClick 事件响应，那么当你在日历表中进行双击操作时，变量 EventLastMatched 的值为 [#_Sender:1985816, #_SenderXtraName:"Xtra ActiveX", #_SenderIconId:65543, #_EventName: #DblClick, #_NumArgs:0]。

如果为日历控件创建一个 KeyUp 事件响应，由于 KeyUp 事件带有两个参数，分别用于描述按键的 ASCII 码和 Shift 键的当前状态，因此当你在日历表中按下并松开 Shift+A 键时，变量 EventLastMatched 的值为[#_Sender:1986980, #_SenderXtraName: "Xtra ActiveX", #_SenderIconId: 65543, #_EventName: #KeyUp, #_NumArgs:2, #KeyCode: "65", #Shift: 1]。KeyUp 事件响应本身并不能对特定键做出反应，但是利用系统变量 EventLastMatched，就可以毫不困难地判断出用户按下的是哪个键，并采取进一步的措施。

4．增强的 ActiveX 控件支持

【ActiveX 控件属性】对话框中的【CallString】选项卡、【Constants】选项卡和其他部分内容是 Authorware 6.5 以前的版本中没有的，主要用于增强 Authorware 与 ActiveX 控件的通信手段，使多媒体程序可以利用 ActiveX 控件的全部功能——而在以前的版本中，ActiveX 控件提供的部分功能无法被利用。

大部分 ActiveX 控件只具有返回值为简单类型（如整数、实数或字符串等）的属性和方法，这些属性与方法可以在【ActiveX 控件属性】对话框中的【Properties】选项卡和【Methods】选项卡中显示出来。另外还有一部分控件具有返回值为复杂类型（如对其他控件接口的引用）的属性和方法，由于此类属性和方法不能被 Authorware 直接控制，所以在【ActiveX 控件属性】对话框中的【Properties】选项卡和【Methods】选项卡中不能显示出来，但是这些属性和方法可以通过 ActiveX 控件的 CallString 方法进行访问。

图 15-19 所示的是【ActiveX 控件属性】对话框中【CallString】选项卡的内容。【CallString】选项卡主要与 ActiveX 控件的 CallString 方法协同工作，双击【CallString】选项卡中的某个属性或方法，可以将对应的属性或方法添加到下方【CallString】文本框中，单击【Copy】命令按钮，就可以将【CallString】文本框中的内容复制到系统剪贴板中，之后就可以粘贴到【运算】窗口中加以利用。单击【Back】命令按钮，可以从【CallString】文本框中删除最近一次被添加的内容。

【CallString】文本框中的内容主要用于设置 ActiveX 控件 CallString 方法的字符串参数。

如果被添加到【CallString】文本框中的属性或方法返回对控件接口的引用，将会显示出对应控件接口的【属性/方法】列表，在其中可以再次双击属性或方法，向【CallString】文本框添加控件接口的属性或方法。如果不存在对控件接口的引用，则会显示出一个空的列表。

CallString 方法以一个字符串作为参数，在该字符串中，方法或属性以"."连接。它提供了一个访问 ActiveX 控件所有属性与方法的手段：将一次调用的返回值作为参数传递给下一次调用。

如果一个属性或方法返回"dispatch"，在设计期间不可能得到该属性或方法更进一步的信息，在

【CallString】选项卡中双击该属性或方法，其【属性/方法】列表的内容也为空。但是在程序运行期间，仍然可以利用 ActiveX 控件的 CallString 方法访问返回值为"dispatch"的属性，或者调用返回值为"dispatch"的方法。例如 Windows Media Player 1.0 控件具有一个返回 ActiveMovie player 对象的属性 ActiveMovie，在【CallString】选项卡中双击该属性，将得到一个空的【属性/方法】列表，但是仍然可以通过以下程序语句访问 ActiveMovie player 对象的 Volume（音量）属性：

```
ActiveMovieVolume := CallSprite(@"IconTitle",#CallString,"ActiveMovie.Volume")
```

在【Constants】选项卡中，可以观察到为 ActiveX 控件定义的各种常量。AcitveX 控件通常具有各种属性常量和以常量作为参数的方法，在此就可以查阅每个常量对应的数值。

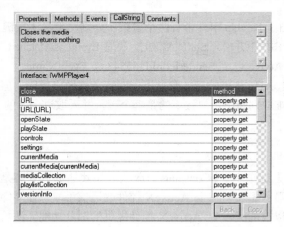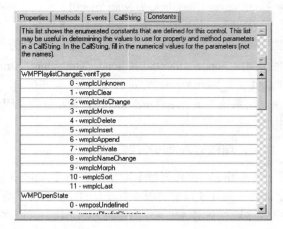

图 15-19　【CallString】选项卡与【Constants】选项卡

 在对 ActiveX 控件的属性进行赋值或者调用某个方法时，不能直接使用常量名称作为参数。

单击【ActiveX 控件属性】对话框中的【Control Info】命令按钮，可以打开【Control Info】对话框，其中列出了与当前 ActiveX 控件相关的信息，包括控件的名称、版本、Class ID、帮助、容器库等信息。

如果 ActiveX 控件带有帮助文件，单击【ActiveX 控件属性】对话框中的【Ctrl Help File】命令按钮，可以打开帮助文件，其中通常会提供对当前 ActiveX 控件属性和方法的详细介绍。

15.2.2　ActiveX 控件的安装与注册

在 Authorware 中使用某种 ActiveX 控件之前，必须保证该 ActiveX 控件已经安装在系统中，并进行了注册。在 Authorware 中通常使用两种方法对 ActiveX 控件进行安装和注册。

1．动态安装与注册

单击【ActiveX 控件属性】对话框中的【URL】命令按钮，会出现【ActiveX Control URL】对话框，如图 15-20 所示。

【Classid】文本框中显示出当前 ActiveX 控件的 ID 号码。在【Download from URL】文本框中输入一个有效的 URL（Uniform Resource Locator，在 Internet 中用于指定信

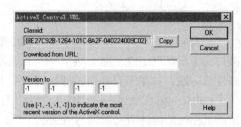

图 15-20　【ActiveX Control URL】对话框

息位置的表示方法），程序运行时，Authorware 会从该地址处下载控件文件。ActiveX 控件一般存在于一个 OCX 文件中，如果这个文件处于当前程序的搜索路径之中，可以在此直接输入文件名。【Version to】文本框用于输入 ActiveX 控件的版本号，这个版本号必须是正确的，否则会导致注册失败，如果使用（-1，-1，-1，-1），则自动使用最新的版本。

在进行了正确的设置后，当程序执行到包含该 ActiveX 控件对象的【Sprite】设计图标时，会自动从指定 URL 处下载文件，并向系统注册 ActiveX 控件。

2．通过函数安装与注册

Authorware 以 Control Xtra for ActiveX(activex.x32)方式提供了一系列函数，用于 ActiveX 控件的安装与注册，分别将它们介绍如下。

（1）ActiveXInstalled()：检查用户 Windows 系统中是否具备必要的 ActiveX 支持文件，是则返回-1，否则返回 0。在使用 ActiveX 控件之前执行此函数，如果发现用户系统不支持使用 ActiveX 控件，可以提示用户到 Microsoft 网站进行系统升级。在通常情况下，ActiveX 支持文件已随同 Internet Explore 一起安装到 Windows 系统中。

（2）ActiveXControlQuery("CLASSID")：检查 ActiveX 控件是否已经注册，是则返回-1，否则返回 0。ActiveX 控件的 ID 号可以从【ActiveX Control URL】对话框中得到，在该对话框中单击【Copy】命令按钮，可以将 ID 号复制到系统剪贴板上，然后再粘贴到程序中。通常要在使用 ActiveX 控件之前执行此函数。

（3）ActiveXControlRegister("FILENAME")：注册 ActiveX 控件，成功则返回-1，否则返回 0。FILENAME 包含了该控件的文件名，通常是.OCX 文件。

（4）ActiveXControlUnregister("FILENAME")：撤销 ActiveX 控件的注册，成功则返回-1，否则返回 0。

（5）ActiveXDownloadSetting()：检查系统是否允许下载 ActiveX 控件，是则返回"Enabled"，否则返回"Disabled"。通常在需要向用户系统中下载控件时执行此函数。

（6）ActiveXSecuritySetting()：检查系统的安全属性设置，返回当前的安全属性值"High"、"Medium"或"None"。只有当安全属性设置为"Medium"或"None"时，系统才允许下载控件。通常在需要向用户系统中下载控件时执行此函数。

（7）ActiveXSecurityDialog()：显示一个供用户修改系统安全属性的对话框。当用户系统不允许下载 ActiveX 控件时，执行此函数让用户改变系统的安全属性。

（8）ActiveXControlDownload("CLASSID", "URL", ver1, ver2, ver3, ver4)：从指定 URL 处下载并注册一个指定版本的 ActiveX 控件，成功则返回-1，否则返回 0。如果将版本号（ver1, ver2, ver3, ver4）设置为（-1，-1，-1，-1），则下载最新的版本。如果包含着 ActiveX 控件的.ocx 文件压缩于一个本地的.CAB 文件中，也需要使用此函数。

 安装和注册 ActiveX 控件的另一种快捷方法位于 Authorware 之外，那就是利用 Windows 系统【开始】菜单中的【运行】命令，执行 Regsvr32.exe 文件。例如安装 Authorware Web Player 控件时可以执行 Regsvr32 yourpath\awswax.ocx，卸载该控件则执行 Regsvr32 yourpath\awswax.ocx /u。

15.2.3　现场实践：创建一个 Web 浏览器

在本例中将使用 Microsoft Web 浏览器控件创建一个 Web 浏览器。

（1）创建一个新的程序文件，执行 Insert→Control→ActiveX 菜单命令，向程序中添加一个 Microsoft

Web 浏览器控件，如图 15-21 所示。如果系统中安装的控件太多不便查找，可以在【Select ActiveX Control】对话框下面的文本框中输入控件名，然后单击【Search】命令按钮进行查找。

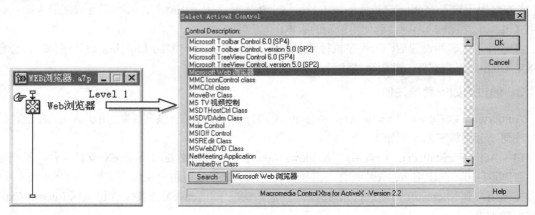

图 15-21　加入一个 Web 浏览器控件

　　（2）运行程序，然后按下 Ctrl+P 快捷键暂停，使用鼠标拖动控件对象四周的控制点对控件窗口进行调整，使其覆盖整个【演示】窗口。然后在"Web 浏览器"设计图标之前增加一个【运算】设计图标，向其中输入检查 ActiveX 支持文件是否存在的语句：

```
if ActiveXInstalled() = 0 then
    Caption:="系统缺少 ActiveX 支持"
    Text:="必须安装 ActiveX 支持文件"
    BoxNumber:=16
    Result:=SystemMessageBox(WindowHandle,Text,Caption,BoxNumber)
    Quit(0)
end if
```

其中 Caption、Text 和 BoxNumber 是自定义变量。这些语句的作用是当 ActiveX 支持文件不存在时，显示一个消息框对用户进行提示，然后退出当前程序。

　　（3）在"Web 浏览器"设计图标之前再增加一个【运算】设计图标，向其中输入检查 ActiveX 控件是否已经注册的语句：

```
IDBrowser:= "{8856F961-340A-11D0-A96B-00C04FD705A2}"
if ActiveXControlQuery(IDBrowser) = 0 then
    Caption:="浏览器错误"
    Text:="系统中没有安装 WEB 浏览器"
    BoxNumber:=64
    Result:=SystemMessageBox(WindowHandle, Text, Caption, BoxNumber)
    Quit(0)
end if
```

　　这些语句的作用是通过 ActiveX 控件的 ID 号码检查 Microsoft Web 浏览器控件是否已经在系统中注册，该控件的 ID 号码可以从【ActiveX Control URL】对话框中得到。系统中如果不存在注册的 Microsoft Web 浏览器控件，则显示一个消息框对用户进行提示，然后退出当前程序。

　　（4）有了一个 Microsoft Web 浏览器控件对象之后，必须为它指定一个 URL 地址，在本例中使用函数

```
CallSprite(@"Web 浏览器", #Navigate, "http://www.phei.com.cn", 0, 0, 0, 0)
```

将电子工业出版社网站主页地址传递给 Microsoft Web 浏览器控件的 Navigate（导航）方法（前提是已经与 Internet 建立了连接）。

（5）程序最终结构如图 15-22(a)所示。运行程序，可以看到【演示】窗口已经成为一个浏览器窗口，如图 15-22(b)所示，这是一个真正的 Internet 浏览器，可以像使用其他浏览器一样来浏览网页，在各个页面间穿梭，对关键词进行查找。

如果在指定 URL 地址时给出了一个符合文件协议的路径，那么，此时 Web 浏览器就变成了一个嵌入到程序中的 Windows 资源管理器，可以轻松地完成一些常用的文件操作。图 15-23 就是将 URL 地址指定为"file:///C:\\Program Files\\Macromedia\\Authorware 7.0\\"之后，程序的运行结果。如此简单的一段程序，就实现了一个 Web 浏览器的全部功能，这一切完全归功于 ActiveX 控件提供的强大功能。

(a)

(b)

图 15-22　Web 浏览器程序

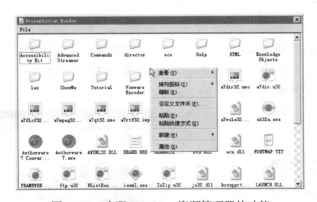

图 15-23　实现 Windows 资源管理器的功能

15.2.4　现场实践：播放 Shockwave Flash 动画

Shockwave Flash 动画是目前网络上最受欢迎的矢量动画技术，由于其显示质量高、播放速度快并且具有交互性，正在得到越来越广泛的使用。利用 ActiveX 技术，可以在 Authorware 中毫不费力地使用 Flash 动画，为多媒体应用程序增光添彩。

（1）创建一个新的程序文件，执行 Insert→Control→ActiveX 菜单命令，向程序中添加一个

Shockwave Flash Object 控件，如图 15-24 所示，在【ActiveX 控件属性】对话框中将 Shockwave Flash Object 控件的 Menu 属性设置为 True，这样在程序中就可以利用菜单同 Shockwave Flash 动画进行交互。运行程序，然后按下 Ctrl+P 快捷键暂停，使用鼠标拖动控件对象四周的控制点对控件窗口进行调整，使其覆盖整个【演示】窗口。

（2）在"Flash 动画"设计图标下方添加一个【运算】设计图标，向其中输入语句

```
SetSpriteProperty(@"Flash 动画", #movie, FileLocation ^ "globe.swf")
```

这样就将当前程序文件夹下的 globe.swf 动画文件同 Shockwave Flash Object 控件对象联系起来。如果不想编程，那么这一步骤可以改为在【ActiveX 控件属性】对话框中将 Shockwave Flash Object 控件的 Movie 属性设置为 globe.swf 所在的路径。由于不能在属性文本框中使用变量，这一路径必须是绝对路径。

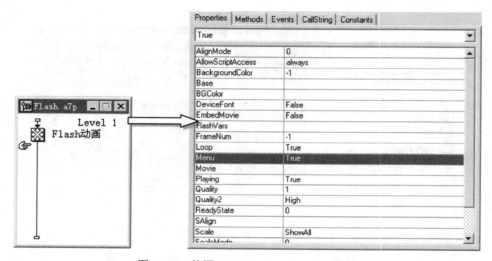

图 15-24　使用 Shockwave Flash Object 控件

（3）执行程序，可以看到 Shockwave Flash 动画在【演示】窗口中被播放，此时在动画画面上用鼠标右键单击，会弹出一个菜单，从中可以对动画的播放进行控制，改变画面大小、控制显示质量、暂停播放等。程序运行结果如图 15-25 所示。

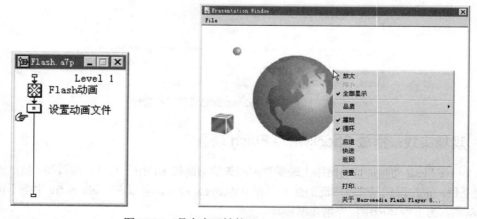

图 15-25　具有交互性的 Shockwave Flash 动画

　　Shockwave Flash Object 控件的属性和方法有很多种，可以逐个将它们试用一下，准会有意想不到的效果出现。

15.2.5　现场实践：制作流媒体播放器

　　制作网络多媒体程序必然要应用各种流式媒体。流媒体可以在传输过程中进行播放，具有带宽占用率低、延迟时间短、播放过程无间断等优秀的特点。如果系统中安装有 Windows 媒体播放器（Windows Media Player）程序或 Real 媒体播放器（RealOne Player），就可以利用它们提供的控件，在 Authorware 中播放各种流媒体文件。现在以 Windows Media Player 控件为例，介绍如何制作在 Authorware 中使用流媒体。

　　（1）创建一个新的程序文件，执行 Insert→Control→ActiveX 菜单命令，向程序中添加一个 Windows Media Player 控件，如图 15-26 所示，在【演示】中调整控件窗口的大小与位置。

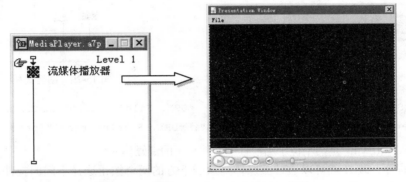

图 15-26　使用 Windows Media Player 控件

　　（2）双击"流媒体播放器"设计图标，在属性检查器中单击【Options】命令按钮，打开【ActiveX 控件属性】对话框，在【Properties】选项卡的 URL 属性中输入准备播放的流媒体文件（可以位于 Internet，也可以位于本地驱动器），如图 15-27(a)所示。也可以在【ActiveX 控件属性】对话框中单击【Custom】命令按钮，在【Windows Media Player 属性】对话框中对包括 URL 在内的各种属性进行设置，如图 15-27(b)所示。

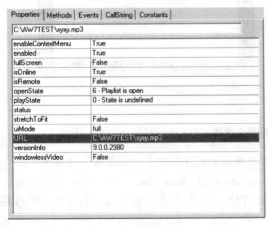

(a)

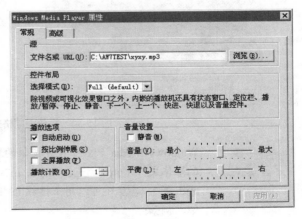

(b)

图 15-27　选择准备播放的文件

（3）运行程序就能够听到美妙的 MP3 音乐了，还可以利用 Windows Media Player 控件提供的各种控制功能控制音乐的播放过程（包括控制按钮和右键弹出菜单），同时媒体播放器窗口中伴随有视觉特效，如图 15-28 所示。现在准备为这个播放添加更多的灵活性：使用户可以通过按钮选择准备播放的流媒体文件。创建如图 15-29 所示的交互作用分支结构，分别向"ASF"和"WMV"响应图标输入以下程序语句：

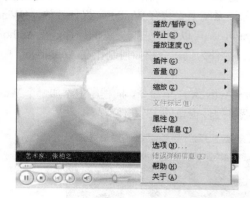

图 15-28　音乐播放窗口

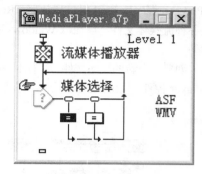

图 15-29　创建交互流程

ASF: `SetSpriteProperty(@"流媒体播放器", #URL, FileLocation^"beck.asf")`
WMV: `SetSpriteProperty(@"流媒体播放器", #URL, FileLocation^"Intro.wmv")`

其中 beck.asf 和 Intro.wmv 是两个位于当前程序文件夹下的流媒体文件。

（4）运行程序，现在就可以通过流媒体播放器下方的两个按钮选择不同的文件进行播放了，如图 15-30 所示。

图 15-30　播放不同格式的流媒体文件

Windows Media Player 控件提供的媒体播放功能异常强大，它支持多达几十种格式的媒体文件（mp2、mp3、mp4、m2v、mpe、mpg、mpv、asf、avi、wma、wmv、rmi、midi 等），甚至还可以用来播放 DVD、VCD 和 CD 唱片，具体做法和前面介绍的类似，例如：

DVD: `SetSpriteProperty(@"Player",#URL,"H:\\VIDEO_TS\\VIDEO_TS.IFO")`
VCD: `SetSpriteProperty(@"Player",#URL,"H:\\MPEGAV\\AVSEQ01.DAT")`

CD:　SetSpriteProperty(@"MediaPlayer",#URL,"H:\\Track01.cda")

另一个流媒体播放利器 RealOne Player 提供的 RealPlayer G2 Control 控件具备的功能同样强大，可以用来播放 rm、rmvb、smi、mpga、au、rv、ra 等格式的流媒体文件。在使用 RealPlayer G2 Control 控件时，首先要在【ActiveX 控件属性】对话框中将 Controls 属性设置为"ImageWindow, All"，才能出现画面窗口和各种播放控制，如图 15-31 所示。接下来就可以使用语句控制 Source 属性（类似于 Windows Media Player 控件的 URL 属性），选择流媒体文件进行播放了。流媒体文件既可以位于 Internet，也可以位于本地驱动器，例如：

SetSpriteProperty (@"RealPlayer",#source,"file://C:\\Example\\videotest.rm")

注意流媒体文件位于本地时，路径需要带有"file://"前缀。

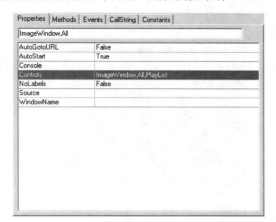

图 15-31　使用 RealPlayer G2 Control 控件

15.2.6　现场实践：Web 3D 技术应用

Cult3D 是一种崭新的网络三维技术，它可以将实时渲染的、可交互的三维模型快速地传送到 Internet 用户手中，带给用户高品质的三维视觉感受。利用 Cult3D，用户可以在线浏览和了解商品，仅使用鼠标，用户就可以旋转和缩放 Cult3D 模型，从任意角度进行观察，还可以倾听优美的音乐和清晰的解说。利用 Authorware 开发的多媒体程序，也可以将这些优秀的特性带给用户，只需要用户在系统中安装 Cult3D ActiveX Player 控件（可以到 http://www.cult3d.com/download 下载该控件的最新版本）。

在 Authorware 中使用 Cult3D 模型并不困难。加载、显示和控制各种 Cult3D 模型文件的工作全部由 Cult3D ActiveX Player 控件完成。执行 Insert→Control→ActiveX 菜单命令，向程序中插入一个 Cult3D ActiveX Player 控件，在【ActiveX 控件属性】对话框中将 SRC 属性设置为准备显示的 Cult3D 模型文件（本地路径或是 URL），如图 15-32 所示，也可以在【ActiveX 控件属性】对话框中单击【Custom】命令按钮，打开【Authorware 属性】对话框，在【Filename/URL】文本框中进行设置。Cult3D 模型文件以.co 为扩展名。

运行程序，调整 Cult3D ActiveX Player 控件窗口在 Presentation 窗口中的位置和大小，如图 15-33 所示，高质量的三维对象就显示在【演示】窗口中。为了避免在使用鼠标进行操作的过程中移动三维对象的位置，在设计窗口中单击【Sprite】设计图标，按下 Ctrl+ 快捷键，为其增加一个附属【运算】设计图标，向其中输入程序语句：

Movable:=False

图 15-32　选择需要显示的 Cult3D 模型文件

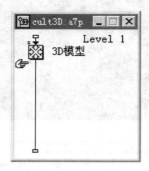

图 15-33　向程序中插入 Cult3D 三维模型

　　利用 Cult3D 模型本身具有的交互特性,不用对程序本身进行其他任何设置,就可以在控件窗口中按下鼠标左键旋转三维对象,同时按下鼠标双键在窗口中移动三维对象,或者按下鼠标右键对三维对象进行无失真的缩放,如图 15-34 所示。通常 Cult3D 对象具有更多的交互特性,如允许用户拆装零部件,在用户的控制下进行三维动画演示等。

放大对象

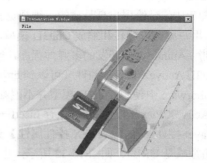

拆装对象

图 15-34　与 Cult3D 模型进行交互

15.2.7　现场实践:使用 Agent 与 TTS 技术

　　Agent(助手)是一种用于提高程序易用性、增强界面效果的软件技术,相信读者对它不会陌生,你一定使用过 Microsoft Office 中的“大眼夹”吧?还有出神入化的魔法师“默林”?它们都是 Agent 角色,在学习过程中一定为你提供了不少帮助。各种 Agent 角色分别位于不同的 Agent 角色文件(.acs)

中，如图 15-35 所示，从文件属性中可以观察到 Agent 角色的各种属性，包括文件版本、角色 ID 及是否支持 TTS（文本发声技术）。如果你的系统中目前没有安装任何 Agent 角色，可以到网址 http://www.microsoft.com/msagent/downloads/ user.asp 处下载 4 个免费的 Agent 角色，如图 15-36 所示。

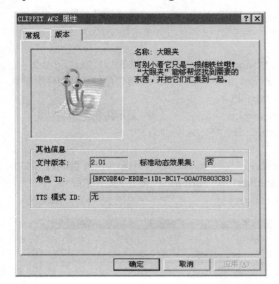
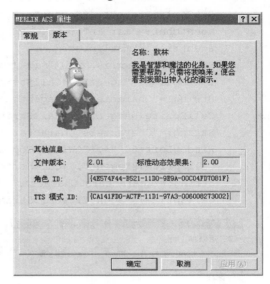

图 15-35　Agent 属性

Genie（吉尼）　　　　Merlin（默林）　　　　Peedy（乐乐）　　　　Robby（聪聪）

图 15-36　几个 Agent 角色

　　　TTS 是一种将文本转换为声音输出的技术，通常用于提供文本朗读功能，或者提高程序易用性，通过语音提示帮助人们在存在视觉障碍的情况下，正常使用各种软件。如果希望 Agent 能够说话，那么必须首先在系统中安装 TTS 驱动程序及相应的地区语言支持程序（Windows XP 系统还必须额外安装 SAPI 4.0 运行支持程序），打开 Windows 控制面板中的语音选项，可以了解系统是否已经具备了这些支持条件，如图 15-37 所示。这些驱动程序可以从网址 http://www.microsoft.com/msagent/downloads/user.asp 处下载，安装所有驱动程序之后，可以到网址 http://www.microsoft.com/msagent/dev/code/TryMSAgent.asp 处测试 Agent 角色语音功能是否正常。如果希望 Agent 角色能够讲普通话，可以安装中文版的 IBM ViaVoice。当系统中安装了语音识别驱动程序之后，还可以用语音控制 Agent 角色。

　　　本节利用 Microsoft Agent Control 控件和 Agent 角色 merlin，介绍如何在 Authorware 程序中运用 Agent 和 TTS 技术。

　　　（1）创建一个新的程序文件，向其中插入一个 Microsoft Agent Control 2.0 控件和一个【运算】设计图标，如图 15-38 所示。Microsoft Agent Control 2.0 控件的大部分属性和方法都被隐藏起来，无法通过【ActiveX 控件属性】对话框对属性进行设置，因此必须通过【运算】设计图标调用 CallString 方法访问这些被隐藏的内容。打开"角色初始化"设计图标,向其中输入以下程序语句(请留意注释部分的内容,自定义变量 agentchar 和 agentfile 用于存储角色名和角色文件名,所有由 CallString 方法执行的命令都事先存储在自定义变量 String 中,然后再传递给 CallString 方法):

```
SetSpriteProperty(@"agent", #Connected, 1)              --激活控件对象
agentchar:="merlin"
agentfile:="merlin.acs"
String:="Characters.Load('"^agentchar^"','"^agentfile^"')"   --准备 CallString 命令
CallSprite(@"agent", #CallString, String)               --将角色加载到控件对象中
String:="Characters('"^agentchar^"').Show"
CallSprite(@"agent", #CallString, String)               --显示角色
String:="Characters.Character('"^agentchar^"').MoveTo('"^¬
WindowLeft+60^"','"^WindowTop+60^"')"
CallSprite(@"agent", #CallString, String)               --移动角色到【演示】窗口中
String:="Characters.Character('"^agentchar^"').Speak('读者朋友你们好')"
CallSprite(@"agent", #CallString, String)               --通过 Speak 方法发声
```

语音属性

SAPI 4.0 属性

图 15-37   系统语音支持

图 15-38   插入 Microsoft Agent Control 2.0 控件

运行程序,可以看到 Agent 角色 Merlin 出现在屏幕中后,飞到【演示】窗口,然后说出问候语,如图 15-39 所示。可以将 Merlin 拖放到任意位置,或者通过右键菜单将其隐藏。

(2)在程序中增加如图 15-40 所示的交互作用分支结构,使 Merlin 能够根据用户的输入,分别讲英语和汉语。文本输入响应用于接受用户的输入,响应内容为空。

打开"汉语发音"设计图标,向其中输入程序语句:

```
String:="Characters.Character('"^agentchar^"').LanguageID('2052')"
CallSprite(@"agent",#CallString,String)               --设置为汉语发音
String:="Characters.Character('"^agentchar^"').Speak('"^EntryText^"')"
```

```
CallSprite(@"agent", #CallString, String)          --阅读用户输入的中文
```

图 15-39　控制 Agent 角色移动和讲话

打开"英语发音"设计图标，向其中输入程序语句：

```
String:="Characters.Character('"^agentchar^"').LanguageID('1033')"
CallSprite(@"agent",#callstring,String)          --设置为美式英语发音
String:="Characters.Character('"^agentchar^"').Speak('"^EntryText^"')"
CallSprite(@"agent", #CallString, String)          --阅读用户输入的英文
```

（3）运行程序，在文本输入框中输入中文或英文，然后单击下方相应的按钮，就可以听到角色以汉语或英语阅读文本输入框中的内容，如图 15-41 所示。

（4）打开"属性设置"设计图标，向其中输入程序语句：

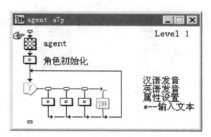

```
String:="PropertySheet.Visible('1')"
CallSprite(@"agent", #CallString, String)
     --打开高级角色选项对话框
```

程序运行时单击"属性设置"按钮，就可以打开【高级角

图 15-40　创建交互流程

色选项】对话框（如图 15-42 所示），在其中对角色的属性进行设置，例如关闭对话气球（但仍然能够发音）、调节语速等。

图 15-41　控制角色的语种

本例就介绍到这里。每种角色都支持大量的动作，设计人员可以通过 Play 方法控制角色表演指定的动作，例如执行语句：

```
CallSprite(@"agent", #CallString, "Characters.Character('merlin').Play
          ('congratulate')")
```

就可以控制角色表演一个表示庆贺的动作。Merlin 角色通常具有的动作如图 15-43 所示。

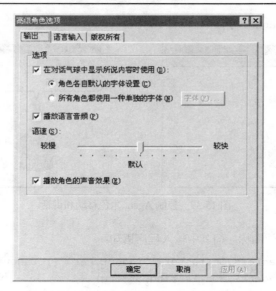

图 15-42 【高级角色选项】对话框

congratulate　　　announce　　　domagic1　　　greet　　　process　　　read

图 15-43 角色常用动作

15.3 本章小结

　　ActiveX 控件是由他人创建并测试过的功能模块。ActiveX 控件的应用，使 Authorware 可以利用几乎是无限的资源，在扩展了多媒体应用程序功能的同时，也大大提高了多媒体程序设计的效率。甚至可以在一个网络多媒体教学程序中嵌入 NetMeeting Application 控件，通过网络、话筒和摄像机在教学过程中直接与学生开展面对面的交流。但是大量的 ActiveX 控件，众多的属性、方法和事件需要许多实践才能够将它们逐渐掌握。

　　ActiveX 控件是通过【Sprite】设计图标使用的。通过【Sprite】设计图标属性检查器可以观察到控件提供的属性、方法和事件。在使用 ActiveX 控件之前，必须保证控件已经安装和注册。

15.4 上机实验

（1）编程检测系统中是否安装了 Flash Player ActiveX 控件。

（2）使用 Windows Media Player 控件，制作 DVD 播放器程序。

第 16 章　高级设计方法

本章中介绍的技术，有的是 Authorware 7.0 新增的功能，有的是在实践中总结出的解决问题的方法。

16.1　Windows API 的应用

虽然 Windows 是一个多任务操作系统，但是在运行对系统资源占用率很高的多媒体应用程序时，最好还是不要同时运行其他应用程序（情况糟糕时甚至会导致死机）。在某些情况下，甚至不希望用户切换到其他应用程序中去，尽管可以在【文件】属性检查器中将程序窗口设置为占据整个屏幕同时关闭【Task Bar】复选框，但是用户往往会将 Windows 任务栏设置为"总在最前"，从而使在【文件】属性检查器中进行的设置起不了实质性作用。

另外，还有一种情况就是在运行你创建的多媒体程序时，可能不希望别的应用程序窗口遮住或部分遮住漂亮的多媒体程序窗口。

解决上面问题的最直接途径就是将多媒体应用程序窗口设置为"总在最前"，但是 Authorware 并未在【文件】属性检查器中提供相应选项，只有依靠 Windows API 函数来做到这一点：SetWindowPos( ) 函数可以通过窗口句柄直接对窗口进行操作，在程序运行期间改变程序窗口的属性，窗口尺寸、平面（x，y 轴）位置、前后（z 轴）位置。

Authorware 通过外部函数文件 Winapi.u32 提供了几乎所有的 Windows API 函数，可以从中加载 SetWindowPos( )函数。SetWindowPos( )函数的完整使用语法为：

```
BOOL SetWindowPos(
    HWND hWnd,                    // 窗口句柄
    HWND hWndInsertAfter,         // 窗口前后次序
    int X,                        // 水平位置
    int Y,                        // 竖直位置
    int cx,                       // 窗口宽度
    int cy,                       // 窗口高度
    UINT uFlags                   // 窗口定位标志
);
```

该函数有许多种用途，在这里只讨论解决上述问题的方法。执行函数

```
SetWindowPos(WindowHandle,-1 ,0,0,0,0, 3)
```

就可以将程序窗口设置为"总在最前"，其中系统变量 WindowHandle 中保存的是【演示】窗口的句柄，后面 5 个参数的含义是在保持窗口大小和位置不变的情况下，将窗口属性设置为"总在最前"。在程序设计期间，执行此函数后看不出【演示】窗口有什么特别之处，但是在程序被打包运行之后，其作用就显而易见了。如图 16-1 所示，不论程序窗口是否处于激活状态，它总是显示在其他所有窗口的前面。

执行函数 SetWindowPos(WindowHandle, –2, 0, 0, 0, 0, 3)，可以将【演示】窗口恢复为平常的状态。

 可以向程序界面中增加一个按钮，利用按钮来控制程序窗口在平常状态和"总在最前"之间来回切换，就像一些 Windows 应用程序中提供的 Pushpin 按钮一样。

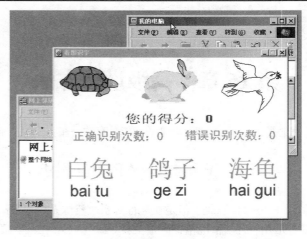

图 16-1　将程序窗口设置为"总在最前"

在进行多媒体程序设计时，为了保证程序窗口的美观和一致性，设计者通常会将【演示】窗口的标题栏关闭，这就带来一个问题，如何将程序窗口最大化或最小化？

这个问题可以通过 Windows API 函数来解决。API 函数 ShowWindowAsync 用于处理窗口的显示状态，例如执行函数 ShowWindowAsync(WindowHandle,2)，可使程序窗口最小化，而执行函数 ShowWindowAsync(WindowHandle, 3)，则可使程序窗口最大化，最后执行函数 ShowWindowAsync (WindowHandle, 9)，可使程序窗口恢复正常状态。

这只是 Authorware 提供的外部函数的几个简单而有效的应用，在使用设计图标和系统函数不能解决问题时，可以在外部函数中寻找解决问题的办法。

16.2　创建自定义函数

有些情况下，使用 Authorware 本身提供的系统函数不能实现或完全达到你的设计意图，这时只有自己动手编写函数了。本节的内容是为那些具有一定 Windows API 编程基础的设计人员准备的。

16.2.1　在 DLL 和 U32 之间做出选择

自定义函数必须存在于 Windows 动态链接库（DLL）中，当在 Authorware 中加载和使用某个外部函数时，需要知道关于该函数的下列信息：

（1）函数存放的位置。

（2）函数名。

（3）函数的参数个数和参数类型。

（4）函数的返回值类型。

从通常的 Windows 动态链接库（DLL）中加载函数时，必须人为指出上述函数信息，否则 Authorware 不能正确加载函数。

Authorware 提供了一套调用转换标准格式，从符合 Authorware 调用转换标准格式的动态链接库中加载函数时，Authorware 能够直接从动态链接库中得到其中所有函数的信息，因此就不需再人为指定。.U32 文件其实是特殊的动态链接库，它们符合 Authorware 的调用转换标准格式，因此在从它们中加载外部函数时操作非常简单：在函数列表中选中所需函数，然后单击【Load】命令按钮就行了。

Authorware 7.0 已经取消了对 16 位 UCD 函数库的支持。

16.2.2 使用 Windows 标准动态链接库（DLL）

在从 Windows 标准动态链接库中加载外部函数时，必须在【加载函数】对话框中输入函数的名称、参数、返回值。当函数的参数多于一个时，参数之间要以逗号（,）分隔，并且参数的类型必须与函数原型中定义的参数类型一致。表 16-1 列出了能够在 Authorware 中使用的参数类型与 C 语言或 Windows 标准参数类型的对应关系。

表 16-1　可用参数类型

参 数 类 型	含　　义	C 语言、Windows 标准参数类型
char	有符号字节型	char
byte	无符号字节型	unsigned char，BYTE
short	有符号整型	int，short，BOOL
word	无符号整型	unsigned，HANDLE，HGLOBAL，HWND，UINT，WORD
long	有符号整型	Long，LONG
dword	无符号长整型	unsigned long，DWORD
float	浮点型	float
double	双精度浮点型	double
pointer	远程指针	far，LPRECT，LPPOINT
string	字符串远程指针，以空字符结束	LPCSTR，LPSTR
void	无参数	void，VOID

注：如果函数不接受参数，必须用 void 显式指出。

Authorware 中所有的变量和计算结果都属于 3 种类型之一：有符号长整型、双精度浮点型和以空字符结束的字符串。在调用外部函数时，如果输入的参数类型与函数原型中定义的参数类型不一致，Authorware 将按照表 16-2 中的规则将参数类型转换为外部函数要求的参数类型。

表 16-2　参数类型转换规则

要求的参数类型	整　　型	双精度符点型	字　符　串
char，byte，short，word	取最低字节	转换为整型后，取最低字节	转换为整型后，取最低字节
long，dword	不进行转换	转换为有符号长整型	转换为有符号长整型
float	转换为浮点型值	截短为浮点型值	转换为浮点型值
double	转换为双精度浮点型值	不进行转换	转换为双精度浮点型值
pointer	不进行转换	截短为有符号长整型	转换为指向字符串的远程指针
string	转换为指向格式化之后的字符串的远程指针	转换为指向格式化之后的字符串的远程指针	转换为指向字符串的远程指针

外部函数有效的返回值类型如表 16-3 所示。

表 16-3　有效返回值类型

返回值类型	含　　义	C 语言、Windows 标准参数类型
char	有符号字节型	char
byte	无符号字节型	unsigned char，BYTE
short	有符号整型	int，short，BOOL
word	无符号整型	unsigned，HANDLE，HGLOBAL，HWND，UINT，WORD

（续表）

返回值类型	含　　义	C 语言、Windows 标准参数类型
long	有符号整型	Long，LONG
dword	无符号长整型	unsigned long，DWORD
float	浮点型	float
double	双精度浮点型	double
pointer	远程指针	far，LPRECT，LPPOINT
string	字符串远程指针，以空字符结束	HANDLE（包括以空字符结尾的字符串）
Void	无返回值	void，VOID

注：如果函数无返回值，必须用 void 显式指出。

　　按照上述规则，就可以使用自定义函数或其他 Windows 标准动态链接库中的函数了。在这里举一个简单的调用自定义函数的例子：使用 Visual C++ 5.0（6.0）创建一个 Win32 动态链接库，其中只包含了一个函数 BOOL TOPWIN（void），它实现的功能很简单，就是取得当前窗口的句柄，并利用该句柄将对应窗口设置为"总在最前"。主程序 Main.c 内容如下：

```
#include <windows.h>
#define DllExport    __declspec( dllexport )
DllExport BOOL TOPWIN(void)
{
    HWND WINTOP;
    WINTOP=GetActiveWindow();
    if (!SetWindowPos(WINTOP,HWND_TOPMOST,0,0,0,0,SWP_NOMOVE|SWP_NOSIZE))
    {
        MessageBox(NULL,"设置失败","",MB_ICONSTOP);
        return FALSE;
    }
    return TRUE;
}
```

　　在加载此函数时，在【加载函数】对话框中要正确输入函数名称（大小写要严格匹配）、参数类型和返回值类型，如图 16-2 所示，如果输入的函数名称不正确，Authorware 会报告说找不到相应函数，如果输入的参数类型和返回值类型不正确，调用此函数时会出错，严重时会导致程序非正常退出。

　　正确加载此函数后，在程序中使用一个【运算】设计图标调用此函数：输入语句 RESULT:=TOPWIN( )，则程序打包运行之后，程序窗口被设置为"总在最前"，并且自定义变量 RESULT 中保存了函数返回值 1（如果在程序设计期间执行此函数，Authorware 主窗口会被设置为"总在最前"）。

　　如果需要，还可以从系统现有的动态链接库中加载所需函数。例如可以从 Windows 系统 system 文件夹中的 user32.dll 中加载 Windows API 函数 SetWindowPos( )，具体方法和加载自定义函数相同，如图 16-3 所示，函数参数使用 word, word, short, short, short, short, word。

　　使用 Windows 标准动态链接库，要求你对其中的函数非常了解，从函数名称的大小写到函数的参数个数、返回值类型都要了然于胸。相比之下，使用 U32 就容易得多。

　　目前存在多种版本的 Windows 操作系统，相互之间难免存在着兼容性问题。因此在一个系统下编写的动态链接库函数，或者从某个系统中的动态链接库加载的外部函数，在另一个系统中可能无法正常使用。避免这一问题的最有效的方法就是根据程序最终用户使用的系统，选择自己的开发环境。

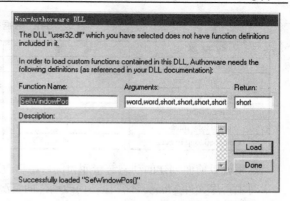

图 16-2　加载自定义函数（DLL）　　　　　　　图 16-3　加载 Windows 标准动态链接库函数

16.2.3　使用专用函数库（U32）

U32 提供了一种用户透明方式，从 Authorware 中打开 U32 文件时，会出现其中所有函数的详细描述，只需从中选择所需函数，然后单击【Load】命令按钮就行了。U32 其实是一种包含了函数描述信息的动态链接库，Authorware 会自动从这些信息中得到加载函数所需的信息，免去了查找这些信息和手动输入的麻烦。

创建自己的 U32 并不难，只需在资源描述文件中增加一些函数描述信息，包括动态链接库中的函数目录、参数类型、返回值类型及说明性文字等，具体格式如下。

1）函数目录格式

```
1 DLL_HEADER LOADONCALL DISCARDABLE
BEGIN
    "functionname1[=exportname1]\0",
    "functionname2[=exportname2]\0",
    ……
    "functionnameN[=exportnameN]\0",
    "\0"
END
```

其中第一行表示下面的内容是函数目录，BEGIN 和 END 之间为目录内容，functionname1 到 functionnameN 为动态链接库中包含的函数名称。

2）函数描述

```
functionname DLL_HEADER LOADONCALL DISCARDABLE
BEGIN
    "FileName\0",
    "returnValue\0",
    "argumentList\0",
    "description\r\n"
    "description\0"
END
```

其中 functionname 为出现在函数目录中的函数名；FileName 表示存储函数的动态链接库文件名；returnValue 描述函数的返回值类型；argumentList 描述函数的参数类型列表，描述格式与数据类型的对照如表 16-4 所示；description 为对函数的说明性文字，说明性文字可以有多行，行与行之间用 "\r\n" 分隔，最后一行末尾必须加上 "\0"。

表 16-4   数据类型描述格式

数 据 类 型	描 述 格 式	数 据 类 型	描 述 格 式
signed char	C	far pointer	P
unsigned char	B	float	F
signed short integer	I	double	D
unsigned short integer	W	HANDLE	S
signed long integer	L	void	V
Unsigned long integer	U		

这里就以前面创建的动态链接库为例，将它改造为一个 U32 文件。

对主程序文件 Main.c 不需做任何改动，向资源描述文件 Main.rc 中输入如下语句：

```
1 DLL_HEADER LOADONCALL DISCARDABLE
BEGIN
    "TOPWIN\0",                    // 库中只有一个函数 TOPWIN
    "\0"                           // 必须以"\0"结束
END
// 以上是动态链接库函数目录
TOPWIN DLL_HEADER LOADONCALL DISCARDABLE
BEGIN
    "\0",                          // 函数位于本文件中
    "I\0",                         // 函数返回值为 BOOL 型
    "V\0",                         // 函数没有参数
    "BOOL TOPWIN()\r\n"            // 以下为说明性文字
    "\r\n"
    "将当前激活窗口设置为最顶端显示。设置成功返回 TRUE，不成功返回 FALSE。
    本函数不需要参数。\0"
END
// 以上是 TOPWIN 函数描述信息
```

编译之后，就可以在 Authorware 中使用此动态链接库了（将文件扩展名改为 U32，也可以保留 DLL 扩展名）。在【Functions】对话框窗口中单击【Load】命令按钮，打开刚刚生成的动态链接库文件，无须输入任何内容，TOPWIN 函数及其说明信息就出现在【加载函数】对话框中，单击【Load】命令按钮，TOPWIN 函数及其说明信息就出现在【Functions】对话框中，如图 16-4 所示。感觉上比使用 Authorware 提供的外部函数更加方便，因为有中文说明信息。

图 16-4   加载自定义函数（U32）

16.3　播放 GIF 动画

GIF 动画是目前互联网中广泛应用的动画类型，它以小巧、易用一直受到大家的欢迎，尤其在网络上的应用越来越广泛。Authorware 也为播放 GIF 动画提供了支持，通过 Animated GIF Xtra 就可以对动态 GIF 文件进行播放。

执行 Insert→Media→Animated GIF 菜单命令，可以打开【Animated GIF Asset Properties】对话框，如图 16-5 所示，在此可以选择导入动态 GIF 文件或对【Sprite】设计图标的各项属性进行设置。

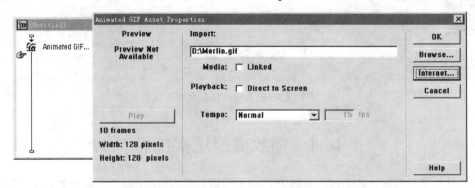

图 16-5　【Animated GIF Asset Properties】对话框

导入动态 GIF 文件的方法有两种：一是单击【Browse】命令按钮，在出现的【GIF 文件选择】对话框中选择并打开一个 GIF 动画文件；二是单击【Internet】命令按钮，在【Open URL】对话框中输入一个有效的 URL 地址（可以从 Internet 上加载动画文件）。

打开【Link】复选框，可以将动态 GIF 文件以链接方式导入。如果需要指定 GIF 动画的播放速度，可以在【Tempo】下拉列表框中做出选择。

选择并导入外部动态 GIF 文件之后，就可以对其进行播放或通过各种 Sprite 属性和方法对其播放过程进行控制。值得一提的是，动态 GIF 文件通常具有背景色，如图 16-6(a)所示，这时只需在【Sprite】设计图标属性对话框中将【Mode】属性设置为"Transparent"方式（如

(a)　　　　　　　　　　　　　　　　　(b)

图 16-6　动态 GIF 文件以透明方式播放

图 16-7 所示），就可以使背景变为透明，如图 16-6(b)所示（此时必须关闭"Direct to Screen"属性）。

Animated GIF Xtra 提供了多种属性和方法，以上介绍了常用属性的设置，设计人员还可以通过调用方法，来控制 GIF 动画的播放过程。

例如以下程序语句实现暂停播放的功能：

```
CallSprite(IconID@" Animated GIF ", #pause)
```

以下程序语句实现继续播放的功能：

```
CallSprite(IconID@" Animated GIF ", #resume)
```

以下程序语句实现返回首帧的功能：

```
CallSprite(IconID@" Animated GIF ", #rewind)
```

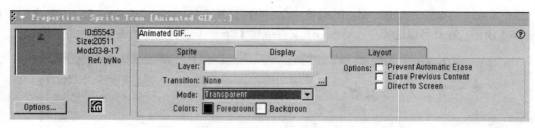

图 16-7 【Sprite】设计图标属性对话框

16.4　播放虚拟现实电影

现在设计人员已经可以在 Authorware 程序中使用虚拟现实技术，从全方位观察物体，对物体和场景进行旋转和缩放，在不同的场景之间来回切换，甚至可以倾听场景中的声音，所有这一切只需通过 QuickTime VR 来实现，不需要任何额外的硬件来配合。

QuickTime Xtra 提供了对 QuickTime VR 的支持，通过它，在 Authorware 中可以控制和播放 QuickTime VR 数字化电影。QuickTime VR 数字化电影有两种基本类型：全景摄影类型和物体类型。全景摄影类型的数字化电影从观察者的角度出发，提供了 360° 的场景，在那里可以环顾四周的景色，向上看、向下看或对画面进行放大。物体类型的数字化电影则以被观察者为中心：可以从各个方向对物体进行观察，正如在展览馆中观察一座雕像。

16.4.1　虚拟现实电影的导入

执行 Insert→Media→QuickTime 菜单命令，可以打开【Quick Time Xtra Properties】对话框，如图 16-8 所示，在此可以选择导入虚拟现实电影或对【Sprite】设计图标的各项属性进行设置。

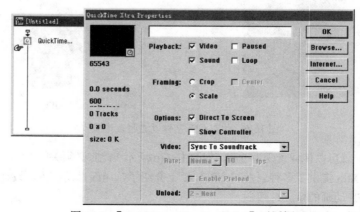

图 16-8 【QuickTime Xtra Properties】对话框

单击【Browse】命令按钮，会出现【Choose a Movie File】对话框，如图 16-9 所示，在其中可以选择并打开一个 QuickTime VR 虚拟现实电影文件，打开【Show Preview】复选框，

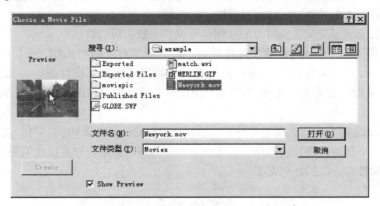

图 16-9　选择和预览虚拟现实电影文件

还可以预览到电影的画面，使用鼠标就能够对场景进行旋转。

选择导入一个 QuickTime VR 虚拟现实电影文件，然后就可以在【QuickTime Xtra Properties】对话框中对电影的播放属性进行各种设置，如画面缩放、声像同步、播放速度等。为了使数字化电影中的声音得到播放，要保证【Playback】复选框组中【Sound】选项处于选中状态。另外，必须打开【Show Controller】复选框，以显示数字化电影播放控制条。

16.4.2　虚拟现实电影的播放

QuickTime VR 数字化电影具备一个带有一整套控制按钮的控制条，它的主要作用并不是用于播放数字化电影，而是提供了一种人与数字化电影进行交互的手段。下面以一个描述纽约街景的 QuickTime VR 数字化电影为例，介绍如何实现数字化电影的交互式播放。

（1）单击带有问号指向前方的箭头按钮，将显示当前画面中的热区（以半透明的蓝色矩形显示），如图 16-10 所示。热区是在制作或编辑 QuickTime VR 数字化电影时定义的，鼠标指针位于热区中时会变为一个指向前方的箭头，单击热区，可以触发预定义的动作，实现场景之间的切换（如进入一辆轿车、走进另一条街道等）。双击该按钮，则数字化电影中的热区会始终显示在画面中。

（2）单击带有"＋"或"－"符号的放大镜按钮（等效按键为 Ctrl 或 Shift），将画面进行缩放，如图 16-11 所示。

图 16-10　利用画面热区实现场景切换

图 16-11　对场景进行无失真的放大

（3）在 QuickTime VR 数字化电影画面中，单击鼠标左键并分别沿上、下、左、右四个方向拖动鼠标，画面（镜头）将沿鼠标拖动的方向转动，实现以观察者为中心的 360 度全景浏览。

（4）单击指向左方的箭头按钮，可以返回上一场景。

（5）单击带有十字形交叉箭头符号的按钮，可以移动放大后的物体。

在程序中使用 QuickTime VR 数字化电影时，要注意将对应的 QuickTime【Sprite】设计图标的移动属性（Movable）设置为 False（最好是通过一个附属【运算】设计图标），这样就可以避免用户在画面中单击鼠标左键并拖动鼠标进行画面浏览时，误改变 Sprite 对象在【演示】窗口中的显示位置。

QuickTime Sprite 对象具有大量的属性和方法，可以对 QuickTime VR 数字化电影的播放过程进行控制，例如改变水平视角和镜头的倾角，设定静态画面的解码质量，设置镜头的摇动方向等。帮助文档中提供了这些属性和方法的详细说明。

16.5　播放 Flash 动画

Flash 是目前互联网上最受欢迎的矢量图形和动画技术，由于其显示质量高、播放速度快并且具有交互性，正在得到越来越广泛的使用。通过 Flash Xtra 在 Authorware 程序中使用 Flash Sprite 对象，可以对 Flash 动画进行播放和控制，甚至可以通过事件响应来控制用户同 Flash 动画进行交互的过程。

执行 Insert→Media→Flash 菜单命令，可以打开【Flash Asset Properties】对话框，如图 16-12 所示，在此可以选择导入 Flash 动画或对【Sprite】设计图标的各项属性进行设置。

Flash 动画的导入与设置过程与 QuickTime 数字化电影的导入与设置过程完全相同。值得一提的是，Flash 动画在播放时占用较多的系统资源，如果发现 Flash 动画的播放速度变慢，可以在【Flash Asset Properties】对话框中打开【Direct to Screen】复选框，或者在【Quality】下拉列表框中选择 Auto-Low，就可以使 Flash 动画根据当前系统的情况，自动降低显示质量，以换取较高的播放速度。

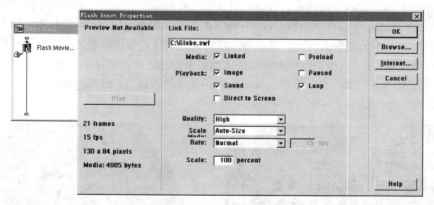

图 16-12　【Flash Asset Properties】对话框

Flash 动画是具有交互性的矢量动画，Authorware 也为 Flash 动画的交互性提供了完善的支持，Flash 动画中的交互性对象（如按钮等）可以随同动画一起导入到 Authorware 中。Authorware 与 Flash 动画之间还可以互相传递参数，这种参数的传递是通过事件响应和 Sprite 对象的方法实现的。

通过事件响应，Authorware 可以对 Flash Sprite 对象发送的 event 和 getURL 两种事件做出响应，如图 16-13 所示。这两种事件是在 Flash 动画制作过程中，通过 GetURL Action（动作）实现的。

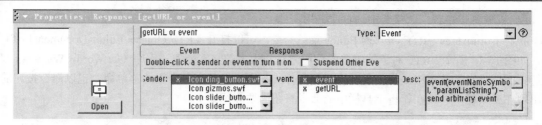

图 16-13　响应 Flash Sprite 对象发送的事件

由 GetURL Action 产生的事件，被 Authorware 的事件响应捕获之后，会将该事件的属性列表存储在系统变量 EventLastMatched 中。例如由 GerURL("event:END")产生的事件被捕获后，在系统变量 EventLastMatched 中存储有以下内容：

```
[#__Sender:4940689,#__SenderXtraName:"Xtra Shockwave FlashMovie",
 #__SenderIconId:65543,
#__EventName:#event,#__NumArgs:2,#eventNameSymbol:#END,#paramListString:""]
```

Flash Sprite 对象具有大量的属性和方法，可以对 Flash 动画的播放过程和交互属性进行控制。帮助文档中提供了这些属性和方法的详细说明。

16.6　多信息文本（RTF）对象的应用

利用 Authorware 绘图工具箱中的文本工具，只能实现简单的文本排版功能。Authorware 7.0 提供了 RTF（Rich Text Format，多信息文本格式）对象编辑器和 RTF 知识对象，通过它们可以实现各种高级排版功能，并且能够以外部链接的方式在程序中使用 RTF 文件。这样就可以在不修改程序的条件下，实现对程序显示内容的更新，同时可以使更多的人参与程序界面的设计（因为 RTF 文档是一种被普遍使用的文档格式，利用 Word 程序就可以简单地创建和编辑），使程序设计人员从界面设计工作中解放出来，集中精力进行流程的设计。

RTF 对象是由 Create RTF Object 知识对象或外部函数 rtfCreate( )创建的显示对象。RTF 对象以透明模式显示，并且可以由 Authorware 进行擦除。一个 RTF 对象可以具有多个实例，并且它的表现与大多数显示对象类似，既可以被【擦除】设计图标擦除，也可以被【移动】设计图标移动。RTF 文件在转换为 RTF 对象之前必须经过预处理，在预处理阶段，由外部函数文件 RTFobj.U32 提供的函数导入文本和图像、计算嵌入 RTF 文档中的变量和表达式。

RTF 对象可以由 RTF OBJECT 类的知识对象进行创建和维护，本节将详细介绍 RTF 对象的创建和应用。

16.6.1　RTF 对象编辑器（RTF Object Editor）

使用 RTF 对象编辑器可以创建多信息文本文件。RTF 对象编辑器提供了高级排版功能，能够在 Authorware 中创建丰富的文本格式，它主要为设计人员提供以下功能。

1）从字处理程序中导入 RTF 文件。

2）嵌入图形、图像、符号及链接外部文本，并且可以通过滚动条浏览大型文本或图像。

3）控制文本的格式，包括对字体样式、缩进、对齐及行间距的控制。

4）插入包含变量与函数的 Authorware 表达式。

5）创建具有丰富格式的文本文件，并且允许程序在运行时通过链接方式使用。

6）根据排版设置，实现美观的打印输出。

执行 Commands→RTF Objects Editor 菜单命令，可以打开【RTF Objects Editor-Document1.rtf】窗口，如图 16-14 所示。RTF 对象编辑器的使用方法与大多数文字处理器程序（如 Word，Windows 写字板等）类似，它的菜单中提供了各种排版和文件维护命令，其中最常用的菜单命令也以命令按钮的形式出现在工具栏中。现在就将工具栏中的命令按钮简要介绍如下。

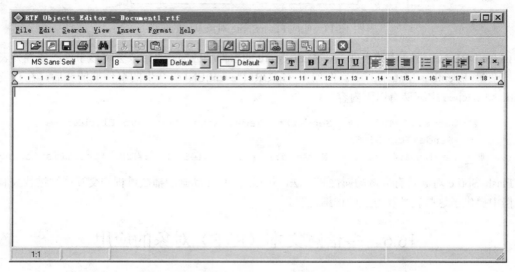

图 16-14　【RTF Objects Editor-Document1.rtf】窗口

　　【新建】命令按钮，用于创建一个新的 RTF 文件。如果在这之前的工作尚未存盘，Authorware 会弹出一个提示窗口，提醒保存工作成果。

　　等效菜单操作：File→New　　　　　　　　　　　　　　**快捷键：Ctrl+N**

　　【打开】命令按钮，用于打开一个已经存在的 RTF 文件，单击此按钮将会出现一个【Open】对话框，让你选择一个 RTF 文件来打开。如果在这之前的工作尚未存盘，Authorware 会弹出一个提示窗口，提醒保存工作成果。

　　等效菜单操作：File→Open Document　　　　　　　　**快捷键：Ctrl+O**

　　【打开数据库】命令按钮，用于打开 MDB 数据库（Microsoft Access Database）文件，向当前文件插入数字库中 MEMO 字段的内容，如图 16-15 所示。在【Select Database Table/Field/Record】（【选择数据库记录字段】）窗口中，可以利用导航按钮对数据库中每条记录进行浏览，以选取合适的内容导入。

　　等效菜单操作：File→Open Database　　　　　　　　**快捷键：Ctrl+D**

　　【保存文件】命令按钮，用于保存当前 RTF 文件。如果当前文件尚未命名，则出现【Save As】对话框，让你从中对当前文件进行命名存盘。

　　等效菜单操作：File→Save　　　　　　　　　　　　　　**快捷键：Ctrl+S**

　　【打印】命令按钮，打印当前 RTF 文件。单击此按钮，会出现 Windows 【Printer Setup】对话框，在其中单击【确定】按钮，就开始打印当前文件。

　　等效菜单操作：File→Print　　　　　　　　　　　　　　**快捷键：Ctrl+P**

　　【查找】命令按钮，用于查找指定的文本内容。单击此按钮，会出现一个【查找】对话框，让你输入待查找的内容及开展查找的方式。

等效菜单操作：**Search→Find**　　　　　　　　　　　　快捷键：Ctrl+F

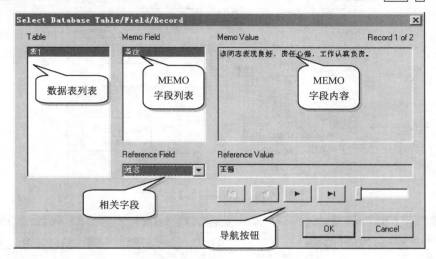

图 16-15　导入数据库 MEMO 字段的内容

【剪切】命令按钮，单击此按钮，可以将当前文件中被选中的内容转移到剪贴板上。

等效菜单操作：**Edit→Cut**　　　　　　　　　　　　　快捷键：Ctrl+X

【复制】命令按钮，单击此按钮，可以将当前文件中被选中的内容复制一份放到剪贴板上。

等效菜单操作：**Edit→Copy**　　　　　　　　　　　　　快捷键：Ctrl+C

【粘贴】命令按钮，单击此按钮，可以将剪贴板上的内容复制一份到当前插入点所处位置。

等效菜单操作：**Edit→Paste**　　　　　　　　　　　　　快捷键：Ctrl+V

【撤销键入】命令按钮，单击此按钮，可以撤销最近一次键入操作。

等效菜单操作：**Edit→Undo Typing**　　　　　　　　　快捷键：Ctrl+U

【恢复键入】命令按钮，单击此按钮，可以恢复最近一次被撤销的键入操作。

等效菜单操作：**Edit→Redo Typing**　　　　　　　　　快捷键：Ctrl+Y

【插入文件】命令按钮，用于向当前文件插入外部的文本文件。单击此按钮，可将打开【Insert File】对话框，如图 16-16 所示，在其中可以选择 RTF 文件或 TXT 文件导入到当前文件中。存在两种导入文件方式：Import File 方式将外部文件的内容直接导入到当前文件中；Link File 方式则以链接方式使用外部文件的内容，在当前文件中仅显示链接信息，例如 {D:\temp\Document1.RTF}。如果外部文件以链接方式导入，还可以在【File Name】单选按钮组中选择文件路径的类型，如 Absolute(Full Path)（完整路径）或 Relative to FileLocation（相对路径）。

等效菜单操作：**Insert→File**　　　　　　　　　　　　快捷键：无

【插入图像】命令按钮，用于向当前文件插入外部的图像文件。单击此按钮，会出现【Insert Image】对话框，如图 16-17 所示，在其中可以选择外部图像文件导入到当前文件中。与【Insert File】对话框的使用方法类似，外部图像文件也存在两种导入方式，RTF 对象编辑器共支持 5 种类型的图像文件：BMP，JPG，GIF，EMF，WMF。在图像预览框中可以对将要导入的图像进行预览，通过预览方式选择列表框可以选择预览方式：Normal（正常显示）、Center（居中显示）和 Stretch（缩放显示）。

等效菜单操作：**Insert→Image**　　　　　　　　　　　快捷键：无

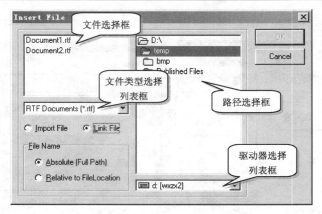

图 16-16   【Insert File】对话框

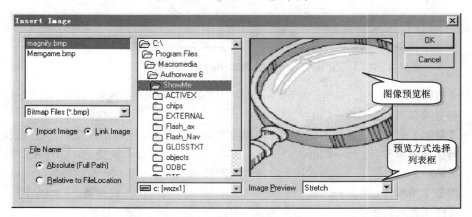

图 16-17   【Insert Image】对话框

【插入图形】命令按钮。用于向当前文件插入图形。单击此按钮，会出现【Insert Shape】对话框，如图 16-18 所示。在【Shape】组合框中，可以设置图形的种类和大小，共有 6 种可选的图形：Circle（圆形）、Ellipse（椭圆形）、Rectangle（矩形）、Square（正方形）、Rounded Rectangle（圆角矩形）、Rounded Square（圆角正方形）。在【Inside Brush】组合框中，可以设置图形内部的样式，包括 Style（填充模式）和 Color（填充颜色）。在【Outside Border】组合框中，可以设置图形边框的样式，包括 Width（线条宽度）、Style（线条样式）和 Color（线条颜色）。

等效菜单操作：Insert→Shape   **快捷键：无**

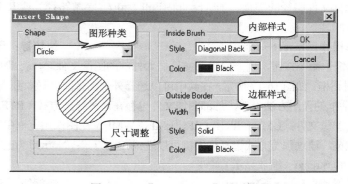

图 16-18   【Insert Shape】对话框

【插入符号】命令按钮，用于向当前文件插入各种无法通过键盘输入的符号。单击此按钮，会出现【Insert Symbol】对话框，在其中可以选择不同字体的各种符号插入到当前文件中。

等效菜单操作：Insert→Symbol　　　　　　　　**快捷键：无**

【插入超文本】命令按钮，用于向当前文件插入超文本。单击此按钮，将出现【Insert Hot Text】对话框，如图 16-19 所示。其中【Link Text】文本框用于指定显示的超文本，【Link Code】列表框用于指定超链接代码，【Underline Hot Text】复选框决定超文本是否具有下画线。在【Insert Hot Text】对话框中设置完毕后，单击【OK】命令按钮，超文本就被插入到当前文件中，例如<hyperlink>下一页=Page 2</hyperlink>（与图 16-19 中的内容对应）。在 Authorware 程序中，通过 RTF 知识对象或外部函数 rtfDisplay( )显示 RTF 文件内容时，超链接标记<hyperlink>及等号后面超链接代码部分不会显示在【演示】窗口中，但是可以通过外部函数 rtfGetLinkCode( )读取超链接代码，以实现导航功能。

等效菜单操作：Insert→Hot Text　　　　　　　　**快捷键：无**

【插入分页符】命令按钮，用于向当前文件插入分页标记<page break>。

等效菜单操作：Insert→Page Break　　　　　　　　**快捷键：无**

【插入日期与时间】命令按钮，用于向当前文件插入日期和时间。单击此按钮，将出现【Insert Date and Time】对话框，如图 16-20 所示，在其中选择一种日期与时间格式后，单击【OK】命令按钮，就可以向当前文件插入日期与时间数值表达式。例如在选择了"Current time in long format"格式后，就会向文件中插入{FullTime}。

等效菜单操作：Insert→Date and Time　　　　　　　　**快捷键：无**

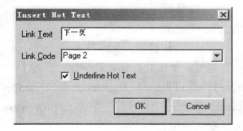

图 16-19　【Insert Hot Text】对话框

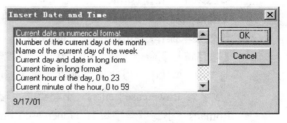

图 16-20　【Insert Date and Time】对话框

【插入表达式】命令按钮，用于向当前文件插入 Authorware 表达式。单击此按钮，会出现【Insert Authorware Expression】对话框，如图 16-21 所示。在其中可以选择 Authorware 中各种系统函数和变量构造表达式。单击【Insert】命令按钮，可以将列表中选中的函数或变量插入到下方【Expression】文本框中，然后进行手动编辑，编辑完毕后单击【OK】命令按钮，就可以将表达式插入到当前文件中。例如{ACOS(30)}。

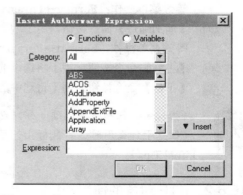

图 16-21　【Insert Authorware Expression】对话框

等效菜单操作：Insert→Authorware Expression　　　　　　　　**快捷键：无**

【退出】命令按钮，用于退出 RTF 对象编辑器，返回 Authorware 程序窗口。

等效菜单操作：**File→Exit**　　　　　　　　　　**快捷键**：Alt+F4

MS Sans Serif　　【**字体列表框**】用于选择一种系统字体，用于当前被选中的文本内容。

8　　【**字号列表框**】用于选择一种字号，用于当前被选中的文本内容。

Default　　【**前景色列表框**】用于为文本选择一种前景色。

Default　　【**背景色列表框**】用于为文本选择一种背景色。

T　【**字体**】命令按钮，用于选择一种字体样式。单击此按钮将出现 Windows 【Font】对话框，在其中可以为选中的文本设置字体样式。

等效菜单操作：**Format→Font**　　　　　　　　　**快捷键**：无

B　【**粗体**】命令按钮，用于将选中的文本转化为粗体样式，如"ABC"变为"ABC"。

等效菜单操作：**Format→Font**　　　　　　　　　**快捷键**：Ctrl +B

I　【**斜体**】命令按钮，用于将选中的文本转化为斜体样式，如"ABC"变为"*ABC*"。

等效菜单操作：**Format→Font**　　　　　　　　　**快捷键**：Ctrl+I

U　【**实下划线**】命令按钮，用于将选中的文本转化为带实下划线的样式，如"ABC"变为"<u>ABC</u>"。

等效菜单操作：**Format→Font**　　　　　　　　　**快捷键**：Ctrl +U

U　【**虚下划线**】命令按钮，用于将选中的文本转化为带虚下画线的样式，如"ABC"变为"ABC"。

等效菜单操作：**Format→Font**　　　　　　　　　**快捷键**：无

　【**段落左对齐**】命令按钮，用于将选中的文本设置为向左对齐。

　等效菜单操作：**Format→Paragraph**　　　　　　**快捷键**：无

　【**段落居中对齐**】命令按钮，用于将选中的文本设置为居中对齐。

　等效菜单操作：Format→Paragraph　　　　　　　快捷键：无

　【**段落右对齐**】命令按钮，用于将选中的文本设置为向右对齐。

　等效菜单操作：**Format→Paragraph**　　　　　　**快捷键**：无

　【**项目符号**】命令按钮，用于为选中的段落增加项目符号。单击此按钮，会弹出一个项目符号菜单，在其中可以选择一种符号样式。共有 6 种符号样式可供选择：Bullets（圆点）、Number（数字）、Lowercase Letters（小写英文字母）、Uppercase Letters（大写英文字母）、Lowercase Romans（小写罗马字母）、Uppercase Romans（大写罗马字母）。

　【**减少缩进**】命令按钮，用于减少段落文字的缩进量。

　等效菜单操作：**Format→Paragraph**　　　　　　**快捷键**：无

　【**增加缩进**】命令按钮，用于增加段落文字的缩进量。

　等效菜单操作：**Format→Paragraph**　　　　　　**快捷键**：无

x²　【**上标**】命令按钮，用于将选中的文本转化为上标样式。

U　【**下标**】命令按钮，用于将选中的文本转化为下标样式。

这些命令按钮和菜单选项一样，也用灰色表示该命令按钮当前不可用，当记不起某个命令按钮是干什么用时，将鼠标指针移到命令按钮上稍等片刻，命令按钮下就会出现工具提示（Tool Tips）。

16.6.2　RTF 对象的使用

在利用 RTF 对象编辑器创建 RTF 文件（或者利用其他字处理程序创建 RTF 文件）之后，就可以在程序中通过 RTF OBJECT 类的知识对象创建和使用 RTF 对象了。

1．创建 RTF 对象

每个 RTF 对象必须具有一个唯一性的 ID 号码。使用 Create RTF Object 知识对象，可以为 RTF 文件创建一个 ID 号码（即产生一个 RTF 对象），从而使其他的 RTF 知识对象和 RTFobj.U32 中的函数可以对 RTF 对象进行处理。

 如果想利用 RTF 对象的强大功能，千万不要将 RTF 文件作为普通文本文件简单地导入到程序中，而一定要通过 Create RTF Object 知识对象创建相应的 RTF 对象。

下面介绍如何使用 Create RTF Object 知识对象创建和显示 RTF 对象。

（1）在【Knowledge Objects】窗口中选择 RTF Object 类型的知识对象：Create RTF Object，用鼠标将该知识对象图标拖放到设计窗口中流程线上所需位置，就会出现 Create RTF Object 知识对象使用向导（此时如果你的程序文件尚未保存过，Authorware 会提示你先保存当前程序文件），第一步是对该知识对象的简要介绍：Introduction。单击其中的【Next】命令按钮，进入下一步。

（2）此时显示第二步设置：Source，如图 16-22 所示。在此可以通过表达式或字符串指定 RTF 对象对应的源文件，单击【…】命令按钮，可以打开【Select RTF Document】对话框，在其中选择所需的 RTF 文件。打开【Assume Entry is Relavtive to FileLocation (or NetLoca tion)】复选框，源文件可以使用相对路径，否则使用的是绝对路径。打开【Show RTF Object (make my RTF object visible)】复选框，允许 RTF 对象显示在【演示】窗口中，否则使 RTF 对象处于隐藏状态。设置完毕后，单击【Next】命令按钮，进入下一步。

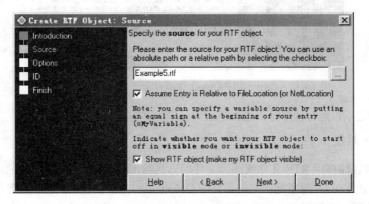

图 16-22　Create RTF Object 知识对象使用向导（第二步）

（3）此时显示第三步设置：Options，如图 16-23 所示。在此可以设置 RTF 文本显示的方式：【Stradard】（标准样式）或【Scrolling】（滚动样式）；也可以通过表达式或数值指定 RTF 对象将要引用源文件中的哪些页：【StartPage】代表起始页码，【EndPage】代表终止页码。如果需要设置 RTF 对象所处的显示层数，可以向【Layer】文本框中输入一个数值，默认的层数为 0。设置完毕后，单击【Next】命令按钮，进入下一步。

（4）此时显示第四步设置：ID，如图 16-24 所示。在此可以创建用于存储 RTF 对象 ID 号码的 ID 变量：默认为 RTF_ID，注意在变量名称前一定要加 "=" 号。打开【Prevent Automatic Erase】复选框，可以防止该 RTF 对象被设置为 Erase Previous Content 方式的设计图标擦除。设置完毕后，单击【Next】命令按钮，进入下一步。

（5）此时显示第五步设置：Finish。Authorware 提示将按照刚才的设置建立 RTF 对象，如果有什么设置需要调整，可以使用【Back】命令按钮，返回以前的步骤进行修改；如果不做修改，单击【Done】

命令按钮，Authorware 就会建立 RTF 对象并自动将需要的支持文件 RTFobj.U32 复制到程序文件所处文件夹中。

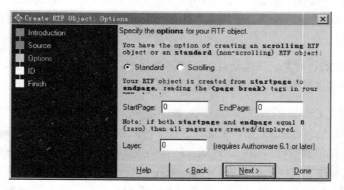

图 16-23   Create RTF Object 知识对象使用向导（第三步）

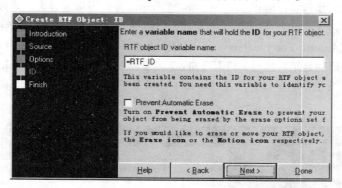

图 16-24   Create RTF Object 知识对象使用向导（第四步）

经过上述步骤之后，运行程序时，与 RTF 对象对应的 RTF 文件内容就可以显示在【演示】窗口中。

2. 输出 RTF 对象

RTF 对象的内容能够以 RTF 文件或图像文件的方式输出到磁盘，这一功能是通过 Save RTF Object 知识对象实现的。由于 RTF 对象是由 Create RTF Object 知识对象创建的，因此在使用 Save RTF Object 知识对象之前，必须保证程序中至少存在一个 Create RTF Object 知识对象。

在设置 Save RTF Object 知识对象的过程中，需要在第二步操作中指定被输出的 RTF 对象的 ID 号码（即图 16-24 中创建的 ID 号码）。在第三步操作中，需要指定输出文件的格式和存储路径，共有 4 种输出格式（如图 16-25 所示）：RTF 文件、BMP 图像、JPG 图像和 GIF 图像。

在输出 RTF 对象内容时，将输出文件格式设置为 RTF 文件是比较可靠的做法，因为这样可以完整地保存 RTF 对象的所有内容，包括在【演示】窗口中不可见的部分。将输出文件格式设置为任意一种图像格式时，必须了解：由于 RTF 对象是具有透明覆盖模式的显示对象，因此输出的图像会包含【演示】窗口背景中的内容，而且 RTF 对象仅可见部分能够得到保存——不可见的部分内容会被裁剪。

使用外部函数文件 RTFObj.u32 中提供的函数 rtfSave(ID, FileFormat, "FileName")，同样可以实现 RTF 对象输出，参数 ID 指定被输出的 RTF 对象的 ID 号码，参数 FileFormat 指定输出的文件格式，参数 FileName 指定输出文件的名称。关于此函数的详细使用方法请参阅本书的附录 E。

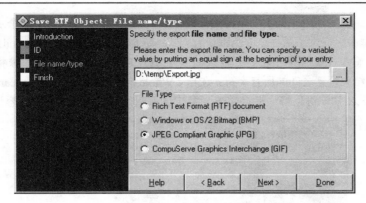

图 16-25　选择输出格式

3．RTF 对象的显示与隐藏

有时在创建了 RTF 对象之后，并不需要将它立即显示在【演示】窗口中，仅在特定的时刻才将其显示。在利用 Create RTF Object 知识对象创建 RTF 对象时，可以在第二步操作中关闭【Show RTF Object (make my RTF object visible)】复选框，这样就可以将 RTF 对象隐藏起来。另外，在程序中可以利用 Show or Hide RTF Object 知识对象，控制 RTF 对象的显示与隐藏。使用 Save RTF Object 知识对象之前，同样需要保证程序中至少存在一个 Create RTF Object 知识对象。

在设置 Show or Hide RTF Object 知识对象的过程中，需要在第二步操作中指定被显示或隐藏的 RTF 对象的 ID 号码，在第三步操作中，设置指定 RTF 对象的显示或隐藏状态。如图 16-26 所示，选择【Show RTF object (make RTF object visible)】单选按钮，可以显示由 ID 号码指定的 RTF 对象，选择【Hide RTF object (make RTF object invisible)】单选按钮，可以隐藏由 ID 号码指定的 RTF 对象。

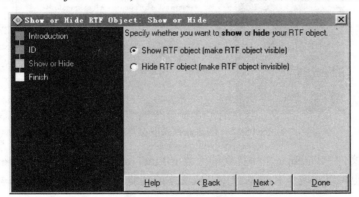

图 16-26　设置指定 RTF 对象的显示或隐藏状态

使用外部函数文件 RTFObj.u32 中提供的函数 rtfHide(ID) 和 rtfShow(ID)，同样可以实现 RTF 对象的隐藏与显示。关于这两个函数的详细使用方法请参阅本书的附录 E。

4．获取 RTF 对象的文本内容

通过 Get RTF Text Range Object 知识对象，可以从现有 RTF 对象中获取文本内容。使用 Get RTF Text Range Object 知识对象之前，同样需要保证程序中至少存在一个 Create RTF Object 知识对象。

在设置 Get RTF Text Range Object 知识对象的过程中，需要在第二步操作中指定被读取的 RTF 对象的 ID 号码，在第三步操作中，设置获取文本的范围，如图 16-27 所示，在【StartPos】文本框中设

置文本的起始位置。RTF 对象中第 1 个字符的位置是 0，其余以此类推，第 100 个字符的位置是 99。在【Range】组合框中，提供了两种获取范围设置方式：选择【Between StartPos and】单选按钮，可以在右侧的文本框中输入获取范围的结束位置，Get RTF Text Range Object 知识对象将从指定 RTF 对象中读取起始位置到结束位置之间的所有字符；选择【Whole line where StartPos appears】单选按钮，Get RTF Text Range Object 知识对象将从指定 RTF 对象中读取起始字符所在的整行内容。

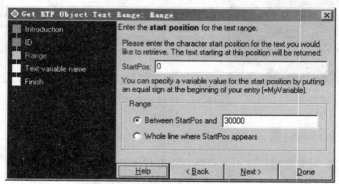

图 16-27　设置获取文本的范围

在第四步操作中，创建用于保存获取文本的变量，如图 16-28 所示，从指定 RTF 对象中获取的文本内容，将被保存在该变量中。

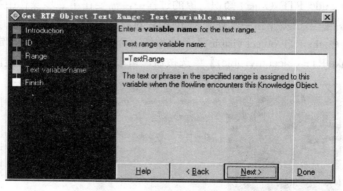

图 16-28　创建保存获取文本的变量

使用外部函数文件 RTFObj.u32 中提供的函数 rtfLineFromPos(ID, Position) 和 rtfGetTextRange(ID, StartPos, EndPos)，也可以实现从 RTF 对象中获取文本的功能。关于这两个函数的详细使用方法请参阅本书的附录 E。

5．使用 RTF 对象中的超文本

本章 16.6.1 节中曾经介绍过，利用【插入超文本】命令按钮，可以在 RTF 对象中嵌入超文本。通过 Insert RTF Object Hot Text Interaction 知识对象，可以使 RTF 对象中的超文本在 Authorware 程序中发挥作用，它能够自动为指定的 RTF 知识对象创建具有热区响应的交互作用分支结构，并且自动读取 RTF 对象中与超文本对应的超链接代码。使用 Insert RTF Object Hot Text Interaction 知识对象之前，同样需要保证程序中至少存在一个 Create RTF Object 知识对象，并且要求与 RTF 对象对应的 RTF 文件中，至少存在一个超文本，Insert RTF Object Hot Text Interaction 知识对象要求以 Authorware 程序中存在的页图标的名称作为超链接代码。

RTF 对象中的文本还可以动态改变字体、颜色和样式，可以将这一特性应用于超链接代码。文本样式的改变是通过以下几种标记实现的：

粗体：{font-b}...{/font-b}　　　　　　斜体：{font-i}...{/font-i}

下画线：{ font-u}...{/font-u   }　　　　设置字号：{font-size=18}...{/font-size}

设置文字颜色：{font-color=red}...{/font-color}　　设置字体：{font-face=Arial}...{/font-face}

设置下标：{font-sub}...{/font-sub}　　　设置上标：{font-super}...{/font-super}

在设置颜色时也可以使用十六进制数指定颜色，例如使用：

```
{font-color=#FF0000}...{/font-color}
```

以下简要介绍 Insert RTF Object Hot Text Interaction 知识对象的使用方法。

（1）在利用 Create RTF Object 知识对象创建 RTF 对象之后，向程序流程线上再拖放一个 Insert RTF Object Hot Text Interaction 知识对象，如图 16-29 所示，此时将会出现知识对象使用向导窗口。

（2）在第二步设置中，将 RTF 对象的 ID 号码设置为由 Create RTF Object 知识对象创建的 RTF 对象的 ID 号码。在第三步设置中，根据 RTF 对象中超文本的数量，设置热区响应的数目，默认的数目是 5。

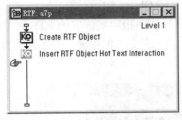

图 16-29　创建知识对象

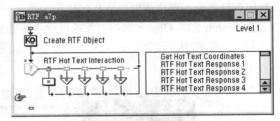

图 16-30　自动创建的交互作用分支结构

（3）设置完毕之后，Insert RTF Object Hot Text Interaction 知识对象自动为 RTF 对象创建 1 个时间限制响应和 5 个热区响应（根据上一步骤中的设置），同时自动删除原有的"Insert RTF Object Hot Text Interaction"知识对象图标，如图 16-30 所示。每个热区响应的响应区域自动与 RTF 对象中超文本的可见内容（超链接代码及超链接标记是不可见的）对齐，并且每个热区响应都以【导航】设计图标作为响应图标，如图 16-31 所示。在【导航】设计图标中通过外部函数文件 RTFObj.u32 中的函数 rtfGetLinkCode(ID, Num)，获取每个超文本的超链接代码（即相关的页图标名称），这样就可以控制程序跳转到相关的页中。假设 RTF 对象中具有如下所示的 5 个超文本：

```
<hyperlink>image1=Page 1</hyperlink>
<hyperlink>image2=Page 2</hyperlink>
<hyperlink>image3=Page 3</hyperlink>
<hyperlink>image4=Page 4</hyperlink>
<hyperlink>image5=Page 5</hyperlink>
```

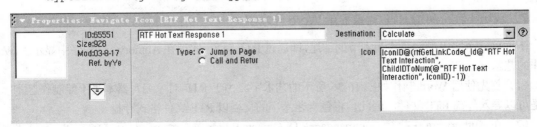

图 16-31　导航至对应的页图标

则显示在【演示】窗口中的内容如图 16-32(a)所示，而自动创建的热区响应的响应区域如图 16-32(b)所示，两者在位置上完全吻合（通过使用函数 rtfGetLinkCoor(ID, Num)），因此用户在单击超文本"image1"时，程序就能够跳转到页图标"Page 1"中。

(a)   (b)

图 16-32   根据超文本位置设置热区响应

关于函数 rtfGetLinkCoor(ID, Num)和 rtfGetLinkCode(ID, Num)的详细使用方法，请参阅本书的附录 E。

6．在 RTF 对象中进行查找

通过 Search RTF Object 知识对象，可以在现有 RTF 对象中查找指定的文本内容。使用 Search RTF Object 知识对象之前，同样需要保证程序中至少存在一个 Create RTF Object 知识对象。

在设置 Search RTF Object 知识对象的过程中，需要在第二步操作中指定被读取的 RTF 对象的 ID 号码，在第三步操作中，设置待查找的文本内容，如图 16-33 所示。在文本框中输入文本时，要注意区别大、小写字母。

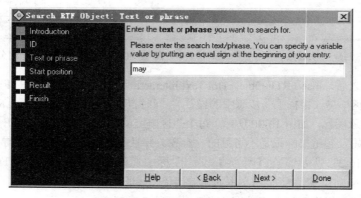

图 16-33   设置待查找的文本内容

在第四步操作中，需要设置查找范围，如图 16-34 所示。在文本框中输入开展查找的起始位置，在默认情况下为 0，即从 RTF 对象中的第 1 个字符开始向后进行查找。在第五步操作中，创建用于保存查找结果的变量，如图 16-35 所示。如果找到了在第三步操作中指定的文本内容，就将其具体位置保存在该变量中；如果没有找到指定的文本内容，该变量的值为–1。

7．现场实践：利用 RTF 对象显示 Word 艺术字

下面以一个实用的例子作为本节的结尾，即通过 RTF 对象，实现在 Authorware 程序中显示由 Word 制作的艺术字。

（1）首先使用 Word 制作如图 16-36 所示的艺术字。由于 RTF 对象编辑器本身不能制作艺术字，但是可以导入外部 RTF 文件，因此，将包含艺术字的文档以 RTF 文件格式存盘。

（2）在 Authorware 中执行 Commands→RTF Objects Editor 菜单命令，打开【RTF Objects Editor】窗口，向其中输入"艺术字"，并单击工具栏中的【插入文件】命令按钮，插入在第 1 步中制作的 RTF

文件，如图 16-37 所示（图中显示出是以嵌入方式导入整个外部文件。如果在【Insert File】对话框中选择【Link File】单选按钮，还能够以链接方式使用外部文件。对于本例而言，两种方法都是适用的）。将当前文件保存为"Document1.rtf"后，关闭【RTF Objects Editor】窗口。

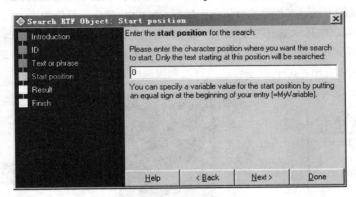

图 16-34　设置查找范围

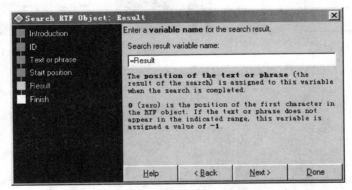

图 16-35　创建保存查找结果的变量

图 16-36　使用 Word 制作的艺术字

图 16-37　导入外部 RTF 文件

（3）建立一个新的程序文件，导入 Clouds.bmp 作为背景图像，然后从 Knowledge Objects 窗口中向流程线上拖放一个 Create RTF Object 知识对象。Authorware 将提示你将当前程序存盘。现在将当前程序保存为"艺术字.a7p"，如图 16-38 所示。

（4）在知识对象使用向导窗口中对知识对象图标进行设置。在第二步设置中，将 RTF 对象对应的RTF 文件设置为"Document1.rtf"，并指定使用完整路径，如图 16-39 所示。完成所有的设置步骤之后，单击【Done】命令按钮，关闭知识对象使用向导窗口。

（5）运行程序。起初 RTF 对象显示在【演示】窗口的左上角，而且其内容也不能完全显示出来，因此必须对 RTF 对象的位置和大小进行调整。尽管 RTF 对象同时也是显示对象，但是在【演示】窗口中双击该对象是不能对其进行编辑的，Authorware 将提示 Create RTF Object 知识对象当前处在锁定状态，不允许被编辑。正确的方法是在程序执行过程中按下 Ctrl+P 快捷键，暂停程序的执行，然后在【演示】窗口中单击 RTF 对象，使其周围出现控制柄，此时利用鼠标拖动控制柄，就可以改变 RTF 对象的可视范围了（注意不是改变其大小），也可以利用鼠标拖动 RTF 对象，将其摆放到合适的位置。最终结果如图 16-40 所示。可以看出，RTF 对象自动具有透明覆盖模式。

图 16-38　创建 RTF 对象

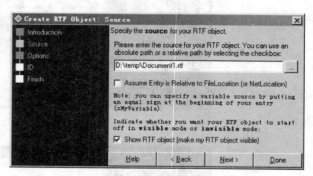

图 16-39　为 RTF 对象指定 RTF 文件

图 16-40　在 Authorware 中显示 Word 艺术字

　　本例至此制作完毕。Word 是目前被普遍使用的文字处理程序，它提供了创建艺术字、图表和公式的快捷手段。在以前版本的 Authorware 中，想要创建丰富的艺术字体及显示图表和公式是比较困难的，而在 Authorware 7.0 中，利用 RTF 对象，可以对更多的外部资源进行利用，实现更加完美的执行效果。如果感兴趣的话，可以使用 Word 绘制出图表和公式，然后利用本节介绍的方法，在 Authorware 中应用这些图表和公式。

16.7　输出内部多媒体数据

　　Authorware 7.0 提供了将程序文件中的多媒体数据输入到外部的功能，这个功能带来两方面的好处：一是在丢失了原来多媒体素材的情况下，可以将程序中正在使用的数据输出，并按照需要进行修改，而这在 Authorware 以前的版本中是做不到的，你只能重新收集素材并从头开始加工；二是将内部多媒体数据输出到外部并按照更有效的压缩方式进行压缩，这样做便于将多媒体程序进行网络发布。

可以输出的多媒体数据有文本、图像、声音、内部存储的数字化电影。输出内部多媒体数据可以采取以下方法：

（1）选择包含所需多媒体数据的设计图标，然后执行 File→Import and Export→Export Media 菜单命令，此时出现【Export Media】对话框，如图 16-41 所示。

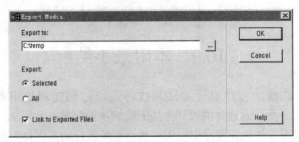

图 16-41　【Export Media】对话框

（2）在【Export to】文本框中输入保存输出数据的路径，也可以单击【…】按钮选择一个文件夹。

（3）在【Export】单选按钮组中选择"Selected"，表示将要输出被选择的设计图标中的数据；选择"All"，可以将当前程序文件和库文件中所有保存在设计图标中的多媒体数据输出。输出的多媒体数据仍以当初导入它们时的格式存储，比如当初导入时图像数据是 wmf 格式，输出后形成的图像文件仍旧是 wmf 格式，但采用设计图标名作为文件名称。文本对象以 RTF 文档方式输出，同一个设计图标的多个文本对象分别存储在不同的 RTF 文档中。

（4）如果在输出数据之前打开了【Link to Exported Files】复选框，则 Authorware 在输出多媒体数据之后，会将对应的设计图标链接到输出形成的外部文件上，而程序文件内部或库文件内部就不再保存相应多媒体数据。程序中的文本对象除外，它不能建立与外部 RTF 文档的连接。

执行 File→Import and Export→Import Media 菜单命令，可以将外部媒体数据导入程序中。

 Authorware 7.0 还提供了将程序输出为 XML 文档的功能。但是这一功能对中文系统的兼容性有待改善，导出的 XML 文档往往不能正常导入。

16.8　设计图标的批量处理

利用 Authorware 提供的批量处理功能，同时对一批设计图标的共同具有的属性进行相同的设置，可以大大提高工作效率。

首先选择要进行设置的设计图标，然后执行 Edit→Change Properties 菜单命令，打开【Change Icon Properties】对话框，如图 16-42 所示。在【Property】下拉列表框中选择需要设置的属性类型；在属性列表框中双击选中需要设置的属性，被选中的属性名称左边会显示"×"标志，一次可以选中一个或多个属性进行设置；选择完毕后单击【OK】命令按钮，就可以为所有选中的设计图标进行同样的属性设置。

 批量处理操作是不能用 Undo 命令撤销的！

如果按照图 16-42 中的选择执行属性设置，就会将所有选中的设计图标中的文本对象都设置为"消锯齿"效果。

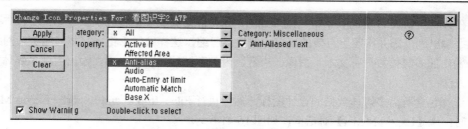

图 16-42　【Change Icon Properties】对话框

16.9　本附录小结

本附录介绍了一些高级的程序设计方法和技巧。通过创建和使用外部函数可以大大扩展 Authorware 的功能，解决一些依靠通常的设计方法无法解决的问题；利用 Authorware 7.0 对 Flash 和 QuickTime 的支持，可以很方便地在程序中应用一些当前最流行的多媒体数据格式；而运用设计图标批量处理功能则可以大幅度提高工作效率。

16.10　上 机 实 验

（1）在 Authorware 程序中显示复杂的数学公式。（提示：在 RTF 文档中排版公式，然后利用 RTF 对象显示公式。）

（2）使用 Quick Time Xtra 播放 QuickTime VR 数字化电影。

（3）使用 Flash Sprite 播放 Flash 动画。

附录 A 系统变量

系统变量	类别/类型	说　明
AllCorrectMatched	Interaction	如果用户匹配了当前交互作用分支结构中所有设置为 Correct 状态的响应,其值为 TRUE,否则为 FALSE;使用 AllCorrectMatched@"IconTitle"返回指定交互作用分支结构中的相应值
AllSelected	Decision	如果当前决策判断分支结构中的所有分支都被使用过,其值为 TRUE;使用 AllSelected@"IconTitle"返回指定决策判断分支结构中的相应值
AltDown	General	当 Alt 键被按下时,其值为 TRUE
Animating	General	如果 IconTitle 指定的设计图标正在被【移动】设计图标移动,Animating@"IconTitle"返回 TRUE
AppType	General	标识当前的 runtime 类型(用数值表示): 1—表示一个已打包的程序正在由 16bit(Windows 3.1)runtime 程序运行 2—表示一个已打包的程序正在由 32bit(Windows 98、Me、NT、2000 和 XP)runtime 程序运行或一个未打包的程序文件正在由 Authorware 程序运行 该变量仅用于提供向后兼容性。在 Authorware 7.0 中,该变量的值总是 2
AppTypeName	General	标识当前的 runtime 类型(用字符串表示): "16-bit"—表示一个已打包的程序正在由 16bit(Windows 3.1)runtime 程序运行 "32-bit"—表示一个已打包的程序正在由 32bit(Windows 98, Me, NT, 2000 和 XP)runtime 程序运行或一个未打包的程序文件正在由 Authorware 程序运行 该变量仅用于提供向后兼容性。在 Authorware 7.0 中,该变量的值总是"32-bit"
BranchPath	Interaction	存储当前交互作用分支结构中用户最后一次匹配的响应所对应的响应分支类型:0—Continue;1—Exit Interaction;2—Try Again;3—Return 如果 IconTitle 指定一个【交互作用】设计图标,则 BranchPath@"IconTitle"返回指定交互作用分支结构中用户最后一次匹配的响应所对应的响应分支类型;如果 IconTitle 指定一个响应图标,则 BranchPath@"IconTitle"返回指定响应图标所对应的响应分支类型。可以通过对 BranchPath 或 BranchPath@"IconTitle"进行赋值来改变某个响应分支类型,这种改变能够立即起作用,但是并不反映在交互作用分支结构的流程线上
CalledFrom	Icons	CalledFrom@"IconTitle"返回最近调用指定设计图标的起点设计图标的 ID 号码。调用可以由【导航】设计图标或带有 Return 响应分支类型的永久性响应产生,由该变量可以确定调用的起点
CallStackText	Icons	包含一个由回车符分隔的列表。该列表表示调用与被调用设计图标间的信息,调用可以由【导航】设计图标或带有 Return 响应分支类型的永久性响应产生。列表的排列顺序以调用产生的先后次序为准,最近发生的调用记录在列表的最顶端。一个记录了两次调用的列表格式如: "Map \"第1 页\" called from Navigate \"直接调用\"\rMap \"联机帮助\" called from Map \"第 2 页\"\r"
CapsLock	General	当 CapsLock 键被按下时,其值为 TRUE
Charcount	Interaction	存储用户在文本输入响应中输入的字符个数;CharCount@"IconTitle"返回指定交互作用分支结构中的相应值
Checked	Interaction	使用 Checked@"ButtonIconTitle"判断指定的按钮是否处于核选状态,是则返回 TRUE。也可以通过对该变量进行赋值来设置指定按钮的核选状态
ChoiceCount	Interaction	包含与当前【交互作用】设计图标相联系的响应数目;使用 ChoiceCount@"IconTitle"返回指定交互作用分支结构中的相应值
ChoiceNumber	Interaction	包含当前交互作用分支结构中用户匹配的最后一个响应图标的序号;使用 ChoiceCount@"IconTitle"返回指定交互作用分支结构中的相应值。同一交互作用分支结构中的响应图标按照由左到右的次序从 1 开始标号

（续表）

系 统 变 量	类别/类型	说　明
ChoicesMatched	Interaction	包含当前交互作用分支结构中用户匹配的不同响应图标的总数（即对同一响应图标的重复匹配并不重复计数）；使用 ChoicesMatched@"IconTitle"返回指定交互作用分支结构中的相应值
ClickSeconds	Time	存储用户最后一次在【演示】窗口中单击鼠标左键至当前的时间，单位为秒
ClickX	General	包含用户最后一次单击鼠标左键时鼠标指针距【演示】窗口左边界的像素数
ClickY	General	包含用户最后一次单击鼠标左键时鼠标指针距【演示】窗口顶端的像素数
CMIAttemptCount	CMI	存储学生访问课程中某一任务的次数。在 CMI 系统中，一个课程可以由一个或多个任务构成。该变量只供检测，不能对其进行赋值
CMIAttempts	CMI	该变量包含一个属性列表的列表，用于存储任务尝试信息。如果之前没有进行过任何尝试（即 CMIAttemptCount 的值为 0），则列表为空，可以使用下面的语法访问该变量的值： MyVariable := CMIAttempts[1..CMIAttemptCount] [#property] 下列属性可供检测，但不能对其进行赋值： #Score：尝试的得分情况 #Status：用字符串反映尝试的状态，可以有以下 3 种值：Completed, Incomplete, Not Attempted #Completed：如果学生完成尝试则返回 TRUE #Failed：如果学生尝试失败则返回 TRUE #Passed：如果学生通过尝试则返回 TRUE #Started：如果学生开始进行尝试则返回 TRUE
CMICompleted	CMI	当一个学生完成任务时该变量的值 TRUE。在 CMI 系统中，一个课程可以由一个或多个任务构成
CMIConfig	CMI	以字符串形式存储 CMI 系统的配置信息。该变量的值对课程的所有用户而言都是相同的，可以由 CMI 系统管理人员进行设置
CMICourseID	CMI	存储由 CMI 系统指定的课程号。在 CMI 系统中，程序文件可以是构成课程的任务之一
CMIData	CMI	可以使用该变量同 CMI 系统交换任务和学生数据，其值对于当前学生而言是唯一的。数据可以包含回车字符，其长度不能超过 16000 个字符
CMIFailed	CMI	如果学生任务失败，则该变量被设置为 TRUE
CMILoggedOut	CMI	将该变量设置为 TRUE 则学生一旦退出任务，就会立即退出 CMI 系统；将该变量设置为 FALSE 则学生在退出任务后会保持登录状态（仍处在 CMI 系统中） 可以通过将该变量设置为 TRUE 来强制学生在开始任务时都要进行登录
CMIMasteryScore	CMI	该变量存储一个任务必需的通过成绩，由 CMI 系统进行设置
CMIObjCount	CMI	用于存储同当前任务相关联的目标的数目。目标是在 CMI 系统中定义的，CMI 系统为每个目标创建一个唯一的 ID 号码 程序中每个【交互作用】设计图标都可以同一个 CMI 目标相关联：通过在【交互作用】设计图标属性检查器【CMI】选项卡中的【Objective ID】文本框中输入一个唯一的 ID 号码
CMIObjectives	CMI	该变量包含一个属性列表的列表，用于存储 CMI 目标信息。如果没有任何目标（即 CMIObjCount 的值为 0），则列表为空，可以使用下面的语法访问该变量的值： MyVariable: = MIObjectives[1..CMIObjCount][#property] 下列属性可供检测，但不能对其进行赋值。 #ID：包含唯一性目标标志的字符串 #Score：目标的分值 #Status：用字符串反映目标的状态，可以有以下 3 种值：Completed, Incomplete, Not Attempted #Completed：如果学生完成目标则返回 TRUE #Failed：如果学未达到目标则返回 TRUE #Passed：如果学生通过目标则返回 TRUE

（续表）

系统变量	类别/类型	说 明
CMIPassed	CMI	如果学生通过任务，则该变量被设置为 TRUE
CMIPath	CMI	该变量由 CMI 系统进行设置，用于存储包含有学生私有数据目录的全称路径
CMIReadComplete	CMI	将该变量设置为 TRUE，则当 CMI 系统同 Authorware 之间的数据传输结束之后，立即删除临时数据文件；将该变量设置为 FALSE，则临时数据文件在稍后被 CMI 系统进行删除
CMIScore	CMI	该变量保存了完成任务后的成绩。如果在【文件】属性检查器的【CMI】选项卡中打开了【Score】复选框，则变量 CMIScore 和 TotalScore 具有相同的值
CMIStarted	CMI	该变量为 TRUE，表示学生开始了一个任务；该变量为 FALSE，则表示学生尚未开始任务或已经完成了任务
CMIStatus	CMI	该变量用于存储当前任务的状态，可能的取值有 3 种：Completed, Incomplete 和 Not Attempted
CMITime	CMI	该变量用于存储一个学生在当前任务中用去的时间，单位为秒。该变量表示所有访问该任务的总计时间。如果在【文件】属性检查器中的【CMI】选项卡中打开了【Time】复选框，则该变量的值会被 CMI 系统自动更新
CMITimedOut	CMI	在一个任务中如果学生有很长时间没有进行任何操作，把该变量设置为 TRUE 将使学生退出 CMI 系统
CMITrackAllInteractions	CMI	将该变量设置为 TRUE 则允许 CMI 系统跟踪程序中所有的交互作用。如果在【文件】属性检查器中的【CMI】选项卡中打开了【All Interactions】复选框，则该变量被初始化为 TRUE，对该变量的赋值会覆盖【文件】属性检查器中的设置 只有在 CMITrackAllInteractions 和 CMITrackInteraction@ "IconTitle"都设置为 TRUE 的情况下，才能够对指定的【交互作用】设计图标进行跟踪
CMITrackInteraction	CMI	将该变量设置为 TRUE 则允许 CMI 系统跟踪程序中特定的【交互作用】设计图标。如果在【交互作用】设计图标属性检查器中的【CMI】选项卡中打开了【Interactions】复选框，则该变量被初始化为 TRUE，对该变量的赋值会覆盖【交互作用】设计图标属性检查器中的设置 只有在 CMITrackAllInteractions 和 MITrackInteraction@ "IconTitle"都设置为 TRUE 的情况下，才能够对指定的【交互作用】设计图标进行跟踪
CMIUserID	CMI	存储 CMI 系统中学生唯一的标识字符串
CMIUserName	CMI	存储学生登录到 CMI 系统时输入的姓名
CommandDown	General	当 Ctrl 键被按下时，其值为 TRUE
ControlDown	General	当 Ctrl 键被按下时，其值为 TRUE
Correct	Interaction	包含当前交互作用分支结构中第一个被设置为 Correct 状态的响应图标的标题；使用 Correct@"IconTitle"返回指定交互作用分支结构中的相应值
CorrectChoice	Interaction	包含当前交互作用分支结构中第一个被设置为 Correct 状态的响应图标的序号；使用 CorrectChoice@"IconTitle"返回指定交互作用分支结构中的相应值
CorrectChoiceMatched	Interaction	包含当前交互作用分支结构中设置为 Correct 状态的不同响应图标被匹配的总数（即对同一响应图标的重复匹配并不重复计数）；使用 CorrectChoicesMatched@"IconTitle"返回指定交互作用分支结构中的相应值
CurrentPageID	Framework	包含当前框架结构中当前显示页的 ID 号码，如果当前框架结构中没有任何一页曾经被显示过，其值为 0；使用 CurrentPageID@"framework"返回指定框架结构中的相应值
CurrentPageNum	Framework	包含当前框架结构中最后一个被显示的页号，如果当前框架结构中没有任何一页曾经被显示过，其值为 0；使用 CurrentPageNum@"framework"返回指定框架结构中的相应值
CursorX	General	包含当前鼠标指针距离【演示】窗口左边界的像素数
CursorY	General	包含当前鼠标指针距离【演示】窗口顶端的像素数

（续表）

系 统 变 量	类别/类型	说　明
Date	Time	包含系统当前日期，以数字形式（如"98-1-15"）表示，日期的具体格式由用户系统中的设置决定
Day	Time	包含系统处于一月中的第几天，取值范围为 1～31
DayName	Time	包含系统当前是星期几，取值的范围为 Sunday～Monday
DirectToScreen	File	当前设计图标如果被设置为 "Direct to Screen"，其值为 True，DirectToScreen@"IconTitle"返回指定设计图标的相应值
DiskBytes	File	包含当前文件所在磁盘可用空间的大小，单位为字节。如果程序通过 Authorware Web Player 在非信任模式下运行，该函数被禁用
DisplayHeight	Icons	包含当前设计图标中所有显示对象所占用的显示区域或者数字化电影播放区域的高度，DisplayHeight@"IconTitle"返回指定设计图标的相应值
DisplayLeft	Icons	包含当前设计图标中所有显示对象所占用的显示区域，或者数字化电影播放区域距离【演示】窗口左边界的像素数，DisplayLeft@"IconTitle"返回指定设计图标的相应值
DisplayTop	Icons	包含当前设计图标中所有显示对象所占用的显示区域，或者数字化电影播放区域距离【演示】窗口顶端的像素数，DisplayTop@"IconTitle"返回指定设计图标的相应值
DisplayWidth	Icons	包含当前设计图标中所有显示对象所占用的显示区域，或者数字化电影播放区域的宽度，DisplayWidth@"IconTitle"返回指定设计图标的相应值
DisplayX	General	包含当前设计图标中显示对象的中心距离【演示】窗口左边界的像素数，使用 DisplayX@"IconTitle"返回指定设计图标的相应值
DisplayY	General	包含当前设计图标中显示对象的中心距离【演示】窗口顶端的像素数，使用 DisplayX@"IconTitle"返回指定设计图标的相应值
DoubleClick	General	如果用户最后一次鼠标点击操作是双击时，其值为 TRUE
Dragging	General	如果当前设计图标中的显示对象正在被用户用鼠标拖动，其值为 TRUE；当用户正在用鼠标拖动指定设计图标中的显示对象时，Dragging@"IconTitle"返回 TRUE
DVDCurrentTime	Video	包含 DVD 电影当前标题的当前播放时间，以秒为单位。如果当前没有 DVD 电影在播放，该变量的值为-1。该变量仅用于 Windows 系统
DVDState	Video	该变量的值包含 DVD 电影的当前播放状态： -1—不存在 DVD 电影；　0—存在播放窗口，但是并没有播放电影； 1—正在播放电影；　2—暂停播放；　3—正在快进或快退；　4—播放窗口不存在； 该变量仅用于 Windows 系统
DVDTotalTime	Video	包含 DVD 电影当前标题的总时间长度，以秒为单位。如果当前没有 DVD 电影在播放，该变量的值为-1。该变量仅用于 Windows 系统
DVDWindowHeight	Video	包含 DVD 电影播放窗口的高度，以像素为单位。该变量仅用于 Windows 系统
DVDWindowWidth	Video	包含 DVD 电影播放窗口的宽度，以像素为单位。该变量仅用于 Windows 系统
e	General	自然对数的底数（2.718281828459）
ElapsedDays	Time	包含最后一次使用当前交互式应用程序以来总的天数。如果在【文件】属性检查器中选择了【Restart】选项，其值始终为 0
EntryText	Interaction	包含用户在最后一次匹配文本输入响应时输入的文本；使用 EntryText@"IconTitle"返回指定交互作用分支结构中的相应值
EvalMessage	General	包含使用系统函数 Eval 或 EvalAssign 时所发生的语法错误信息，如果没有发生语法错误，其值为空

（续表）

系 统 变 量	类别/类型	说　明
EvalStatus	General	包含系统函数 Eval 或 EvalAssign 被调用时的返回状态 0—正常；　1—表达式过长（必须在 512KB 以内）； 2—符号过长（必须在 512KB 以内）；3—没有结尾的字符串（缺少引号）； 4—使用了非法运算符或非法字符（如#，!，%）；5—语法错误；6—错误使用运算符； 7—Test 语句格式有错；8—缺少右括号；9—缺少左括号；10—表达式过于复杂； 11—存储器已满；12—非法赋值；13—需要赋值运算符；14—缺少操作数； 15—函数参数过多；16—函数参数必须是变量名；17—需要函数调用或赋值操作； 18—内部错误；19—需要表达式；20—暂不使用；21—函数未定义； 22—变量未定义；23—由"@"引用的设计图标标题不存在； 24—"@"符号不能与该系统变量一起使用；25—"@"符号不能与自定义变量一起使用； 26—和"@"符号共同使用的设计图标标题不唯一；27—变量或函数名过长； 28—不能使用"@"符号引用保留的设计图标标题（如"untitled"）；29—函数参数过多； 30—函数不能被嵌入；31—在该版本中不存在此系统变量或系统函数； 32—不能在库中使用"@"符号；33—缺少语句；34—缺少"if"；35—缺少"then"； 36—缺少"end"；37—缺少一个新的行；38—"repeat"后必须有"while"或"with"； 39—缺少"repeat"； 40—repeat-with 的格式应该是："repeat with variable := value [down] to value"； 41—"exit repeat"或"next repeat"必须出现在 repeat 语句块中； 42—函数参数列表丢失，需要重新加载函数；43—无效符号；44—无效列表； 45—缺少"]"符号；46—无效的下标；47—函数不能被目标文件调用； 48—无法定位目标文件；49—模式对话框正在改变目标文件；50—目标文件正在运行； 51—在目标上使用了绘图工具箱；52—错误参数；53—错误变量名；54—变量已经存在； 55—操作失败；56—变量只能用在【运算】设计图标中；57—内部错误，值不能公开； 58—目标不是当前模块；59—超出最大递归次数的限制； 60—不是一个脚本函数；61—没有返回变量；62—没有参数变量； 63—当目标正在同其他对象通信时，试图其发送 CallTarget 请求。
EventLastMatched	General	包含最后一次事件响应中匹配的 Xtra 事件的属性列表。使用 EventLastMatched@"IconTitle"返回指定交互作用分支结构中的对应值。EventLastMatched 采用如下格式： [#_Sender:number,#_SenderXtraName:"XtraIconTitle",#_SenderIconID:IconID,#_EventName:"event", #_NumArgs:number,　#property:number, ..., #property:number]
EventLastMatched	General	其中#_Sender:number 是事件发送者的内部数字标识；#_SenderXtraName 是事件发送者的类型，以 Xtra 开头，例如："Xtra Shockwave Flash Movie"，#_SenderIconID 是 Xtra 所处设计图标的 ID 号码，#_EventName 是同事件响应相匹配的事件名称，#_NumArgs 是该事件带有的参数数目，#property 是事件携带的所有参数
EventQueue	General	包含所有等待着被处理的由 Xtras 发送的外部事件列表，事件按照到达的顺序排队
EventsSuspended	General	其值大于 0 时，Authorware 阻止所有的事件响应中断当前的程序流程，并将所有的事件保存 EventQueue 中；当其值为 0 时，Authorware 继续处理未响应的事件
ExecutingIconID	Icons	包含当前正在被执行的设计图标的 ID 号码
ExecutingIconTitle	Icons	包含当前正在被执行的设计图标的标题，包括其中的注释
ExitIcon	General	该变量指定程序退出前必须执行的【运算】设计图标，例如： ExitIcon := IconID@"My_Exit_Routine" 那么名为 My_Exit_Routine 的【运算】设计图标就成为一个 Exit【运算】设计图标。无论以何种方式退出当前程序，包括按下窗口关闭按钮或按下组合键或调用 Quit 函数，由 ExitIcon 指定的 Exit【运算】设计图标都会在【演示】窗口关闭之前被执行。只有在 Exit【运算】设计图标执行完毕之后，程序才算是真正结束。如果为该变量指定了一个非【运算】设计图标，那么 Authorware 会忽略该变量的值。如果需要取消已指定的 Exit【运算】设计图标，只需简单地将变量 ExitIcon 的值设置为 0 注意系统函数 Goto, SyncWait, SyncPoint 在 Exit【运算】设计图标中不起任何作用。程序设计期间，在退出程序时按下 Ctrl 键，可以避免 Exit【运算】设计图标被执行，但这种方式在程序打包后运行时不会起任何作用

(续表)

系 统 变 量	类别/类型	说　明
FileLocation	File	包含当前文件所处的路径。当程序在 Windows 系统下运行时，路径的形式为： drive:\directory1\directory2\ 当程序在 Macintosh 系统下运行时，路径的形式为： drive:folder1:folder2: 如果程序通过 Authorware Web Player 在非信任模式下运行，该变量被禁用
FileName	File	包含当前文件名
FileNameType	General	包含以数值形式指定的文件名格式，共有两种合法格式： 0—DOS 文件名格式（文件名 8 个字符，扩展名 3 个字符）； 1—长文件名格式（最多 255 个字符）。
FileSize	File	包含当前文件的大小，以字节为单位
FileTitle	General	包含在【文件】属性检查器中设置的标题，这个标题也是程序窗口的标题
FirstDate	Time	包含第一次运行当前程序的日期，如果文件属性设置为 Restart，则该变量始终返回此次运行当前程序的日期
FirstName	General	主要用于使用英语的用户：该变量保存用户的第一姓名（来自系统变量 UserName 所含字符串的第一个单词，如果 UserName 包含一个逗号，则将逗号之后的第一个单词赋予 FirstName。在上述情况下，Authorware 自动将 FirstName 中第一个字母做大写处理）。用户也可以直接对 FirstName 进行赋值，在这种情况下，Authorware 不会将 FirstName 中第一个字母做大写处理
FirstTryCorrect	Interaction	包含程序执行过程中，每当用户遇到带有判断的交互作用分支结构（即其中包含有被设置为 Correct 或 Wrong 的响应）时，第一次就能匹配正确响应的总次数
FirstTryWrong	Interaction	包含程序执行过程中，每当用户遇到带有判断的交互作用分支结构（即其中包含有被设置为 Correct 或 Wrong 的响应）时，第一次就匹配了错误响应的总次数
ForceCaps	Interaction	如果将 ForceCaps 的值设置为 TRUE，则用户在当前交互作用分支结构的文本输入响应中输入的所有字母都被转化为大写字母；使用 ForceCaps@"IconTitle" 可以对指定交互作用分支结构中的输入文本进行相应转化
FullDate	Time	包含系统当前日期，以长字符串形式（如"2000 年 7 月 19 日"）表示。日期的具体格式由用户系统中的设置决定
FullTime	Time	以包含时、分、秒的格式保存当前的系统时间（如"13:20:44"）。时间的具体格式由用户系统中的设置决定
GlobalPreroll	Network	包含程序在播放基于网络的声音之前需要从网络上下载的字节数。如果设计图标中的声音存储在网络服务器上，Authorware 会在播放这部分声音之前从服务器上下载指定字节的声音数据，这样将改善声音的播放质量，但同时会增加播放声音前的等待时间。该变量默认值为 0
GlobalTempo	General	包含 Sprite Xtra 接收单步事件的速度，单位为步/秒。并非所有的 Xtra 都可以接收单步事件
HotTextClicked	Framework	包含用户最后一次激活的超文本对象
Hour	Time	包含当前处于当天的哪一小时，取值范围为 0～23
IconID	Icons	包含当前设计图标的 ID 号码；使用 IconID@"IconTitle"返回指定设计图标的 ID 号码
IconLog	Icons	用于设置 Authorware 在运行记录中最多可以保存多少个设计图标的信息。当 IconLog 大于 0 时（最大值为 100），Authorware 将执行过的设计图标的标题和 ID 号码记录在一个列表中，用户可以使用系统函数 IconLogTitle()和 IconLogID()从列表中获取信息。当 IconLog 等于 0 时，Authorware 不保存设计图标的信息
IconTitle	Icons	包含当前设计图标的标题。在调试程序时，通过该变量可以随时得知当前正在执行哪个设计图标，对于程序流程分析非常有用
IOMessage	File	包含最近执行系统输入/输出函数的状态信息。IOMessage 用字符串形式存储状态信息，当它为"no error"时，表示没有出现任何错误，其他值则表示出错，每个值的具体含义与用户使用的系统有关

（续表）

系 统 变 量	类别/类型	说　　明
IOStatus	File	包含最近执行系统输入/输出函数的状态信息。IOStatus 用数值形式存储状态信息，当它为 0 时，表示没有出现任何错误，其他值则表示出错，每个数值的具体含义与用户使用的系统有关
JudgedInteractions	Interaction	包含用户在使用一个交互式应用程序时，遇到带有判断的交互作用分支结构（即其中包含有被设置为 Correct 或 Wrong 的响应）的次数。对多次遇到的同一交互作用分支结构会重复进行计数
JudgedResponses	Interaction	包含用户在使用一个交互式应用程序时，匹配过带有判断的交互作用分支结构（即其中包含有被设置为 Correct 或 Wrong 的响应）中的响应的次数，即使被匹配的响应并未设置为 Correct 或 Wrong
JudgeString	Interaction	对该变量进行赋值会强制 Authorware 匹配当前交互作用分支结构中与该变量的值相匹配的文本输入响应，一旦某个响应被匹配之后，Authorware 会自动将 JudgeString 的内容清空
Key	General	包含用户最后一次所按键的键名，如 h、H、Enter、8 等
KeyboardFocus	General	包含当前键盘输入焦点所在的设计图标的 ID 号码。使用系统函数 SetKeyboardFocus 可以设置键盘输入焦点
KeyNum	General	包含用户最后一次按键的数字代码。将该变量嵌入到一个设置为 "Update Displayed Variables" 的设计图标中的文本对象中，可以从【演示】窗口中得知当前所按下的键的数字代码
KnowledgeObjectID	General	使用 KnowledgeObjectID@"IconTitle" 返回指定知识对象的 ID 字符串，该字符串由连字符分隔为以下五部分内容。 1—作者代号；　2—字母和数字组成的序列号；　3—对象类代码； 4—由哪一版本的 Authorware 所创建； 5—最后修改日期。日期数值由系统函数 DateToNum() 产生
LastLineClicked	Interaction	包含用户最后一次单击文本对象时，具体单击在哪一行。如果用户单击了文本对象之外的其他地方，该变量保存的仍是上一次单击的行号
LastObjectClicked	Interaction	包含用户最近一次单击的显示对象所在的设计图标的标题。当用户单击了一个对象时，系统变量 LastObject-Clicked 和 ObjectClicked 包含同样的内容，在用户单击了【演示】窗口的空白部分后，变量 ObjectClicked 的内容变为空字符串，而变量 LastObjectClicked 中仍包含上次被单击的对象所处的设计图标的标题
LastObjectClickedID	Interaction	包含用户最近一次单击的显示对象所在的设计图标的 ID 号码。当用户单击了一个对象时，系统变量 LastObje-ctClickedID 和 ObjectClickedID 包含同样的内容，在用户单击了【演示】窗口的空白部分后，变量 ObjectClickedID 的内容变为空，而变量 LastObjectClickedID 中仍包含上次被单击的对象所在的设计图标的 ID 号码
LastParagraphClicked	Interaction	包含用户最后一次单击文本对象时，具体单击在哪一段。如果用户单击了文本对象之外的其他地方，该变量保存的仍是上一次单击的段落号
LastSearchString	Framework	包含最后一次传递给 FindText 函数的字符串或在【FindWord】对话框中输入的文本
LastWordClicked	Interaction	包含用户最后一次单击文本对象时，具体单击了哪一个单词。如果用户单击了文本对象之外的其他地方，该变量保存的仍是上一次单击的单词
LastX	Graphics	包含由任何一个图形函数所绘图形的最后一点的 X 坐标值
LastY	Graphics	包含由任何一个图形函数所绘图形的最后一点的 Y 坐标值
Layer	Graphics	包含当前设计图标所处的层数；使用 Layer@"IconTitle" 返回指定设计图标所处的层数
LicenseInfo	General	包含用户安装 Authorware 时的注册信息
LineClicked	Interaction	包含用户单击文本对象时，具体单击在哪一行。如果用户单击了文本对象之外的其他地方，该变量的值为 0

（续表）

系统变量	类别/类型	说　　明
Machine	General	以数值形式返回用户当前所用的机型，数值的含义如下。 1—Macintosh Plus，SE 或 Classic； 2—Macintosh 或 Performa 系统，具有非 68000 处理器及彩色处理能力； 3—IBM PC 及其兼容机；　　4—Power Macintosh
MachineName	General	以字符串形式返回用户当前所用的机型，字符串的含义如下。 "Macintosh"—Macintosh Plus，SE 或 Classic "Macintosh II"—Macintosh 或 Performa 系统，具有非 68000 处理器及彩色处理能力 "IBM PC or compatible"—IBM PC 及其兼容机 "Power Macintosh"—Power Macintosh
MatchCount	Framework	包含 FindNext()函数查找到指定单词的次数
MatchedEver	Interaction	如果用户曾经匹配过任一响应，该变量的值为 TRUE，使用 MatchedEver@"IconTitle" 可以判断指定的响应图标是否被匹配过
MatchedIconTitle	Interaction	包含用户最后一次匹配的响应图标的标题；使用 MatchedIconTitle@"IconTitle"返回指定交互作用分支结构中用户最后一次匹配的响应图标的标题 如果一个响应分支类型被设置为 Return 的永久性响应得到匹配，则在程序返回跳转起始位置时，Authorware 会自动将变量 MatchedIconTitle 的值恢复为跳转发生之前的值
MediaLength	General	包含当前设计图标所加载的数字化电影、视频信息或声音的总长度，声音的长度单位为毫秒，而数字化电影和视频信息的长度单位为帧（CAV 视频的长度单位为帧而 CLV 视频的长度单位为毫秒）。使用 MediaLength@"IconTitle"返回指定设计图标中加载的上述类型多媒体数据的长度
MediaPlaying	General	使用 MediaPlaying@"IconTitle"返回指定的数字化电影、视频或声音是否正处于播放、暂停或由用户控制的播放状态，是则返回 TRUE；如果指定的多媒体数据还未开始播放、已经播放完毕或者已被擦除，则该变量返回 FALSE
MediaPosition	General	使用 MediaPosition@"IconTitle"返回指定的数字化电影、视频或声音的当前播放到的位置，数字化电影及视频信息的度量单位为帧（CAV 视频的单位为帧而 CLV 视频的单位为毫秒），声音的度量单位为毫秒
MediaRate	General	使用 MediaRate@"IconTitle"返回指定的数字化电影、视频或声音的播放速度。Authorware 报告上述速度的方式为：数字化电影的播放速度以帧/秒为单位，声音的播放速度以相对于正常播放速度的百分比表示，视频信息的播放速度则以–5～5 之间的数值表示
MemoryAvailable	General	包含当前可用内存的总量，以字节为单位
MiddleMouseDown	General	当用户按下鼠标中间键时，该变量返回 TRUE
Minute	Time	包含当前正处于一小时中的第几分钟，取值范围为 0～59
Month	Time	包含当前月份，取值范围为 0～12
MonthName	Time	包含当前月名，取值范围为 January～December
MouseDown	General	当用户单击鼠标左键时，该变量的值为 TRUE
Movable	General	使用 Movable@"IconTitle" 设置某个设计图标中的显示对象能否被用户移动： Movable@"IconTitle"=TRUE 表示可以被移动 Movable@"IconTitle"=FALSE 表示不能被移动
MoviePlaying	General	当一个数字化电影正在播放时，该变量返回 TRUE 注意：尽管该变量目前仍被支持，但最好还是使用系统变量 MediaPlaying 来代替它
Moving	Icons	如果指定设计图标中的显示对象正在被用户用鼠标拖动或被【移动】设计图标移动，Moving@"IconTitle"返回 TRUE
NavFrom	Framework	该变量通常使用在【框架】设计图标出口窗格中。当一个【导航】设计图标或超文本对象引起程序跳转到当前框架之外的某页时，该变量包含程序所跳离页图标的 ID 号码

（续表）

系统变量	类别/类型	说 明
Navigating	Framework	该变量通常用在【框架】设计图标的入口窗格或出口窗格中，可用以判断当前是否正在进行向另一框架中页图标的跳转或调用操作 在下列情况中 Navigating 的值为 TRUE：在由框架外部向框架内某页进行跳转的过程中，Authorware 正在通过该【框架】设计图标的入口窗格；或者在由框架内某页向框架外部进行跳转的过程中，Authorware 正在通过该【框架】设计图标的出口窗格。在下列情况中 Navigating 的值为 FALSE：正如执行其他设计图标一样，Authorware 由流程线上前一设计图标执行到【框架】设计图标（通过入口窗格并显示框架中第一页的内容）；或者在框架中遇到一个设置为 Exit Framework/Return 的【导航】设计图标或热文本对象后通过出口窗格退出当前框架 当 Authorware 向另一框架中的某页跳转时，总是先执行当前框架出口窗格中的内容及目标框架入口窗格中的内容；当 Authorware 调用另一框架中的某页时，并不执行当前框架出口窗格中的内容，而是直接执行目标框架入口窗格中的内容，并且在返回时执行目标框架出口窗格中的内容
NavTo	Framework	该变量通常用于【框架】设计图标的入口窗格中。当由一个【导航】设计图标或超文本对象而引起程序跳转到某页时，该变量返回跳转目的页的 ID 号码，而当程序沿流程线从前一设计图标执行到【框架】设计图标中时，NavTo 的值为 0 如果遇到导航结构存在框架嵌套的情况，Authorware 会由外向内依次将变量 NavTo 的值设置为沿途遇到的页图标的 ID 号码（注意：跳转方式和调用方式沿途遇到的页图标是不同的）
NetBrowserName	Network	包含使用 Authorware Web Player 运行当前程序文件的浏览器的名称。如果当前程序文件不是被 Authorware Web Player 运行，该变量返回空串("")
NetBrowserVendor	Network	包含使用 Authorware Web Player 运行当前程序文件的浏览器的销售商，例如"Microsoft"、"Netscape"和"Unknown"。如果当前程序文件不是被 Authorware Web Player 运行，该变量返回空串("")
NetBrowserVersion	Network	包含使用 Authorware Web Player 运行当前程序文件的浏览器的版本号，例如"4.0"。如果当前程序文件不是被 Authorware Web Player 运行，该变量返回空串("")
NetConnected	Network	如果 Authorware 正在使用 Authorware Web Player 运行一个程序文件，该变量返回 TRUE；如果 Authorware 在设计期间运行程序或使用 RunA5W 运行程序，该变量返回 FALSE
NetLocation	Network	包含当前文件的 URL 地址。如果当前程序文件不是被 Authorware Web Player 运行，该变量返回空串("")
Numcount	Interaction	包含用户最后一次匹配文本输入响应时输入数值的个数，使用 NumCount@"IconTitle"返回指定交互作用分支结构中的相应值
NumEntry NumEntry2 NumEntry3	Interaction	分别返回用户在文本输入响应中输入的第一个、第二个、第三个数值；使用 NumEntry@"IconTitle" (NumEntry2@ "IconTitle"，NumEntry3@"IconTitle")返回指定交互作用分支结构中的相应值
ObjectClicked	Interaction	包含用户单击的显示对象所在设计图标的标题。如果用户单击在【演示】窗口中的空白处，该变量返回值为空串
ObjectClickedID	Interaction	包含用户单击的显示对象所在设计图标的 ID 号码。如果用户单击在【演示】窗口的空白部分，该变量的值为空
ObjectMatched	Interaction	包含匹配了当前交互作用分支结构中目标区响应的设计图标的标题（如果一个交互作用分支结构中含有一个或多个目标区响应，当用户拖放显示对象时，如果能够匹配目标区响应，则 ObjectMatched 返回该显示对象所在设计图标的标题）。ObjectMatched@"IconTitle"返回指定交互作用分支结构中的相应值
ObjectMatchedID	Interaction	包含匹配了当前交互作用分支结构中目标区响应的设计图标 ID 号（如果一个交互作用分支结构中含有一个或多个目标区响应，当用户拖放显示对象时，如果能够匹配目标区响应，则 ObjectMatchedID 返回该显示对象所在设计图标的 ID 号）。ObjectMatched@"IconTitle"返回指定交互作用分支结构中的相应值

（续表）

系 统 变 量	类别/类型	说　　　明
ObjectMoved	Interaction	返回用户最近一次移动的显示对象所在设计图标的标题，而不管是否匹配了某个响应。该变量仅在设计图标的【Movable】属性设置为 On Screen 或 Anywhere 时有效
ObjectMovedID	Interaction	返回用户最近一次移动的显示对象所在设计图标的 ID 号码，而不管是否匹配了某个响应。该变量仅在设计图标的【Movable】属性设置为 On Screen 或 Anywhere 时有效
ObjectOver	Interaction	包含当前位于鼠标指针之下的对象所在设计图标的标题
ObjectOverID	Interaction	包含当前位于鼠标指针之下的对象所在设计图标的 ID 号码
OptionDown	General	如果用户按下 Alt 键，该变量返回 TRUE
OrigWorkingDirector	File	包含文件的工作路径（相当于 Windows 系统中快捷方式属性对话框中"起始位置"一栏的内容），在程序设计期间通常是"C:\\Program Files\\Macromedia\\Authorware 7.0\\"。这个路径由 Authorware 自动进行设置，而不能在程序中直接对它进行赋值 当使用系统函数 JumpFile 或 JumpFileReturn 从一个文件跳转到另一个文件中时，变量 OrigWorkingDirector 的值保持不变；而当使用系统函数 JumpOut 或 JumpOutReturn 从一个文件跳转到另一个文件中时，变量 OrigWorkingDirector 的值总是包含当前文件的工作路径 如果当前文件是由其他应用程序启动的，则变量 OrigWorkingDirector 的值会受到该程序自身设置的影响。如果程序通过 Authorware Web Player 在非信任模式下运行，该变量被禁用
OSName	General	包含当前操作系统的名称："Macintosh"或"Microsoft Windows"
OSNumber	General	包含当前操作系统的数字代码：1—Macintosh；　3—Microsoft Windows
OSVersion	General	返回当前操作系统的版本，例如"Windows NT (5.1)"，即 Windows XP
PageCount	Framework	包含当前（或最近使用过的）框架结构中包含的总页数,使用 PageCount@"FrameworkIconTitle"返回指定框架结构中包含的总页数
ParagraphClicked	Interaction	包含用户单击文本对象时，具体单击在哪一段。如果用户单击了文本对象之外的其他地方，该变量的值为 0
PathCount	Decision	包含当前决策判断分支结构中的分支总数，使用 PathCount@"IconTitle"返回指定决策判断分支结构中的分支总数
PathPosition	General	如果指定设计图标被设置为沿路径定位方式，或者指定设计图标正在由【移动】设计图标按照某种定位方式（沿直线、路径、平面）进行移动，使用 PathPosition@"IconTitle"返回设计图标当前在路径中所处的位置
PathSelected	Decision	包含当前决策判断分支结构中最后一次被选中的分支路径的序号，使用 PathSelected@"IconTitle"返回指定决策判断分支结构中最后一次被选中的分支路径的序号 在决策判断分支结构中，分支路径按照从左到右的顺序由 1 开始编号
PathType	File	控制系统函数和系统变量返回的路径格式。该变量仅使用在 Windows 98 和 Windows NT 4.0 及之后的操作系统中，并且仅为网络路径使用，而不能使用在本地硬盘上。该变量可以有两种值：0—基于驱动器（drive-based）；1—通用命名标准（UNC） UNC 命名方式允许使用服务器名称而不是盘符来指定一个网络路径（如\\server\cbt\course.a7r）以获得更大的灵活性，但它并不是对所有类型的网络都适用
PercentCorrect	Interaction	包含用户匹配过的所有被设置为 Correct 或 Wrong 状态的响应中，被设置为 Correct 状态的响应图标所占的百分比
PercentWrong	Interaction	包含用户匹配过的所有被设置为 Correct 或 Wrong 状态的响应中，被设置为 Wrong 状态的响应图标所占的百分比
Pi	General	圆周率常量，其值为 3.1415926536
PositionX PositionY	Icons	如果当前设计图标被设置为可在区域内（或者沿路径）移动，或者当前设计图标正在由【移动】设计图标按照某种定位方式（沿直线、路径、平面）进行移动，则使用 PositionX 和 PositionY 可以返回设计图标在区域内（或路径上）的坐标值；使用 PositionX@"IconTitle" 和 PositionX@"IconTitle" 可以返回指定设计图标在可移动区域内（或路径上）的坐标值

（续表）

系 统 变 量	类别/类型	说　　明
Preroll	Network	使用 Preroll@"IconTitle"返回指定设计图标中的声音被播放之前需要从网络上下载的字节数。如果设计图标中的声音存储在网络服务器上，Authorware 会在播放这部分声音之前从服务器上下载指定字节的声音数据，这样将改善声音的播放质量，但同时会增加播放声音前的等待时间
PresetEntry	Interaction	用于预设下一个文本输入响应中文本输入框中的输入值，用户可以使用该值作为默认输入内容，也可以对其重新进行编辑
PreviousMatch	Interaction	如果指定的响应图标是用户最近一次匹配的响应图标，则 PreviousMatch@"IconTitle"返回 TRUE
RecordsLocation	File	包含存放用户记录文件的文件夹路径。该文件夹位于 32 位 Windows 系统中的应用程序数据文件夹内。在 Windows 98 系统中为 "C:\\WINDOWS\\Application Data\\Macromedia\\Authorware 7\\A7W_DATA\\"，在 Windows NT 系统中为"C:\\Documents and Settings\\"^用户名^\\Application Data\\Macromedia\\Authorware 7\\A7W_DATA\\ 如果程序通过 Authorware Web Player 在非信任模式下运行，该变量被禁用
RepCount	Decision	返回当前决策判断分支结构被重复执行的次数；使用 RepCount@"IconTitle"返回指定决策判断分支结构被重复执行的次数
ResponseHeight	Interaction	使用 ResponseHeight@"IconTitle"返回指定响应区域的高度。响应区域有：按钮、目标区、热区、文本输入框、热对象
ResponseLeft	Interaction	使用 ResponseLeft@"IconTitle"返回指定响应区域左边界距离【演示】窗口左边界的像素值。响应区域有：按钮、目标区、热区、文本输入框、热对象
ResponseStatus	Interaction	该变量以数值方式存储了用户在最近一个交互作用分支结构中第一次匹配的带有判断的响应的状态（Correct 或 Wrong）：0=Not Judged，1=Correct，2=Wrong 使用 ResponseStatus@"IconTitle"返回指定交互作用分支结构中的相应值
ResponseTime	Interaction	该变量反映出在当前交互作用分支结构中，用户经过多长时间才进行一次交互作用，单位为秒。使用 ResponseTime@"IconTitle"返回指定交互作用分支结构中的相应值
ResponseTop	Interaction	使用 ResponseTop@"IconTitle"返回指定响应区域上边界距离【演示】窗口顶端的像素值。响应区域有：按钮、目标区、热区、文本输入框、热对象
ResponseType	Interaction	以数值形式返回最后一次匹配的响应图标对应的响应类型： 1=Text Entry，2=Hot Spot，3=Target Area，4=Pull-Down Menu，5=Keypress，6=Button，7=Conditional，8=Time Limit，9=Tries Limit，10=Hot Object，11=Event 使用 ResponseType@"IconTitle"返回指定交互作用分支结构中的相应值或指定响应图标对应的响应类型
ResponseWidth	Interaction	使用 ResponseWidth@"IconTitle"返回指定响应区域的宽度。响应区域有：按钮、目标区、热区、文本输入框、热对象
Resume	General	在【文件】属性检查器中选择【Resume】属性，则该变量返回 TRUE，在该情况下，Authorware 会控制程序回到跳离该程序的地方继续执行。该变量可以被赋值，但如果在【文件】属性检查器中选择【Restart】属性，则 Authorware 会忽略该变量的值
ResumeIcon	General	执行表达式 ResumeIcon := IconID@"IconTitle"，则在用户继续执行程序时，使程序从指定的【运算】设计图标开始执行。在此 IconTitle 只能是一个【运算】设计图标的标题
Return	General	字符常量，代表回车符。可以使用"\r" 代替
RightMouseDown	General	当用户单击鼠标右键时，其值为 TRUE
RootIcon	Icons	包含程序中逻辑上位于最高层的设计图标的 ID 号码。可以将逻辑上位于最高层的设计图标想像成一个包含了整个程序文件的【群组】设计图标
ScreenDepth	General	返回系统当前显示模式采用的色深： 1=单色，4=16 色，8=256 色，16=65536 色，24 或 32=16×10^6 种颜色（即真彩色）
ScreenHeight ScreenWidth	General	包含系统当前显示模式采用的分辨率。显示分辨率以 ScreenWidth×ScreenHeight 表示，如 640×480、800×600 等

（续表）

系 统 变 量	类别/类型	说　　明
SearchPath	File	用于设置搜索路径。搜索路径是以分号";"分隔的路径序列，Authorware 搜索外部文件的顺序如下。 ①在程序设计期间，Authorware 首先检查当初加载文件的位置（这一步骤在程序打包后运行时不会进行） ②检查变量 SearchPath 中包含的路径 ③检查当前文件所处文件夹 ④检查 Authorware 应用程序所处文件夹 ⑤检查 Windows 文件夹及其中的 System 文件夹 在程序刚开始运行时，Authorware 将【文件】属性检查器中【Search Path】文本框的内容作为变量 SearchPath 的值；在程序运行过程中，可以通过对该变量赋值来改变 Authorware 的搜索路径。如果程序通过 Authorware Web Player 在非信任模式下运行，该变量被禁用
SearchPercentComplete	Framework	包含当前或最后一次搜索进行的程度。其值为 0 表示程序中没有使用 FindText()函数进行过搜索（或刚刚开始进行搜索），其值为 100 表示整个搜索过程已经结束
Sec	Time	包含当前系统时间的秒数，取值范围为 0～59
SelectedEver	Decision	如果程序在最后一个决策判断分支结构中执行过某一分支路径，该变量的值为 TRUE；使用 SelectedEver@"IconTitle"返回指定决策判断分支结构中的某一分支路径是否被执行过（此时 IconTitle 代表【决策判断】设计图标），或者指定分支路径是否被执行过（此时 IconTitle 代表分支图标）。Authorware 在退出决策判断分支结构（或退出分支路径）时设置该变量的值
SerialNumber	General	包含用户当前使用的 Authorware 的序列号
SessionHours	Time	包含当前用户会话持续的时间，从用户启动程序时计算，单位为小时（含小数部分）
Sessions	General	包含用户运行当前程序的总次数，如果在【文件】属性检查器中设置了 "Restart On Return" 属性，则该变量的值始终为 1
SessionTime	Time	包含当前用户会话持续的时间，从用户启动程序程序时计算，以小时和分钟进行计时
ShiftDown	General	当用户按下 Shift 键时，该变量返回 TRUE
SoundAvailable	General	如果系统中没有声音输出设备，该变量返回 0；如果系统中至少存在一个声音输出设备，该变量返回大于 0 的值
SoundBytes	General	使用 SoundBytes@"SoundIconTitle"返回指定【声音】设计图标中包含的声音数据的大小，以字节为单位
SoundPlaying	General	如果一段声音正在播放，该变量返回 TRUE
StratTime	Time	包含用户在当前文件中开始工作（典型如编辑）的时间，以小时和分钟进行计时
SystemSeconds	Time	返回计算机从启动到目前为止所经过的秒数
Tab	General	字符常量，代表制表符。可以使用"\t"代替
TargetIcon	Icons	包含启动当前向导程序的知识对象设计图标的 ID 号码。如果当前程序不是由知识对象设计图标启动的，则该变量的值为 0
Time	Time	返回系统当前时间
TimeExpired	Decision	如果最近一次退出决策判断分支结构的原因是到了限定时间，则该变量返回 TRUE。使用 TimeExpired@"IconTitle"返回指定决策判断分支结构中的相应值
TimeInInteraction	Interaction	包含用户在最后一次交互作用分支结构中用去的时间（从进入交互作用分支结构时起，至退出该分支结构时止）。时间以秒为单位，含有小数部分；使用 TimeInInterac-tion@"IconTitle"返回用户在指定交互作用分支结构中所用的时间
TimeOutlimit	General	该变量用于设置程序等待用户操作（如按键、单击鼠标等）的时间，以秒为单位。如果在这段时间内用户没有进行任何操作，程序将跳转到由系统函数 TimeOutGoTo()指定的设计图标
TimeOutRemaining	General	包含等待用户操作的剩余时间（总时间由 TimeOutlimit 设定）

系统变量	类别/类型	说　明
TimeRemaining	Interaction	返回当前包含时间限制响应的交互作用分支结构、时间限制响应、【决策判断】设计图标、【等待】设计图标中距离到达限定时间所剩的时间，单位为秒；使用 TimeRemaining@"IconTitle" 返回指定设计图标中的相应值。如果指定交互作用分支结构中包含有一个以上的时间限制响应，则 TimeRemaining 引用的是最短的时间限制响应
TimesMatched	Interaction	包含当前响应被匹配的次数；使用 TimesMatched@"I-conTitle" 返回指定响应被匹配的次数
TimesSelected	Decision	包含当前分支路径被执行的次数，最大值为 255。每当 Authorware 进入一条分支路径时会将该变量增 1。使用 TimesSelected@"IconTitle" 返回指定决策判断分支结构（或指定分支图标）被执行的次数
TotalCorrect	Interaction	包含用户在整个程序中匹配被设置为 Correct 状态的响应的总次数
TotalHours	Time	包含用户在当前程序中所用去的总时间，以小时为单位（含小数部分）。如果程序文件被设置为 "Restart On Return"，则该变量的值与变量 SessionHours 的值相等
TotalScore	Time	包含用户在当前程序中取得的总成绩。可以在响应属性检查器中为每个响应指定成绩
TotalTime	Time	包含用户在当前程序中所用去的总时间，以小时和分钟表示。如果程序文件被设置为 "Restart On Return"，则该变量的值与变量 SessionTime 的值相等
TotalWrong	Interaction	包含用户在整个程序中匹配被设置为 Wrong 状态的响应的总次数
Tries	Interaction	包含用户在当前交互作用分支结构中匹配各种响应的次数；使用 Tries@"IconTitle" 返回用户在指定交互作用分支结构中匹配各种响应的次数
UserName	General	包含用户的全名
UserApplicationData	File	包含 32 位 Windows 系统中应用程序数据文件夹所处的位置。该文件夹的位置视不同的操作系统而异，在 Windows 98 系统中为 "C:\\WINDOWS\\Application Data\\"，在 Windows XP 系统中可能为 "C:\\Documents and Settings\\^用户名"^\\Application Data\\"
Version	General	包含当前所用的 Authorware 的版本描述信息，例如："7.0 (MMX(tm) technology) (2-byte)"
WindowHandle	General	包含当前【演示】窗口的句柄
WindowHeight	General	包含【演示】窗口的高度，以像素为单位
WindowLeft	General	包含屏幕左边界到【演示】窗口左边界距离，以像素为单位
WindowTop	General	包含屏幕顶端到【演示】窗口顶端距离，以像素为单位
WindowWidth	General	包含【演示】窗口的宽度，以像素为单位
Within	General	如果程序当前执行到指定设计图标（或是嵌套在指定设计图标中的设计图标，或是指定分支结构中的某个分支），则 Within@"IconTitle" 返回 TRUE。通常情况下，IconTitle 指的是【群组】、【交互作用】、【决策判断】、【框架】设计图标
WordClicked	Interaction	包含用户单击文本对象时，具体单击在哪一个单词上。如果用户单击了文本对象之外的其他地方，该变量返回 0
WordCount	Interaction	包含用户在文本输入框中输入的单词个数，使用 WordCount@"IconTitle" 返回指定文本输入响应中的相应值
WrongChoicesMatched	Interaction	包含当前交互作用分支结构中设置为 Wrong 状态的不同响应图标被匹配的总数（即对同一响应图标的重复匹配并不重复计数），使用 WrongChoicesMatched@"IconTitle" 返回指定交互作用分支结构中的相应值
Year	Time	包含当前的年份，如 2003

附录 B　系统函数

本表使用说明：
（1）方括号（[ ]）中的参数为可选参数；
（2）赋值运算符左边的变量用于保存函数执行结果。

系统函数	类　别	语法和说明
ABS	Math	语法：number := ABS(x) 说明：返回 x 的绝对值
ACOS	Math	语法：number := ACOS(x) 说明：返回 x 的反余弦值（0≤x≤π）
AddLiner	List	语法：AddLinear(linearList, value [, index]) 说明：将指定的数值 value 插入线性表 linearList 中。若该线性表是一个有序列表，则 value 会按顺序插入表中合适的位置；若该线性表是一个无序列表，则 value 会插入表的末尾。若使用参数 index，则 value 被插入指定索引位置处（并且该线性表成为无序列表），若 index 的值超过表中元素个数，则线性表会自动扩充到相应长度，且超出的部分全部用 0 进行填充
AddProperty	List	语法：AddProperty(propertyList, #property, value [, index]) 说明：将属性及属性值插入属性表中。若该属性表是一个有序列表，则 property 会按顺序插入表中合适的位置；若该属性表是一个无序列表，则 property 会插入表的末尾。若使用参数 index，则 property 被插入指定索引位置处（并且该线性表成为无序列表），若 index 的值超过表中元素个数，则 property 会插入表的末尾
AppendExtFile	File	语法：AppendExtFile("filename", "string") 说明：将字符串的内容添加到指定文本文件的末尾。当指定文件不存在时，自动创建该文件。若参数 filename 中不包含路径信息，则 Authorware 自动将系统变量 FileLocation 的内容作为路径使用。该函数的执行会影响两个系统变量的值：IOStatus 和 IOMessage——若没有错误发生，IOStatus 的值为 0 且 IOMessage 的值为"no error"；若有错误发生，操作系统会定义 IOStatus 的值且 IOMessage 包含错误信息。若程序通过 Authorware Web Player 在非信任模式下运行，该函数被禁用
Application	Platform	语法：string := Application() 说明：某些外部函数（UCD、DLL）可能会通过"COA "（Authorware 的原名）来判断 Authorware 程序文件是否在运行。该函数返回"COA "（字符串 COA 加上一个空格）
Array	List	语法：result := Array(value, dim1 [, dim2, dim3, …, dim10]) 说明：创建一个线性表（一维数组），并使用 value 进行填充。使用参数 dim2～dim10 可以创建一个以线性表为元素的线性表（多维数组）
ArrayGet	Math	语法：result := ArrayGet(n) 说明：读取文件内置数组中的第 n 个元素，并将返回值存储到变量 result 中，返回值可以是字符串或数值。每个程序只有一个文件内置数组
ArraySet	Math	语法：ArraySet(n, value) 说明：将值 value 赋予文件内置数组中的第 n 个元素，value 可以是字符串或数值，n 的有效取值范围为 0～2500。每个程序只有一个文件内置数组
ASIN	Math	语法：number := ASIN(x) 说明：返回 x 的反正弦值（-π/2≤x≤π/2）

（续表）

系 统 函 数	类　别	语法和说明
ATAN	Math	语法：number := ATAN(x) 说明：返回 x 的反正切值（−π/2≤x≤π/2）
Average	Math	语法：value := Average(anyList)　或者 value := Average(a [, b, c, d, e, f, g, h, i, j]) 说明：返回线性表 anylist 顶级元素的平均值或多个参数（参数最多可达 10 个）的平均值。在计算平均值时，Authorware 将参数及结果的小数部分均舍去
Bandwidth	Network	语法：rate := Bandwidth(selector) 说明：返回预读取或下载数据的速度，单位为字节/秒。参数 selector 用于选择返回何种速度： #piece：程序被读取或下载的速度 #external：外部内容通过 InetUrl Xtra 被加载的速度 #plugin：Authorware Web Player 下载分段文件的速度
Beep	General	语法：Beep([system sound or frequency], [duration]) 说明：该函数播放不同的系统提示音。若调用时不使用任何参数，那么该函数的执行结果就是使计算机的扬声器鸣响一声。第一个参数允许用户播放 Windows 系统中定义的 5 种提示音（下面给出 5 种参数对应的声音名称，具体由用户在系统声音属性中的设置决定）： 1— SystemAsterisk 消息提示；　2— SystemExclamation 感叹； 3— SystemHand 因致命错误而停止；　4—SystemQuestion 问题； 5—SystemDefault 默认； 在基于 Windows NT 的系统中，可以将两个参数结合起来使用：此时第一个参数作为声音频率使用，范围从 37 至 32767；第二个参数设置播放时间，以毫秒为单位
Box	Graphics	语法：Box(pensize, x1, y1, x2, y2) 说明：使用由 pensize 指定的线宽在屏幕上从左上角(x1, y1)到右下角(x2, y2)画矩形。默认情况下矩形的边框色为黑色，填充色为透明，可以使用 SetFrame 和 SetFill 设置边框色和填充色。当 pensize =−1 时，该矩形以黑色填充
BuildDisplay	Target	语法：BuildDisplay(IconID@"DisplayIconTitle", ObjectList) 说明：将新的对象添加到指定设计图标的显示内容中。对象由参数 ObjectList 进行描述，这是一个属性列表，例如： [[#type:#oval, #rect:rect(439, 114, 538, 207), #attributes: [#drawMode:"copy", #polyMode: "polyWinding", #constrained: 0, #arrow: "arrowNone", #fill:1, #fillForeColor:0, #fillBackColor:16777215, #fillPatMono:[136, 68, 34, 17, 136, 68, 34, 17], #frame:1, #frameWidth:1, #frameHeight:1, #frameForeColor:0, #frameBackColor: 16777215, #framePatMono: [0, 0, 0, 0, 0, 0, 0, 0]]]]描述了一个填充的圆形对象
CallIcon	General	语法：result := CallIcon(@"SpriteIconTitle", #method [, argument...]) 说明：调用指定 Sprite Xtra 的一个方法
CallObject	General	语法：result := CallObject(object, #method [, arguments...]) 说明：调用一个 Scripting Xtra 子对象的方法。可以利用 NewObject 函数创建一个新的对象，然后使用该函数调用对象的方法
CallParentObject	General	语法：result := CallParentObject("Xtra",#method [, arguments...]) 说明：调用一个 Scripting Xtra 父对象的方法。Scripting Xtra 父对象由 Authorware 自动创建，而不能手动创建
CallSprite	General	语法：result := CallSprite(@"SpriteIconTitle", #method [, argument...]) 说明：调用一个 Sprite 对象的方法
CallTarget	General	语法：result := CallTarget("SystemFunctionName" [, arguments, ...]) 说明：用于向导程序在目标程序的环境中使用环境参数调用指定的系统函数。该函数只能在向导程序的【运算】设计图标中使用，其执行结果就是指定函数的返回值，若函数调用失败，返回值为 0

（续表）

系 统 函 数	类　别	语法和说明
Capitalize	Character	语法：resultString := Capitalize("string"[, 1]) 说明：将字符串 string 中每个单词的第一个字母转换为大写字母后返回给变量 resultString，若使用可选参数 1，表示只转换第一个单词的第一个字母
Catalog	File	语法：string := Catalog("folder" [, "F" | "D"]) 说明：将 folder 文件夹中的子文件夹和文件名以字符串形式赋予变量 string。若使用参数 F，则将 folder 文件夹中的文件名以字符串形式赋予变量 string；若使用参数 D，则将 folder 文件夹中的子文件夹以字符串形式赋予变量 string。若程序通过 Authorware Web Player 在非信任模式下运行，该函数被禁用
Char	Character	语法：string := Char(key) 说明：返回 ASCII 码（数值 key）对应的字符。例如 Char(100)返回"d"
CharCount	Character	语法：number := CharCount("string") 说明：返回字符串 string 中字符的个数（包括空格和特殊符号）
ChildIDToNum	Icons	语法：number := ChildIDToNum(IconID@"ParentTitle", @"ChildTitle" [, flag])] 说明：返回子图标在父图标下的序号（父图标一般为【群组】设计图标、【框架】设计图标、【交互作用】设计图标、【决策判断】设计图标，子图标为父图标的附属设计图标，按照从上到下、从左到右的顺序排序）。若 ChildTitle 不在 ParentTitle 之下，该函数返回 0。当 ParentTitle 为【框架】设计图标时，使用参数 flag 要求该函数返回 ChildTitle 在【框架】设计图标 ParentTitle 之下或其入口、出口窗格中的位置。flag 可以取以下数值： 0—默认值，返回 ChildTitle 在【框架】设计图标 ParentTitle 的第几页中 1—返回 ChildTitle 在【框架】设计图标 ParentTitle 的入口窗格中的位置（从上到下排序） 2—返回 ChildTitle 在【框架】设计图标 ParentTitle 的出口窗格中的位置（从上到下排序）
ChildNumToID	Icons	语法：ID := ChildNumToID(IconID@"Parent", n [, flag]) 说明：返回指定父图标 Parent 下第 n 个子图标的 ID 号码。父图标、子图标及参数 flag 的定义见函数 ChildIDToNum 的说明
Circle	Graphics	语法：Circle(pensize, x1, y1, x2, y2) 说明：按照 pensize 指定的线宽在指定限制矩形内画内切圆。限制矩形的左上角坐标为(x1, y1)，右下角坐标为(x2, y2)。默认情况下圆形的边框色为黑色，填充色为透明，可以使用 SetFrame 和 SetFill 设置边框色和填充色。当 pensize＝−1 时，该函数绘制一个黑色的实心圆
ClearIcons	Target	语法：ClearIcons() 说明：删除被选中的设计图标，该函数只能由系统函数 CallTarget 进行调用。该函数不能用在打包过的向导程序中，且对打包过的程序不起作用
CloseWindow	Platform	语法：CloseWindow("window") 说明：关闭指定的窗口。参数 window 是由 UCD（DLL）创建的窗口的名称
CMIAddComment	CMI	语法：CMIAddComment(index, "comment") 说明：将一个任务说明添加到 CMI 课程中，参数 index 可以是任意数值。添加说明时若使用了一个已用的 index，则会替代原来的说明
CMIAddInteraction	CMI	语法：CMIAddInteraction(Date, Time, Interaction ID, Objective ID, Type, Correct Response, Student Response, Result, Weight, Latency) 说明：向 CMI 系统传递关于一个交互作用的特定信息，时间格式采用 DD/MM/YY。该函数不支持自定义数据的传递，传递自定义数据需要使用函数 CMIAddInteractionEx
CMIAddInteractionEx	CMI	语法：CMIAddInteractionEx(Date, Time, Interaction ID, Objective ID, Type, Correct Response, Student Response, Result, Weight, Latency, Custom Data) 说明：向 CMI 系统传递关于一个交互作用的特定信息，时间格式采用 DD/MM/YY。该函数支持自定义数据的传递

（续表）

系 统 函 数	类　别	语法和说明
CMIFinish	CMI	语法：bool := CMIFinish() 说明：该函数将最终的跟踪数据传递给服务器，调用该函数后就不再允许对跟踪数据进行更新。向服务器传递数据之后并不退出任务。该函数仅适用于通过 Web 访问 CMI 系统。函数执行成功返回 TRUE，否则返回 FALSE
CMIFlush	CMI	语法：bool := CMIFlush() 说明：该函数将当前跟踪数据传递给服务器，调用该函数后仍然允许对跟踪数据进行更新。该函数仅适用于通过 Web 访问 CMI 系统，通常用于使服务器随时更新学生的跟踪数据。函数执行成功返回 TRUE，否则返回 FALSE
CMIGetAttempt	CMI	语法：Attempt Number := CMIGetAttempt() 说明：从 CMI 系统返回学生尝试任务的次数
CMIGetAttemptScore	CMI	语法：score := CMIGetAttemptScore(attempt) 说明：返回任务尝试的成绩。参数 attempt 取值范围为 1 至 CMIAttemptCount
CMIGetAttemptStatus	CMI	语法：status := CMIGetAttemptStatus(attempt) 说明：返回一次尝试的状态。参数 attempt 取值范围为 1 至 CMIAttemptCount，可能的返回值有："Completed"，"Incomplete"，"Not Attempted"
CMIGetConfig	CMI	语法：Data := CMIGetConfig() 说明：返回在 CMI 系统中指定的任务配置数据。任务配置数据由 CMI 系统管理员进行设置
CMIGetCourseID	CMI	语法：CMIGetCourseID() 说明：返回在 CMI 系统中指定的课程编号
CMIGetCustomField	CMI	语法：data := CMIGetCustomField(("Table Name", "Field Name") 说明：返回存储在由"Table Name"和"Field Name"指定的自定义字段中的数据。"Table Name"是包含有自定义字段的表的名称，可以是"ENROLL"或"PROGRESS"，分别对应当前学生的课程注册表或课程进度表；"Field Name"是自定义字段的名称
CMIGetData	CMI	语法：Data := CMIGetData() 说明：返回由 CMI 系统指定的任务数据，任务数据由系统函数 CMISetData 设置。该函数的返回值对应于当前的学生
CMIGetDemographics	CMI	语法：data := CMIGetDemographics(Field Name) 说明：返回由 Field Name 指定的字段所表示的学生统计信息。字段名是由 CMI 系统管理员设置的
CMIGetLastError	CMI	语法：error := CMIGetLastError() 说明：判断最后一个 CMI 操作是否有错误。返回 0 表示没有出错
CMIGetLocation	CMI	语法：Location := CMIGetLocation() 说明：从 CMI 系统返回用户离开任务时最后所处的位置。位置是由程序使用系统函数 CMISetLocation 定义和设置的
CMIGetMasteryScore	CMI	语法：score := CMIGetMasteryScore() 说明：返回 CMI 系统中为任务设置的必需的通过成绩
CMIGetObjCount	CMI	语法：count := CMIGetObjCount() 说明：返回与当前任务相联系的目标的数目
CMIGetObjID	CMI	语法：id := CMIGetObjID(index) 说明：返回由 index 指定的目标的唯一性标识符。index 取值范围为 0 至 CMIObjCount，目标是在 CMI 系统中定义的 　　CMI 系统为每个目标创建了一个唯一的 ID 标识，可以通过在【交互作用】设计图标属性检查器的【CMI】选项卡中输入 Objective ID 来将该设计图标与 CMI 目标联系到一起

（续表）

系 统 函 数	类 别	语法和说明
CMIGetObjScore	CMI	语法：score := CMIGetObjScore(index) 说明：返回由 index 指定的目标的当前成绩。Index 取值范围为 0 至 CMIObjCount
CMIGetObjStatus	CMI	语法：status := CMIGetObjStatus(index) 说明：返回由 index 指定的目标的状态。参数 index 的取值范围为 0 至 CMIObjCount，该函数可能的返回值有："Completed"，"Incomplete"，"Not Attempted"
CMIGetPath	CMI	语法：Path := CMIGetPath() 说明：从 CMI 系统中返回学生的私有目录的路径。该函数不能用于通过 Web 访问 CMI 系统
CMIGetScore	CMI	语法：Score := CMIGetScore() 说明：从 CMI 系统中返回任务的成绩值
CMIGetStatus	CMI	语法：Status := CMIGetStatus() 说明：从 CMI 系统中返回当用户最终离开任务时，该任务的状态。该函数可能的返回值有："Completed"，"Incomplete"，"Not Attempted"
CMIGetTime	CMI	语法：Seconds := CMIGetTime() 说明：从 CMI 系统中返回用户在当前任务中用去的总时间，单位为秒
CMIGetUserID	CMI	语法：User ID := CMIGetUserID() 说明：返回在 CMI 系统中设置的学生的唯一标识字符串
CMIGetUserName	CMI	语法：UserName := CMIGetUserName() 说明：返回学生在登录到 CMI 系统时所用的用户名
CMIInitialize	CMI	语法：bool := CMIInitialize() 说明：允许 CMI 系统在运行任务之前执行任何必要的初始化工作。该函数必须在调用任何其他 CMI 函数或访问 CMI 变量之前被调用。函数执行成功则返回 TRUE，否则返回 FALSE。该函数仅用于通过 Web 访问 CMI 系统
CMIIsAttemptCompleted	CMI	语法：bool := CMIIsAttemptCompleted(attempt) 说明：返回学生是否完成指定的尝试。参数 attempt 的取值范围为 1 至 CMIAttemptCount。若指定尝试被完成，则函数返回 TRUE，否则返回 FALSE
CMIIsAttemptFailed	CMI	语法：bool := CMIIsAttemptFailed(attempt) 说明：返回学生是否没有完成指定的尝试。参数 attempt 的取值范围为 1 至 CMIAttemptCount。若指定尝试没有完成，则函数返回 TRUE，否则返回 FALSE
CMIIsAttemptPassed	CMI	语法：bool := CMIIsAttemptPassed(attempt) 说明：返回学生是否通过指定的尝试。参数 attempt 的取值范围为 1 至 CMIAttemptCount。若指定尝试已通过，则函数返回 TRUE，否则返回 FALSE
CMIIsAttemptStarted	CMI	语法：bool := CMIIsAttemptStarted(attempt) 说明：返回指定的尝试是否开始。参数 attempt 的取值范围为 1 至 CMIAttemptCount。若指定尝试已经开始，则函数返回 TRUE，否则返回 FALSE
CMIIsCompleted	CMI	语法：Completed := CMIIsCompleted() 说明：若 CMI 系统指出当前任务已经完成，则函数返回 TRUE，否则返回 FALSE
CMIIsFailed	CMI	语法：bool := CMIIsFailed() 说明：若 CMI 系统指出学生在当前任务中已经失败，则函数返回 TRUE，否则返回 FALSE
CMIIsObjCompleted	CMI	语法：bool := CMIIsObjCompleted(index) 说明：判断由目标索引指定的目标是否已经完成，参数 index 的取值范围为 1 至 CMIObjCount。若指定目标已经完成则该函数返回 TRUE，否则返回 FALSE
CMIIsObjFailed	CMI	语法：bool := CMIIsObjFailed(index) 说明：判断由目标索引指定的目标是否已经失败，参数 index 的取值范围为 1 至 CMIObjCount。若指定目标已经失败则该函数返回 TRUE，否则返回 FALSE

（续表）

系 统 函 数	类　别	语法和说明
CMIIsObjPassed	CMI	语法：bool := CMIIsObjPassed(index) 说明：判断由目标索引指定的目标是否已经通过，参数 index 的取值范围为 1 至 CMIObjCount。若指定目标已经通过则该函数返回 TRUE，否则返回 FALSE
CMIIsObjStarted	CMI	语法：bool := CMIIsObjStarted(index) 说明：判断由目标索引指定的目标是否已经开始，参数 index 的取值范围为 1 至 CMIObjCount。若指定目标已经开始则该函数返回 TRUE，否则返回 FALSE
CMIIsPassed	CMI	语法：bool := CMIIsPassed() 说明：判断学生是否通过当前任务。若 CMI 系统指出学生通过了当前任务，则该函数返回 TRUE，否则返回 FALSE
CMIIsStarted	CMI	语法：Completed := CMIIsStarted() 说明：若 CMI 系统指出当前任务已经开始但并未完成，则该函数返回 TRUE，否则返回 FALSE
CMILogin	CMI	语法：bool := CMILogin(Sign-on Name, Password, Lesson ID, CGI URL) 说明：该函数通过登录名和密码将学生登录到基于 Web 的 CMI 服务器上。其中： Lesson ID 是任务的唯一性标识； CGI URL 是 CGI 脚本的位置。 函数执行成功则返回 TRUE，否则返回 FALSE
CMILogout	CMI	语法：bool := CMILogout() 说明：该函数使学生从当前任务中退出，若没有执行函数 CMIFinish()，所有的跟踪数据将被发送到服务器。函数执行成功则返回 TRUE，否则返回 FALSE 该函数仅适用于通过 Web 访问 CMI 系统
CMIReadComplete	CMI	语法：CMIReadComplete() 说明：在从 CMI 系统获得所有信息之后应该调用此函数。该函数删除临时的 CMI 数据文件 该函数不能用于通过 Web 访问 CMI 系统
CMISetCompleted	CMI	语法：CMISetCompleted() 说明：将当前任务设置为 completed 状态
CMISetCustomField	CMI	语法：CMISetCustomField("Table Name", "Field Name", "Data") 说明：用于设置指定的自定义字段的值。"Table Name"是包含有自定义字段的表的名称，可以是"ENROLL"或"PROGRESS"，分别对应当前学生的课程注册表或课程进程表；"Field Name"是用于存储数据 Data 的自定义字段的名称
CMISetData	CMI	语法：CMISetData(Data) 说明：用于将各种任务数据传递给 CMI 系统，该任务数据对学生而言是唯一的
CMISetFailed	CMI	语法：CMISetFailed() 说明：将当前任务设置为失败
CMISetLocation	CMI	语法：CMISetLocation("Location") 说明：设置学生最终退出当前任务的位置，Location 不应超过 10 个字符
CMISetLoggedOut	CMI	语法：CMISetLoggedOut() 说明：将当前任务设置为退出状态
CMISetObj	CMI	语法：CMISetObj(index, id, score, status, started, completed, passed, failed) 说明：将一个目标的特定信息传递给 CMI 系统。参数 index 的取值范围为 1 至 CMIObjCount
CMISetPassed	CMI	语法：CMISetPassed() 说明：将当前任务设置为通过状态
CMISetScore	CMI	语法：CMISetScore(Score) 说明：将任务的成绩数值传递给 CMI 系统

（续表）

系 统 函 数	类　别	语法和说明
CMISetStarted	CMI	语法：CMISetStarted() 说明：将当前任务设置为开始状态
CMISetStatus	CMI	语法：CMISetStatus(Status) 说明：将指定的任务状态传递给 CMI 系统。参数 Status 的取值可能有："Completed"，"Incomplete"，"Not Attempted"
CMISetTime	CMI	语法：CMISetTime(Data) 说明：设置学生在任务上用去的总时间
CMISetTimedOut	CMI	语法：CMISetTimedOut() 说明：将当前任务设置为超时状态
CMIShowErrors	CMI	语法：CMIShowErrors(show) 说明：用于设置程序运行时是否根据出错情况自动显示 CMI 错误提示对话框。当参数 show 为 TRUE 时（默认值），允许显示，否则不予显示
Code	Character	语法：number := Code("character") 说明：返回与参数 Character 对应的 ASCII 码。Character 可以是字符，也可以是键名，若是键名，例如 Tab，则不要使用双引号
CommandRefresh	Target	语法：CommandRefresh() 说明：用于刷新 Commands 菜单中的命令。该函数仅在程序设计期间有效
CopyIcons	Target	语法：CopyIcons() 说明：将选中的设计图标复制到剪贴板上。从锁定的知识对象中复制的设计图标只能粘贴到锁定的知识对象中。该函数不能用在打包过的向导程序中，且对打包过的程序不起作用
CopyList	List	语法：newList := CopyList(anyList) 说明：返回列表 anyList 的完整拷贝，包括其中所有的子表，若没有足够的内存来完成拷贝操作，该函数返回一个空值
COS	Math	语法：number := COS(angle) 说明：返回角度 angle 的余弦值。角度的单位为弧度
CreateFolder	File	语法：number := CreateFolder("folder") 说明：创建文件夹，文件夹名称由 folder 指定。默认情况下该文件夹创建在用户记录文件夹下。该函数的执行影响到两个系统变量：IOStatus 和 IOMessage，当没有发生错误时，IOStatus 的值为 0，IOMessage 的值为"no error"；若发生了错误，IOStatus 和 IOMessage 包含了错误的状态信息。若程序通过 Authorware Web Player 在非信任模式下运行，该函数被禁用
CutIcons	Target	语法：CutIcons() 说明：将选中的设计图标剪切到剪贴板上，从锁定的知识对象中剪切的设计图标只能粘贴到锁定的知识对象中。该函数只能由系统函数 CallTarget 进行调用。该函数不能用在打包过的向导程序中，且对打包过的程序不起作用
Date	Time	语法：string := Date(number) 说明：将数值 number 转换为日期字符串（省略了前两个世纪位）。参数 number 为 1900 年 1 月 1 日到当前日期之间的天数，其取值范围为 25569～49709，对应的返回日期为"70-1-2"到"36-2-5"
DateToNum	Time	语法：number := DateToNum(day, month, year) 说明：与函数 Date(number)的作用正相反：将日期转换为天数，number 为 1900 年 1 月 1 日到当前日期之间的天数
Day	Time	语法：value := Day(number) 说明：返回数值 number 对应的月份中的对应日。参数 number 为 1900 年 1 月 1 日到当前日期之间的天数，其取值范围为 25569～49709

（续表）

系 统 函 数	类 别	语法和说明
DayName	Time	语法：string := DayName(number) 说明：返回数值 number 对应的星期中的星期几。参数 number 为 1900 年 1 月 1 日到当前日期之间的天数，其取值范围为 25569～49709
DeleteAtIndex	List	语法：DeleteAtIndex(anyList, index) 说明：删除 anyList 列表中指定索引号处的元素。若 index 超出了列表的长度或参数 anyList 指定的不是一个列表，该函数的操作无效
DeleteAtProperty	List	语法：DeleteAtProperty(propList, #property) 说明：从属性表中删除具有指定属性的第一个元素。若属性名未被找到或参数 propList 指定的不是一个属性表，该函数的操作无效
DeleteFile	File	语法：number := DeleteFile("filename") 说明：删除由 filename 指定的文件夹或文件，若没有指定路径，则默认路径是用户记录文件夹。当删除一个文件时，最好指定扩展名，以免发生误删除。该函数的执行影响到两个系统变量：IOStatus 和 IOMessage，当没有发生错误时，IOStatus 的值为 0，IOMessage 的值为"no error"；若发生了错误，IOStatus 和 IOMessage 包含了错误的状态信息。若程序通过 Authorware Web Player 在非信任模式下运行，该函数被禁用
DeleteLine	Character	语法：resultString := DeleteLine("string", n [, m [, delim]]) 说明：返回将字符串 string 第 n 行（或第 n 行到第 m 行）删除后的字符串。可以人为指定行分隔符 delim，Return（回车）是默认的行分隔符
DeleteObject	General	语法：DeleteObject(object) 说明：删除由函数 NewObject 创建的 Scripting Xtra 对象实例
DisplayIcon	Icons	语法：DisplayIcon(IconID@"IconTitle") 说明：按照设计图标属性检查器中的设置显示指定的设计图标中的内容。若该设计图标已经显示在屏幕上，则会更新其中显示变量的内容
DisplayIconNoErase	Icons	语法：DisplayIconNoErase(IconID@"IconTitle") 说明：显示指定的设计图标，其表现正如将该设计图标设置了"Prevent Automatic Erase"属性
DisplayResponse	Target	语法：DisplayResponse(IconID@"Interaction IconTitle") 说明：显示同指定【交互作用】设计图标相联系的响应
DrawBox	Graphics	语法：DrawBox(pensize [,x1, y1, x2, y2]) 说明：该函数允许用户通过按下鼠标左键并拖动鼠标以指定线宽绘制一个矩形，使用参数(x1, y1)、(x2, y2)限制用户的绘图范围。若 penseze = -1 则绘制出一个实心矩形。若没有使用函数 SetFrame 和 SetFill 来设置边框和填充颜色，则边框色为黑色，填充色为透明
DrawCircle	Graphics	语法：DrawCircle(pensize[, x1, y1, x2, y2]) 说明：该函数允许用户通过按下鼠标左键并拖动鼠标以指定线宽绘制一个圆形，使用参数(x1, y1)、(x2, y2)限制用户的绘图范围。若 penseze = -1 则绘制出一个实心圆形。若没有使用函数 SetFrame 和 SetFill 来设置边框和填充颜色，则边框色为黑色，填充色为透明
DrawLine	Graphics	语法：DrawLine(pensize[, x1, y1, x2, y2]) 说明：该函数允许用户通过按下鼠标左键并拖动鼠标以指定线宽绘制一条线段，使用参数(x1, y1)、(x2, y2)限制用户的绘图范围。若没有使用函数 SetFrame 和 SetFill 来设置边框和填充颜色，则线段为黑色，填充色为透明。若 penseze = -1 则绘制出黑色线段
DVDAction	Video	语法：result := DVDAction(#Action) 说明：该函数根据参数 Action 指定的符号，控制 DVD 的播放。 #Play — 播放；#Pause — 暂停；#Stop — 停止播放； #End — 关闭播放窗口，释放所有资源；#Rewind — 倒播；#Fastforward — 快进； #Framestep — 进入下一帧；#Nextchapter — 进入下一章节； #Prevchapter — 返回前一章节；#Replaychapter — 重播当前章节； #Fullscreen — 进入全屏播放模式；#Titlemenu — 切换至标题菜单； #Rootmenu — 切换至主菜单； 该函数仅适用于 Windows 系统

（续表）

系 统 函 数	类 别	语法和说明
DVDCaptions	Video	语法：result := DVDCaptions(CaptionsOn) 说明：当参数 CaptionsOn 的值为 TRUE 时，执行该函数则打开字幕显示（前提是当前 DVD 电影存在字幕）。参数 CaptionsOn 的值为 FALSE 时，执行该函数则关闭字幕显示。该函数仅适用于 Windows 系统
DVDChapterNum	Video	语法：result := DVDChapterNum() 说明：该函数返回当前正在播放 DVD 电影的章节号。该函数仅适用于 Windows 系统
DVDCreate	Video	语法：result := DVDCreate([WindowLeft, WindowTop, WindowWidth, WindowHeight, DVDFilename]) 说明：该函数创建 DVD 电影播放窗口。播放窗口的左上角坐标由参数 WindowLeft 和 WindowTop 指定，窗口的宽度与高度分别由参数 WindowWidth 和 WindowHeight 确定。参数 DVDFilename 是一个全路径名，包含 DVD 驱动器的盘符，电影文件名称及其所处的路径。上数参数均为可选，若省略坐标参数，播放窗口左上角坐标默认为(0, 0)，若省略播放窗口的高度与宽度参数，则被播放窗口的大小自动与演示窗口相适应。若省略 DVDFilename 参数（或以空字符串作为参数值），则此函数自动搜索系统中的所有驱动器，加载首次发现的 DVD 电影。该函数执行成功则返回 TRUE。 播放窗口被创建之后处于隐藏状态，允许仅播放 DVD 电影中的声音。之后可以通过执行函数 DVDShowWindow(true)显示 DVD 电影画面。该函数仅适用于 Windows 系统
DVDCurrentTitleNum	Video	语法：result := DVDCurrentTitleNum() 说明：该函数返回当前系统中安装的 Microsoft Windows DirectX 版本号。在播放 DVD 电影之前，系统中必须安装 DirectX 8.1 或以上版本。该函数仅适用于 Windows 系统
DVDGetDrive	Video	语法：result := DVDGetDrive("driveletter") 说明：该函数返回系统中第一个装有 DVD 电影的驱动器盘符，如"F:"。该函数首先在参数 driveletter 指定的盘符中查找，若没有发现 DVD 电影文件，就从 C:驱动器开始依次在系统各驱动器中查找，直至发现 DVD 电影文件，并返回对应驱动器的盘符。若最终仍然没有发现 DVD 电影存在，该函数返回空字符串。 实际上该函数针对 VIDEO_TS 文件夹进行查找，若系统某驱动器中存在名为 VIDEO_TS 的文件夹，该函数就会返回该驱动器的盘符，而不管其中是否存在 IFO 播放控制信息或 VOB 视音频数据。该函数仅适用于 Windows 系统
DVDGetVolume	Video	语法：result := DVDGetVolume() 说明：该函数返回 DVD 电影的音量。DVD 电影的音量分为 100 级，0 表示无声，100 表示最大音量。该函数仅适用于 Windows 系统
DVDMute	Video	语法：result := DVDMute(Mute) 说明：当参数 Mute 的值为 TRUE 时，该函数将 DVD 电影播放过程设置为静音。当参数 Mute 的值为 FALSE 时，该函数恢复对声音的播放。该函数仅适用于 Windows 系统
DVDNumChapters	Video	语法：result := DVDNumChapters([TitleNumber]) 说明：该函数返回指定标题下章节的总数，标题号由参数 TitleNumber 指定。若参数被省略，该函数返回当前标题中的章节总数。一个标题最多可以分为 999 个章节。该函数仅适用于 Windows 系统
DVDNumTitles	Video	语法：result := DVDNumTitles() 说明：该函数返回当前 DVD 电影中的标题总数。一部 DVD 电影最多可以有 99 个标题。该函数仅适用于 Windows 系统
DVDPlayChapter	Video	语法：result := DVDPlayChapter(TitleNumber, ChapterNumber) 说明：该函数播放 DVD 电影中指定标题下的指定章节。标题号和章节号分别由参数 TitleNumber 和 ChapterNumber 指定。若 TitleNumber 设置为 0，则播放当前标题下的章节。该函数仅适用于 Windows 系统

（续表）

系 统 函 数	类 别	语法和说明
DVDPlaytime	Video	语法：result := DVDPlaytime(Title, FromHour, FromMin, FromSec [, ToHour, ToMin, ToSec]) 说明：该函数播放 DVD 电影中指定标题下的一个片段。标题号由参数 Title 指定，片段开始时间（时、分、秒）分别由参数 FromHour, FromMin, FromSec 指定。片段结束时间（时、分、秒）分别由可选参数 ToHour、ToMin、ToSec 指定，若省略这 3 个参数，则该函数从片段开始时间一直播放到指定标题的结束位置。该函数仅适用于 Windows 系统
DVDSelectButton	Video	语法：result := DVDSelectButton(ButtonNumber) 说明：该函数在 DVD 菜单中选择指定的按钮。按钮号由参数 ButtonNumber 指定。该函数仅适用于 Windows 系统
DVDSetVolume	Video	语法：result := DVDSetVolume(Volume) 说明：设置当前 DVD 电影的音量。DVD 电影的音量分为 100 级，参数 Volume 的值为 0 表示静音，为 100 则表示最大音量。音量设置成功则函数返回 TRUE，否则返回 FALSE。该函数仅适用于 Windows 系统
DVDShowWindow	Video	语法：result := DVDShowWindow(ShowWindow) 说明：该函数设置是否显示由 DVDCreate 函数创建的 DVD 电影播放窗口。参数 ShowWindow 的值为 TRUE 时显示播放窗口，否则隐藏播放窗口。该函数仅适用于 Windows 系统
EraseAll	Icons	语法：EraseAll() 说明：擦除【演示】窗口中的所有显示内容
EraseIcon	Icons	语法：EraseIcon(IconID@"IconTitle") 说明：删除指定的设计图标中的所有显示对象
EraseResponse	Target	语法：EraseResponse(IconID@"IconTitle") 说明：删除指定的【交互作用】设计图标下所有的响应
Eval	Character	语法：result := Eval("expression"[, "decimal", "separator"]) 说明：计算出表达式 expression 的值，并将结果赋予变量 result。expression 中不允许使用赋值运算符。可选参数 decimal 用于指定在 expression 中作为小数点的字符，separator 用于指定在 expression 中作为参数分隔符的字符。若表达式存在语法错误，错误信息将存储在系统变量 EvalStatus 和 EvalMessage 中
EvalAssign	Character	语法：result := EvalAssign("expression" [, "decimal", "separator"]) 说明：计算出表达式 expression 的值，并将结果赋予变量 result。expression 中允许使用赋值运算符。可选参数 decimal 用于指定在 expression 中作为小数点的字符，separator 用于指定在 expression 中作为参数分隔符的字符。若表达式存在语法错误，错误信息将存储在系统变量 EvalStatus 和 EvalMessage 中
EXP	Math	语法：number := EXP(x) 说明：计算 e^x 并将结果赋予变量 number
EXP10	Math	语法：number := EXP10(x) 说明：计算 10^x 并将结果赋予变量 number
EvalJS	Character	语法：result := EvalJS("script") 说明：该函数对参数 script 中包含的 JavaScript 字符串进行计算，并返回计算结果。计算过程将根据 Authorware 程序提供的上下文环境进行。不允许使用浏览器窗口对象。若参数中存在语法错误，将会影响系统变量 EvalStatus 和 EvalMessage 的值
EvalJSFile	Character	语法：result := EvalJSFile("FileName") 说明：该函数读取由参数 FileName 指定的文件，将文件内容作为 JavaScript 进行运算，并返回运算结果。计算过程将根据 Authorware 程序提供的上下文环境进行。不允许使用浏览器窗口对象。 若参数中存在语法错误，将会影响系统变量 EvalStatus 和 EvalMessage 的值

（续表）

系 统 函 数	类　　别	语法和说明
FileType	File	语法：number := FileType("filename") 说明：返回 filename 指定的文件或文件夹类型。可能的返回值有： 0—无此文件或发生错误；1—文件夹；2—未打包的文件(.A7P)； 3—不带运行部件的打包文件(.A7R)；4—模块文件(.A7D)； 5—声音文件(.AIF，PCM，WAV)；6—数字化电影文件(.MOV，AVI，MPG，DIR)； 7—PICS 格式的数字化电影(mac 系统使用)；8—自定义函数文件(.U32，DLL)； 9—文本文件(.TXT)；10—应用程序(.EXE，.COM，.BAT，.PIF)；11—其他文件； 12—库文件(.A7L)；13—打包过的库文件(.A7E)；14—图像文件；15—Xtra 文件； 若程序通过 Authorware Web Player 在非信任模式下运行，该函数被禁用
Find	Character	语法：number := Find("pattern", "string") 说明：在字符串 string 中查找 pattern 指定的字符串，并返回第一个被匹配字符串的首字符在 string 中的位置。若 pattern 指定的字符串未被找到，该函数返回 0。该函数严格区分大小写，并且支持通配符的使用："*"代表 0 个或多个字符，"?"代表单个字符，"\"代表转义符
FindProperty	List	语法：index := FindProperty(propList, #property [, index]) 说明：返回与指定属性匹配的第一个元素的索引号，若使用参数 index，则从索引 index 处开始向下查找。当表中不存在指定的属性或 propList 不是一个属性表，则该函数返回 0
FindText	Framework	语法：number := FindText("searchString",scopeIconID, textOrKeywords, matchPattern, resultsInContext, convertResultsToPageIDs, searchInBackground) 说明：查找由 searchString 指定的单词并返回匹配的次数。该函数也会创建一个内部的匹配列表，供其他函数取得更详细的信息。 searchString 可以由多个待查单词通过逻辑运算符（&、|、~）连接而成 scopeIconID 用于指定在特定的【群组】设计图标或决策判断分支结构中进行查找，其默认值 0 表示在整个文件中查找 textOrKeywords 用于指定在文本（0）还是关键词（1）中或所有内容（2）中查找，其默认值为 0 matchPattern 设置为 TRUE 则表示将 searchString 的内容作为匹配模板，其默认值为 FALSE resultsInContext 设置为 TRUE 则保存匹配结果的环境信息 convertResultsToPageIDs 设置为 TRUE 则会生成一个包含了匹配文本的所有页的 ID 号码列表 searchInBackground 设置为 TRUE 则将查找工作放在后台运行
FindValue	List	语法：index := FindValue(anyList, value [, index]) 说明：返回与 value 匹配的第一个元素的索引号，若使用参数 index，则返回从索引号 index 开始与 value 相匹配的第一个元素的索引号。当参数 anyList 指定的不是一个列表或列表中没有相匹配的元素，该函数返回 0（若是属性表，则返回空值）
FlushEventQueue	General	语法：FlushEventQueue() 说明：从事件列表中清除所有尚未处理的事件
FlushKeys	General	语法：FlushKeys() 说明：清除目前尚未处理的所有键盘输入，但不清除系统等效的键盘输入（如函数 PressKey 设置的按键）
Fraction	Math	语法：value := Fraction(value) 说明：返回 value 的小数部分，包括小数点
FullDate	Time	语法：string := FullDate(number) 说明：与函数 Date 作用相同，但是返回全称日期，例如：FullDate(25569)返回 1970 年 1 月 2 日
GetCalc	Target	语法：string := GetCalc(IconID@"IconTitle") 说明：以字符串形式返回指定【运算】设计图标中的内容，若指定的设计图标无效则返回""

（续表）

系 统 函 数	类 别	语法和说明
GetExternalMedia	Target	语法： list := GetExternalMedia(IconID@"IconTitle" / LibraryID) 说明：返回与指定设计图标或库相链接的外部数据所处路径和文件名称的属性列表，其格式为：[[#IconID:65543,#IconTitle:"MyIcon",#Literal:1,#MediaPath:"C:\\WINDOWS\\",#MediaFile:"Straw Mat.bm-p"]] 或 [[#IconID:65543,#IconTitle:"MyIcon",#Literal:0, #Media Path:"C:\\WINDOWS\\", #MediaFile: "=pathANDfile"]] 当该函数使用在打包过的程序中时，将返回空的列表。列表中每个元素都包含对一个外部数据的完整描述。显示设计图标和交互作用设计图标可以容纳多个外部数据，因此对应的属性列表可能包含多个元素。每种属性的含义是： #IconID：设计图标的 ID 号码；#IconTitle：设计图标的标题；#Literal：当外部数据按名称方式进行引用是，该属性的值为 1，当外部数据以表达式方式进行引用时，该属性的值为 0；#MediaPath：外部数据所处的路径；#MediaFile：外部数据对应的文件名称，若外部数据是以表达式方式进行引用的，则该属性包含对应的表达式
GetFileProperty	Target	语法：result := GetFileProperty(#property) 说明：返回由#property 指定的文件属性。可用的文件属性列表请参阅函数 SetFileProperty 的说明
GetFunctionList	Target	语法：list := GetFunctionList(Category [, #which, ...]) 说明：返回当前程序中指定类型函数的信息（属性列表）。函数的类型由参数 Category 指定，可以有以下几种取值： 0—返回当前程序中加载的 U32 或 Script Xtra 的信息。若当前程序加载了 Winapi.u32 中的 Window API 函数 SetWindowPos()，对应的属性列表的内容就是： [[#FileName:"C:\\Program Files\\Macromedia\\Authorware7\\Winapi.u32",#FunctionName:"SetWindowPos",#CrsI-ntName:""]]; 1—Math 类系统函数；　2—Character 类系统函数；　3—General 类系统函数； 4—Time 类系统函数；　5—Jump 类系统函数；　6—Video 类系统函数； 7—Graphics 类系统函数；　8—File 类系统函数；　9—Framework 类系统函数； 10—Icons 类系统函数；　11—OLE 类系统函数；　13—Platform 类系统函数； 14—Network 类系统函数；　15—List 类系统函数；　16—Target 类系统函数； 17—CMI 类系统函数；　18—所有系统函数； 对于外部函数（类别 0），参数#which 的取值为： #FileName, #FunctionName, #Description, #CrsIntName 对于系统函数（类别 1～17，18 代表全部），参数#which 的取值为： #Category, #FunctionName, #Description, #ArgCount 对于脚本函数（类别 19），参数#which 的取值为： #FunctionName, #Description 对于 Xtra 函数（按照加载的顺序，类别由 11000～20999），参数#which 的取值为： #FileName, #FunctionName, #Description, #ArgCount #which 默认时函数返回除 Description 外所有的属性 该函数仅用于未打包的程序文件
GetIconContents	Target	语法：result := GetIconContents(IconID@"IconTitle") 说明：返回指定设计图标中所包含内容的属性列表
GetIconProperty	General	语法：result := GetIconProperty(@"IconTitle", #property) 说明：返回指定设计图标特定属性的值。Authorware 支持的设计图标属性列表请参阅本书附录 D
GetInitialValue	Target	语法：value := GetInitialValue("name"[, IconID@ "IconTitle"]) 说明：取得变量 name 的初始值，该变量可以是全局变量，也可以是与设计图标相关的变量。若指定的参数无效则该函数返回 0，错误信息将被保存在系统变量 EvalStatus 和 EvalMessage 中

（续表）

系 统 函 数	类　别	语法和说明
GetLibraryInfo	Target	语法：list := GetLibraryInfo() 说明：返回与当前程序文件相关联的及所有当前处在打开状态的库文件的线性列表。该函数仅用于未打包的程序文件，并应该由系统函数 CallTarget()进行调用
GetLine	Character	语法：resultString := GetLine("string", n [, m, delim]) 说明：返回字符串附录 string 中的第 n 行（或第 n 行到 m 行）。可以人为指定行分隔符 delim，Return（回车）是默认的行分隔符
GetMovieInstance	Icons	语法：identifier := GetMovieInstance(IconID@"MovieTitle") 说明：返回一个 QuickTime 或 AVI 数字化电影实例在 Authorware 中的数字标识，参数 MovieTitle 是播放数字化电影的【数字化电影】设计图标标题
GetNumber	Character	语法：number := GetNumber(n, "string") 说明：返回字符串 string 中第 n 个数，若字符串中不存在第 n 个数，该函数返回 0
GetPasteHand	Target	语法：id := GetPasteHand() 说明：返回设计窗口中与手形插入指针最接近的设计图标的 ID 号码。若返回值为正数，则表示对应设计图标位于插入指针的后方；若返回值为负数，则表示对应设计图标位于插入指针的前方；若返回值为 0，则表示插入指针没有出现在设计窗口中。该函数仅用于未打包的程序文件
GetPostPoint	Target	语法：point := GetPostPoint(IconID@"IconTitle", #which) 说明：返回指定设计图标的内容在【演示】窗口中的位置坐标。参数#which 的取值为#display 或#response，用于区别普通显示对象和交互作用控制对象（如按钮）
GetPostSize	Target	语法：sizePoint := GetPostSize(IconID@"IconTitle", #which) 说明：返回指定设计图标的内容的宽度和高度，单位为像素。参数#which 的取值为#display 或#response，用于区别普通显示对象和交互作用控制对象（如按钮）
GetProperty	Platform	语法：value := GetProperty("window", #property) 说明：返回指定窗口的属性值。参数 window 是由 UCD（DLL）生成的窗口名称
GetSelectedIcons	Target	语法：list := GetSelectedIcons() 说明：返回前面【群组】设计图标中当前被选择的设计图标的描述信息（线性列表），描述信息中包含设计图标的名称、ID 号码和种类。该函数仅用于未打包的程序文件
GetSpriteProperty	General	语法：result := GetSpriteProperty(@"SpriteIconTitle", #property) 说明：返回指定 Sprite 对象特定属性的值。通过系统函数 GetIconProperty 可以返回指定【Sprite】设计图标特定属性的值
GetTextContaining	Framework	语法：string := GetTextContaining(n [, m, maxlen]) 说明：返回由 Findtext()函数查找到的第 n 个（到第 m 个）匹配的单词，不同的匹配之间以回车间隔。参数 maxlen 表示返回匹配单词所在环境字符串的最大长度，包括匹配单词本身。若要得到环境字符串，必须在执行 FindText 函数时将参数 resultsInContext 设置为 TRUE
GetVariable	Target	语法：value := GetVariable("name" [, IconID@"IconTitle"]) 说明：取得指定变量的值。该变量可以是全局变量，也可以是与设计图标相关的变量。若指定的参数无效则该函数返回 0，错误信息将被保存在系统变量 EvalStatus 和 EvalMessage 中
GetVariableList	Target	语法：list := (Category[, #which, ...]) 说明：返回当前程序中指定类型变量的信息（属性列表）。变量的类型由参数 Category 指定，可以有以下几种取值： 0—自定义变量。若当前程序中存在一个自定义数值型变量 obj，对应的属性列表的内容就是：[[#category:"User",#VariableName:"obj",#Assignable:"Yes",#InitialValue:0, type:"Number"]]; 1—Interaction 类系统变量；　2—Decision 类系统变量；　3—Time 类系统变量； 4—General 类系统变量；　5—Video 类系统变量；　6—Graphics 类系统变量； 7—File 类系统变量；　8—Framework 类系统变量；　9—Icons 类系统变量； 10—Network 类系统变量；　11—CMI 类系统变量；　12—所有系统变量。 返回哪些属性由可选参数#which 决定，默认情况下返回所有的属性。参数#which 可以取以下几种值：#Category, #VariableName, #Assignable, #InitialValue, #Type 该函数仅用于未打包的程序文件

（续表）

系 统 函 数	类　别	语法和说明
GetWord	Character	语法：resultString := GetWord(n, "string") 说明：返回字符串 string 中第 n 个单词，若 n 不在字符串 string 中单词个数的范围之内，该函数返回空字符串
GoTo	Jump	语法：GoTo(IconID@"IconTitle") 说明：使程序跳转到指定设计图标处执行。若目的设计图标是框架结构中的页图标，则该框架窗口入口窗格中的内容会先于目的设计图标得到执行；若是从框架结构中向外部跳转，则该框架窗口出口窗格中的内容会先于目的设计图标得到执行
GoToNetPage	Network	语法：GoToNetPage("URL" [, "windowType"]) 说明：打开指定的 URL 地址，可以是进行网络打包 Authorware 程序，也可以是 MIME 类型的地址。参数 windowType 可能的取值如下。 _self—使用当前的浏览器窗口并退出当前程序（默认情况） _blank—保持现在的窗口，在另一个浏览器窗口中显示 URL 的内容 此函数只能在由 Authorware Web Player 运行的程序中使用
GroupIcons	Target	语法：GroupIcons() 说明：将当前所有被选择的设计图标组合在一起，在组合之后设计图标仍然保持选中状态。该函数仅用于未打包的程序文件
IconFirstChild	Icons	语法：ID := IconFirstChild(IconID@"IconTitle"[, flag]) 说明：返回指定设计图标的第一个子图标的 ID 号码，【群组】设计图标的子图标由前向后进行计数，分支结构中的子图标由左向右进行计数。若指定设计图标没有子图标，该函数返回 0。参数 flag 的取值如下。 0—返回指定设计图标的第一个子图标的 ID 号码（默认情况） 1—返回指定【框架】设计图标入口窗格中第一个设计图标的 ID 号码 2—返回指定【框架】设计图标出口窗格中第一个设计图标的 ID 号码
IconID	Icons	语法：number := IconID("IconTitle") 说明：返回指定设计图标的 ID 号码。该函数影响系统变量 EvalStatus 的值
IconLastChild	Icons	语法：ID := IconLastChild(IconID@"IconTitle"[, flag]) 说明：与函数 IconFirstChild 作用相似，但是返回位于最后的子图标的 ID 号码
IconLogID	Icons	语法：number := IconLogID(n) 说明：返回当前正在执行的设计图标之前第 n 个设计图标的 ID 号码。若 n = 0，返回当前执行的设计图标的 ID 号码。在使用该函数之前，必须将系统变量 IconLog 设置为大于 0 的值
IconLogTitle	Icons	语法：string := IconLogTitle(n[, m]) 说明：返回当前正在执行的设计图标之前第 n 个设计图标的标题。若 n = 0，返回当前执行的设计图标的标题。若使用了参数 m，则返回在 n 和 m 之前所有设计图标的标题。在使用该函数之前，必须将系统变量 IconLog 设置为大于 0 的值
IconNext	Icons	语法：ID := IconNext(IconID@"IconTitle") 说明：在一个【群组】设计图标中，该函数返回指定设计图标的下一个设计图标的 ID 号码，若指定设计图标已经是最后一个，则函数返回 0；当用在一个分支结构中时，该函数返回指定设计图标右边的设计图标的 ID 号码，若指定设计图标已经是分支结构中最右一个，则函数返回 0
IconNumChildren	Icons	语法：number := IconNumChildren(IconID@"IconTitle"[, flag]) 说明：返回指定设计图标包含（或附属）的子图标总数。参数 flag 的取值如下： 0—返回指定设计图标的子图标总数（默认情况） 1—返回【框架】设计图标入口窗格中设计图标总数 2—返回【框架】设计图标出口窗格中设计图标总数

（续表）

系 统 函 数	类　别	语法和说明
IconParent	Icons	语法：ID := IconParent(IconID@"IconTitle") 说明：返回指定设计图标的父图标的 ID 号码。可以作为父图标的设计图标有：【群组】设计图标、【框架】设计图标、【交互作用】设计图标及【决策判断】设计图标
IconPrev	Icons	语法：ID := IconPrev(IconID@"IconTitle") 说明：与函数 IconNext 相似，但是返回前一个子图标的 ID 号码。当指定设计图标之前没有任何设计图标时，该函数返回 0
IconTitle	Icons	语法：string := IconTitle(IconID) 说明：返回由 ID 号码 IconID 指定的设计图标的标题，标题中包含的注释也一并返回
IconTitleShort	Icons	语法：string := IconTitleShort(IconID) 说明：与 IconTitle 作用相似，但是返回的标题中不包含注释
IconType	Icons	语法：number := IconType(IconID@"IconTitle") 说明：返回以数值表示的设计图标的类型。返回值为 0～15 之间的数值，与设计图标类型的对应关系如下。 0—无效 ID 号码；1—【显示】设计图标；2—【移动】设计图标； 3—【擦除】设计图标；4—【交互作用】设计图标；5—【决策判断】设计图标； 6—【群组】设计图标；7—【等待】设计图标；8—【运算】设计图标； 9—【数字化电影】设计图标；10—【声音】设计图标；11—【DVD】设计图标； 12—【框架】设计图标；13—【导航】设计图标；14—【Sprite】设计图标； 15—【知识对象】设计图标
IconTypeName	Icons	语法：string := IconTypeName(n) 说明：返回与数值 n 对应的设计图标类型描述，n 与类型描述的对应关系如下。 1—"Display"；2—"Motion"；3—"Erase"；4—"Interaction"；5—"Decision"； 6—"Map"；7—"Wait"；8—"Calc"；9—"Movie"；10—"Sound"；11—"Video"； 12—"Framework"；13—"Navigate"；14—"Sprite"；15—"Knowledge Object"
ImportMedia	Target	语法：ImportMedia(IconID@"IconTitle", "filename" [,asInternal]) 说明：向特定的设计图标中（【显示】设计图标、【交互作用】设计图标、【数字化电影】设计图标及【声音】设计图标）导入指定的多媒体数据。参数 asInternal 在默认情况为 FALSE，表示将采用外部文件的方式应用多媒体数据
InflateRect	List	语法：InflateRect(myRect, widthChange, heightChange) 说明：改变指定矩形的大小。改变是相对于矩形中心位置而言的，参数 widthChange 和 heightChange 分别表示在宽度和高度上的变化
Initialize	General	语法：Initialize()或 Initialize([variable1, variable2, …, variable 10]) 说明：将由参数指定的变量（最多 10 个）恢复为初始值，若不加任何参数运行该函数，则将所有的变量恢复为初始值
InsertIcon	Target	语法：number := InsertIcon(IconType) 说明：向流程线上手形插入指针所在位置处插入指定类型的设计图标。数值型参数 IconType 用于指定设计图标的类型，数值与设计图标类型的对应关系请参阅系统函数 IconType(IconID@"IconTitle")的说明
InsertLine	Character	语法：resultString := InsertLine("string", n, "newString"[, delim]) 说明：将字符串 newString 插入字符串 string 中第 n 行处，并返回结果字符串。若使用参数 delim，则在插入行的同时也插入指定的换行符
INT	Math	语法：number := INT(x) 说明：返回实数 x 的整数部分

（续表）

系 统 函 数	类　　别	语法和说明
Intersect	List	语法：Intersect(rectangle1, rectangle2) 说明：使用两指定矩形的重叠部分创建一个新的矩形
IsCourseChanged	Target	语法：Bool := IsCourseChanged() 说明：若函数返回 TRUE，则表示当前程序文件发生了改变，但尚未存盘。该函数仅用于未打包的程序文件
IsLibraryChanged	Target	语法：Bool := IsLibraryChanged(LibraryID) 说明：若函数返回 TRUE，则表示由参数 LibraryID 指定的库文件发生了改变，但尚未存盘。该函数仅用于未打包的程序文件
JSGarbageCollect	General	语法：JSGarbageCollect() 说明：该函数在 JavaScript 内存池中进行碎片收集。必要的碎片收集工作可以释放 JavaScript 对象占用的内存，以及在当前上下文中不再需要的字符串。碎片收集释放的内存空间可以被 JavaScript 引擎再次使用。通常情况 下，碎片收集由 JavaScript 引擎自动调用，因此该函数不必显式调用
JumpFile	Jump	语法：JumpFile("filename"[, "variable1, variable2, …", ["folder"]]) 说明：使 Authorware 跳转到由 filename 指定的程序文件中，打包过的程序只能跳转到同样打包过的程序中。文件名不必包含扩展名，Authorware 会自动对所需文件进行识别。变量序列 "variable1,variable2, …"用于向目标程序文件传递参数，若使用的是自定义变量，必须保证它们同时存在于两个程序文件中。通过使用参数 folder 可以改变用户记录文件所处的默认路径，这也是改变用户记录文件所处路径的唯一方式，当程序由 Authorware Web Player 执行时，可以传递一个 URL 类型的参数作为 folder 使用，但 Authorware Web Player 禁止将本地驱动器作为 folder 参数使用
JumpFileReturn	Jump	语法：JumpFileReturn("filename"[,"variable1,variable2, …",　["folder"]]) 说明：实现对指定程序文件的调用。它使 Authorware 由原程序文件跳转到由 filename 指定的目标程序文件中，但当用户退出目标程序文件或遇到一个 Quit（或 Quitrestart）函数时，Authorware 会返回到原程序文件中。调用过程可以嵌套，打包过的程序只能调用同样打包过的程序。文件名不必包含扩展名，Authorware 会自动对所需文件进行识别。变量序列"variable1,variable2, …"用于向原程序文件返回指定变量的值，若使用的是自定义变量，必须保证它们同时存在于两个程序文件中。通过使用参数 folder 可以改变用户记录文件所处的默认路径，这也是改变用户记录文件所处路径的唯一方式。该函数由 Authorware Web Player 执行时，可以传递一个 URL 类型的参数作为 folder 使用；在非信任模式下，将禁用该函数
JumpOut	Jump	语法：JumpOut("program" [, "document"] [, "creator type"]) 说明：打开由 program 指定的应用程序并退出当前程序，若使用参数 document 则由应用程序将指定文件打开。可选参数 creator type 仅用于 Macintosh 系统。若程序通过 Authorware Web Player 在非信任模式下运行，该函数被禁用
JumpOutReturn	Jump	语法：JumpOutReturn("program" [, "document"] [, "creator type"]) 说明：打开由 program 指定的应用程序，当前程序在后台保持运行，若使用参数 document 则由应用程序将指定文件打开。可选参数 creator type 仅用于 Macintosh 系统。若程序通过 Authorware Web Player 在非信任模式下运行，该函数被禁用
JumpPrintReturn	Jump	语法：JumpPrintReturn("[program]", "document"[, "creator type"]) 说明：打开由 program 指定的应用程序并使用该应用程序打印指定文档 document，当前程序在后台保持运行。若没有指定 program，则 Authorware 会根据文档的类型自动选择一个应用程序，若不存在此类应用程序，则会出现一个文件选择对话框，由用户指定一个应用程序。可选参数 creator type 仅用于 Macintosh 系统。若程序通过 Authorware Web Player 在非信任模式下运行，该函数被禁用
Keywords	Framework	语法：string := Keywords(IconID@"IconTitle") 说明：返回指定设计图标的关键词，若设计图标有多个关键词，关键词之间采用空格进行分隔

（续表）

系 统 函 数	类　别	语法和说明
KORefresh	Target	语法：KORefresh() 说明：自动刷新知识对象窗口中的知识对象。该函数通过搜索 Knowledge Objects 文件夹来发现是否存在新的知识对象，仅在程序设计期间有效
LaunchCommand	Target	语法：LaunchCommand(WindowHandle, "filename" [, "arguments"]) 说明：执行由参数 filename 指定的命令，args 是该命令需要的参数。filename 中应该给出命令文件名及完整的路径。该函数仅通过系统函数 CallTarget 进行调用
LayerDisplay	Icons	语法：LayerDisplay(LayerNumber [, IconID@"IconTitle"]) 说明：改变指定设计图标所处的层数
Line	Graphics	语法：Line(pensize, x1, y1, x2, y2) 说明：使用 pensize 指定的线宽在屏幕上从(x1, y1)到(x2, y2)绘制一条线段。默认的绘制颜色是黑色，可以使用系统函数 SetFrame 设置线条颜色。将 pensize 设置为–1 可以忽略当前颜色设置而绘出黑色线段
LineCount	Character	语法：number := LineCount("string" [, delim]) 说明：返回字符串 string 中的总行数，其中不包含字符串尾部的空行。参数 delim 用于指定行分隔符，默认的行分隔符为回车符
List	List	语法：List(value) 说明：将 value 由当前数据类型转换为列表类型。若出现语法错误，错误状态信息将存储在系统变量 EvalStatus 和 EvalMessage 中
ListCount	List	语法：number := ListCount(anyList) 说明：返回列表 anyList 中顶级元素的个数。若 anyList 不是一个列表，则该函数返回 0
LN	Math	语法：number := LN(x) 说明：求出 x 的自然对数值
LOG10	Math	语法：number := LOG10(x) 说明：求出以 10 为底 x 的对数值
LowerCase	Character	语法：resultString := LowerCase("string") 说明：返回与 string 对应的字符串，其中所有字母全部变为小写
MapChars	Character	语法：string := MapChars("string", fromPlatform [, toPlatform]) 说明：根据当字符映射表在不同系统（Windows、Macintosh）之间进行字符映射。参数 fromPlatform 和 toPlatform 的取值如下。 0—当前系统 1—Windows 2—Macintosh
Max	Math	语法：value := Max(anyList)　或　value := Max(a [, b, c, d, e, f, g, h, i, j]) 说明：返回列表 anyList 或多个参数中的最大值
MediaPause	General	语法：MediaPause(IconID@"IconTitle", pause) 说明：暂停或继续播放指定设计图标中的数字化电影或声音：pause 的值为 TRUE 则暂停播放，为 FALSE 则从暂停之处继续播放
MediaPlay	General	语法：MediaPlay(IconID@"IconTitle") 说明：播放指定设计图标中的数字化电影、视频信息或声音，若数字化电影、视频信息或声音正在播放，则该函数将控制其从起始位置重新开始播放
MediaSeek	General	语法：MediaSeek(IconID@"IconTitle", position) 说明：设置指定设计图标中数字电影、视频信息或声音的当前播放位置。对于数字化电影和视频信息，参数 position 为帧数；对于声音，参数 position 为毫秒值

系统函数	类　别	语法和说明
Min	Math	语法：value := Min(anyList)　或者 value := Min(a [, b, c, d, e, f, g, h, i, j]) 说明：返回列表 anyList 或多个参数中的最小值
MOD	Math	语法：number := MOD(x, y) 说明：返回 x 除以 y 所得的余数（模）
Month	Time	语法：number := Month(number1) 说明：返回数值 number1 指定的某年中的月份。参数 number1 为 1900 年 1 月 1 日到当前日期之间的天数，其取值范围为 25569～49709
MonthName	Time	语法：string := MonthName(number) 说明：返回数值 number 指定的某年中的月份名称。参数 number 为 1900 年 1 月 1 日到当前日期之间的天数，其取值范围为 25569～49709
MoveCursor	General	语法：MoveCursor(x, y) 说明：移动鼠标指针到指定的坐标(x, y)处
MoveWindow	General	语法：MoveWindow(top, left) 说明：移动【演示】窗口。参数 top 和 left 是其新的左上角坐标
NetAbort	Network	语法：result := NetAbort(netId) 说明：中断由 netId 指定的下载操作。返回值小于 0 表示出现错误，关于详细的错误信息请参阅系统函数 NetError。该函数只能用于由 Authorware Web Player 运行的程序中
NetDownload	Network	语法：string := NetDownload("URL") 说明：将指定 URL 中的文件下载到本地硬盘，并返回本地存储位置：路径及文件名。该函数将文件下载至 map 文件中 put 行所指定的位置，若 map 文件中没有指定存储位置，该函数将文件下载至 Authorware Web Player 所在文件夹下的 Download 文件夹中。该函数只能用于由 Authorware Web Player 运行的程序中，当 Authorware Web Player 在非信任模式下运行程序时将该函数禁用
NetDownloadBackground	Network	语法：netId := NetDownloadBackground("URL" [,"filename"]) 说明：将 URL 中指定的文件在后台下载至指定位置 filename 并返回一个唯一的标识 netId。若没有指定下载位置，该函数将文件下载至 Authorware Web Player 所在文件夹下的 Download 文件夹中。该函数只能用于由 Authorware Web Player 运行的程序中，当 Authorware Web Player 在非信任模式下运行程序时将该函数禁用
NetDownloadName	Network	语法：filename := NetDownloadName(netId) 说明：返回由 netId 指定的目标文件名，若 netId 无效则返回空字符串。该函数只能用于由 Authorware Web Player 运行的程序中，当 Authorware Web Player 在非信任模式下运行程序时将该函数禁用
NetError	Network	语法：errorcode := NetError(netId) 说明：返回由 netId 指定的下载中出现的错误代码： 0—没有错误；-1—失败；-2—错误参数；-3—不匹配；-4—内存已满； -5—错误实例；-6—超时；-7—数据结尾；-8—请求不支持；-9—只读； -10—版本不兼容；-11—不能执行；-12—系统忙；-13—违反安全； -14—文件丢失或出错；-15—无效的 NetId； 该函数只能用于由 Authorware Web Player 运行的程序中，当 Authorware Web Player 在非信任模式下运行程序时将该函数禁用
NetFileSize	Network	语法：size := NetFileSize("URL" [,time-out]) 说明：返回指定 URL 中内容的大小，单位为字节。若 URL 不存在或发生错误，该函数返回 -1。参数 time-out 用于设置超时时间，默认值为 30 秒。 该函数只能用于由 Authorware Web Player 运行的程序中。当 Authorware Web Player 在非信任模式下运行程序时对不安全的协议会将该函数禁用

（续表）

系 统 函 数	类　别	语法和说明
NetLastModDate	Network	语法：result := NetLastModDate("URL" [,time-out] [,format]) 说明：返回特定 URL 最近一次被修改的日期。参数 time-out 用于设置超时时间，默认值为 30 秒；参数 format 指定返回的日期格式： 0—本地时间（默认值） 1—从格林尼治时间 1900 年 1 月 1 日起的天数 若 URL 不存在或发生错误，该函数返回""（若 format=0）或-1（若 format=1） 该函数只能用于由 Authorware Web Player 运行的程序中。当 Authorware Web Player 在非信任模式下运行程序时对不安全的协议会将该函数禁用
NetPercentDone	Network	语法：progress := NetPercentDone(netId) 说明：返回由 netId 指定的下载过程的进度。在下载完毕后该函数返回 100。 该函数只能用于由 Authorware Web Player 运行的程序中，当 Authorware Web Player 在非信任模式下运行程序时将该函数禁用
NetPreload	Network	语法：result := NetPreload(IconID@"IconTitle") 说明：启动包含指定设计图标的程序段的异步传输。该函数只能用于由 Authorware Web Player 运行的程序中
NewObject	General	语法：object := NewObject("Xtra" [, arguments...]) 说明：使用参数 argument 调用 Scripting Xtra 的 New 方法，创建一个新的 Scripting Xtra 对象实例
NewVariable	Target	语法：result := NewVariable("variable name", initial value, "description", [IconID@"IconTitle"]) 说明：创建一个新的自定义变量，利用可选参数 IconID 可以创建一个新的图标变量。变量创建成功则函数返回 TRUE，否则返回 FALSE，错误状态信息被保存在系统变量 EvalStatus 和 EvalMessage 中。该函数可以在程序设计期间由系统函数 CallTarget 进行调用
Number	Math	语法：number := Number(value) 说明：将参数 value 从当前数据类型转换为数值类型（整数或实数）
NumCount	Character	语法：number := NumCount("string") 说明：返回字符串 string 中包含的数字个数。用户在最后一次文本输入响应中输入的数字个数被自动存储在系统变量 NumCount 中
OffsetRect	List	语法：NewRectangle := OffsetRect(rectangle, x, y) 说明：将指定矩形增加偏移量后生成一个新的矩形。x 和 y 分别代表水平偏移量和垂直偏移量
OLEDoVerb	OLE	语法：OLEDoVerb(IconID@"IconTitle"[, "verb"]) 说明：执行指定设计图标中第一个 OLE 对象的 OLE 动词。若没有指定动词 verb，则执行该 OLE 对象的默认动词
OLEGetObjectVerbs	OLE	语法：string := OLEGetObjectVerbs(IconID@"IconTitle") 说明：返回指定设计图标中第一个 OLE 对象的所有 OLE 动词列表。列表中的第一个动词是该对象的默认动词，动词之间以回车符分隔
OLEGetTrigger	OLE	语法：number := OLEGetTrigger(IconID@"IconTitle") 说明：返回指定设计图标中第一个 OLE 对象的触发动作对应的数值：0—没有设置触发动作；1—触发动作为单击鼠标；2—触发动作为双击鼠标
OLEGetTriggerVerb	OLE	语法：string := OLEGetTriggerVerb(IconID@"IconTitle") 说明：返回指定设计图标中第一个 OLE 对象的触发动词
OLEIconize	OLE	语法：OLEIconize(IconID@"IconTitle", iconize) 说明：设置指定设计图标中第一个 OLE 对象是以图标形式还是以全图形式显示。参数 iconize 为 TRUE，表示以图标形式显示，为 FALSE 表示以全图形式显示
OLESetAutoUpdate	OLE	语法：OLESetAutoUpdate(IconID@"IconTitle", update) 说明：设置指定设计图标中的第一个 OLE 对象以何种方式进行更新。参数 update 为 TRUE，则自动更新，为 FALSE 则表示必须使用手动更新

（续表）

系统函数	类 别	语法和说明
OLESetTrigger	OLE	语法：OLESetTrigger(IconID@"IconTitle", [trigger]) 说明：设置指定设计图标中第一个 OLE 对象的触发动作。参数 trigger 可能的取值如下 0—不设置触发动作；1—将触发动作设置为单击鼠标（默认设置）；2—将触发动作设置为双击鼠标
OLESetTriggerVerb	OLE	语法：OLESetTriggerVerb(IconID@"IconTitle"[, "verb"]) 说明：设置指定设计图标中第一个 OLE 对象的触发动词，当用户激活 OLE 对象时该动词被执行。若没有指定动词 verb，则触发动词被设置为该 OLE 对象的默认动词
OLEUpdateNow	OLE	语法：OLEUpdateNow(IconID@"IconTitle") 说明：立即对指定设计图标中第一个 OLE 对象进行更新
OpenFile	Target	语法：IOStatus := OpenFile ("filename") 说明：打开指定的程序文件。若没有发现由参数 filename 指定的程序文件，则创建一个新的程序文件并以 filename 进行命名，若 filename 的值为空，则将新的程序文件命名为 "Untitled"。该函数仅用于未打包的程序文件，并应该由系统函数 CallTarget()进行调用。该函数的执行影响系统变量 IOStatus 和 IOMessage 的值
OpenIcon	Target	语法：OpenIcon(IconID@"IconTitle" [, #which] [, shift]) 说明：为指定的设计图标打开由参数#which 指定的窗口或对话框。参数#which 可以取以下值： #display　打开设计图标准备进行编辑，设计图标中的所有内容将显示在演示窗口中。若此时参数 shift 的值为 TRUE，演示窗口中的内容处于受保护状态 #map　打开群组设计图标、框架设计图标或知识对象设计图标，显示其中包含的子图标。处于锁定状态的知识对象设计图标不能被打开 #property　（#which 参数的默认值）打开设计图标属性检查器 #response　为指定响应打开响应属性检查器
OpenLibrary	Target	语法：IOStatus := OpenLibrary("filename") 说明：打开指定的库文件并返回系统变量 IOStatus 的当前值。该函数仅用于未打包的程序文件
Overlapping	Graphics	语法：condition := Overlapping(IconID@"IconTitle", IconID@ "IconTitle") 说明：判断两个指定设计图标中的显示对象是否相互重叠，是则返回 TRUE
PackageFile	Target	语法：IOStatus := PackageFile("OutputFile", Runtime, ResolveLinksAtRuntime, PackLibsInternal, PackMediaInternal, UseDefaultNames, [LibraryLocations]) 说明：将当前打开的程序文件打包。该函数仅用于未打包的程序文件，并应该由系统函数 CallTarget()进行调用。该函数的执行影响系统变量 IOStatus 和 IOMessage 的值。参数 OutputFile 用于指定打包生成文件的名称。参数 Runtime 有以下 3 种允许的取值。 0—Without Runtime；1—For Windows 3.1；2—For Windows 9x and NT Variants； 参数 ResolveLinksAtRuntime，PackLibsInternal，PackMediaInternal，UseDefaultNames 分别对应于【Package File】对话框中的相应选项，它们的值可以是 TRUE 或 FALSE；若决定将库文件打包在外部，由参数 LibraryLocations 指定库文件的 ID 号码和打包文件的存储位置
PackageLibrary	Target	语法：IOStatus := PackageLibrary(LibraryID,"OutputFile", ReferencedOnly,UseDefaultName, PackMediaInternal) 说明：将指定的库文件打包，被指定的库文件必须与当前程序文件相关联。参数 LibraryID 是指定库文件的 ID 号码（通过系统函数 GetLibraryInfo()获得）；参数 OutputFile 用于指定打包生成文件的名称；参数 ReferencedOnly、UseDefaultName、PackMediaInternal 分别对应于【Package Library】对话框中的相应选项，它们的值可以是 TRUE 或 FALSE
PageContaining	Framework	语法：ID := PageContaining(IconID@"IconTitle"[,@"framework"]) 说明：返回包含指定设计图标的页图标的 ID 号码。若使用可选参数 framework，则若页图标属于该框架结构，该函数返回页图标的 ID 号码，否则返回 0

（续表）

系 统 函 数	类　　别	语法和说明
PageFoundID	Framework	语法：ID := PageFoundID(n) 说明：执行 FindText 函数之后，该函数返回第 n 处被匹配的对象所在页图标的 ID 号码
PageFoundTitle	Framework	语法：title := PageFoundTitle(n [,m]) 说明：执行 FindText 函数之后，该函数返回第 n（或第 n 到 m）处被匹配的对象所在页图标的标题，各标题之间以回车符分隔
PageHistoryID	Framework	语法：ID := PageHistoryID(n) 说明：返回历史记录列表中第 n 页图标的 ID 号码。n 等于 1 表示最近一次访问过的页
PageHistoryTitle	Framework	语法：title := PageHistoryTitle(n [, m]) 说明：返回历史记录列表中第 n（或 n 到 m 之间的）页图标的标题，标题之间以回车符分隔
PasteIcons	Target	语法：PasteIcons() 说明：将剪贴板中的设计图标粘贴到当前插入指针所处位置。从锁定的知识对象中复制的设计图标只能粘贴到锁定的知识对象中
PasteModel	Target	语法：PasteModel("ModelFileName") 说明：将一个模块粘贴到当前插入指针所处位置。该函数的执行影响到两个系统变量：IOStatus 和 IOMessage
Point	List	语法：myPoint := Point(x, y) 说明：在坐标(x, y)处产生一个点
PointInRect	List	语法：PointInRect(rectangle, point) 说明：判断指定点是否在指定矩形之内，是则返回 TRUE
PostURL	Network	语法：string := PostURL("URL", "content" [,time-out]) 说明：将指定内容贴到特定的 URL，并返回结果字符串。参数 time-out 用于设置超时时间，默认值为 30 秒，若不需要返回结果字符串，可以将 time-out 设置为 0。该函数的执行影响到两个系统变量：IOStatus 和 IOMessage
Preload	Icons	语法：number := Preload(IconID@"IconTitle" [, option]) 说明：将指定设计图标中的图像、声音、Sprite Xtra 或数字化电影预先调入内存，对于存储于外部的数字化电影，Authorware 会打开相应驱动程序和数字化电影文件，但并不将整个文件调入内存。若指定设计图标包含有子图标，Authorware 将调入所有子图标 可选参数 option 的默认值为 1，在这种情况下，Authorware 会将相关的外部数据（外部数字化电影除外）调入内存，将 option 设置为 0 则 Authorware 只将相关的内部数据调入内存而不理会存储于程序外部的数据 当一次调入多个设计图标时，Authorware 会根据当前可用内存调入尽量多的设计图标，返回值 number 指出有多少设计图标被调入：0 表示没有调入设计图标，正数表示调入了所有设计图标，负数表示尚有多少设计图标未被调入
PressKey	General	语法：PressKey("keyname") 说明：执行该函数相当于在键盘上按下 keyname 对应的键
PrintScreen	General	语法：PrintScreen() 说明：将当前【演示】窗口中的显示内容从选定的打印机输出。若程序通过 Authorware Web Player 在非信任模式下运行，该函数被禁用
PropertyAtIndex	List	语法：property := PropertyAtIndex(propList, index) 说明：返回属性列表中指定索引处的元素的属性。若索引号超出了属性表的长度或参数 propList 指定的不是属性表，该函数返回空值
PurgePageHistory	Framework	语法：PurgePageHistory() 说明：清除页历史记录，包括页图标的标题和 ID 号码

系 统 函 数	类　　别	语法和说明
Quit	General	语法：Quit(option) 说明：立即退出程序，退出之后的操作由参数 option 指定如下： 　0—若是由另一程序文件跳转而来，则返回该文件，否则返回程序管理器（Windows 3.1）或 Windows 桌面（Windows 95，98，Windows NT 4.0，Windows 2000，Windows XP）。若当前使用的是 Macintosh 操作系统，则返回到查找器（Finder） 　1—直接返回程序管理器（Windows 3.1）或 Windows 桌面（Windows 95，98，Windows NT 4.0，Windows 2000，Windows XP）。若当前使用的是 Macintosh 操作系统，则返回到查找器（Finder） 　2—重新启动 Windows（Windows 95，98，Windows NT 4.0，Windows 2000，Windows XP）或者返回 DOS（Windows 3.1）。若当前使用的是 Macintosh 操作系统，则重新动系统 　3—关闭计算机（Windows 95，98，Windows NT 4.0，Windows 2000，Windows XP）或返回程序管理器（Windows 3.1）。若当前使用的是 Macintosh 操作系统，则关闭计算机 　若程序通过 Authorware Web Player 在非信任模式下运行，Quit(2)、Quit(3)被禁用
QuitRestart	General	语法：QuitRestart(option) 说明：与函数 Quit 作用相似，但是继续执行该程序时，总是重新开始执行而不管【文件】属性检查器中 "On Return" 选项的设置。若程序通过 Authorware Web Player 在非信任模式下运行，QuitRestart(2)，QuitRestart(3)被禁用
Random	Math	语法：number := Random(min, max, units) 说明：返回介于 min～max 之间的一个随机数，两个随机数的差是 uints 的整数倍
ReadExtFile	File	语法：string := ReadExtFile("filename") 说明：读取指定文件中的内容，并以字符串形式返回文件的内容。当使用 URL 作为路径时，要使用绝对路径形式。该函数的执行影响两个系统变量：IOStatus 和 IOMessage。若程序通过 Authorware Web Player 在非信任模式下运行，使用该函数读取本地驱动器或其他服务器中数据的操作被禁止
ReadURL	Network	语法：string := ReadURL("URL" [,time-out]) 说明：读取指定的 URL 并返回文件的内容或字符串（javascript）。参数 time-out 用于设置超时时间，默认值为 30 秒。若不需要返回结果字符串，可以将 time-out 设置为 0。该函数的执行影响两个系统变量：IOStatus 和 IOMessage。若程序通过 Authorware Web Player 在非信任模式下运行，使用该函数读取本地驱动器中数据的操作被禁止
Real	Math	语法：realNum := Real(value) 说明：将参数 value 从当前数据类型转换为实数类型
Rect	List	语法：myRect := Rect(left, top, right, bottom)或者 　myRect := Rect(point1, point2) 说明：根据指定左上角坐标及右下角坐标创建一个矩形
Reduce	Character	语法：resultString := Reduce("set", "string") 说明：将字符串 set 中包含的字符在字符串 string 中的连续出现都减为一个
RenameFile	File	语法：number := RenameFile("filename", "newfilename") 说明：改变文件名，Authorware 会忽略参数 newfilename 中包含的所有路径信息。该函数的执行影响到两个系统变量：IOStatus 和 IOMessage。若程序通过 Authorware Web Player 在非信任模式下运行，该函数被禁用
RepeatString	Character	语法：resultString := RepeatString("string", n) 说明：将字符串 string 重复 n 次后形成一个新字符串
Replace	Character	语法：resultString := Replace("pattern", "replacer", "string") 说明：将字符串 string 中出现的字符串 pattern 用指定的字符串 replacer 进行替换，并返回替换结果。该函数支持通配符的使用："*"代表 0 个或多个字符，"?"代表单个字符，"\"代表转义符

（续表）

系 统 函 数	类　　别	语法和说明
ReplaceLine	Character	语法：resultString := ReplaceLine("string", n, "newString"[, delim]) 说明：将字符串 string 中的第 n 行用字符串 newString 进行替换，并返回替换结果。可以使用参数 delim 指定一个行分隔符，默认的行分隔符为回车符
ReplaceSelection	Icons	语法：ReplaceSelection([IconID@"IconTitle"]) 说明：使决策判断分支结构中的指定分支路径重新可用。当 IconTitle 为一个【决策判断】设计图标的分支图标时，它代表的分支路径重新可用；当 IconTitle 为一个【决策判断】设计图标时，其下所有的分支路径重新可用。若省略参数，则该函数使最近一次使用过的分支路径重新可用
ReplaceString	Character	语法：resultString := ReplaceString("original string", start, length, "replacement") 说明：将字符串 original string 中指定的部分用字符串 replacement 进行替换并返回替换后的结果。指定部分的起始位置由 start 确定，length 用于指定替换长度
ReplaceWord	Character	语法：resultString := ReplaceWord("word", "replacer", "string") 说明：将字符串 string 中指定的单词 word 由新单词 replacer 进行替换。该函数支持通配符的使用："*"代表 0 个或多个字符，"?"代表单个字符，"\"代表转义符
ResetBandwidth	Network	语法：ResetBandwidth(selector) 说明：为指定的选择器清除带宽统计。参数 selector 标志设置何种速率： #piece：文件被读取或下载的速率 #external：外部数据经由 InetUrl Xtra 加载的速率 #plugin：Authorware Web Player 下载分段文件的速率
ResizeWindow	General	语法：ResizeWindow(width, height) 说明：重设【演示】窗口的大小。参数 width 和 height 分别用于指定改变后的【演示】的宽度和高度，单位为像素
Restart	General	语法：Restart() 说明：使整个程序文件从头开始执行，同时将所有的变量恢复为初始值
ResumeFile	Jump	语法：ResumeFile(["recfolder"]) 说明：使由于执行了 Quit(1)（或 Quit(2)、Quit(3)）函数退出的程序重新从退出之处继续执行。该函数只有在选中【文件】属性检查器中【Resume】选项才有效。程序要返之前退出的地方，必须要找到用户记录文件，若存储记录文件的文件夹不是默认文件夹，必须使用参数 refolder 来指定
ResumeFileName	Jump	语法：string := ResumeFileName(["recfolder"]) 说明：返回要继续执行的程序文件名，该程序文件之前由于执行了 Quit(1)（或 Quit(2)、Quit(3)）函数而退出。若存储记录文件的文件夹不是默认文件夹，必须使用参数 refolder 来指定
RFind	Character	语法：number := RFind("pattern", "string") 说明：按照从右向左的顺序在字符串 string 中查找指定的字符串 pattern 并返回第一次匹配的位置。该函数对字母大小写敏感，并且支持通配符的使用："*"代表 0 个或多个字符，"?"代表单个字符，"\"代表转义符
RGB	Graphics	语法：RGB(R, G, B) 说明：由红、绿、蓝（R，G，B）三原色混合成一种新的颜色。该函数为绘图函数设置颜色。参数 R，G，B 的取值范围为 0～255
Round	Math	语法：number := Round(x [, decimals]) 说明：将数值 x 按照 decimals 指定的位数四舍五入
SaveFile	Target	语法：SaveFile(["filename"]) 说明：若没有指定参数，该函数将保存当前程序文件；若当前程序文件尚未命名，则必须指定 filename（不能使用"Untitled"作为文件名）。该函数的执行影响两个系统变量：IOStatus 和 IOMessage，且只能在程序设计期间使用
SaveLibrary	Target	语法：IOStatus := SaveLibrary(LibraryID, ["New filename"]) 说明：保存由参数 LibraryID（通过系统函数 GetLibraryInfo()获得）指定的库文件。若指定了新的文件名，库文件将以新的文件进行存储。执行该函数将使当前程序文件被设置为"Changed"。该函数仅用于未打包的程序文件

系 统 函 数	类　别	语法和说明
SaveRecords	General	语法：SaveRecords() 说明：将用户记录数据存盘。在用户退出一个交互应用程序时，Authorware 会自动将用户记录存盘。若程序通过 Authorware Web Player 在非信任模式下运行，该函数被禁用
SelectIcon	Target	语法：SelectIcon([IconID@"IconTitle"][, extend]) 说明：选择程序文件中的设计图标如下。 SelectIcon()　将取消当前选择 SelectIcon(IconID)　将选择单个设计图标 SelectIcon(IconID, TRUE)　将一个设计图标增加到选择范围内 若参数无效则不会对当前选择有影响
SendEventReply	General	语法：SendEventReply(event, reply) 说明：对 Xtra 发送的事件进行应答
SetAtIndex	List	语法：SetAtIndex(anyList, value, index) 说明：用 value 替换列表 anyList 中索引 index 处的值，替换操作发生之后列表 anyList 变得无序。若参数 index 大于列表的长度，则列表被扩展，多余的元素使用空值进行填充；若参数 index 小于 1 或 anyList 不是一个列表，函数无效
SetCalc	Target	语法：SetCalc(IconID@"IconTitle", "calculation") 说明：若 calculation 有效（能通过编译），该函数使用它来取代指定【运算】设计图标中的内容。该函数的执行影响系统变量 EvalStatus 的值
SetCursor	General	语法：SetCursor(type) 说明：设置鼠标指针的形状。形状由参数 type 指定如下。 0—普通箭头形；1—"I"形；2—十字交叉线；3—空心加号；4—空白（隐藏指针）； 5—沙漏形；6—手形； 若向程序中添加了自定义鼠标指针，Authorware 自动将它们定义为 51 以上的值
SetEmpty	Target	语法：SetEmpty(IconID@"IconTitle", state) 说明：设置指定知识对象设计图标 Empty 属性的状态。参数 state 设置为 TRUE 表示该设计图标为空，设置为 FALSE 表示该设计图标不空。在程序设计期间，Authorware 会自动为空知识对象设计图标调用向导程序
SetFileProperty	Target	语法：SetFileProperty(#property, value) 说明：设置文件的属性，成功则返回 TRUE，否则返回 FALSE。属性#property 和属性值 value 可以有以下设置（括号中为属性值）。 #awTitleBar；#awTaskBar；#awCenterOnScreen；#awMenuBar；#awOverlayMenu； #awMatchWindowColor；#awStandardAppearance；#awWindows31Metrics； #awDesktopPattern；#awTrackAllInteractions；#awTrackScore；#awTrackTime； #awTrackTimeout；#awLogoutUponExit；#awPackRunLink；#awPackLibInternal； #awPackMediaInternal；#awPackDefaultNames；#awIconCount （以上属性的值可设置为 TRUE 或 FALSE）； #awWindowsPaths（#DOS 或#UNC）；#awWindowsNames(#DOS, #longFileNames)； #awWindowSize（取值：[#type: #variable,　#size: [width,height]]， [#type: #fixed, #size: [width,height]]， [#type: #fullScreen, #size: [width,height]]）； #awOnReturn(#resume 或#restart)；　#awSearchPath（字符串）； #awWaitButtonLabel（长度为 408 字符之内的字符串）； #awBackgroundColor(RGB(r, g, b))；　#awChromaKeyColor(RGB(r, g, b))； #awPackRuntime(#none, #run16, #run32)
SetFill	Graphics	语法：SetFill(flag [, color]) 说明：设置绘图函数使用的填充色，可以使用 RGB 函数产生一个颜色。当 flag 为 TRUE 时进行填充，为 FALSE 则不进行填充

（续表）

系 统 函 数	类　别	语法和说明
SetFrame	Graphics	语法：SetFrame(flag [, color]) 说明：设置绘图函数使用的边框色，可以使用 RGB 函数产生一个颜色。当 flag 为 TRUE 时绘制边框，为 FALSE 则不进行绘制
SetHotObject	Target	语法：SetHotObject(IconID@"Response", IconID@"Object") 说明：为指定的热对象响应"Response"设置热对象"Object"。对设计图标的设置并没有存储，因此在设计期间需要调用系统函数 SetIconProperty()保存修改后的设置。该函数可以在设计期间和运行期间使用
SetIconProperty	General	语法：SetIconProperty(IconID@"IconTitle", #property, value) 说明：为指定设计图标设置属性值，设计图标可以是标准设计图标，也可以是 Xtra 设计图标。属性#property、属性值 value 可能的取值及适用范围请参阅本书附录 D
SetIconTitle	Target	语法：SetIconTitle(IconID@"IconTitle", "title") 说明：为指定设计图标设置标题。该函数的执行影响到系统变量 EvalStatus
SetInitialValue	Target	语法：SetInitialValue(value, "name" [, IconID @"IconTitle"]) 说明：为指定变量设置初始值。该函数的执行影响到两个系统变量 EvalStatus 和 EvalMessage
SetKeyboardFocus	General	语法：SetKeyboardFocus(IconID@"IconTitle") 说明：当前键盘输入焦点设置到指定的【Sprite】设计图标、文本输入框或 Director 动画
SetLayer	Graphics	语法：SetLayer(layer) 说明：设置绘图函数创建的对象的层数，必须在执行绘图函数之前执行该函数。由同一个【运算】设计图标绘制的所有对象都显示在同一层上
SetLine	Graphics	语法：SetLine(type) 说明：设置线段样式。样式由参数 type 指定如下。 0—无箭头；　1—线段起点处有箭头；　2—线段终点处有箭头；　3—线段两端都有箭头
SetMode	Graphics	语法：SetMode(mode) 说明：设置绘图函数使用的覆盖模式。覆盖模式由参数 mode 指定如下。 0—Matted；　1—Transparent；　2—Inverse；　3—Erase；　4—Opaque
SetMotionObject	Target	语法：SetMotionObject(IconID@"Motion", IconID@ "Object") 说明：为指定的【移动】设计图标"Motion"设置被移动的对象"Object"。对设计图标的设置并没有存储，因此在设计期间需要调用系统函数 SetIconProperty()保存修改后的设置。该函数可以在设计期间和运行期间使用
SetPalette	Graphics	语法：result := SetPalette(["filename", resId, resType, options]) 说明：从指定文件中调用调色板并将它作为当前【演示】窗口使用的调色板。参数 options 可能的取值如下。 0—使用以前的设置；　1—不保持系统颜色；　2—使用未修改的调色板； 4—保持系统颜色；　8—使用 Modify→File→Palette 进行的设置
SetPasteHand	Target	语法：SetPasteHand(IconID@"IconTide", #position [, flag]) 说明：设置插入指针所处的位置。位置#position 是相对于指定设计图标 IconTitle 而言的，其可能的取值有：#before, #after, #beforeFirstChild 及#afterLastChild 参数 flag 可能的取值如下。 0—返回指定设计图标的第一个子图标的 ID 号码（默认情况） 1—返回指定【框架】设计图标入口窗格中第一个设计图标的 ID 号码 2—返回指定【框架】设计图标出口窗格中第一个设计图标的 ID 号码
SetPostPoint	Target	语法：SetPostPoint(IconID@"IconTitle", #which, point) 说明：设置指定设计图标的内容在【演示】窗口中显示的坐标。参数#which 的取值为#display 或#response，用于区别普通显示对象和交互作用控制对象（如按钮）；参数 point 用于设置对象左上角的坐标

（续表）

系 统 函 数	类 别	语法和说明
SetPostSize	Target	语法：SetPostSize(IconID@"IconTitle", #which, sizePoint) 说明：设置指定设计图标的内容占据的显示区域的大小。参数#which 的只能设置为#response
SetProperty	Platform	语法：SetProperty("window", #property, value) 说明：设置指定窗口的属性。参数 window 是由 UCD（DLL）生成的窗口名称
SetSpriteProperty	General	语法：SetSpriteProperty(@"SpriteIconTitle", #property, value) 说明：设置由指定【Sprite】设计图标显示的 Sprite 对象的属性值。属性的定义请参阅函数 SetIconProperty 的说明
SetTargetModal	Target	语法：SetTargetModal(WindowHandle, flag) 说明：该函数只能通过外部命令由系统函数 CallTarget 进行调用，用于切换命令窗口的模式/非模式状态。参数 flag 的值为 TRUE 时，命令窗口为模式窗口；参数 flag 的值为 FALSE 时，命令窗口为非模式窗口，此时允许用户切换到设计窗口中进行操作
SetTargetObject	Target	语法：SetTargetObject(IconID@"Response", IconID@"Object") 说明：为指定的目标区响应"Response"设置目标对象"Object"。对设计图标的设置并没有存储，因此在设计期间需要调用系统函数 SetIconProperty()保存修改后的设置。该函数可以在设计期间和运行期间使用
SetVariable	Target	语法：SetVariable (value, "VariableName" [, IconID @"IconTitle"]) 说明：设置指定变量的值，变量可以全局变量或图标变量。该函数的执行影响到两个系统变量：EvalStatus 和 EvalMessage
ShowCursor	General	语法：ShowCursor(display) 说明：显示或隐藏鼠标指针如下。 ShowCursor(on)　显示鼠标指针 ShowCursor(off)　关闭显示鼠标指针
ShowMenuBar	General	语法：ShowMenuBar(display) 说明：显示或隐藏【演示】窗口的菜单栏如下。 ShowMenuBar(on)　显示菜单栏 ShowMenuBar(off)　关闭菜单栏显示
ShowTaskBar	General	语法：ShowTaskBar(display) 说明：显示或隐藏 Windows 的任务栏如下。 ShowTaskBar(on)　显示任务栏 ShowTaskBar(off)　关闭任务栏
ShowTitleBar	General	语法：ShowTitleBar(display) 说明：显示或隐藏【演示】窗口的标题栏如下。 ShowTitleBar(on)　显示标题栏 ShowTitleBar(off)　关闭标题栏 该函数用于 Macintosh 系统中
ShowWindow	General	语法：ShowWindow(display) 说明：打开或关闭【演示】窗口如下。 ShowWindow(on)　打开【演示】窗口 ShowWindow(off)　关闭【演示】窗口 该函数仅用于程序设计期间
Sign	Math	语法：number := Sign(x) 说明：该函数在 x 为正数时返回 1，x 为 0 时返回 0，x 为负数时返回-1
SIN	Math	语法：number := SIN(angle) 说明：计算 angle 的正弦值，参数 angle 的单位为弧度
SortByProperty	List	语法：SortByProperty(propertyList1[,propertyList2,…, propertyList10] [, order]) 说明：按照属性表中的属性进行排序，并对属性表做上排序标记。设置 order 为 TRUE 时按升序排序，否则按照降序排序。该函数可以按照参数中第一个列表的顺序排列多个列表；若列表大小不一或非属性表，该函数不进行排序

（续表）

系 统 函 数	类　别	语法和说明
SortByValue	List	语法：SortByValue(anyList1 [, anyList2, …, anyList10] [, order]) 说明：按照元素值对列表进行排序并做排序标记。设置 order 为 TRUE 时按升序排序，否则按照降序排序。该函数可以按照参数中第一个列表的顺序排列多个列表；若列表大小不一，该函数不进行排序
SQRT	Math	语法：number := SQRT(x) 说明：计算数值 x 绝对值的平方根
String	Character	语法：String(value) 说明：将 value 从当前数据类型转换为字符串类型
Strip	Character	语法：resultString := Strip("characters", "string") 说明：删除字符串 string 中所有出现的字符串 characters，并返回结果字符串。此函数对字母大小写敏感
SubStr	Character	语法：resultString := SubStr("string", first, last) 说明：返回字符串 string 的部分内容，起始位置和结束位置由参数 first 和 last 指定
Sum	Math	语法：value := Sum(anyList)　或者　value := Sum(a [, b, c, d, e, f, g, h, i, j]) 说明：计算列表 anyList 中所有元素的和或计算所有参数的和。最多可有 10 个参数
Symbol	Character	语法：Symbol(value) 说明：将 value 从当前数据类型转换为符号类型
SyncPoint SyncWait	General	语法：SyncPoint(option)和 SyncWait(seconds) 说明：这两个函数配合使用，用于同步设计图标的执行。SyncWait(seconds)用于设置等待时间，参数 seconds 为等待的秒数。在等待时间内所有交互作用响应均不可用，但数字化电影、动画及其他操作仍然可以继续进行。SyncPoint(option)用于对等待时间进行计时，计时方式由 option 指定如下。 0—在显示当前设计图标中的内容前开始计时 1—在显示当前设计图标中的内容后开始计时 2—只有在用户匹配一个响应或退出交互作用分支结构时才开始计时
SystemMessageBox	General	语法：result = SystemMessageBox(WindowHandle, "text", "caption" [,type or #buttons, #icon, default, #modality]) 说明：显示 windows 风格的消息框。参数 text 代表显示在消息框中的提示文本。参数 caption 代表消息框窗口的标题。第四个可选参数可以是数值，也可以是符号，若是数值 type，那么后续的可选参数将被忽略，type 用于指定消息框的类型；若是符号#buttons，则代表消息框中出现的按钮，符号可以取以下几种值： #OK—OK 按钮（默认值）；#OKCancel—OK、Cancel 按钮；#AbortRetryIgnore—Abort、Retry、Ignore 按钮；#RetryCancel—Retry、Cancel 按钮；#YesNo—Yes、No 按钮；#YesNoCancel—Yes、No、Cancel 按钮； 参数#icon 指定消息框中出现在图标，可以取以下几种值： #Information—i（默认值）；#Asterisk—i；#Exclamation—!；#Warning—!； #Question—?；#Stop—Stop；#Error—Stop；#Hand—Stop； 参数#Modality 用于设置消息框的模式/非模式状态，可以取以下几种值： #ApplicationModal—模式窗口（默认值），用户在当前窗口中进行其他操作之前必须按下消息框中的某个按钮，但是用户仍然可以切换到其他线程中进行操作； #SystemModal—与#ApplicationModal 效果相似，但消息框始终显示在最前端； #TaskModal—与#ApplicationModal 效果相似，但用户在进行其他任何操作前必须按下消息框中的某个按钮； 该函数返回用户选择的按钮： 1—按下 OK 按钮；2—按下 Cancel 按钮；3—按下 Abort 按钮；4—按下 Retry 按钮； 5—按下 Ignore 按钮；6—按下 Yes 按钮；7—按下 No 按钮
TAN	Math	语法：number := TAN(angle) 说明：计算 angle 的正切值，angle 的单位为弧度
Test	General	语法：Test(condition, true expression, false expression) 说明：当条件 condition 为 TRUE 时，执行 true expression 表达式；当条件 condition 为 FALSE 时，执行 false expression 表达式

（续表）

系统函数	类别	语法和说明
TestPlatform	Platform	语法：string := TestPlatform("Mac", "Win32" [, "Win16"]) 说明：检测程序运行平台并返回参数中指定的相应字符串
TextCopy	General	语法：TextCopy() 说明：将当前选中文本复制到系统剪贴板上。使用此函数可以实现自定义菜单中 Edit→Copy 命令
TextCut	General	语法：TextCut() 说明：将当前选中文本剪切到系统剪贴板上。使用此函数可以实现自定义菜单中 Edit→Cut 命令
TextPaste	General	语法：TextPaste() 说明：将系统剪贴板中的文本粘贴到当前文本中插入点光标所在位置。使用此函数可以实现自定义菜单中 Edit→Paste 命令
TimeOutGoTo	Jump	语法：TimeOutGoTo(IconID@"IconTitle") 说明：该函数与系统变量 TimeOutLimit 配合使用。若用户在限制时间内没有进行任何操作（按键、单击或移动鼠标），则程序将跳转去执行指定的设计图标
Trace	General	语法：Trace("string")或 Trace(#action) 说明：该函数接受字符串"string"或符号#action 作为参数，用于在程序设计期间跟踪程序的运行情况 若使用字符串"string"或字符型表达式作为被跟踪的数据，则当程序运行时 Trace 函数在控制面板窗口中输出指定字符串 string 或字符型表达式的计算结果 若使用符号#action 作为参数，可以控制在控制面板窗口中输出哪些内容：被执行的设计图标的名称、缩写或者由 Trace 函数输出的被跟踪数据。可用的参数取值有： #On—允许输出设计图标名称、缩写和被跟踪的数据 #Off—停止输出设计图标名称、缩写和被跟踪的数据 #IconOn—允许输出设计图标名称、缩写 #IconOff—停止输出设计图标名称、缩写 #TraceOn—允许输出被跟踪数据 #TraceOff—停止输出被跟踪数据 #Clear—清除控制面板窗口中的内容 #Pause—暂停程序执行，相当于向程序流程中插入调试断点
TypeOf	General	语法：type := TypeOf(value) 说明：返回参数 value 的数据类型。可能的返回值有 #integer，#real，#string，#linearList，#propList，#rect，#point，#symbol，#event
UngroupIcons	Target	语法：UngroupIcons() 说明：将当前选中的设计图标分组，在分组之后设计图标仍然保持选中状态。该函数仅用于未打包的程序文件
UnionRect	List	语法：UnionRect(rectangle1, rectangle2) 说明：创建能够容纳两个指定矩形的最小矩形
Unload	Icons	语法：Unload(IconID@"IconTitle") 说明：从内存中卸载指定设计图标及其子图标的内容。执行 Unload(-1)则 Authorware 将尽最大可能卸载所有设计图标，除了正在显示或播放的设计图标
UpperCase	Character	语法：resultString := UpperCase("string") 说明：返回与字符串 string 对应的字符串，其中所有的字母均为大写
URLDecode	Character	语法：URLDecode("string") 说明：对 URL 字符串 string 进行解码，返回标准的字符串。该函数的作用与 URLEncode 相反
URLEncode	Character	语法：URLEncode("string") 说明：对字符串 string 进行编码，使其不包含不能被 URL 接受的特殊字符，例如将字符"@"替换为"%40"

（续表）

系 统 函 数	类　　别	语法和说明
ValueAtIndex	List	语法：ValueAtIndex(anyList, index) 说明：返回列表中指定索引位置处的元素值。若参数 anyList 不是一个列表，或者索引号 index 小于 1 或不存在，该函数返回 0（若参数 anyList 指定的是一个属性表，该函数返回空串）
WaitMouseUp	General	语法：WaitMouseUp() 说明：暂停程序执行直到用户释放鼠标左键
WordCount	Character	语法：number := WordCount("string") 说明：返回字符串 string 中包含的单词总数。由空格、回车、Tab 分隔的字符串被 Authorware 认为是单词
WriteExtFile	File	语法：WriteExtFile("filename", "string") 说明：创建一个以 filename 命名的文本文件并向其中写入字符串 string，若已经存在一个以 filename 命名的文件则将其覆盖。该函数的执行影响到两个系统变量：IOStatus 和 IOMessage。若程序通过 Authorware Web Player 在非信任模式下运行，该函数被禁用
Year	Time	语法：number := Year(number1) 说明：返回数值 number1 对应的年份。参数 number1 为 1900 年 1 月 1 日到当前日期之间的天数，其取值范围为 25569～49709
ZoomRect	General	语法：ZoomRect(x, y) 说明：从坐标(x, y)处产生一组逐渐放大的矩形框

附录 C 设计图标属性

属性名称	属性符号	应用设计图标	可用值
Active if True	#awActiveIf	任意响应图标	布尔值 TRUE/FALSE（或 1/0），或者产生布尔值的表达式（【Active if】文本框的内容）
Affected Area	#awAffectedArea	【交互作用】设计图标，【显示】设计图标，【Xtra】设计图标，【擦除】设计图标，【框架】设计图标	#entireWindow #changingAreaOnly
Anti-alias	#awAntialias	【显示】设计图标，【交互作用】设计图标	布尔值 TRUE/FALSE（或 1/0）
Auto Match	#awAutoMatch	条件响应图标	#off，#whenTrue， #onFalseToTrue
Auto-Entry at limit	#awAutoEntryAtLimit	【交互作用】设计图标	布尔值 TRUE/FALSE（或 1/0）
Base X	#awBaseX	【移动】设计图标，【显示】设计图标，【交互作用】设计图标，【数字化电影】设计图标，【Xtra】设计图标	数值，或者产生数值的表达式
Base Y	#awBaseY	【移动】设计图标，【显示】设计图标，【交互作用】设计图标，【数字化电影】设计图标，【Xtra】设计图标	数值，或者产生数值的表达式
Branching	#awBranching	【决策判断】设计图标	#sequentially #randomToUnusedPath #randomToAnyPath #toCalculatedPath
Button	#awButtonIndex	按钮响应图标	每个值都对应于按钮编辑器中不同的按钮，包括用户自定义按钮。通过该属性可以得到一个特定按钮的索引，或者设置按钮响应使用的按钮类型
Button Default	#awButtonDefault	按钮响应图标	按钮响应被设置为默认按钮（打开【Make Default】复选框），该属性的值为 TRUE，否则为 FALSE
Button Hide	#awButtonHide	按钮响应图标	如果按钮响应被设置为隐藏按钮（打开【Hide When Inactive】复选框），该属性的值为 TRUE，否则为 FALSE
Button Label	#awButtonLabel	按钮响应图标	包含按钮的标题（Label 文本框的内容）
Calc	#awCalc	任意设计图标	一条正确的程序语句
Calculated nav. expression	#awCalcExpr	【导航】设计图标	用于计算设计图标 ID 号码的表达式
Calculated path	#awCalcPath	【决策判断】设计图标	数值，或者产生数值的表达式
Character limit	#awCharLimit	【交互作用】设计图标	数值，或者产生数值的表达式
CMI InteractionID	#awCMIInteractionID	【交互作用】设计图标	反映交互作用过程的 ID 号（【CMI】选项卡中 Interaction ID 文本框的内容）
CMI ObjectiveID	#awCMIObjectiveID	【交互作用】设计图标	反映交互作用过程的 Objective ID 号（【CMI】选项卡中 Objective ID 文本框的内容）

（续表）

属 性 名 称	属 性 符 号	应 用 设 计 图 标	可 用 值
CMI　QuestionType	#awCMIQuestionType	【交互作用】设计图标	反映交互作用过程的类型（【CMI】选项卡中 Type 属性的设置），可以是以下 3 种值： #multipleChoice - Multiple Choice (C) #fillIn - Fill in the Blank (F) #fromSlot - From Field
CMI QuestionTypeSlot	#awCMIQuestion-TypeSlot	【交互作用】设计图标	包含用户输入的类型（当【CMI】选项卡中【Type】属性被设置为 From Field 时）
CMI Score	#awCMIScore	【交互作用】设计图标	数值，或者产生数值的表达式
CMI Weight	#awCMIWeight	【交互作用】设计图标	数值，或者产生数值的表达式
Concurrency	#awTiming	【声音】设计图标，【DVD】设计图标，【数字化电影】设计图标，【移动】设计图标	#waitUntilDone，#concurrent，#perpetual（【DVD】设计图标只可能存在前两种取值）
Condition	#awCondition	条件响应图标	布尔值 TRUE/FALSE（或 1/0），或者产生布尔值的表达式（【Condition】文本框的内容）
Contains Script Function	#awCalcIsFunction	【运算】设计图标	如果【运算】设计图标是一个脚本函数设计图标，则该属性的值为 TRUE
Cursor	#awCursorIndex	热区响应图标，按钮响应图标和热对象响应图标	该属性表示这些响应使用的鼠标指针类型。该属性的值有以下几种： 0 = 箭头状　　1 = I 状　　2 = 十状 3 = 十字花状　　4 = 隐藏　　5 = 沙漏状 6 = 手状 如果文件中使用了自定义的指针，该属性的值为 51 或者更高。通过该属性可以得到特定响应使用的鼠标指针类型，或者设置响应使用的鼠标指针类型
Destination X	#awDestX	【移动】设计图标，【显示】设计图标，【交互作用】设计图标，【数字化电影】设计图标，【Xtra】设计图标	数值，或者产生数值的表达式
Destination Y	#awDestY	【移动】设计图标，【显示】设计图标，【交互作用】设计图标，【数字化电影】设计图标，【Xtra】设计图标	数值，或者产生数值的表达式
Direct to screen	#awDirectToScreen	【显示】设计图标，【数字化电影】设计图标，【Xtra】设计图标，【交互作用】设计图标	布尔值 TRUE/FALSE（或 1/0）
Display Duration	#awDisplayDuration	【显示】设计图标，【交互作用】设计图标，【框架】设计图标，【Xtra】设计图标	数值，或者产生数值的表达式
Display DVD Frame Mode	#awDVDFullScreen	【DVD】电影设计图标	布尔值 TRUE/FALSE（或 1/0）
Display DVD Video	#awDVDVideo	【DVD】电影设计图标	布尔值 TRUE/FALSE（或 1/0）
Display Smoothness	#awDisplaySmoothness	【显示】设计图标，【交互作用】设计图标	数值，或者产生数值的表达式
DVD Audio	#awDVDAudio	【DVD】电影设计图标	布尔值 TRUE/FALSE（或 1/0）
DVD Captions	#awDVDCaptions	【DVD】电影设计图标	布尔值 TRUE/FALSE（或 1/0）

（续表）

属 性 名 称	属 性 符 号	应用设计图标	可 用 值
DVD Base X	#awDVDBaseX	【DVD】电影设计图标	数值，或者产生数值的表达式
DVD Base Y	#awDVDBaseY	【DVD】电影设计图标	数值，或者产生数值的表达式
DVD End Time	#awDVDEndTime	【DVD】电影设计图标	数值，或者产生数值的表达式
DVD Freeze Video	#awDVDFreeze	【DVD】电影设计图标	#awDVDFreezeNever #awDVDFreezeLastFrame
DVD Initial X	#awDVDSizeX	【DVD】电影设计图标	数值，或者产生数值的表达式
DVD Initial Y	#awDVDSizeY	【DVD】电影设计图标	数值，或者产生数值的表达式
DVD Start Time	#awDVDStartTime	【DVD】电影设计图标	数值，或者产生数值的表达式
DVD Stop on Keypress	#awDVDStopKeypress	【DVD】电影设计图标	布尔值 TRUE/FALSE（或 1/0）
DVD Stop Video	#awDVDStopIf	【DVD】电影设计图标	布尔值 TRUE/FALSE（或 1/0），或者产生布尔值的表达式
DVD Title Number	#awDVDTitle	【DVD】电影设计图标	数值，或者产生数值的表达式
DVD User Control	#awDVDUserControl	【DVD】电影设计图标	布尔值 TRUE/FALSE（或 1/0）
DVD Video Filename	#awDVDFilename	【DVD】电影设计图标	路径字符串（【File】文本框的内容），例如 "\"C:\\\\Video_TS\""
End X	#awEndX	【移动】设计图标，【显示】设计图标，【交互作用】设计图标，【数字化电影】设计图标，【Xtra】设计图标	数值，或者产生数值的表达式
End Y	#awEndY	【移动】设计图标，【显示】设计图标，【交互作用】设计图标，【数字化电影】设计图标，【Xtra】设计图标	数值，或者产生数值的表达式
Entry Text mode	#awTextEntryPattern	文本输入响应图标	包含匹配文本（【Pattern】文本框中的内容）
Erase Content	#awEraseContent	任意分支图标	#beforeNextEntry, #uponExit, #dontErase
Erase Duration	#awEraseDuration	【擦除】设计图标，【交互作用】设计图标	数值，或者产生数值的表达式
Erase List	#awEraseList	【擦除】设计图标	N/A
Erase preserve	#awErasePreserve	【擦除】设计图标	布尔值 TRUE/FALSE（或 1/0）
Erase Previous Content	#awErasePrevious	【显示】设计图标，【数字化电影】设计图标，【Xtra】设计图标，【交互作用】设计图标	布尔值 TRUE/FALSE（或 1/0）
Erase Smoothness	#awEraseSmoothness	【擦除】设计图标，【交互作用】设计图标	数值，或者产生数值的表达式
Erase text on exit	#awEraseTextOnExit	【交互作用】设计图标	布尔值 TRUE/FALSE（或 1/0）
Erase transition	#awEraseTransition	【擦除】设计图标	[#category:"name", #transition:"name"]
Erase When	#awEraseWhen	任意响应图标	#beforeNextEntry, #afterNextEntry, #uponExit, #dontErase
Exlude from search	#awExcludeFromSearch	【显示】设计图标，【交互作用】设计图标	布尔值 TRUE/FALSE（或 1/0）
Highlight on match	#awHighlightOnMatch	热对象或热区响应图标	布尔值 TRUE/FALSE（或 1/0）
Hot Object	#awHotObject	热对象响应图标	被设置为热对象的设计图标的 ID 号码
Hotkey	#awHotKey	热对象响应图标，热区响应图标，按钮响应图标	键名

（续表）

属 性 名 称	属 性 符 号	应用设计图标	可 用 值
Icon Color	#awIconColor	任意设计图标	#white, #yellow, #pink, #green, #red, #blue, #brightred, #brightbl-ue, #brightgreen, #fushcia, #purp-le, #orange, #gray, #brown, #cyan, #teal
Icon Description	#awIconDesc	任意设计图标	字符串
Icon Keywords	#awIconKeywords	任意设计图标	包含设计图标的关键字
Icon modified date time	#awModTime	任意设计图标	N/A
Icon size	#awIconSize	任意设计图标	N/A
Icon transition	#awIconTransition	【显示】设计图标，【交互作用】设计图标 icons	[#category:"name", #transition:"name"]
Ignore capitalization	#awIgnoreCapitalization	文本输入响应图标	布尔值 TRUE/FALSE（或 1/0）
Ignore extra words	#awIgnoreExtraWords	文本输入响应图标	布尔值 TRUE/FALSE（或 1/0）
Ignore null entries	#awIgnoreNullEntries	【交互作用】设计图标	布尔值 TRUE/FALSE（或 1/0）
Ignore punctuation	#awIgnorePunctuation	文本输入响应图标	布尔值 TRUE/FALSE（或 1/0）
Ignore spaces	#awIgnoreSpaces	文本输入响应图标	布尔值 TRUE/FALSE（或 1/0）
Ignore word order	#awIgnoreWordOrder	文本输入响应图标	布尔值 TRUE/FALSE（或 1/0）
Incremental matching	#awIncrementalMatching	文本输入响应图标	布尔值 TRUE/FALSE（或 1/0）
Initial X	#awInitialX	【显示】设计图标，【交互作用】设计图标，【数字化电影】设计图标，【Xtra】设计图标	数值，或者产生数值的表达式
Initial Y	#awInitialY	【显示】设计图标，【交互作用】设计图标，【数字化电影】设计图标，【Xtra】设计图标	数值，或者产生数值的表达式
Interaction branching	#awIntBranching	任意响应图标	#tryAgain, #exitInteraction, #continue, #return
Interruption	#awInterruption	任意响应图标	#continueTiming, #pauseRe-sumeOnReturn, #pauseRest-artOnReturn, #pauseRestar-tIfRunning
JavaScript Calculation	#awCalcIsJavascript	【运算】设计图标	布尔值 TRUE/FALSE（或 1/0）
Judge Status	#awJudgeStatus	任意响应图标	#notJudged, #correctRespon-se, #wrongResponse
Layer	#awLayer	【显示】设计图标，【数字化电影】设计图标，【Xtra】设计图标，【交互作用】设计图标，Motion	数值，或者产生数值的表达式
Location X	#awLocationX	任意响应图标	数值，或者产生数值的表达式
Location Y	#awLocationY	任意响应图标	数值，或者产生数值的表达式
Mark on match	#awMarkOnMatch	热区响应图标	布尔值 TRUE/FALSE（或 1/0）
Match	#awMatch	热区响应图标或热对象响应图标	#singleClick, #doubleClick, #cursorInArea
Match at least (X) words	#awMatchAtLeast	文本输入响应图标	数值，或者产生数值的表达式
Maximum tries	#awMaxTries	重试限制响应图标	数值，或者产生数值的表达式
MenuItem	#awMenuItem	下拉式菜单响应图标	包含菜单项（Menu Item 文本框的内容）
Mode	N/A	【显示】设计图标，【交互作用】设计图标	N/A

（续表）

属 性 名 称	属 性 符 号	应用设计图标	可 用 值
Motion BeyondRange	#awMotionBeyondRange	被设置为 Direct to Line、Direct to Grid 或 Path to Point 三种方式的【移动】设计图标	属性包含越界处理方式（【Beyond Range】属性的值），可以是以下 3 种值： #stopAtEnds — Stop at Ends #loop — Loop #goPastEnds — Go Past Ends
Motion Layer	#awMotionLayer	【移动】设计图标	包含【移动】设计图标的层数
Motion Object	#awMotionObject	【移动】设计图标	设计图标 ID 号码
Motion Timing	#awMotionTiming	【移动】设计图标	包含【Timing】属性的值，可以是以下 2 种值： #seconds — Time (sec) #rate — Rate (sec/in)
Motion Type	#awMotionType	【移动】设计图标	#directToPoint, #directToLine, #directToGrid, #pathToEnd, #pathToPoint
Motion When	#awMotionWhen	设置为 Path to End 方式的【移动】设计图标	包含移动条件（【Move When】属性）
Movable	#awMovable	【显示】设计图标，【数字化电影】设计图标，【交互作用】设计图标，【Xtra】设计图标	#never, #onScreen, #onPath, #inArea, #anywhere
Movie audio on	#awMovieAudio	【数字化电影】设计图标	布尔值 TRUE/FALSE（或 1/0）
Movie display mode	#awMovieMode	【数字化电影】设计图标	#transparent, #matted, #inverse, #opaque
Movie End frame	#awMovieEndFrame	【数字化电影】设计图标	数值，或者产生数值的表达式
Movie interactivity	#awMovieInteractivity	【数字化电影】设计图标	布尔值 TRUE/FALSE（或 1/0）
Movie play	#awMoviePlay	【数字化电影】设计图标	#repeatedly, #fixedNumberOfTimes, #untilTrue, #onlyWhileInMotion, #times/Cycle, #controllerPause, #controllerPlay
Movie play rate	#awMovieRate	【数字化电影】设计图标	数值，或者产生数值的表达式
Movie play times	#awMovieTimes	【数字化电影】设计图标	数值，或者产生数值的表达式，包含电影被播放的次数
Movie play until true	#awMovieUntil	【数字化电影】设计图标	包含用于判断是否停止播放的条件表达式（【Play Until TRUE】属性）
Movie Start frame	#awMovieStartFrame	【数字化电影】设计图标	数值，或者产生数值的表达式
Movie use palette	#awMoviePalette	【数字化电影】设计图标	布尔值 TRUE/FALSE（或 1/0）
Navigate Call and Return	#awNavCall	【导航】设计图标	如果【导航】设计图标被设置为 Call an Return，则该属性的值为 TRUE，否则为 FALSE
Navigate AutoSearch	#awNavAutoSearch	设置为 Search 方式的【导航】设计图标	反映【导航】设计图标是否被设置为立即查找（打开【Search Immediately】复选框）。当【导航】设计图标被设置为立即查找时，该属性的值为 TRUE，否则为 FALSE
Navigate FindIn	#awNavFindIn	设置为 Search 方式的【导航】设计图标	反映【导航】设计图标查找的方式（关键字、文本或两者包括），可以是以下 3 种值： #awNavSearchKeywords #awNavSearchText #awNavSearchBoth

（续表）

属 性 名 称	属 性 符 号	应用设计图标	可 用 值
Navigate FindWhere	#awNavFindWhere	设置为 Search 方式的【导航】设计图标	反映【导航】设计图标查找的范围，可以是以下 2 种值： #awNavFindEntireFile #awNavFindThisFramework
Navigate Icon	#awNavIcon	设置为 Anywhere 方式的【导航】设计图标	返回作为导航目标的设计图标的 ID 号码
Navigate ShowInContext	#awNavShowInContext	设置为 Search 方式的【导航】设计图标	反映【导航】设计图标是否被设置为显示上下文方式（打开【Show in Context】复选框）。当【导航】设计图标被设置为显示上下文方式时，该属性的值为 TRUE，否则为 FALSE
Navigate Type	#awNavType	【导航】设计图标	反映【导航】设计图标导航属性设置： #awNavSpecific — Anywhere #awNavNext — Next #awNavPrev — Previous #awNavFirst — First #awNavLast — Last #awNavExit — Exit Framework　/Return #awNavBackup — Go Back #awNavRecent — List Recent Pages #awNavSearch — Search #awNavIconExpr — Calculate
Page trasition	#awPageTransition	任意页图标	[#category:"name"，#transition:"name"]
Pause before branching	#awPauseBeforeBranch	【决策判断】设计图标	布尔值 TRUE/FALSE（或 1/0）
Pause before exit	#awPauseBeforeExit	【交互作用】设计图标	布尔值 TRUE/FALSE（或 1/0）
Perpetual	#awPerpetual	任意响应图标	布尔值 TRUE/FALSE（或 1/0）
Play every frame	#awMoviePlayEveryFrame	【数字化电影】设计图标	布尔值 TRUE/FALSE（或 1/0）
Position path points	#awPositionPathPoints	【移动】设计图标	[Point1，Point2，...]
Position path shape	#awPositionPathShape	【移动】设计图标	[#straight/#curved，#straight/#curved，...]
Positioning	#awPositioning	【显示】设计图标，【交互作用】设计图标	#noChange，#onScreen，#onPath，#inArea
Prevent Automatic Erase	#awPreventErase	【显示】设计图标，【数字化电影】设计图标，【Xtra】设计图标，【交互作用】设计图标	布尔值 TRUE/FALSE（或 1/0）
Prevent Cross Fade	#awPreventFade	【擦除】设计图标	布尔值 TRUE/FALSE（或 1/0）
Repeat	#awRepeat	【决策判断】设计图标	#dontRepeat， #untilAllPathsUsed， #fixedNumberOfTimes， #untilClickKeypress， #untilTrue
Repeat Condition	#awRepeatCondition	【决策判断】设计图标	数值，或者产生数值的表达式
Repeat times	#awRepeatTimes	【决策判断】设计图标	数值，或者产生数值的表达式
Reset paths on entry	#awResetPathsOnEntry	【决策判断】设计图标	布尔值 TRUE/FALSE（或 1/0）

属 性 名 称	属 性 符 号	应用设计图标	可　用　值
Response Type	#awResponseType	各种响应图标	#button — Button #hotSpot — Hot Spot #hotObject — Hot Object #targetArea — Target Area #pulldownMenu — Pull-down Menu #conditional — Conditional #textEntry — Text Entry #keypress — Keypress #timedResponse — Time Limit #triesResponse — Tries Limit #event — Event
Show Button	#awPauseShowButton	【交互作用】设计图标	布尔值 TRUE/FALSE（或 1/0）
Show Button	#awShowWaitButton	【等待】设计图标	布尔值 TRUE/FALSE（或 1/0）
Show countdown	#awShowCountdown	【等待】设计图标	布尔值 TRUE/FALSE（或 1/0）
Show entry marker	#awShowEntryMarker	【交互作用】设计图标	布尔值 TRUE/FALSE（或 1/0）
Show time remaining	#awShowTimeRemaining	【决策判断】设计图标	布尔值 TRUE/FALSE（或 1/0）
Size X	#awSizeX	任意响应图标	数值，或者产生数值的表达式
Size Y	#awSizeY	任意响应图标	数值，或者产生数值的表达式
Sound begin	#awSoundBegin	【声音】设计图标	变量或条件表达式
Sound play	#awSoundPlay	【声音】设计图标	#fixedNumberOfTimes, #untilTrue
Sound play rate	#awSoundRate	【声音】设计图标	数值，或者产生数值的表达式
Sound Times	#awSoundTimes	【声音】设计图标	包含声音的播放次数（Fixed Number of Times 文本框中的内容）
Sound Until	#awSoundUntil	【声音】设计图标	包含终止播放的条件（Until True 文本框中的内容）
Sound Wait for previous	#awSoundWaitPrevious	【声音】设计图标	布尔值 TRUE/FALSE（或 1/0）
Sync position	#awSyncPosition	媒体同步图标	数值，或者产生数值的表达式
Sync time	#awSyncTime	媒体同步图标	数值，或者产生数值的表达式
Sync type	#awSyncType	媒体同步图标	#Position, #Seconds
Target accept any object	#awTargetAnyObject	目标区响应图标	反映目标区是否可以接受任意被拖放进去的对象，是（打开 Accept Any Object 复选框）则返回 TRUE，否则返回 FALSE
Target Object	#awTargetObject	目标区响应图标	与目标区域相匹配的设计图标的 ID 号码
Target on drop	#awTargetDrop	目标区响应图标	包含对象的最终放置位置（【On Drop】属性），可以是以下 3 种值： #leaveAtDestination — Leave at Destination #putBack — Put Back #snapToCenter — Snap to Center
Time Limit	#awTimeLimit	【决策判断】设计图标，【移动】设计图标，【等待】设计图标或者任意响应图标	数值，或者产生数值的表达式
Time Restart	#awTimeansRestart	时间限制响应图标	如果时间限制响应被设置为重新计时（打开【Restart for Each Try】复选框），该属性的值为 TRUE，否则为 FALSE
Track Interaction	#awTrackInteraction	【交互作用】设计图标	布尔值 TRUE/FALSE（或 1/0）

（续表）

属 性 名 称	属 性 符 号	应用设计图标	可 用 值
Update variables	#awUpdateVars	【显示】设计图标，【交互作用】设计图标	布尔值 TRUE/FALSE（或 1/0）
Wait for keypress	#awWaitKeypress	【等待】设计图标	布尔值 TRUE/FALSE（或 1/0）
Wait for mouse click	#awWaitClick	【等待】设计图标	布尔值 TRUE/FALSE（或 1/0）
WizardEmpty	#awWizardEmpty	【知识对象】设计图标	反映知识对象的向导程序是否已经获取信息，是（打开 Empty 复选框）则返回 TRUE，否则返回 FALSE
WizardId	#awWizardId	【知识对象】设计图标	包含知识对象的 ID 号码
WizardLocked	#awWizardLocked	【知识对象】设计图标	反映知识对象是否处于锁定状态，是则返回 TRUE，否则返回 FALSE
WizardName	#awWizardName	【知识对象】设计图标	包含知识对象使用的向导程序（名称及路径）
WizardRunInsert	#awWizardRunInsert	【知识对象】设计图标	反映知识对象是否自动启动向导程序，是（打开 Run Wizard 复选框）则返回 TRUE，否则返回 FALSE
Xtra Type	#awXtraType	【Xtra】设计图标	N/A

附录 D　外部函数 RTFObj.u32

函 数 名 称	语法和说明
RtfCreate	语法：Id := rtfCreate(Left, Top, Width, Height, "Source", [Scrolling, PreventAutomaticErase, StartPage, EndPage]) 说明：在指定的位置处以指定的宽度和高度创建 RTF 对象。参数 Left，Top 用于指定 RTF 对象左上角的坐标；Width，Height 用于指定 RTF 对象的宽度和高度；Source 用于指定与 RTF 对象相关联的 RTF 文件；Scrolling 用于指定 RTF 对象是否带有滚动条：其值为 TRUE 时，显示滚动条，其值为 FALSE 时不显示滚动条；PreventAutomaticErase 用于指定 RTF 对象是否可以被设置为 Erase Previous Content 方式的设计图标擦除：其值为 TRUE 时，不能被擦除，否则可以擦除；StartPage，EndPage 用于指定 RTF 对象包含对应 RTF 文件中的文本范围：StartPage 代表起始页，EndPage 代表终止页 函数执行成功则返回 RTF 对象的 ID 号码，否则返回 0。由该函数创建的 RTF 对象处于隐藏状态，需要使用函数 rtfShow()对其进行显示
RtfErase	语法：Result := rtfErase(Id) 说明：删除由参数 Id 指定的 RTF 对象。函数执行成功则返回 TRUE，否则返回 FALSE
RtfFindText	语法：Result := rtfFindText(Id, StartPos, "TextOrPhrase") 说明：在 RTF 对象中查找指定的文本内容。参数 Id 是 RTF 对象的 ID 号码，StartPos 用于指定开展查找的起始字符位置，TextOrPhrase 是被查找的内容 函数执行成功则返回被找到的文本的位置，否则返回-1
RtfGetCurrentPrinter	语法：Result := rtfGetCurrentPrinter( ) 说明：返回当前选中的打印机在系统打印机列表中的位置。系统打印机列表可以通过函数 rtfGetPrinterNames( )获得
RtfGetLinkCode	语法：Result := rtfGetLinkCode(Id, Num) 说明：返回指定 RTF 对象中与超文本对应的超链接代码。参数 Id 用于指定 RTF 对象，Num 用于指定超文本的序号
RtfGetLinkCoor	语法：Result := rtfGetLinkCoor(Id, Num) 说明：返回指定 RTF 对象中超文本的位置（在【演示】窗口中的坐标）和大小。参数 Id 用于指定 RTF 对象，Num 用于指定超文本的序号。 返回值是一个属性列表，其格式为： [#Left:　, #Top:　, #Width:　, #Height:　] 如果指定 RTF 对象当前处在隐藏状态，则该函数返回空的属性列表
RtfGetLinkCount	语法：Result := rtfGetLinkCount(Id) 说明：返回由参数 Id 指定的 RTF 对象中的超文本数量
rtfGetLinkText	语法：Result := rtfGetLinkText(Id, Num) 说明：返回指定 RTF 对象中与超文本对应的可见内容（超链接标记与"="号之间的部分内容）。参数 Id 用于指定 RTF 对象，Num 用于指定超文本的序号
rtfGetOrientation	语法：Result := rtfGetOrientation( ) 说明：返回当前选中的打印机的打印方向。返回值为 0 表示纵向打印，返回值为 1 则表示横向打印
rtfGetPageCount	语法：Result := rtfGetPageCount("Source") 说明：返回由参数 Source 指定的 RTF 文件中页的数量
rtfGetPrinterNames	语法：Result := rtfGetPrinterNames( ) 说明：返回系统中安装的所有打印机的列表
rtfGetTextRange	语法：Result := rtfGetTextRange(Id, StartPos, EndPos) 说明：返回指定 RTF 对象中指定范围的文本内容。参数 Id 用于指定 RTF 对象，StartPos 用于指定文本内容的起始位置（0 代表第 1 个字符），End- Pos 用于指定文本内容的结束位置

（续表）

函 数 名 称	语法和说明
rtfHide	语法：Result := rtfHide(Id) 说明：隐藏由参数 Id 指定的 RTF 对象。返回值为 TRUE 表示隐藏成功，返回值为 FALSE 则表示隐藏失败
rtfLineFromPos	语法：Result := rtfLineFromPos(Id, Position) 说明：返回指定 RTF 对象中指定位置整行范围的文本内容。参数 Id 用于指定 RTF 对象，Position 用于指定文本位置。Position 只能表示某个字符所处的位置，由 rtfLineFromPos()函数返回该字符所在的行的内容
rtfPrint	语法：Result := rtfPrint("Source", MarginLeft, MarginTop, MarginRight, MarginBottom, StartPage, EndPage) 说明：打印指定的 RTF 文件。参数 Source 用于指定 RTF 文件，MarginLeft，MarginTop，MarginRight，MarginBottom 分别代表页面的左边距、右边距、上边距和下边距设置（以 1/1000 英寸为单位），StartPage 和 EndPage 用于指定打印的页码范围
rtfSave	语法：Result := rtfSave(Id, FileFormat, "FileName") 说明：以指定的格式和名称将 RTF 对象的内容输出为外部文件。参数 Id 用于指定 RTF 对象，FileFormat 用于指定输出格式，有 4 种可能的取值： 1—RTF 格式；2—BMP 格式；3—JPG 格式；4—GIF 格式 文件名称由参数 FileName 指定
rtfSetCurrentPrinter	语法：Result := rtfSetCurrentPrinter(Index) 说明：将系统打印机列表中由参数 Index 指定的打印机设置为当前打印机。参数 Index 是打印机的位置索引，最小允许值为 1 该函数执行成功则返回 TRUE，否则返回 FALSE
rtfSetOrientation	语法：Result := rtfSetOrientation(Orientation) 说明：设置 RTF 文档的打印方向。参数 Orientation 的值为 0 时将打印方向设置为纵向，其值为 1 时将打印方向设置为横向。 该函数执行成功则返回 TRUE，否则返回 FALSE
rtfShow	语法：Result := rtfShow(Id) 说明：显示由参数 Id 指定的 RTF 对象。该函数执行成功则返回 TRUE，否则返回 FALSE